Hans-Walter Borries
Altlastenerfassung und -Erstbewertung

Dr. rer. nat., Dipl.-Geogr. Hans-Walter Borries

Altlastenerfassung und -Erstbewertung

durch multitemporale Karten- und Luftbildauswertung

Vogel Buchverlag

Dr. rer. nat. HANS-WALTER BORRIES
1958 in Castrop-Rauxel geboren. 1986 Diplom
der Ruhr-Universität Bochum (RUB) als
Geograph. 1986 bis 1987 Wissenschaftlicher
Mitarbeiter am Geographischen Institut der
RUB zur Erarbeitung eines Leitfadens für die
Erfassung von Altlasten im Auftrag des
Ministers für Umwelt, Raumordnung und
Landwirtschaft des Landes NRW. Seit 1987
Abteilungsleiter bzw. Niederlassungsleiter von
Ingenieurbüros im Bereich Umweltschutz/
Bodenschutz in Dortmund und Herne. 1989
nebenberufliche Promotion an der Fakultät für
Geowissenschaften der RUB. Seit 1988 Referent und Leiter bei verschiedenen Seminaren
und Tagungen im Bereich Erfassung und Erstbewertung von Altlasten und Rüstungsaltlasten/militärischen Liegenschaften (TÜV, VDI,
TAW, KDT). Mitarbeit an Forschungsprojekten, Arbeitskreisen und Pilotprojekten von
Umweltministerien u. a. in den neuen Bundesländern.

Die Deutsche Bibliothek – CIP-Einheitsaufnahme

Borries, Hans-Walter:
Altlastenerfassung und -Erstbewertung
durch multitemporale Karten- und Luftbildauswertung / Hans-Walter Borries. –
1. Aufl. – Würzburg: Vogel, 1992
(Vogel Fachbuch: Umweltschutz, Entsorgungstechnik)
ISBN 3-8023-0474-8

ISBN 3-8023-0474-8
1. Auflage. 1992
Alle Rechte, auch der Übersetzung, vorbehalten. Kein
Teil des Werkes darf in irgendeiner Form (Druck,
Fotokopie, Mikrofilm oder einem anderen Verfahren)
ohne schriftliche Genehmigung des Verlages
reproduziert oder unter Verwendung elektronischer
Systeme verarbeitet, vervielfältigt oder verbreitet
werden. Hiervon sind die in §§ 53, 54 UrhG
ausdrücklich genannten Ausnahmefälle nicht berührt.
Printed in Germany
Copyright 1992 by Vogel Verlag und Druck KG,
Würzburg
Umschlaggrafik: Michael M. Kappenstein, Frankfurt
Herstellung: Alois Erdl KG, Trostberg

Vorwort

Altlasten als ein Erbe aus rund 150jähriger industriegewerblicher Tätigkeit sind zu einem expandierenden, vieldiskutierten Arbeitsfeld von Wissenschaft, Politik und Verwaltung geworden. In einer Zeit, in der durch zunehmenden Flächenverbrauch dem Boden als unvermehrbarer Lebensgrundlage eine wachsende Bedeutung zukommt, ist es unumgänglich, sich mit den Bodenkontaminationen zu befassen.

Die Problematik der Altlasten, die alle Industrieländer betrifft, stellt sich in der Bundesrepublik nicht nur in den klassischen Industrieregionen im Westen, sondern vielmehr auch in den Industrieregionen der neuen Bundesländer im Osten mit ihrer besonders kritischen Umweltsituation.

Die Altlastendiskussion umfaßt bislang schwerpunktmäßig die Sanierung von ehemaligen Industriestandorten und Altablagerungen, die im Zuge von Flächennutzungsänderungen als Schadensfälle bekannt geworden sind. Um solche Schadensfälle, die z.B. bei der Errichtung von Wohnsiedlungen auf alten Industrie-/Gewerbestandorten (z.B. Kokerei) oder Altablagerungen (z.B. Mülldeponie) auftreten, erst gar nicht entstehen zu lassen, gewinnt die systematische Ermittlung von gefahrenverdächtigen Flächen zunehmend an Bedeutung.

Dabei zeichnen sich beprobungslose Verfahren, hier die multitemporale Karten- und Luftbildauswertung, im besonderen Maße aus. Sie ermöglicht im Gegensatz zu beprobten Verfahren wie Bohrungen und Schürfen, daß Altlastverdachtsflächen sowohl von Betriebsflächen als auch von großflächigen Gebietseinheiten arbeitsökonomisch vertretbar, d.h. zeit- und kostengünstig, untersucht werden können. Damit läßt sich für zukünftige Flächennutzungsänderungen eine deutliche Risikominimierung erreichen, verbunden mit einer gestiegenen Planungssicherheit.

Es ist neben einer unmittelbaren Gefahrenabwehr bei akuten Altlastenfällen gleichermaßen unerläßlich, im Sinne einer präventiven Altlastenermittlung einen Raum systematisch und flächendeckend nach ehemaligen Altablagerungen und Altstandorten hin zu untersuchen. Zu prüfen ist, von welchen Arealen aufgrund einer altlastrelevanten Nutzung in der Vergangenheit Gefahren für die heutige Flächennutzung ausgehen oder ob nach Flächennutzungsänderungen mit Gefahren zu rechnen ist.

Gemessen an der Bedeutung der Altlastenerfassung und beprobungslosen Erstbewertung gibt es, mit Ausnahme einzelner Fachaufsätze, kein Fachbuch, das hierzu auf der Grundlage eines Untersuchungsraumes methodische Richtlinien zur Auswertung von Karten und Luftbildern und deren Informationswert zur beprobungslosen Altlastenermittlung aufzeigt. Das vorliegende Werk, das 1989 als Dissertation am Institut für Geowissenschaften der Ruhr-Universität Bochum angenommen wurde, soll deshalb mithelfen, diese Informationslücke zu schließen. An dieser Stelle gilt mein Dank meinem Betreuer, Herrn Professor Dr. J. Dodt.

Es zeigt auf, inwieweit Altlastverdachtsflächen durch Karten- und Luftbildinformation erfaßt, d.h. lokalisiert und identifiziert, werden können. Darüber hinaus soll der Informationswert und Aussagegehalt beider Informationsquellen zur anschließenden beprobungslosen Erstbewertung untersucht werden. Im Vordergrund steht die Abschätzung des Kontaminationspotentials, d.h. die zu erwartenden Schadstoffe im Boden, und die Prioritätenermittlung für weiterführende Untersuchungen.

Zur Erfassung und Erstbewertung von altlastverdächtigen Arealen ist eine Untersuchungsmethode zur Analyse von Karten und Luftbildern entwickelt worden. Aus den Ergebnissen der Untersuchung sind Konsequenzen für einen effektiveren Einsatz dieser Informationsquellen abgeleitet, die dazu beitragen, die Altlastenermittlung zielgerichteter und kostengünstiger zu gestalten.

Das Fachbuch, in dem praktische Hinweise im Vordergrund stehen, wendet sich damit an den Personenkreis, der mit Fragen und Aufgaben der Altlastenerfassung und Gefährdungsabschätzung betraut ist. Er umfaßt neben den staatlichen und kommunalen Planern auch Mitarbeiter von Ingenieurbüros, die im Umweltschutz tätig sind. Darüber hinaus spricht das Werk alle an Umweltfragen Interessierten an.

Die aufgezeigten Sachzusammenhänge erfordern geographische, kartographische und industriegeschichtliche Kenntnisse, die bei dem angesprochenen Leserkreis vorausgesetzt werden dürfen.

Mein Dank gilt den Vertretern von Behörden, besonders der Kommunen Bochum, Dortmund, Gelsenkirchen und den Mitarbeitern der Kampfmittelräumdienste für die Unterstützung der Arbeit. Dem Vogel Buchverlag danke ich für die gute Zusammenarbeit bei der Herausgabe des Buches.

Wetter   Hans-Walter Borries

Inhaltsverzeichnis

Vorwort 5

1 **Altlastenerkundung – Begriffsbestimmungen** 11
  1.1 Zum Begriff «Altlasten» 11
      1.1.1 Bisherige Ansätze einer Begriffsbestimmung 11
      1.1.2 Erweiterte Altlastendefinition als Grundlage der systematischen
            Verdachtsflächenerkundung 15
  1.2 Erfassung von Verdachtsflächen im Rahmen der Altlastenerkundung 17
      1.2.1 Begriffsbestimmung 17
      1.2.2 Bisherige Ansätze zur Erfassung von Verdachtsflächen 19
  1.3 Gefährdungsabschätzung im Rahmen der Altlastenerkundung 29
      1.3.1 Begriffsbestimmung 29
      1.3.2 Bisherige Ansätze zur Gefährdungsabschätzung 32

2 **Vorüberlegungen zur Altlastenerkundung durch Karten- und Luftbildauswertung** 35
  2.1 Karten und Luftbilder im Rahmen der Altlastenerkundung 35
      2.1.1 Kriterien zur Verwendung von Informationsquellen 35
      2.1.2 Eignung von Karten und Luftbildern zur Verdachtsflächenermittlung . . . 38
  2.2 Klassifikationsschemata von Altlasten als Grundlage zur Verdachts-
      flächenerkundung 53

3 **Multitemporale Karten- und Luftbildanalyse zur Erfassung von Altlastverdachtsflächen** 59
  3.1 Methodischer Ansatz der Karten- und Luftbildanalyse 59
      3.1.1 Reale Flächennutzung als Indikator zur Erfassung von Altlast-
            verdachtsflächen 59
      3.1.2 Multitemporaler Analyseansatz 59
      3.1.3 Kombinierte Verwendung der Informationsquellen 61
      3.1.4 Anwendungsmöglichkeiten des Analyseansatzes für eine raumbezogene
            Untersuchung 62
  3.2 Kartenlesehilfen und Fotoschlüssel zur Identifizierung von Altlast-
      verdachtsflächen 63
      3.2.1 Grundsätzliche Gesichtspunkte 63
      3.2.2 Aufbau eines kombinierten Kartenlese-/Fotoschlüssels 64
  3.3 Kartierung von Altlastverdachtsflächen – Erfassungsvorgang 66
      3.3.1 Die Deutsche Grundkarte 1:5000 als Kartierungsgrundlage 66
      3.3.2 Realnutzungskartierung zur Lokalisierung und Abgrenzung von
            Verdachtsflächen 67
      3.3.3 Auswertungsgeräte und Arbeitsmittel zur Durchführung der Erfassung . . 70

		3.3.4 Zeichensystem der kartographischen Darstellung von Verdachtsflächen	72
		Lage- und Arealabgrenzung	72
		Darstellungsmöglichkeiten von zeitlich bedingten Flächenveränderungen	73
		Kennzeichnung von Verdachtsflächen	74
		Darstellungsmöglichkeiten von Kriegsschäden	75
		3.3.5 Erfassungsstammblatt zur Datensammlung im Altlastenkataster	76
4	Indirekte beprobungslose Gefährdungsabschätzung zur Erstbewertung von Altlastverdachtsflächen durch Karten- und Luftbildinformation		81
	4.1	Indirekte Abschätzung des Kontaminationspotentials	81
		4.1.1 Methodischer Ansatz einer indirekten Abschätzung durch Indikatoren	81
		4.1.2 Beprobungslose Abschätzung des Kontaminationspotentials von Verdachtsflächen anhand des produktionsspezifischen Ansatzes	83
		Erweiterung des produktionsspezifischen Ansatzes	83
		Möglichkeiten der Gefährdungsabschätzung im außerbetrieblichen Raum	87
		Kriegseinwirkungen als Ursache von Bodenkontaminationen	94
	4.2	Gefährdungs- und Dringlichkeitsstufen zur Prioritätenermittlung für weiterführende Untersuchungen	95
		4.2.1 Einstufung der Altlastgefährdung einer Verdachtskategorie	97
		4.2.2 Aktuelle Flächennutzung und Dringlichkeitsstufen von Verdachtsflächen zur Prioritätenermittlung	105
	4.3	Tabellarische Datenspeicherung von Informationen der Gefährdungsabschätzung	108
5	Verdachtsflächenerfassung und Erstbewertung am Beispiel der Stadt Bochum und angrenzender Kommunen		115
	5.1	Der Untersuchungsraum und seine Quellenlage	115
	5.2	Erfassung und Erstbewertung von Zechen- und Kokereistandorten	125
		5.2.1 Identifizierungsmöglichkeiten	125
		5.2.2 Erfassungsergebnisse der multitemporalen Karten- und Luftbildauswertung	164
		5.2.3 Abschätzung des Gefährdungspotentials	196
	5.3	Erfassung und Erstbewertung von Industrie-/Gewerbestandorten	202
		5.3.1 Identifizierungsmöglichkeiten	202
		5.3.2 Erfassungsergebnisse der multitemporalen Karten- und Luftbildauswertung	213
		5.3.3 Abschätzung des Gefährdungspotentials	224
	5.4	Erfassung und Erstbewertung der Standorte von Ver- und Entsorgungsanlagen	227
		5.4.1 Identifizierungsmöglichkeiten	227
		5.4.2 Erfassungsergebnisse der multitemporalen Karten- und Luftbildauswertung	234
		5.4.3 Abschätzung des Gefährdungspotentials	239
	5.5	Erfassung und Erstbewertung von militärisch relevanten Anlagen und Schießständen	243
		5.5.1 Identifizierungsmöglichkeiten	243
		5.5.2 Erfassungsergebnisse der multitemporalen Karten- und Luftbildauswertung	249
		5.5.3 Abschätzung des Gefährdungspotentials	252
	5.6	Erfassung und Erstbewertung von Altablagerungen außerhalb von Betriebsgeländen	254
		5.6.1 Identifizierungsmöglichkeiten	254

    5.6.2 Erfassungsergebnisse der multitemporalen Karten- und Luftbild-
           auswertung 262
    5.6.3 Abschätzung des Gefährdungspotentials 274

6   Gesamtergebnis der systematischen multitemporalen Verdachtsflächen-
    ermittlung für den Bochumer Untersuchungsraum 279

7   Erfassungergebnisse der multitemporalen Karten- und Luftbildauswertung im
    Vergleich mit den Ergebnissen kommunaler Verdachtsflächenerfassungen 303

8   Wert von Karten und Luftbildern als Informationsquellen zur Erfassung und
    Erstbewertung von Verdachtsflächen 317

Anmerkungen 325

Literaturverzeichnis 333

Stichwortverzeichnis 367

1 Altlastenerkundung – Begriffsbestimmungen

1.1 Zum Begriff «Altlasten»

1.1.1 Bisherige Ansätze einer Begriffsbestimmung

Der Begriff «Altlasten», in letzter Zeit aufgrund einzelner Schadensfälle in die Öffentlichkeit gelangt, bedarf einer Erläuterung, da sowohl international als auch länderspezifisch innerhalb der Bundesrepublik Deutschland eine einheitliche, rechtlich festgelegte Definition fehlt. Der Terminus tritt erstmalig im «Umweltgutachten 1978» des Rates von Sachverständigen für Umweltfragen auf. Er beschränkt sich auf die Bezeichnung von umweltgefährdenden alten Abfallablagerungen, vornehmlich aus der Zeit vor Inkrafttreten des Abfallbeseitigungsgesetzes (1972) [1.1].

Im Ausland, speziell in den USA und in Großbritannien, wird seit Ende der 70er Jahre der Begriff «Contaminated Land» oder «Contamination of the Land» gebraucht. Er steht im Zusammenhang mit dem ersten großen Altlastschaden in den USA, dem sogenannten Love Canal-Fall [1.2], im Jahre 1977 und bezieht sich hauptsächlich auf Altablagerungen.

Amerikanische Studien der Jahre 1978 bis 1981 behandeln ehemalige, verlassene Ablagerungsstandorte/-plätze (abandoned landfills/dump sites, abandoned hazardous waste disposal sites) [1.3]. In Großbritannien werden ab 1980 die Begriffe auf ehemalige, stillgelegte Standorte mit umweltgefährdenden Nutzungen ausgeweitet. Die industriegewerbliche Tätigkeit rückt in den Vordergrund, wobei bereits eine möglichst feine Differenzierung nach Industrie-/Gewerbezweigen angestrebt wird. Ebenfalls einbezogen werden hier Standorte der Zwischen- und Endlagerung sowie Standorte, auf denen mit umweltgefährdenden Stoffen umgegangen wurde (Schrottplätze, Eisenbahngelände, Tankstellen).

1980 fließen diese Gesichtspunkte erstmalig in die Definition des Ministers für Ernährung, Landwirtschaft und Forsten des Landes Nordrhein-Westfalen (1980, im weiteren: MELF NRW) ein; heute mit geänderter Amts- und Ressortbezeichnung: «Minister für Umwelt, Raumordnung und Landwirtschaft des Landes Nordrhein-Westfalen» (MURL NRW). Neben den Ablagerungsplätzen werden jetzt auch Schadstoffanreicherungen auf dem Gelände stillgelegter oder noch betriebener Anlagen aufgenommen.

Auf dieser Basis wird seit 1985 zwischen Altablagerungen und gefahrenverdächtigen Altstandorten unterschieden, ohne daß jedoch die Anlagen nach Industrie-/Gewerbezweigen differenziert werden, so wie es im englischsprachigen Raum bereits der Fall ist. Veröffentlichungen von FEHLAU (1986) und DELMENHORST

Tabelle 1.1 Definitionsansätze von «Altlasten» aus dem internationalen und nationalen Raum

Verfasser	Altstandorte	Altablagerungen
MELF NRW 1980	Risikobehaftete Fälle von *Altablagerungen* (verlassene und stillgelegte *Altablagerungen*, wilde Ablagerungen) Risikobehaftete Aufhaldungen und Verfüllungen mit umweltgefährdenden Produktionsrückständen, auch in Verbindung mit Bergematerial und Bauschutt Schadstoffanreicherungen durch Kriegseinwirkungen, Unfälle, defekte Abwasserkanäle, unsachgemäße Lagerung wassergefährdender Stoffe u. ä.	Schadstoffanreicherungen in Boden und Grundwasser auf dem Gelände stillgelegter oder noch betriebener Anlagen
MELF NRW 1985	1. *Altablagerungen* 1.1. stillgelegte Anlagen zum Ablagern von Abfällen, unbeschadet des Zeitpunkts ihrer Stillegung, 1.2. vor Inkrafttreten des Landesabfallgesetzes entstandene Abfallablagerungen (sogenannte wilde Ablagerungen). 1.3. sonstige stillgelegte Aufhaldungen u. Verfüllungen gelten nur dann als *Altlasten*, wenn von ihnen nach den Erkenntnissen einer vorausgegangenen Gefährdungsabschätzung eine Gefahr für die öffentliche Sicherheit und Ordnung ausgeht.	2. (gefahrenverdächtige *Altstandorte*)/*Altstandorte* 2.1. Standorte stillgelegter Anlagen, in denen mit umweltgefährdenden Stoffen umgegangen wurde, ausgenommen Kampfmittel sowie Kernbrennstoffe oder sonstige radioaktive Stoffe im Sinne des Atomgesetzes, 2.2. nach Größe und Gefährdungspotential der Nr. 2.1. vergleichbare Flächen, ausgenommen solchen Flächen, die durch Einwirkung von Luft- oder Gewässerverunreinigung, durch Aufbringung im Zusammenhang mit landwirtschaftlicher oder gärtnerischer Nutzung oder durch vergleichbare Nutzungen nachteilig verändert worden sind
MELF NRW 1986	3. Als *Altlasten* im Sinne dieser Richtlinien gelten *Altablagerungen* und *Altstandorte*, sofern von diesen nach den Erkenntnissen einer im einzelnen Falle vorausgegangenen Gefährdungsabschätzung eine Gefahr für die öffentliche Sicherheit oder Ordnung ausgeht.	
MELF Schleswig-Holstein 1984	*Altablagerungen* sind geschlossene, verlassene und stillgelegte Ablagerungsplätze für Abfälle im Sinne der heutigen Legaldefinition (§ 1 AbfG). Dabei ist es unerheblich, ob es sich um ehemals genehmigte Müllplätze oder um wilde Müllkippen handelt. Ebenso ist auch der Zeitpunkt ihrer Schließung bzw. des Verlassens – vor oder nach Inkrafttreten des AbfG im Jahre 1972 – unerheblich für die Einstufung eines Ablagerungsplatzes als *Altablagerung*. Risikobehaftete Fälle unter den *Altablagerungen* (verlassene und stillgelegte Ablagerungsplätze, wilde *Ablagerungen*). Risikobehaftete Aufhaldungen und Verfüllungen mit umweltgefährdenden Produktionsrückständen, auch in Verbindung mit anderen Abfällen, wie z. B. Bauschutt Schadstoffanreicherungen durch Unfälle, Leckagen in Abwasserkanälen, unsachgemäße Lagerung wassergefährdender Stoffe u. a. *Altlasten* sind risikobehaftete *Altablagerungen* von Abfällen, die das Wohl der Allgemeinheit im Sinne des § 2 (1) AbfG dadurch beinträchtigen, daß ihre Ablagerung den heutigen Regeln der Deponietechnik nicht entspricht…	Schadstoffanreicherungen im Boden und Grundwasser auf dem Geände stillgelegter oder noch betriebener Anlagen

Verfasser	Altstandorte	Altablagerungen
BAUMGARTEN, J., ZIMMERMANN, H., u. K. MÜCKE 1986 (Niedersachsen)	Unter dem Oberbegriff «altlastverdächtige Flächen» kommen in Betracht: *Altablagerungen* (insbesondere von Abfällen) großflächige Bodenbelastungen mit Schadstoffen (insbesondere durch Immission, Aufbringung) Ablagerungen von Kampfmitteln (insbesondere Kampfstoffen) *Altablagerungen* sind geschlossene, verlassene und stillgelegte Ablagerungsplätze mit kommunalen und gewerblichen Abfällen, Aufhaldungen und Verfüllungen mit Bauschutt und Produktionsrückständen sowie «wilde» Ablagerungen jeglicher Art. Dabei ist es unerheblich, ob die Ablagerungen genehmigt waren oder nicht und ob der Zeitpunkt der Schließung bzw. des Verlassens vor oder nach Inkrafttreten des AbfG im Jahre 1972 liegt. Als *Altlasten* werden künftig nur noch solche Verdachtsflächen bezeichnet, von denen nach fachlicher Beurteilung Gefahren oder Beeinträchtigungen für die menschliche Gesundheit oder die Umwelt ausgehen.	*Altstandorte* (insbesondere ehem. Betriebsflächen)
KEUNE, H, 1986 definiert für Hessen	In Hessen sind durch eine Zweckmäßigkeits-Definition in den Oberbegriff *Altlasten* dann «*kontaminierte Standorte*» einbezogen, wenn es sich um «frühere oder aufgegebene» Industriestandorte oder sonstige Flächen, die durch Schadstoffemissionen verseucht sind....	
FRANZIUS, V., Vom UBA über die Bodenschutzkonzeption der Bundesregierung 1986	*Kontaminierte Standorte*, z. B. verlassene und stillgelegte Ablagerungsplätze mit kommunalen und gewerblichen Abfällen (*Altablagerungen*), wilde Ablagerungen, Aufhaldungen und Verfüllungen mit umweltgefährdenden Produktionsrückständen, auch in Verbindung mit Bergematerial und Bauschutt, abgelagerte Kampfstoffe, unsachgemäße Lagerung wassergefährdender Stoffe und andere Bodenkontaminationen können sogenannte *Altlasten* zur Folge haben.	ehemalige Industriestandorte (*kontaminierte Betriebsgelände*), Korrosion von Leitungssystemen, defekte Abwasserkanäle (undichte Kanäle),
JURUE 1981 GB	*Contaminated land*: «Land which is polluted with a sufficient quantity of toxic substances to present a threat to the health and safety of users or occupiers of the land, or of workers engaged in its development» I.C.R.C.L. Land may become contaminated via many pathways; through for example, atmospheric fallout, liquids (sewage lagoons, industrial waste lagoons), or the applications of sewage sludge to land), or from the storage and/or deposit of waste on the land (industrial residues; landfilling of residuals and wastes from industrial processes).	Examples of the types of *contaminated sites*: scrap yards; gas works sites; waste dumps; old metal mining areas; sites where metal fabrication and finishing has taken place; railway land and dock land

13

Fortsetzung von Tabelle 1.1

Verfasser	Altstandorte	Altablagerungen
NATO CCMS ed. by SMITH, M. A., 1985	*Contaminated land*: «Land that contains substances that, when present in sufficient quantities or concentrations, are likely to cause harm, directly or indirectly, to man, to the environment, or on occasions to other targets». This definition embraces both old industrial sites that have become contaminated owing to their former usage, and hazardous waste sites (US Environmental Protection Agency). It also implies that a «problem» is only defined evaluation of all available information specific to the site and taking into account the intended use. Contamination of the ground itself commonly arises from disposal of wastes, in one form or another, to properly designated landfills, to uncontrolled dumps and tips or to areas within the boundaries of industrial sites. It may also aries from accidental spillages and leakages during plant operation and from the transportation and stockpiling of raw materials, wastes, and finished products. Widespread contamination can arise from the deposition of air and water borne emissions. Land can also become contaminated from overdosage with metal-contaminated sewage sludge and other similar organic wastes.	*Contaminated sites*, particulary those of industrial origin, frequently present other problems. They are often «filled» or «made» ground and consequently badly compacted, they often contain massive foundations and underground pipework, tanks and other structures, and there may be abandoned and derelict, unsafe and contaminated buildings still standing. Any former industrial site may be contaminated but some industries have a high probability of producing *contaminated sites*. These include: Mining and extractive industries, smelting and refining, steel works, etc scrap yards, gas works, waste disposal, wood preservation, tanning and associated trades, asbestos, pesticide manufacture or use, railway yards, chemical and allied products, explosives and munitions, metal treatment and finishing, paints, sewage works and farms, oil storages, oil production, dockland areas, acid/alkali plants, pharmaceutical, perfumes/cosmetics/toiletries.

Quelle: zusammengestellt nach: BAUMGARTEN, J., ZIMMERMANN, H. und K. MÜCKE (1986); FEHLAU, K. P. (1981) und dito. (1986 a, 1986 b, 1987 a und 1987 b); FRANZIUS, V. (1985) und dito. (1986); JURUE (1981); KEUNE, H. (1986) und dito. (1985 c); MELF NRW (1980) und dito. (1985 c); MELF Schleswig-Holstein (1984); M. A. SMITH (1985).

(1986) kündigen indes eine Veränderung der Definition des MELF NRW (1985c) im Sinne einer verstärkten Differenzierung von Altstandorten an.

Tabelle 1.1 zeigt die wichtigsten Definitionen aus englischsprachigen und deutschen Studien. Während Altablagerungen in allen Ansätzen als wesentliche Bestandteile berücksichtigt werden, sind Altstandorte nur in Ausnahmefällen – meist als stillgelegte Betriebsgelände oder Anlagen – aufgeführt und nicht oder kaum näher differenziert. Kriegseinwirkungen als Ursache von Bodenverunreinigungen, im Ausland außer acht gelassen, finden in der Definition des MELF NRW von 1980 Berücksichtigung, fehlen aber in der von 1985 [1.4].

Insgesamt wird von Altlasten nur dann gesprochen, wenn nach einer systematischen Bewertung (Gefährdungsabschätzung) eine Gefahr für die öffentliche Sicherheit und Ordnung festgestellt wird [1.5]. Liegt dagegen für eine Fläche, deren frühere Nutzung eine Umweltgefährdung erwarten läßt, noch keine Untersuchung dieser Art vor, so handelt es sich um eine Altlastverdachtsfläche. Termini wie «Kontaminationen», «kontaminierte Standorte» oder «schadstoffverdächtige Flächen» sind als Synonyme verwendbar.

1.1.2 Erweiterte Altlastendefinition als Grundlage der systematischen Verdachtsflächenerkundung

Um dem Ziel einer systematischen Altlastenerkundung, nämlich möglichst alle Verdachtsflächen zu erfassen, gerecht zu werden, ist es unumgänglich, die bestehende Altlastendefinition des MELF NRW (1985c) zu erweitern. Eine Erweiterung dieser Art erfordert primär eine stärkere Differenzierung der Kategorien «Altablagerungen» und «Altstandorte». Darüber hinaus werden Hinweise über potentielle Verursacher von Altlasten in die erweiterte Definition aufgenommen. In diesem Zusammenhang sind selbst Standorte einzubeziehen, auf denen Stoffe transportiert, zwischen- und endgelagert oder behandelt werden (Schrottplätze, Gleisanlagen, Güterbahnhöfe, Tankstellen). Des weiteren müssen diejenigen Betriebsflächen berücksichtigt werden, auf denen nur einzelne Anlagenteile stillgelegt oder abgerissen wurden.

Altablagerungen beschränken sich nicht nur auf spezielle Flächen zum Ablagern von Abfällen (Deponien) vor Inkrafttreten des Abfallgesetzes, sondern umfassen alle unkontrollierten Flächen, auf denen es durch menschliche Aktivitäten zur Verfüllung mit umweltgefährdenden Stoffen und Aufschüttung von derartigen Stoffen kam.

Ein wesentlicher Gesichtspunkt einer erweiterten Altlastendefinition resultiert aus der Situation der Bundesrepublik Deutschland als europäisches Industrieland, das erhebliche kriegsbedingte Zerstörungen und Schäden in zwei Weltkriegen erfahren hat. Damit sind im besonderen Beschädigungen an Industrieanlagen gemeint, die zu unbeabsichtigten Bodenkontaminationen geführt haben können, z.B. durch Auslaufen bzw. Freiwerden von Produktionsstoffen infolge von Anlagenzerstörungen. In diesem Zusammenhang muß die große Anzahl von Bomben- und Granattrichtern neben ihrer Bedeutung als Fundort von Waffen und Munitions-/Kampfmitteln als mögliche Verfüllungsorte umweltgefährdender Produktionsrest- und Abfallstoffe angesehen werden. Militärische Anlagen sind in eine erweiterte Definition einzubeziehen, da auch hier der Einsatz und Umgang mit Treibstoffen, Farben, Reinigungsflüssigkeiten, Ölen usw. zu Bodenkontaminationen geführt haben können.

Der Zeitraum der Entstehung oder Stillegung spielt bei der Definition keine Rolle, da selbst von Altablagerungen und Altstandorten aus den Anfängen industrieller Tätigkeit eine nicht zu unterschätzende Umweltbeeinträchtigung ausgeht, die das Problem der Langzeitwirksamkeit von Stoffen aufzeigt [1.6]. Zusammenfassend ist folglich zu definieren:

Altstandorte sind

- sämtliche stillgelegten Betriebsflächen aus dem Bereich industriegewerblicher Aktivitäten, der öffentlichen Ver- und Entsorgung sowie stillgelegte Teile noch betriebener Anlagen, auf denen umweltgefährdende Stoffe und Güter umgewandelt, bearbeitet, transportiert, zwischen- oder endgelagert werden; ausgenommen sind die in Anlehnung an MELF NRW (1985c, S. 2) genannten Anlagen zur Kernbrennstoffherstellung und Flächen, die durch landwirtschaftliche oder gärtnerische Nutzung nachteilig verändert wurden.

Altablagerungen sind

- sämtliche kontrollierten Anlagen zum Ablagern von Abfällen (Haus- und Industriemüll) und Produktionsreststoffen (einschließlich Halden) – unabhängig von ihrer Größe und unabhängig davon, ob sie schon stillgelegt oder noch betrieben werden,
- unkontrollierte Flächen inner- wie außerbetrieblicher Art (unabhängig von ihrer Größe), auf denen es durch anthropogene Aktivitäten zu Verfüllungen oder Aufschüttungen gekommen ist.

Militärisch relevante Anlagen sind

- im Rahmen von militärischen Operationen errichtete Anlagen (Stellungen von Flugabwehrkanonen, sog. Flak, von Artillerie u. ä.), einschließlich der für die militärische Logistik (Versorgungspunkte, Nachschubpunkte) notwendigen Einrichtungen,
- Schießstände.

Kriegsbedingte Schäden und Zerstörungen durch Bomben und Erdkampfmittel während des Ersten und Zweiten Weltkrieges betreffen gleichermaßen Altstandorte, Altablagerungen und militärisch relevante Anlagen und sind als Ursachen von Schadstoffanreicherungen im Boden anzusehen. Bomben- und Granattrichter und Gräben stellen in diesem Zusammenhang mögliche Verfüllungs- und Ablagerungsorte von Schadstoffen dar.

1.2 Erfassung von Verdachtsflächen im Rahmen der Altlastenerkundung

1.2.1 Begriffsbestimmung

Die vom MELF NRW (1985c) geforderte systematische Erfassung, auch als Altlastensuche bzw. Detektion (THORMANN 1987, S. 135) von gefahrenverdächtigen Altablagerungen und Altstandorten bezeichnet, stellt den grundlegenden Arbeitsschritt im Rahmen einer Altlastenerkundung dar. Im Gegensatz zu einer punktuellen Untersuchung von bereits bekannten Schadensfällen bezieht sich eine systematische Erfassung auf sämtliche Flächen, deren frühere Nutzung eine Umweltgefährdung vermuten läßt. Dies umfaßt selbst solche Verdachtsflächen, die aus heutiger Sicht oder bei der derzeitigen Nutzung als unproblematisch angesehen werden. Die Stellung der Erfassung innerhalb einer Altlastenerkundung veranschaulicht Bild 1.1.

Erst auf der Grundlage einer Erfassung dieser Art können sich weiterführende Maßnahmen wie eine Gefährdungsabschätzung, Überwachung oder Sanierung der betreffenden Flächen anschließen; diese Untersuchungsschritte stehen damit in direkter Abhängigkeit von Umfang und Qualität der vorangegangenen Erfassung. Beschränkt sich diese nur auf wenige Sachverhalte und ist sie nur wenig differenziert und systematisch, so ergeben sich notwendigerweise negative Auswirkungen auf die weiterführenden Untersuchungen. Schlimmstenfalls kann dies dazu führen, daß Verdachtsflächen nicht als solche erfaßt werden. Bei einer Änderung der Flächennutzung, z.B. durch Wohnbebauung, hätte dies kostenintensive Konsequenzen, ganz abgesehen von der direkten Gefährdung des Menschen.

Die Vorbeugung von «möglichen Gefahren und Beeinträchtigungen» (MELF NRW 1985c, S. 43) für das menschliche Dasein ist damit als wesentlichstes Ziel der systematischen Erfassung von Verdachtsflächen anzusehen.

Ihre Hauptaufgabe besteht darin, die Lage und die räumliche Ausdehnung von Altlastverdachtsflächen abzugrenzen (Lokalisierungsphase). Zusätzliche Informationen, wie z.B. über die Beschaffenheit des jeweiligen Standortes (hydrologische und bodenkundliche Gegebenheiten), Hinweise über Art und Menge der potentiell abgelagerten Abfälle sowie die Art der aktuellen Flächennutzung sind festzuhalten. Diese Informationen im Sinne einer Materialsammlung stehen somit jederzeit für weiterführende Untersuchungen (Gefährdungsabschätzung, vgl. Kapitel 4) zur Verfügung.

Die systematische Erfassung enthält weiterhin, wie FEHLAU (1987a u. 1987b) darstellt, eine Fortschreibung, d.h. die regelmäßige Weiterführung bzw. Ergänzung der Erfassungsdaten. Von besonderer Bedeutung ist in diesem Zusammenhang die Führung eines «Altlastenkatasters», in dem sämtliche Erfassungsdaten für Planungsvorhaben aller Art bereitgehalten und verfügbar gemacht werden.

Zur Erfassung stehen verschiedenste Informationsquellen zur Verfügung, darunter Verwaltungs- und Betriebsunterlagen, Akten, Archivmaterial kommunaler Behörden, Hinweise aus der Öffentlichkeit und auch Karten und Luftbilder.

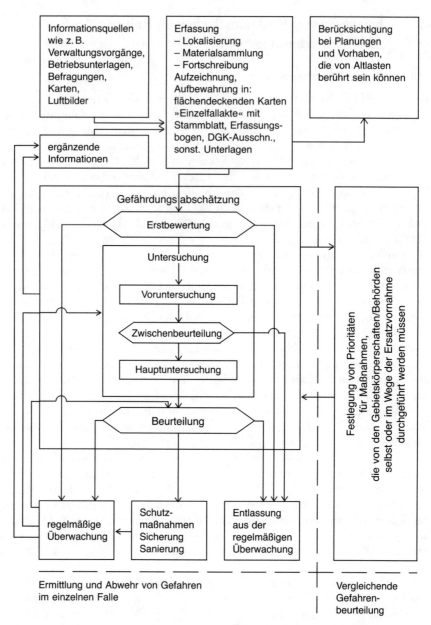

Bild 1.1 Erfassung und Gefährdungsabschätzung im Rahmen der Altlastenerkundung
Quelle: K.-P. Fehlau (1987a, S. 19)

1.2.2 Bisherige Ansätze zur Erfassung von Verdachtsflächen

Die Verdachtsflächenerfassung in NRW wie auch in anderen Bundesländern ist durch Vorgaben und Erlasse der zuständigen Behörden (z.B. neu eingerichtete Umweltministerien) festgelegt [1.7]. In NRW fällt mit dem Runderlaß des MELF NRW vom 26.3.1980 die Altlastenerfassung in den Aufgabenbereich der Regierungspräsidenten und der für Wasser- und Abfallrecht zuständigen Staatlichen Ämter für Wasserwirtschaft (im weiteren: STAWA).

Bis 1980 war eine wenig systematische Erfassung im Rahmen von allgemeinen Abfallbestandsaufnahmen kennzeichnend, die sich lediglich auf bekannte Schadensfälle bezog (Tabellen 1.2 und 1.3). Mit dem Erlaß des MELF NRW vom 6. Juni 1980 (IIIC-960-28945/IIIC7-1573) wurde die systematische Altlastenermittlung

Tabelle 1.2 Übersicht zur Entwicklung der erfaßten Altlastverdachtsflächen in der Bundesrepublik Deutschland von 1973 bis 1990

Bundesland	Stand der Veröffentlichung				
	1973/75	1983	1985	1988	1990
Baden-Württemberg	3774	4000	4600	6800	6500
Schleswig-Holstein	412	412	2000	2000 – 2998	2358
Niedersachsen	2682	3100	3500	5073	6200
Hansestadt Hamburg	13	1800	2400	2400	1840
Rheinland-Pfalz	3000	5000	5000 – 6000	5200 – 10000	7528
Saarland	600	600	738	750	3596
Hansestadt Bremen	3	–	45	61	243
Hessen	3000	3000	5000	4500	5184
Nordrhein-Westfalen	2000	4200	8000	10974	12448
Berlin	5	158	178	353 – 623	1925
Bayern	5000	5000	5000	5000	555
Bundesrepublik Deutschland gesamt	20489	27270	36461 – 37461	43111 – 48479	48377

Tabelle 1.3 Entwicklung der Verdachtsflächen von 1985/86 bis 1988/89

Jahre Abfallart	Dez. 85/Jan. 86 Anzahl	Dez. 86/Jan. 87 Anzahl	Zunahme absolut	in %	Dez. 87/Jan. 88 Anzahl	Zunahme absolut	in %	Dez. 88/Jan. 89 Anzahl	Zunahme absolut	in %
B Bauschutt/Erdstaub	1716	2038	+ 322	+ 18,76	2253	+ 215	+ 10,55	2880	+ 627	+ 27,83
Bm Bergematerial	204	239	+ 35	+ 17,16	262	+ 23	+ 9,62	270	+ 8	+ 3,05
I feste Industrie- und Gewerbeabfälle (nicht hausmüllähnlich)	658	785	+ 127	+ 19,30	844	+ 59	+ 7,52	749	− 95	− 11,26
M feste Siedlungsabfälle	3665	3849	+ 184	+ 5,02	4161	+ 312	+ 8,11	4353	+ 192	+ 4,61
AL Altstandorte, Altablagerungen mit mehreren oder unbekannten Abfällen	1388	3319	+ 1931	+ 139,2	3053	− 266	− 13,78	3809	+ 756	+ 24,76
K Kommunaler Klärschlamm	68	65	− 3	− 4,41	73	+ 8	+ 12,31	78	+ 5	+ 6,85
A Asche, Schlacke	115	130	+ 15	+ 13,04	150	+ 20	+ 15,38	165	+ 15	+ 10,00
S sonstige Schlämme	154	177	+ 23	+ 14,94	178	+ 1	− 0,56	144	− 34	− 19,10
Gesamtsumme Σ	7968	10602	+ 2634	+ 33,05	10974	+ 372	+ 3,39	12448	+ 1474	+ 13,43

gefordert [1.8]. Auf dieser Basis erarbeiteten die STAWA die «Altlasten-Grundlagenkarten» im Maßstab 1:25 000 (auf der Grundlage der topographischen Karte 1:25 000, im weiteren: TK 25). Der Mindestinhalt dieser Karten war zunächst nur für Altablagerungen näher bestimmt. Kommunalen Behörden (Untere Wasserbehörde, Tiefbauämter, Ordnungsämter und Ämter für Umweltschutz) dienten und dienen diese Informationen als Grundlage für eigene Altlastenuntersuchungen, die seit ca. 1983 fortlaufend aktualisiert werden, sich aber zunächst auf bereits bekannte Deponien und akute Altlastenfälle beschränkten.

Mit dem MELF-Erlaß von Mai 1985 traten weitere Gesichtspunkte der Altlastenermittlung hinzu. Im Vordergrund stand nunmehr ein systematisches Vorgehen bei der Verdachtsflächenerkundung. Von den Kommunen wird in den folgenden Jahren zunehmend einer Ermittlung dieser Art Rechnung getragen. Nicht mehr punktuell, sondern in flächendeckender Weise werden ganze Stadtgebiete untersucht. Als Beispiele sind an dieser Stelle die Erfassungsaktionen der Städte Bochum, Dortmund, Essen, Hagen, Herne, Mülheim und Wuppertal zu nennen.

Rückt man bei der Betrachtung der Erfassungsansätze die herangezogenen Informationsquellen in den Vordergrund (Tabelle 1.4), so ist ein eindeutiger Schwerpunkt bei der Auswertung von Akten, Betriebsplänen und Behördenunterlagen auszumachen, die – bereits aus punktuellen Altlastenuntersuchungen bekannt – ebenfalls zu einer systematischen Erfassung herangezogen werden. Ferner gewinnen Karten, besonders historische Stadtpläne, zunehmend an Bedeutung. Die Analyse von Luftbildern befindet sich dagegen nicht zuletzt aufgrund von höheren Anforderungen an notwendige Auswertungsgeräte und Fachpersonal erst in den Anfängen und bezieht sich im allgemeinen auf Bildpläne und weniger auf stereoskopisch auswertbare Reihenmeßbilder.

Untersuchungs- bzw. Erfassungsansätze, bei denen Karten- und Luftbilder schwerpunktmäßig als Informationsquellen ausgewertet werden, sind lediglich in wenigen Studien zu finden [1.9]. Sie beziehen sich größtenteils auf die Untersuchung von einzelnen Schadensfällen (Tabellen 1.5 und 1.6). Richtungsweisend sind Arbeiten aus den USA und Großbritannien. Wertvolle Hinweise zur Verwendung von Karten und Luftbildern liefern außerdem Einzeluntersuchungen der Stadt Hamburg im Rahmen des Flächensanierungsprogramms AGAPE [1.10]. In diesem Zusammenhang ist auch die Arbeit von ALBERTZ und ZÖLLNER (1984) zu nennen, die bereits großflächigere Untersuchungsräume umfaßt. In weiteren Pilotuntersuchungen wird auf den besonderen Wert von Karten und Luftbildern zur Erfassung von Altstandorten und Altablagerungen hingewiesen (DODT 1986 und 1987, HUBER/VOLK 1987). Hervorzuheben ist, daß sich die genannten Studien entweder auf methodische Grundlagen der Auswertung beziehen (vgl. DODT 1986, 1987 und 1988) oder daß sich die Untersuchungen auf einzelne Fallbeispiele beschränken (HUBER/VOLK 1986). Eine Analyse der Einsatzmöglichkeiten beider Informationsquellen auf der Basis eines großflächigen Untersuchungsraumes mit den vielfältigsten Altlastkategorien fehlt indes.

In der Studie des MURL NRW, dem Leitfaden «Die Verwendung von Karten und Luftbildern bei der Ermittlung von Altlasten» (DODT et al. 1987), wird hervorgeho-

Tabelle 1.4 Informationsquellen zur Altlastenerkundung

1. *Beprobungsloses Verfahren*
   durch Auswertung von Informationsträgern zur Erfassung und indirekten Gefährdungsabschätzung

   1. Ohne Geländearbeit vor Ort, kein direkter Kontakt zur Verdachtsfläche
   a) Auswertung von Informationsträgern über ehemalige Flächennutzung

   Karten
   – Amtliche Kartenwerke (TK 25, DGK 5)
   – Städtische Kartenwerke
   – Flur-/Katasterkarten
   – Private Kartenwerke (Stadtpläne)
   – Themakarten
   – Planungskarten

   Luftbilder
   – Fotografische Aufnahmeverfahren
   – panchr. Schwarzweißbilder
   – Farbaufnahmen
   – Falschfarbaufnahmen (CIR)
   – Fotografische Infrarotaufnahmen (nahes Infr.)
   – Nicht-fotografische Aufnahmeverfahren
   – Thermalbilder
   – RADAR
   – MSS

   Akten von
   – Behörden (Bauakten, Abrißakten, Straßenakten, Baugesuche, Genehmigungsunterlagen, Prüfprotokolle, Schadensmeldungen)
   – Betrieben (Baugesuche, -genehmigungen, Abriß/Stilllegungsakten)

   2. Mit Geländearbeit, direkter Kontakt zur Verdachtsfläche
   Geländekontrolle, Ortsbegehung bzw. Erkundung vor Ort

2. *Beprobte Verfahren*
   zur Erfassung und direkten Gefährdungsbestimmung (Bewertungsverfahren)
   – Geländearbeit, mit Kontakt zur Verdachtsfläche

   Untersuchungsmethoden
   a) Mechanische Untersuchung
      – Boden-/Geländeproben (Schürfen), Bohrungen
      – Geophysikalische Untersuchung/Sondierung
   b) Mechanisch-chemische Untersuchung
      – Hydrogeologische Standortuntersuchung
      – Chemische Analyse
      – Bakteriologische Untersuchung
      – Boden-/Gas-/Luftmessung
   c) Elektromagnetische Untersuchung
      – Radarsondierung (GPR)
      – Magnetometermessung
      – Elektromagnetische Induktion
      – Ultraschallortung

Adreßbücher/Verzeichnisse
Betriebspläne
Firmenchroniken/Festschriften
Befragungen
– ehemaliger Betriebsmitarbeiter
– ehemaligen Behörden-/Dienstpersonals
– Bevölkerung
Pressemitteilungen
Unfall-/Schadensmeldungen
b) Karten zur geo-/hydrogeologischen Standortsituation
 – Aufschüttungs/Ablagerungskarten
 – Bodenkarte von NRW im Maßstab 1 : 25 000, 1 : 50 000 und 1 : 100 000
 – Geologische Karte 1 : 25 000 (nur punktuell vorhanden!)
 – Geomorphologische Karte 1 : 25 000
 – Gewässerstationskarte 1 : 25 000
 – Grundwassergleichkarten 1 : 25 000
 – Grundwasserstände unter Flurkarten von NRW 1 : 50 000 und 1 : 100 000
 – Hydrogeologische Karte von NRW 1 : 50 000 und 1 : 100 000
 – Hydrologische Karte des Rheinisch-Westfälischen Steinkohlenbezirks 1 : 10 000
 – Ingenieurgeologische Karte von NRW 1 : 25 000
 – Karte zur Wassergewinnung und Lagerung von Abfallstoffen 1 : 50 000

Tabelle 1.5 Bisherige Ansätze zur Erkundung von Altlasten durch Kartenauswertung

Informationsträger	Untersuchungs-durchführer	Vorgehens-weise	Untersuchungsmethode	Bewertung des Informationsträgers zur Erfassung	Bewertung des Informationsträgers zur Gefährdungsabschätzung
Topographische Karte einschl. Stadtpläne	JURUE GB 1981	induktiv	multitemporale Flächennutzungs-kartierung	geeignet für Erfassung von Altanlagen und Altablagerungen; auch über längere Zeiträume (Vergangenheit), kostengünstiger als direkte Untersuchungsverfahren	Eine indirekte Gefährdungsabschätzung von bestimmten Altlastgruppen aufgrund bekannter Kontaminationsfälle möglich; Gefährlichkeitsstufen.
Topographische Karte	S. E. TITUS USA 1981	deduktiv	multitemporale Flächennutzungs-kartierung	Karten sind geeignet für Erfassung von Altanlagen, Altablagerungen.	Induktive Gefährdungsabschätzung auf potentielle Verursacher möglich; keine detaillierten Angaben.
Topographische Karte – TK 25, DGK 5	Hamburg AGAPE 1983/85/86	induktiv, deduktiv	multitemporale Flächennutzungs-kartierung, systematisch, flächendeckend	Kartenauswertung ist geeignet, eingeschränkt aber in Wohngebieten, weil: – die DGK 5 hier keine Geländeform ausweist, – kurzfristige Geländeveränderung nicht erfaßt wird, für offenes Gelände am besten.	Die Kartenauswertung ist lediglich ein Informationsträger unter anderen.
Karten	MELF-Erlaß Schleswig-Holstein 1984	Analyse wird nicht bestimmt	Vergleich der Grundriß- und Höhendarstellung, visuelle Erkundung anhand der Karteninterpretation; multitemporales Vorgehen angedeutet	Vergleiche der Grundriß- und Höhendarstellung in topogr. Karten mit unterschiedlichen Ausgabejahren zeigen örtliche Situationsveränderungen; besonders geeignet sind TK 25, DGK 5, in Ausnahmefällen liefert die TK 50 ergänzende Informationen durch Vergleich mit älteren Meßtischblättern.	Trägt als eine Informationsquelle zur indirekten Gefährdungsabschätzung bei; Aussagen über den Wert des Informationsträgers liegen nicht vor.
Karten	MELF-Erlaß NRW 5/1985	wird nicht bestimmt	visuelle Erkundung anhand der Karteninterpretation; multitemporales Vorgehen angedeutet	Vergleich der Grundriß- und Höhendarstellung in topogr. Karten mit unterschiedlichen Ausgabejahren ermöglichen die Erfassung v. örtlichen Veränderungen. Vergleich Karte – Luftbild.	Trägt als eine Informationsquelle zur indirekten Gefährdungsabschätzung bei; Aussagen über den Wert des Informationsträgers zur Gefährdungsabschätzung werden nicht gemacht.

Informationsträger	Untersuchungs-durchführer	Vorgehens-weise	Untersuchungsmethode	Bewertung des Informationsträgers	
				zur Erfassung	zur Gefährdungsabschätzung
Karten TK 256, DGK 5	STAWA z. B. Hagen, Lippstadt 1980–85	deduktiv	unitemporales Vorgehen, multitemporal nur bei akuten Schadensfällen	TK 25 und DGK 5 i.d.R. in der aktuellen Ausgabe analysiert.	trägt als eine Informationsquelle zur indirekten Gefährdungsabschätzung bei; Aussagen über den Wert des Informationsträgers werden nicht gemacht.
TK 25, DGK 5	KVR (Informationsdienst Altlasten) 1985	induktiv deduktiv	multitemporale Karteninterpretation	Detaillierte Information zur Erfassung von: – verlassenen und stillgelegten Ablagerungsplätzen, «wilden Ablagerungen»; – Aufhaldungen und Verfüllungen mit umweltgefährdenden Produktionsrückständen in Verbindung mit Bergematerial sind nach ihrer Stoffzusammensetzung nicht zu unterscheiden, – Schadstoffanreicherungen auf Gelände stillgelegter oder noch betriebenen Anlagen sind zu lokalisieren, – Schadstoffanreicherung durch Kriegseinwirkung, Unfall usw. nicht möglich	Informationen fließen in Gefährdungsabschätzung; keine Angaben über den Wert des Informationsträgers.
TK 25, DGK 5 WBK-Karten, Bodenkarten, Stadtgrundkarten, -pläne	Kommunen NRW z. B. Bochum, Dortmund, Gelsenkirchen usw. ab 1980/81 1984/85	meist deduktiv, neuerdings induktiv	multitemporale Flächennutzungskartierung, Karteninterpretation (nicht immer flächendeckend, systematisch; nur auf bekannte Flächen bezogen). Vereinzelt erste flächendeckend systematische Auswertung aller Ausgabezeiten	Karten sind geeignet, sie reichen bis zur Mitte des 19. Jahrhunderts (TK) zurück; Karte als Hintergrundinformation und Erfassungsgrundlage.	Karte nur als ein Informationsmittel zur weiteren Gefährdungsabschätzung; kein Ansatz wie bei JURUE (GB).
TK 25, DGK 5, WBK-Karten, Stadtpläne/Stadtkarten	J. Dopp et al. Auftrag des MURL NRW 1987	induktiv und deduktiv	multitemporale Flächennutzungskartierung im Sinne einer Realnutzungskartierung. Methodische Vorgaben zum Einsatz und Aussagewert von Karten für die Altlasterkundung	TK 25, DGK 5, WBK-Kartenwerke und Stadtpläne sind als Informationsträger zur Altlasterkundung besonders geeignet, da sie detailliert Auskunft über Altstandorte, Altablagerungen geben.	Die Karteninformation kann im Rahmen einer indirekten Gefährdungsabschätzung in der Phase der Materialsammlung Informationen liefern.

Tabelle 1.6 Bisherige Ansätze zur Erkundung von Altlasten durch Luftbildauswertung

Informationsträger	Untersuchungs-durchführer	Vorgehens-weise	Untersuchungsmethode	Bewertung des Informationsträgers zur Erfassung	Bewertung des Informationsträgers zur Gefährdungsabschätzung
Luftbild fotogr. Aufnahmeverfahren (panchr.)	B. A. Nelson USA 1981	deduktiv	historische Luftbildauswertung, multitemporale Flächennutzungskartierung	Luftbildauswertung ist die beste Vorgehensweise, um Grenze v. aktuellen u. potentiellen Standorten zu bestätigen. Stereoskopische Auswertung als Hauptinformationsquelle der Erfassung (allerdings aufbauend auf Karteninformation).	Prioritätensetzung durch weitere Untersuchung möglich.
panchr. SW-Aufnahmen	G. E. Schreiber USA 1981	deduktiv	multitemporale Flächennutzungskartierung	Luftbildauswertung liefert Information f. Identifizierung u. Charakterisierung kontaminierter Standorte.	Abschätzung der Gefährdungspfade für die Umgebung möglich.
panchr. SW- und Farbaufnahmen	S. E. Titus USA 1981	deduktiv	multitemporale Flächennutzungskartierung	Erfassung v. Altstandorten durch Luftbild effektiv, zeitsparend, kostengünstig. Auswertung ergibt insgesamt eine hohe Rate der Aufklärung.	indirekter Schluß auf mögliche kontaminierte Standorte.
panchr. SW-Aufnahmen	T. L. Erb u. a. USA 1981	deduktiv	multitemporale Flächennutzungskartierung	Erfassung v. Deponien, Landverfüllungen u. detaillierte Hinweise auf abgelagertes Material (Metallfässer) möglich.	Nach Luftbildauswertung Maßnahmen u. Strategien zur Beseitigung v. Versickerungen u. Kontaminationen möglich.
panchr. SW-Aufnahmen	Jurue (GB) 1981	induktiv	multitemporale Flächennutzungskartierung	Luftbild ist geeignet zur Erfassung v. ehemaligen Betrieben u. Altablagerungsstandorten, jedoch nicht so gut wie Karten.	induktive Gefährdungsabschätzung möglich durch Kenntnisse über Betriebe u. deren mögliche Bodenkontamination.
panchr. SW-Aufnahmen; Kriegsbilder 1940–45	Hamburg (BRD) AGAPE 1979/ 1983/85	induktiv deduktiv	multitemporale Flächennutzungskartierung, systematisch flächendeckend; Luftbildauswertung haupts. im Bereich v. Trinkwassereinzugsgebieten, Randregionen, nur 2 Pilotblätter für Wohngebiete.	Für die Erfassung nur bedingt geeignet, es versagt weitgehend: in Wohngebieten mit dichter Bebauung (Identifizierung v. Objekten durch Bepflanzungen – Schatten – erschwert), in Wäldern u. unter Baumkronen, da die Bodensicht verdeckt ist, bei kurzfristigen Geländeveränderungen, die weder in Karte noch in Luftbild erfaßt wurden. Methode für offenes Gelände, Randlage v. Wohngebieten zweckmäßig.	fließt als Teilinformation in AGAPE-Modell mit ein. Keine spezielle Gefährdungsabschätzung über Luftbild.

Informationsträger	Untersuchungs-durchführer	Vorgehens-weise	Untersuchungsmethode	Bewertung des Informationsträgers zur Erfassung	Bewertung des Informationsträgers zur Gefährdungsabschätzung
panchr. SW- und Farbaufnahmen	J. ALBERTZ 1985	induktiv deduktiv	Realflächennutzungs-kartierung, multitemporal	Dokumentation des Landschaftszustands, geeignet zur Erfassung v. Gruben u. Aufschüttungen. Vorteil liegt in der Möglichkeit zur großflächigen Durchführung.	Hinweisquelle f. mögliche Kontaminationen, die durch andere Verfahren überprüft werden müssen. Indirekte Gefährdungsabschätzung bes. bei verschwundenen Gruben, die Schadstoffe enthalten können.
panchr. SW-Aufnahmen, CIR, Kriegsbilder 1940–45	J. ALBERTZ/ W. ZOLLNER 1984	deduktiv	Realflächennutzungs-kartierung, multitemporal, systematisch	Mit panchr. SW-Bildern ist Erfassung möglich, CIR kann in Ausnahmefällen speziell bei jüngeren Altablagerungen (Deponien) durch Vegetationsschäden auf Altlastverdacht hinweisen, Kampfstoffe lassen sich durch SW auffinden.	induktive Gefährdungsabschätzung von möglichen Verdachtsflächen anhand SW- u. CIR-Auswertung.
panchr. SW- und Farbaufnahmen	MELF Schleswig-Holstein 1984	allgemeine Beschreibung	visuelle Erkundung, Kartenvergleich zu Nutzungsänderung	Luftbilder sind hervorragend zur vergleichenden Betrachtung geeignet. Sie können fehlende Vergleichsmöglichkeiten zwischen topographischen Karten nicht nur ergänzen bzw. ersetzen, sondern sind wegen ihres hohen Aussagewertes sehr gut geeignet, Oberflächenveränderungen u. solche im oberflächennahen Bereich durch Einzelinterpretation mitzuteilen.	
panchr. SW-Aufnahmen, IR, CIR	MELF NRW 1985	allgemeine Beschreibung	visuelle Erkundung multitemporale Methode an.	Luftbilder verschiedenen Alters können zur vergleichenden Betrachtung herangezogen werden; (vgl. MELF Schleswig-Holstein); Hinweis auf Kriegsbilder u. die Möglichkeit der Erfassung v. Kriegseinrichtungen.	Zur Ergänzung der Erkundung v. Altablagerungen u. Altstandorten vor Ort Luftbildauswertung, Möglichkeit, zeitl. u. räuml. Entwicklung v. Altablagerungen u. ihrer Einbindung im Raum zu erfassen u. zu beurteilen; zusätzliche Hinweise durch IR u. CIR.
SW-, Farbaufn., CIR Kriegsb. 44/45	KVR 1985	induktiv deduktiv	Realflächennutzungs-kartierung, multitemporal	Altablagerungen, aber nicht Art erfaßbar, Altanlagen detailliert erfaßbar, Kriegseinwirkungen u. zerstörte Anlagen; gut geeignet sind Schrägaufnahmen.	Auswertungsergebnisse fließen in die Gefährdungsabschätzung ein; keine Angaben über den eig. Wert des Informationsträgers.
SW-, Farbaufnahmen, IR, CIR	Kommunen, 84/85 (Hagen, Mülheim, Wuppertal)	deduktiv, selten induktiv	auf bekannte Schadenfälle angewandt, zur näheren Untersuchung	LB bisher unterschätzt, wegen Personal- u. Auswertegerätemangel nicht verwandt, Luftbildpläne (1 : 5000) als Hintergrundinformation, Anschauungsmittel.	keine Bewertung auf Basis von Luftbildern.

Fortsetzung von Tabelle 1.6

Informationsträger	Untersuchungs-durchführer	Vorgehens-weise	Untersuchungsmethode	Bewertung des Informationsträgers	
				zur Erfassung	zur Gefährdungsabschätzung
SW-, CIR-Aufnahmen	E. Huber und P. Volk 1986	deduktiv, induktiv	multitemporale Flächennutzungskartierung anhand von historischen SW-Aufnahmen. Digital aufbereitete CIR-Aufnahmen zur Einzeluntersuchung an Deponien.	Erfassung von Verfüllungen ehemaliger Sandgruben und Steinbrüche. Bestimmung des Ablagerungsmaterials über Parameter wie Hangneigung und Steilheit von Schüttbereichen.	Vitalitätsstudien anhand von CIR-Aufnahmen. Erste Eingrenzung des Ablagerungsmaterials über die Steilheit von Hangneigungen.
Luftbildpläne Panchr. Reihenmeßbilder, Kriegsaufnahmen	J. Dodt et al. Auftrag des MURL NRW und J. Dodt 1986, 1987 und 1988	deduktiv, induktiv	multitemporale Flächennutzungskartierung (Realnutzungskartierung). Leitfaden zur «Verwendung von Karten und Luftbilder bei der Ermittlung von Altlasten.»	Luftbilder ermöglichen eine detaillierte Erfassung von Altstandorten, Altablagerungen und Kriegsschäden auf Produktionsanlagen.	Erste Hinweise zur Abschätzung des Kontaminationspotentials über eine indirekte Gefährdungsabschätzung (über Indikatoren) möglich.
Panchr. Reihenmeßbilder, CIR-Aufnahmen	Umweltbundesamt Österreich 1987	induktiv	multitemporale Flächennutzungskartierung von Altablagerungen. Digitale Datenverarbeitung	Luftbildgestützte Erfassung von Altablagerungen, vorwiegend von als Ablagerungsbereiche geeignete Gruben u. Kiesbaggereien.	Hinsichtlich der Ablagerung ist nur eine grobe Unterscheidung nach Schotter, Erd- u. Schuttmaterial einerseits bzw. Haus- u. Sperrmüll andererseits zu treffen.

ben, daß Karten und Luftbilder als zuverlässige Informationsquellen ein besonderer Stellenwert zukommt. So heißt es dort u.a.: «Eine flächendeckende Lokalisierung von Verdachtsflächen ist mit angemessenem Aufwand nur möglich, wenn die beiden Informationsträger Karte und Luftbild möglichst lückenlos ausgewertet werden und die Bearbeiter mit den Eigenschaften dieser Informationsträger gut vertraut sind und die Methoden der Auswertung beherrschen» (DODT et al. 1987, Vorwort). Mit dem Leitfaden stehen den Kommunen Hilfen zur Verfügung, um die Altlastensuche durch Karten und Luftbilder systematischer zu gestalten.

Wie die in den Tabellen 1.5 und 1.6 zusammengestellten Erfassungsansätze zeigen, geschieht die Ergebnisausweisung und kartographische Darstellung der ermittelten Verdachtsflächen in der Regel durch Stammblätter und Karten in unterschiedlichster Form. In den Studien von ALBERTZ/ZÖLLNER (1984) und HUBER/VOLK (1986) werden die Ergebnisse auf der Basis von amtlichen topographischen Karten lage- und grundrißtreu in den Maßstäben 1 : 4000 bis 1 : 10000 wiedergegeben. DODT et al. (1987) zeigen eine parzellenscharfe Ausweisung von Altablagerungen und Altstandorten auf der Basis der DGK 5. Von behördlicher Seite stellt die bereits erwähnte «Altlasten-Grundlagenkarte» der STAWA bisher das einzige einheitliche Kartenwerk zur Altlastenerfassung in NRW dar. Seit den letzten Jahren geben Altlasten-Übersichtskarten der Kommunen Auskunft über Verdachtsflächen des jeweiligen Stadtgebietes (z.B. Bochum, Dortmund, Essen, Herne, Münster und Witten). Auf der Basis von Stadtplänen sind die betreffenden Areale in der unterschiedlichsten Weise kartographisch aufbereitet. Auf eine parzellenscharfe Wiedergabe von Verdachtsflächen wird nicht zuletzt aus datenschutzrechtlichen Gründen verzichtet [1.11].

1.3 Gefährdungsabschätzung im Rahmen der Altlastenerkundung

1.3.1 Begriffsbestimmung

Die Gefährdungsabschätzung baut auf der systematischen Erfassung von Verdachtsflächen auf. Ihr Ziel ist die Beurteilung des Gefährdungspotentials von Verdachtsflächen für die Umwelt. Wie zur Erfassung, so ist zur Gefährdungsabschätzung ein systematisches Vorgehen unerläßlich, um Prioritäten für Folgemaßnahmen festzulegen. Grundsätzlich können zwei Vorgehensweisen unterschieden werden (Bild 1.2):

☐ die indirekte Gefährdungsabschätzung; ausgehend von der realen Flächennutzung wird das Kontaminationspotential solcher Areale abgeschätzt, bei denen mit umweltgefährdenden Stoffen umgegangen wurde. Mittels «beprobungsloser» Abschätzungsverfahren kann eine große Anzahl von Verdachtsflächen eines Raumes bewertet und eine vorläufige Gefahrenbeurteilung[1.12] vorgenommen werden.

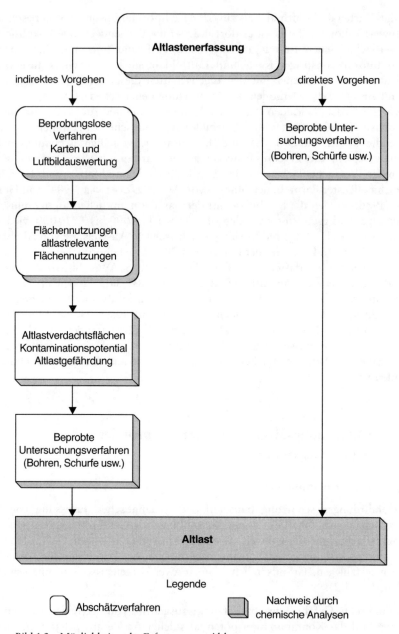

Bild 1.2 Möglichkeiten der Erfassung von Altlasten

☐ die direkte Gefährdungsabschätzung; sie beruht auf Bodenproben und chemischen Analysen, d.h. auf «beprobten» Bewertungsmethoden, die das tatsächliche Ausmaß der Gefährdung anhand von Meßergebnissen belegen. Zweckmäßigerweise sollten diese Verfahren auf den Ergebnissen der indirekten Abschätzung aufbauen, da die vergleichsweise hohen Kosten für Bohrungen und Sondierungen u. ä. eine flächendeckende Untersuchung eines Raumes nicht zulassen. Andernfalls gleicht sie «der berühmten Stecknadel im Heuhaufen», wenn nicht (...) gezielte Hinweise auf bestimmte (...) Abfälle vorliegen.»[1.13]

Im folgenden wird die indirekte Gefährdungsabschätzung näher betrachtet. Zunächst ist im Rahmen einer Erstbewertung bzw. Erfassungsbewertung (FEHLAU 1987a, S. 3) zu klären, ob

☐ «eine Erfordernis zum sofortigen Handeln (Anordnung von Maßnahmen) besteht,
☐ weitere Ermittlungen durch örtliche Untersuchungen und sachkundige Beurteilung geboten erscheinen,
☐ eine regelmäßige Überwachung oder Sanierungsmaßnahmen anzuordnen (durchzuführen) sind und hinreichend bestimmt werden können,
☐ eine Entlassung aus der regelmäßigen Überwachung vertreten werden kann.»[1.14]

Im einzelnen sollen in der Erstbewertung in Anlehnung an FEHLAU (1987a, S. 8) und BAUER (1987, S. 46–48) Informationen über die gefahrenverdächtige Altablagerung oder den Altstandort zusammengestellt werden, wie:

☐ Flächengröße und räumliche Ausdehnung,
☐ Zeitraum der Ablagerung bzw. des Betriebes,
☐ Art, Menge, Beschaffenheit und Verteilung der Abfälle bzw. Schadstoffe.

Des weiteren sind alle natürlichen und sonstigen Gegebenheiten der Standortumgebung festzuhalten, von denen die Schadstoffausbreitung beeinflußt werden kann, d.h. die Überprüfung sämtlicher in Betracht kommenden Gefährdungspfade. Ebenso müssen die aktuellen und geplanten Flächennutzungen des Standortes und in der Umgebung berücksichtigt werden.

So sind bei Altstandorten und militärischen Anlagen branchentypische Unterlagen auszuwerten, denen Hinweise auf spezifische Schadstoffe zu entnehmen sind.

Ein einheitlicher Kriterienkatalog zur Abschätzung des Gefährdungspotentials von Altlastverdachtsflächen, der die oben genannten Gesichtspunkte berücksichtigt und nach dem eine Erstbewertung erfolgen kann, wird z.Z. erarbeitet.

Die Erstbewertung stellt somit im Rahmen des Ablaufschemas zur Altlastenermittlung das Bindeglied zwischen den in der Materialsammlung erfaßten Daten und einer weiterführenden Abschätzung des Gefährdungspotentials von Altlastverdachtsflächen dar.

1.3.2 Bisherige Ansätze zur Gefährdungsabschätzung

Bisherige Verfahren zur Gefährdungsabschätzung von Verdachtsflächen sind in den wenigsten Fällen im Anschluß an eine systematische Erfassung durchgeführt worden. Vielmehr wird nachträglich die Umweltgefährdung einzelner bekanntgewordener Schadensfälle untersucht. Die Verfahren beziehen sich vorrangig auf Altablagerungen, während Altstandorte nur vereinzelt berücksichtigt werden. Beurteilungsverfahren sind direkte, beprobte Methoden.

Obwohl eine Gefährdungsabschätzung von Verdachtsflächen in den Richtlinien zur Altlastenermittlung von den zuständigen Behörden gefordert wird, fehlen bisher einheitliche Verfahren wie Prüfraster und Bewertungsschemata zur Abschätzung und Bewertung der Umweltgefährdung von Altlastverdachtsflächen. Richtungsweisende Ansätze existieren zur Zeit nur in Einzelstudien aus den USA. Sie basieren auf beprobungslosen Verfahren, die anhand von Hinweisen aus Akten, Betriebsunterlagen und Befragungen die Abfallart bestimmen und die Ausbreitung von Giftstoffen über die Belastungs- und Gefährdungspfade (u.a. Wasser, Boden und Luft) vornehmlich für Altablagerungen abschätzen [1.15].

Erste Ansätze zur Abschätzung des Gefährdungspotentials von Altstandorten enthalten die Fallstudie von JURUE (Joint Unit For Research on the Environment 1981) sowie die NATO-CCMS-Studie «Contaminated Land» (1982) und die «Branchentypische Inventarisierung von Bodenkontaminationen – ein erster Schritt zur Gefährdungsabschätzung für ehemalige Betriebsgelände» [1.16]. Sie beziehen sich jedoch lediglich auf eine Auswahl von Altstandorten einzelner Branchen, ohne deren Produktions-/Betriebsanlagen(teile) näher zu untersuchen. Ein Verfahren, das als erste flächendeckend angewandte Methode eine besondere Beachtung verdient, ist die Hamburger Studie zur «Abschätzung des Gefährdungspotentials von Altablagerungen zur Prioritätenermittlung» (AGAPE) [1.17]. Neben diesen wenigen Einzelstudien und Modellen, die bisher noch keine Allgemeingültigkeit erlangt haben, befinden sich derzeit in den einzelnen Bundesländern – so auch in NRW – Studien über eine systematische Gefährdungsabschätzung in der Erarbeitung bzw. müssen ihre Anwendbarkeit in der Praxis erst bestätigen [1.18].

Vergleicht man abschließend die Zusammenstellungen in den Tabellen 1.5 und 1.6 zum Aussagewert und zur Bewertung der Informationsquellen für eine Gefährdungsabschätzung in bisherigen Studien, so wird – wie für die Erfassung – deutlich, daß der Gebrauchswert und die Einsatzmöglichkeiten in den meisten Fällen lediglich angedeutet, jedoch nicht weiter konkretisiert werden. Selbst das Hamburger Modell AGAPE, in dem die Luftbildinformation neben anderen Informationsquellen direkt in die Gefährdungsabschätzung einfließt, zeigt bei näherer Betrachtung eine noch unzureichende Ausnutzung des Informationsgehaltes von Luftbildern [1.19]. Während in Veröffentlichungen von FEHLAU (1987b, S. 20) der Wert der Karten- und Luftbildauswertung nur für die systematische und flächendeckende Lokalisierung von Altablagerungen und Altstandorten hervorgehoben wird, die Erstbewertung aber weiterhin auf den klassischen Informationsträgern (Aktenmaterial, Behördenunterlagen) beruht, weisen die Veröffentlichungen von DODT

(1986) und (1987) auf die Möglichkeit hin, das Kontaminationspotential von Betriebsgeländen durch Karten- und Luftbildauswertung abzuschätzen. Beide Informationsquellen sind demzufolge nicht nur zur Erfassung (Lokalisierungsphase) einzusetzen. Im Rahmen der Gefährdungsabschätzung können sie wesentlich dazu beitragen, «die unabdingbaren terrestrischen Erkundungen gezielt anzusetzen, sie dadurch zu beschleunigen und letztlich kostengünstiger zu gestalten» [1.20].

Betrachtet man abschließend die Ansätze zur Gefährdungsabschätzung hinsichtlich einer Darstellung der Ergebnisse, so ist festzuhalten, daß sie lediglich auf eine tabellarische Auflistung bzw. textliche Zusammenstellung der Beurteilungskriterien beschränkt bleibt. Kartographische Darstellungen zur Veranschaulichung der Ergebnisse der Gefährdungsabschätzung fehlen bisher in allen Untersuchungen.

2 Vorüberlegungen zur Altlastenerkundung durch Karten- und Luftbildauswertung

2.1 Karten und Luftbilder im Rahmen der Altlastenerkundung

2.1.1 Kriterien zur Verwendung von Informationsquellen

Um eine systematisch-flächendeckende Erfassung und Gefährdungsabschätzung im Sinne des MELF NRW zu realisieren, sind Informationsquellen gezielt einzusetzen, die den Ansprüchen eines solchen Untersuchungsverfahrens gerecht werden. Zur Auswahl geeigneter Informationsquellen gilt es zunächst, die Anforderungen an die Erfassung von Verdachtsflächen genau zu analysieren und Eignungskriterien abzuleiten, die in einem Katalog zusammengestellt sind (Tabelle 2.1).

Neben einer thematisch-inhaltlichen Ausrichtung auf raumrelevante Informationen, die Hinweise auf gefahrenverdächtige Flächennutzungen industriegewerblichen Ursprungs enthalten (Abschnitt 1.1.2), sind die ersten drei Kriterien des Katalogs als primäre Anforderungen zur Wahl eines Informationsträgers anzusprechen. Weitere Kriterien sind im Anschluß zur Untersuchung des Eignungswertes heranzuziehen.

Eine der grundlegenden Anforderungen, die an mögliche Informationsquellen zu stellen ist, erwächst aus dem Tatbestand, daß Altlasten bereits seit den Anfängen der Industrialisierung entstanden sind. Sollen sämtliche altlastverdächtigen Areale systematisch ermittelt werden, müssen die Informationsquellen weit in die Vergangenheit zurückreichen und bis heute zeitlich möglichst lückenlos vorhanden sein (zeitliche Kontinuität). Die Häufigkeit bzw. Anzahl der Zeitschnitte einer Informationsquelle sollte dabei so groß wie möglich sein. Die Zeitschnitte sollten eng aufeinanderfolgen. Zeitlücken, in denen altlastrelevante Veränderungen stattgefunden haben, können auf diese Weise minimiert werden.

Ein weiteres Kriterium resultiert aus der Forderung des MELF NRW nach einer flächendeckenden Altlastenermittlung. Eine Informationsquelle muß dementsprechend nicht nur punktuelle Einzelheiten bzw. einzelne Betriebsgelände (Teilflächen) wiedergeben, sondern sollte sich vielmehr über großflächige Räume (Teil- bzw. Gesamträume von NRW) erstrecken. Dabei sind besonders die Informationsquellen von Bedeutung, deren flächendeckendes Vorhandensein sich auf alle Zeitschnitte – auch auf die der Vergangenheit – bezieht.

Von vergleichbarer Bedeutung für die Wahl zur Verdachtsflächenerkundung ist die Verfügbarkeit und Zugänglichkeit eines Informationsträgers. Der Fundort (Bezugsort) der Informationsquelle sollte nachgewiesen und bekannt, die Informationsquelle selbst zeitlich und flächendeckend vollständig vorhanden und frei

Tabelle 2.1 Anforderungen und Eignung von Karten und Luftbildern als Informationsquellen zur Altlastenerkundung

Anforderungskriterien	Amtl. topogr. TK 25	Karten DGK 5	Kartenwerk der WBK Bochum	Luftbilder
Zeitliche Kontinuität	+	O	+	+
Zeitliches Zurückreichen	++	O	+	+
Häufigkeit der Zeitschnitte	+	+	O	++
Zeitlicher Abstand der Zeitabschnitte	O	O	O	+
Flächendeckend. Vorhandensein	+	O	O	+
für Teilräume	+	+	+	O
Gesamt – NRW	+	O	–	+
zu allen Zeitschnitten	+	O	O	+
zu den ältesten Zeitschnitten	+	–	O	+
zu den jüngsten Zeitschnitten	+	+	O	+
Verfügbarkeit/Zugänglichkeit	++	+	–	+
Fundquelle/Bezugsquelle bekannt	++	+	O	+
Vollständigkeit:				
– der zeitlichen Kontinuität	+	O	O	O
– der Flächenabdeckung	+	O	O	O
Frei zugänglich	++	++	–	+
Archiviert	++	+	O	+
Objektivität/Zuverlässigkeit	O	+	O	++
Sachlich/Inhaltliche Richtigkeit	O	+	O	++
Inhaltliche Vollständigkeit	O	+	O	++
Genauigkeit der räumlichen Lokalisierung und Abgrenzung	O	+	+	+
Geometrische Genauigkeit der Lagedarstellung	O	+	+	+
der Arealabgrenzung	O	+	+	+
Auswertbarkeit der Infoquelle	+	+	+	O
Technische Anforderungen	+	+	+	O
Methodische Anforderungen	+	+	+	O
Arbeitsaufwand (Zeit)	+	+	+	O
Datenmaterial-Beschaffung	+	+	O	O
Geräteeinsatz	+	+	+	–
Auswertung	+	+	+	O
Kostenaufwand	+	+	+	O
Datenmaterialbeschaffung	+	+	+	+
Geräteeinsatz	+	+	+	O
Auswertung	+	+	+	O
Zugänglichkeit der Verdachtsfläche	++	++	++	++
Einsichtnahme/Untersuchbarkeit der Verdachtsfläche	++	++	++	++
Ohne Beeinträchtigung durch Datenschutzbelange	++	++	++	++

Fortsetzung von Tabelle 2.1

Anforderungskriterien	Amtl. topogr. TK 25	Karten DGK 5	Kartenwerk der WBK Bochum	Luftbilder
Anonymität der Untersuchung	++	++	++	++
Ohne Störung und Sensibilisierung der Bevölkerung im U.-Raum	++	++	++	++
Untersuchung ohne Gefährdung des Auswertepersonals durch direkten Kontakt mit der Unters.-Fläche	++	++	++	++

Legende: Bewertungsstufen für die Eignungskategorien
++ Informationsquelle ist sehr geeignet
+ Informationsquelle ist gut geeignet
O Informationsquelle ist mäßig geeignet
− Informationsquelle ist wenig geeignet
−− Informationsquelle ist ungeeignet

zugänglich sein. In diesem Zusammenhang ist ebenfalls die Art der Aufbewahrung, d.h. eine systematisierte Archivierung, wichtig, da auf diese Weise die Suche bzw. die Zusammenstellung des Informationsmaterials wesentlich erleichtert wird.

Im Rahmen der Altlastenermittlung ist eine möglichst große Objektivität von den Informationsträgern zu fordern. Informationen müssen weitgehend der Wirklichkeit entsprechen, sachlich-inhaltlich richtig und möglichst vollständig im Informationsträger aufgenommen werden.

Damit eng verknüpft ist das Kriterium der geometrischen Genauigkeit, d.h. die exakte räumliche Darstellung von Objekten/Sachverhalten bei der Untersuchung. Zu klären ist, inwieweit ein Informationsträger geeignet ist, die tatsächliche Lage und die Arealausdehnung (Flächengröße) einer Verdachtsfläche im Raum wiederzugeben.

Bei dem Kriterium der Auswertbarkeit einer Informationsquelle wird die Frage nach technischen und methodischen Anforderungen gestellt. Dies umfaßt sowohl den Einsatz von speziellen Auswertungsgeräten als auch fach- und methodenspezifische Kenntnisse des Personals (Qualifikation des Auswertungspersonals).

Im engen Zusammenhang damit steht das Kriterium des Arbeits(zeit)aufwandes der Untersuchung. Eine leichte Materialbeschaffung, ein wenig aufwendiger Geräteeinsatz zur Analyse und eine wenig zeitintensive Auswertung durch das Personal sind Faktoren, die den Wert einer Informationsquelle für eine Untersuchung erhöhen.

Aus ihnen resultiert das Kriterium des Kostenaufwandes. Bei der Auswahl von Informationsquellen gilt es zu beachten, daß die Materialbeschaffung, der Geräteeinsatz und die Auswertung möglichst ökonomisch durchführbar sind.

Weiterhin wird die Eignungsbewertung eines Informationsträgers maßgeblich durch die Zugänglichkeit der Verdachtsfläche bestimmt. Darunter fällt eine uneingeschränkte Einsichtnahme bzw. Untersuchbarkeit einer Fläche, die ohne Berücksichtigung von besitzrechtlichen Abgrenzungen und Datenschutzbelangen u. ä. zu untersuchen ist. Außerdem enthält dieses Kriterium, daß Aussagen zu Flächen gemacht werden können, deren aktuelle Folgenutzung (z. B. Überbauung) keinerlei Rückschlüsse auf die altlastrelevante Nutzung in der Vergangenheit zuläßt. Informationsquellen, die die betreffenden Flächen bis weit in die Vergangenheit wiedergeben, sind daher von besonderer Bedeutung. Bei einer Altlastenermittlung muß weiterhin beachtet werden, daß eine Untersuchung ohne nennenswerte Störungen der Umgebung und ohne Sensibilisierung der Bevölkerung abläuft, um eine unnötige Beunruhigung zu vermeiden.

Abschließend sollte die Gefährdung des Auswertungspersonals beim Umgang mit einer Untersuchungsfläche durch den Informationsträger nicht unberücksichtigt bleiben. Ein besonders hoher Eignungswert ist solchen Informationsträgern beizumessen, die einen direkten Kontakt zur gefahrenverdächtigen Fläche ausschließen. Gesundheitsbeeinträchtigende Folgen für das Personal, die aus Schadstoffen resultieren, können auf diese Weise ausgeklammert werden.

2.1.2 Eignung von Karten und Luftbildern zur Verdachtsflächenermittlung

Aus der Fülle der Informationsquellen eignen sich großmaßstäbige topographische Karten und Luftbilder im besonderen Maße zu einer flächendeckenden Altlastenerkundung, da sie als flächenhafte Informationsquellen einen Geländeausschnitt in seiner spezifischen Gestaltung umfassend abbilden bzw. wiedergeben [2.1]. Daraus läßt sich der Tatbestand ableiten, daß bei der Wiedergabe der Wirklichkeit auch industriegewerbliche Flächennutzungen mit aufgenommen sein müssen, die eine Umweltgefährdung vermuten lassen.

Für die Altlastenermittlung am Beispiel der Stadt Bochum und den angrenzenden Bereichen der Kommunen Dortmund, Essen und Gelsenkirchen wurden zur Verifizierung dieser Vermutung über den hohen Nutzen und Aussagewert dieser Informationsquellen folgende Karten und Luftbilder benutzt, deren Eignung im weiteren dargestellt wird (Tabelle 2.1):

Aus der Reihe der Kartenwerke sind die Blätter der amtlichen topographischen Kartenwerke im großen und mittleren Maßstab (HAKE 1975, S. 31), die DGK 5 und die TK 25, ausgewählt worden. Ergänzend zu diesen wird aus dem thematischen Kartenwerk der Westfälischen Berggewerkschaftskasse (WBK) zu Bochum die «Übersichtskarte des Rheinisch-Westfälischen Steinkohlenbezirks 1 : 10 000» und ihre aktuelle Fortführung, die «topographische Karte des Rheinisch-Westfälischen Steinkohlenbezirks 1 : 10 000», herangezogen.

Neben den obengenannten Kartenwerken wird die Eignung der Luftbilder für die Altlastenerkundung untersucht. Aus der Vielzahl unterschiedlicher Aufnahmeprodukte der Fernerkundung sind ausschließlich die fotografischen Abbildungen ausgewählt worden. Hierbei werden die panchromatischen Reihenmeßbilder (in Schwarzweiß und Farbe) näher untersucht, die entweder als Stereobildpaare in den Maßstäben 1 : 6000 bis 1 : 40 000 oder als deren Vergrößerungen (sog. Luftbildpläne 1 : 5000) bzw. deren Verkleinerungen (z. B. Luftbildplanwerk des Deutschen Reiches im Maßstab 1 : 25 000) existieren.

Betrachtet man Tabelle 2.1, so zeichnen sich Karten und Luftbilder für die Altlastenermittlung nicht nur wegen ihrer inhaltlichen Eignung aus. Sie werden zudem weitgehend den Anforderungen einer Verdachtsflächenerkundung gerecht. Im besonderen Maße eignen sich Karten und Luftbilder für die Altlastenerfassung, da sie im Vergleich zu anderen Informationsquellen die Suche nach altlastrelevanten Flächennutzungen bis weit in die Vergangenheit zurück erlauben und zudem für weite Teile von NRW zu verschiedenen Zeiten flächendeckend zur Verfügung stehen (Bild 2.1).

Besonders die TK 25 als ältestes bis heute fortgeführtes amtliches Kartenwerk Deutschlands erfüllt das Kriterium der zeitlichen Kontinuität. Wie kein anderes Kartenwerk existiert sie über 150 Jahre flächendeckend für NRW. Mit den ältesten Ausgaben von 1824/25 (Voraufnahmen zu den späteren Urmeßtischblättern) und 1836/46[2.2], den sogenannten Urmeßtischblättern, und ihren Fortführungsständen bis zur Gegenwart ermöglicht das Kartenwerk eine Rekonstruktion der Flächennutzungsänderungen seit der Industrialisierung[2.3]. Trotz einer Zeitlücke von ca. 50 bis 60 Jahren (zwischen 1836/46 bis 1892/1912) und einer wenig einheitlichen Fortführung der einzelnen Kartenblätter zu unterschiedlichen Zeiten ist die TK 25 bei der Altlastenerkundung von besonderem Wert. Als einziges amtliches topographisches Kartenwerk dokumentiert sie den Zeitraum von 1892 bis 1930, der durch eine industrielle und städtebauliche Expansion und Umstrukturierung geprägt ist. Mit einer Häufigkeit der Zeitschnitte von bis zu 24 Ausgabeständen für Kernräume von NRW (Bereich der Großstadtagglomeration und Westgrenze) kommt die TK 25 einer annähernd lückenlosen zeitlichen Kontinuität nach. Der zeitliche Abstand der Kartenfortführung verringert sich dabei von ca. 10 bis 20 Jahren von 1896 bis Mitte der 20er Jahre auf fünf bis sieben Jahre in der Gegenwart[2.4]. Damit werden auch kurzlebige Flächennutzungsänderungen rekonstruierbar.

Die DGK 5, die als weiteres amtliches Kartenwerk für die Altlastenerkundung herangezogen wird, erfüllt das Kriterium des zeitlich weiten Zurückreichens nicht in dem Maße wie die TK 25. Die DGK 5 existiert nur für einen Zeitraum von ca. 35 Jahren[2.5] (Bild 2.1). Gleichzeitig ist das Kartenwerk durch eine hohe Anzahl von Fortführungsständen gekennzeichnet. Mit ca. 10 bis 15 Ausgaben und Fortführungsabständen, die sich zur Gegenwart hin verkürzen (von zehn Jahren in der Vergangenheit bis fünf bis sieben Jahren in der Gegenwart), stellt die DGK 5 eine unverzichtbare Informationsquelle dar. Während die DGK 5, speziell die DGK 5 L, in ihren aktuellen Ausgaben eine 100%ige Abdeckung von NRW aufweist, nimmt ihre Flächendeckung und Vollständigkeit zur Vergangenheit hin deutlich ab[2.6]. Vor 1950 existiert das Kartenwerk nur in einzelnen Blättern als Vorausgaben, so daß der Wert der DGK 5 hinsichtlich des flächendeckenden Vorhandenseins zu sämtlichen Fortführungszeiten eingeschränkt ist.

Der Wert der WBK-Kartenwerke für eine Verdachtsflächenerkundung liegt darin, daß die Ausgabestände weit in die Vergangenheit zurückreichen. Mit der 1. Auflage zwischen 1912 und 1919 und der 2. Auflage von 1923 bis 1929 gibt das Kartenwerk (Übersichtskarte des Rheinisch-Westfälischen Steinkohlenbezirks) Auskunft über einen Zeitraum, für den es nur wenige Fortführungsstände der TK 25

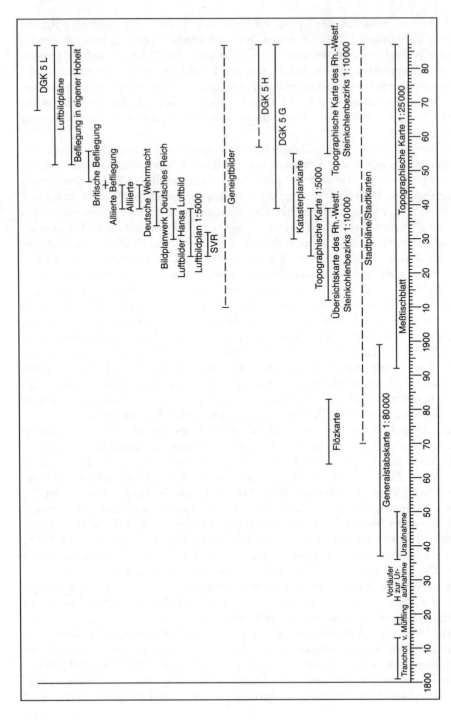

Bild 2.1 Zeitliches Auftreten von Kartenwerken und Luftbildern

und noch keine Luftbilder gibt (Bild 2.1). Die 3. Auflage von 1932 bis 1942 wurde nur für wenige Kartenblätter erstellt. Eine Zeitlücke von 1930/42 bis in die 60er Jahre (topographische Karte des Rheinisch-Westfälischen Steinkohlenbezirks) beeinträchtigt die Eignung des Kartenwerks. Da sich dieses zudem nur auf die Kernräume des damals bergbaulich geprägten Rheinisch-Westfälischen Steinkohlenbezirks bezieht, ist die Altlastenermittlung durch das Kartenwerk ausschließlich auf diesen Raum begrenzt.

Bezüglich der Verfügbarkeit und Zugänglichkeit bestehen Unterschiede zwischen den verschiedenen Kartenwerken. Während die TK 25 selbst in ihren ältesten Ausgaben vollständig erhalten, mustergültig archiviert und frei zugänglich ist, gilt dies bei der DGK 5 nur für die jüngsten, nicht jedoch für ihre ältesten Ausgaben, die Katasterplankarten. Die WBK-Karten sind nur teilweise in kommunalen Archiven vorhanden. Sämtliche Kartenblätter, die bei der WBK in Bochum archiviert sind, unterliegen dagegen Veröffentlichungs-/Freigaberestriktionen, so daß dieses Kartenwerk für die Öffentlichkeit nicht zugänglich ist.

Neben ihrer inhaltlichen Ausrichtung zeichnen sich Luftbilder als Informationsquellen aus, die mit einer hohen Kontinuität weit in die Vergangenheit zurückreichen (Bild 2.1). Nach dem derzeitigen Kenntnisstand (1990) stammen die ältesten Luftbilder aus den 1920er und 1930er Jahren. Außerdem kann für die 1940er Jahre auf ein umfangreiches, jedoch bisher nicht systematisch erschlossenes Bildmaterial aus Alliierten-Befliegungen zurückgegriffen werden, das während der bzw. im Anschluß an die Kriegsjahre (Zweiter Weltkrieg) aufgenommen wurde. Seit 1951 sind Befliegungen zunächst noch unter alliierter Lufthoheit, später (ab 1953) in Eigenverantwortung der Bundesrepublik Deutschland durchgeführt worden. Für den Raum des mittleren Ruhrgebietes liegen Luftaufnahmen mit folgender Flächenabdeckung und zeitlicher Sequenzenfolge vor: Seit 1925/31 existieren sie annähernd flächendeckend für das Verbandsgebiet des damaligen SVR (Siedlungsverband Ruhrkohlebezirk, heute: KVR) und seit 1934/44 mit dem Bildplanwerk des Deutschen Reiches im Maßstab 1 : 25 000 nahezu flächendeckend für den Gesamtraum von NRW. Während Kriegsaufnahmen nur für bestimmte Räume von NRW vorhanden sind, die in der Regel wehrwirtschaftlich wichtige Industriestandorte und militärische Anlagen enthalten, wird die Gesamtfläche von NRW durch die Hochbefliegungen der Alliierten vom Sommer und Spätherbst 1945 nahezu vollständig abgedeckt[2.7]. Annähernd flächendeckend für NRW existieren des weiteren Befliegungen der Alliierten aus den Jahren 1946 bis 1955. Reihenmeßbilder aus Befliegungen in bundesdeutscher Lufthoheit, die seit 1951 zunächst nur die Gebiete der städtischen Agglomerationen NRW (hauptsächlich das Ruhrgebiet und die Rheinlande) abdecken, erstrecken sich – in Form regelmäßiger Befliegungen – seit den 60er Jahren in zunehmendem Maße auf fast alle Regionen von NRW (auch auf die Randgebiete des Münsterlandes, Teutoburger Waldes und des Sauerlandes). Bis zur Gegenwart existieren Bildsequenzen von 10 bis 20 verschiedenen Aufnahmezeiten (ohne die Kriegsaufnahmen der Alliierten)[2.8]. Ähnlich wie bei der TK 25 sind unterschiedlich häufige Sequenzen zwischen den Kern- und Randgebieten des Ruhrgebietes festzustellen. Zahlreiche Einzel- bzw. Trassenbefliegungen können die Eignung von Luftbildern zur Verdachtsflächenerkundung erheblich erhöhen. Luftbilder zeichnen sich besonders durch die vergleichsweise engen Aufnahmesequenzen der einzelnen Bildflüge von 1 bis 5 Jahren bzw. sogar von wenigen Wochen bzw. Monaten der Alliierten-Luftaufnahmen von 1940 bis 1945 aus.

Dagegen wirkt sich die Tatsache, daß das Bildmaterial z. T. nur unvollständig ist, negativ auf die Verdachtsflächenerkundung aus. Wie insbesondere DODT et al. (1987) aufzeigen, wurden eine Vielzahl von Luftbildplänen im Maßstab 1 : 5000 aus der Zeit vor 1944, Reihenmeßbilder der SVR-Befliegung von 1925/31 und deutsche Kriegsschadensaufnahmen angefertigt, deren Existenz zwar nachzuweisen ist, deren Fundorte jedoch bis heute nicht aufgedeckt werden konnten[2.9].

Trotz einer generell freien Verfügbarkeit und Zugänglichkeit von Luftbildern/Bildplänen sind bei der Beschaffung gewisse Nachteile durch eine wenig systematische Erschließung einiger Aufnahmen zu beachten. Zudem können einzelne Bilder bestimmter Flugstreifen aus Geheimhaltungsgründen einer eingeschränkten Freigabe unterliegen[2.10].

Neben der (weitgehenden) Erfüllung der grundlegenden Eignungskriterien zeichnen sich Karten und Luftbilder als objektive Informationsquellen aus, da sie Objekte und Sachverhalte der Realität wirklichkeitstreu darstellen. So geben die TK 25 und DGK 5 als amtliche topographische Karten mittleren und großen Maßstabes die sichtbare Örtlichkeit eines Geländeausschnittes umfassend wieder. Von ihrer inhaltlichen Eignung scheinen sie im besonderen Maße zur Altlastenerkundung geeignet. Im Zusammenhang mit der Darstellung von Geländeformen und der Situationsdarstellung geben sie u. a. Hinweise auf Flächennutzungen anthropogenen Ursprungs, wie das Siedlungs- (Wohnbebauung), Wirtschafts- (Industrie, Gewerbe, Landwirtschaft) und das Verkehrswesen (Straßen, Bahnlinien, Wasserwege) sowie das Gewässernetz[2.11].

Vergleichbares läßt sich auch für die WBK-Kartenwerke festhalten. Neben ihrer inhaltlichen Ausrichtung als Themakarte des Bergbaus, die bergbauliche Anlagen enthält, sind zusätzlich – ähnlich wie bei einer topographischen Karte – das Siedlungsbild und Verkehrsnetz, Industrie- und Gewerbeeinrichtungen, das Gewässernetz und die Geländeformen dargestellt, die bei einer Verdachtsflächenermittlung von Interesse sind[2.12]. In ähnlicher Weise wie die aufgeführten Kartenwerke enthalten die Luftbilder raumrelevante und flächenhafte Informationen. Als wirklichkeitstreue Abbildungen der Realität[2.13] geben sie in Form einer Momentaufnahme sämtliche Flächennutzungen eines Gelände-/Bildausschnittes wieder, so daß auch altlastrelevante Nutzungen mit aufgenommen sein müssen.

Bezüglich des Objektivitätsgrades, d.h. der inhaltlich-sachlichen Richtigkeit und Vollständigkeit sowie der geometrischen Genauigkeit, sind jedoch Unterschiede zwischen Karten und Luftbildern feststellbar. Sie resultieren aus der Art der jeweiligen Informationsaufnahme und -speicherung.

Wie eine Reihe von Veröffentlichungen zur Informationstheorie[2.14] und zur Eignung von Karten und Luftbildern für die Altlastenermittlung von DODT (1987) und DODT et al. (1987) zeigen, weisen Luftbilder aufgrund ihrer wirklichkeitstreuen Wiedergabe als Primärmodelle «keinerlei subjektive Auswahl und Beeinflussung der Inhalte (auf), die erfaßt und wiedergegeben werden» (DODT 1987, S. 26). Als Momentaufnahme geben sie über den jeweiligen Zustand von Objekten/Sachverhalten und so auch über kurzlebige Flächennutzungen Auskunft und nicht wie Karten nur über langlebige. Lediglich der Maßstab und das Auflösungsvermögen bedingen eine «Kompression bzw. Reduktion der Daten und Informationen» (DODT 1987, S. 26). Luftbilder sind demzufolge gegenüber der Wirklichkeit inhaltlich richtig und vollständig. Nur solche Objekte werden nicht abgebildet, die entweder aufgrund ihrer geringen Größe durch das Auflösungsvermögen[2.15], aufgrund ihrer Lage im Schatten anderer Objekte oder durch den Radialversatz (Δr-Effekt) nicht mehr wiedergegeben werden können.

Karten als Sekundärmodelle der Wirklichkeit weisen durch die Geländeaufnahme und die kartographische Umsetzung in Kartenzeichen eine inhaltliche Reduktion und Selektion der Information der Realität auf. Sie unterliegen einer inhaltlichen und geometrischen Generalisierung, die «ein gewisses Maß an Subjektivität» (DODT 1987, S. 26) impliziert. Durch Kartenerlasse, Aufnahme- und Zeichenvorschriften (Musterblätter) wird diese bei den amtlichen topographischen Karten (TK 25 und DGK 5) vermindert, die Datenaufnahme und -umsetzung wird nachvollziehbar und objektiviert. Auch den WBK-Karten liegen Aufnahme- und Zeichenvorschriften, sog. Riß-Erlasse[2.16], zugrunde. Im Gegensatz zu Luftbildern sind Karten damit als wirklichkeitsnahe Informationsträger zu bezeichnen, die die Realität mit einer eingeschränkten Objektivität und reduzierten Datenfülle wiedergeben.

Der besondere Wert von Karten und Luftbildern liegt somit darin, daß sie nicht nur in der Gegenwart objektive und wirklichkeitstreue bzw. -nahe Informationsquellen sind, sondern auch mit den ältesten Ausgaben/Aufnahmen dem Kriterium der Objektivität gerecht werden. Die Eignung beider Informationsträger wird außerdem durch die Möglichkeit einer genauen räumlichen Lokalisierung und Abgrenzbarkeit von Objekten/Sachverhalten bestimmt, die allerdings nicht ganz frei von aufnahmetechnisch und geometrisch bedingten Fehlern ist.

Bei der TK 25, besonders bei ihren älteren Ausgaben, ist aufgrund vermessungsbedingter Ungenauigkeiten und aufgrund von Fehlern, die aus der Zeichenungenauigkeit und der geometrischen Generalisierung resultieren, nur eine lage- und grundrißähnliche Ausweisung von Verdachtsflächen möglich (Tabelle 2.2).

Demgegenüber gestattet die DGK 5 eine lage- und grundrißtreue Wiedergabe (vereinzelt auch Grundstücksgrenzen, soweit dies maßstabsbedingt möglich ist; HAKE 1975, S. 246), da sie weitgehend frei von einer geometrischen Generalisierung ist und auf genaueren vermessungstechnischen Aufnahmeverfahren (u. a. fotogrammetrische Luftbildauswertung für Grundriß und Höhe) basiert (Tabelle 2.2). Auch die Kartenwerke der WBK zeichnen sich durch eine lage- und grundrißtreue Wiedergabe von Einzelobjekten und Flächen aus. So weist die «Übersichtskarte des Rheinisch-Westfälischen Steinkohlenbezirks» von 1912 bereits eine Genauigkeit auf, die erst in späterer Zeit die DGK 5 erreicht. Für die «topographische Karte des Rheinisch-Westfälischen Steinkohlenbezirks» gelten entsprechend der DGK 5 die gleichen Genauigkeitsansprüche, da diese als Basiskarte zugrunde liegt.

Tabelle 2.2 Zur Genauigkeit der Lokalisierung und Abgrenzung von Objekten/Sachverhalten in der TK 25, DGK 5, WBK-Karten und im Luftbild

Informationsquellen	Lagefehler	Höhenfehler	Kartiergenauigkeit	Generalisierungseinfluß	Situationsdarstellung
TK 25					
Vorausgaben, Urmeßtischblätter	± 18 bis 100 m	–	± 3,8 bis 5 m	ja, u.a. Verdrängung von 20 m und mehr	Lage und -grundrißähnlich
Königlich Preuß. Landesaufnahme	bis zu ± 18 m	± 4 m	± 3,8 bis 5 m	ja, u.a. Verdrängung von bis zu 20 m	Lage- und grundrißähnlich
Meßtischblätter von 1930 bis 1949	bis zu ± 6 m	± 0,5 m	± 3,8 bis 5 m	ja, u.a. Verdrängung von bis zu 20 m	Lage- und grundrißähnlich
Aktuelle TK-25-Ausgaben	± 3,8 m	± 0,4 bis 0,5 m	± 3,8 bis 5 m	ja, u.a. Verdrängung von bis zu 20 m	Lage- und grundrißähnlich
DGK 5					
TK 5	± 3 bis 7 m	± 0,3 m	± 0,8 bis 1 m	nein	Lage- und grundrißähnlich
Katasterplankarte	± 2,1 bis 2,4 m	± 0,2 m	± 0,8 bis 1 m	nein	Lage- und grundrißähnlich
DGK 5	± 3 m	± 0,2 bis 0,3 m	± 0,8 bis 1 m	nein	Lage- und grundrißähnlich
WBK-Karten					
Übersichtskarte des Rheinisch-Westfälischen Steinkohlenbezirks 1 : 10000	vermutlich ± 5 bis 10 m	–	± 1,5 bis 2 m	weitgehend frei von Generalisierung	Lage- und grundrißtreu
Topographische Karte des Rheinisch-Westfälischen Steinkohlenbezirks 1 : 10000	entspricht der DGK 5 ± 3 m	entspricht der DGK 5 ± 0,2 bis 0,3 m	± 0,8 bis 2 m	nein	Lage- und grundrißtreu

Informationsquellen	Lagefehler	Höhenfehler	Kartiergenauigkeit	Generalisierungs-einfluß	Situationsdarstellung
Luftbilder nicht entzerrter Reihenmeßbilder 1 : 10000 bis 1 : 13000	je nach Höhenunterschieden des Geländes ca. 5 bis 20 m je nach Auswertegerät von wenigen cm bis 5/7 m	je nach Auswertegerät wenige cm bis 1 m	± 1 bis 1,5 m	nein	Lage- und grundrißtreu nach Einpassung in eine Lage- und grundrißtreue Basiskarte, Identifizierung von Einzelobjekten mit einer Minimaldimension von 0,3 bis 0,4 m
1 : 4000 und größer	wenige Zentimeter bis Meterbereich	wenige cm	± 1 bis 1,5 m	nein	Identifizierung von Einzelobjekten mit einer Minimaldimension von 0,2 bis 0,3 m

Zusammengestellt nach den Unterlagen von ABENDROTH (1910), J. DODT (1986), G. KRAUS (1968 b), R. SCHMIDT (1973), W. STAVENHAGEN (1900), F. VOSS (1976) und den Musterblättern der TK 25 und DGK 5.

Werden dagegen Reihenmeßbilder oder nicht entzerrte Luftbildpläne ausgewertet, so ist aufgrund der zentralperspektivischen Abbildungsweise mit absoluten und relativen Lagefehlern (u. a. uneinheitlicher Maßstab) zu rechnen. Hinzu kommen der Punktversatz sowie Strecken-, Flächen- und Winkelverzerrungen, die zu einer grundrißverzerrten Abgrenzung von Verdachtsflächen führen[2.17]. In der Praxis lassen sich jedoch diese abbildungs- und aufnahmebedingten geometrischen Ungenauigkeiten durch den Einsatz von höherwertigen Luftbildauswertungsgeräten, nicht jedoch mit den vielfach gebräuchlichen Taschen- und Spiegelstereoskopen, und/oder durch einfache rechnerische Verfahren beseitigen. Setzt man voraus, daß das Auswertungspersonal mit den Abbildungs- und geometrischen Eigenschaften beider Informationsquellen vertraut ist und zur Luftbildanalyse zumindest optische Umzeichengeräte herangezogen werden können, so lassen sich diese Ungenauigkeiten bei der Lokalisierung und Abgrenzung von Verdachtsflächen gering halten.

Das Kriterium der Auswertbarkeit, d.h. die technischen und methodischen Anforderungen, wird von beiden Informationsträgern in unterschiedlichem Maße gut erfüllt. Im Vergleich zu Luftbildern sind die technischen Anforderungen zur Kartenauswertung als weitgehend problemlos einzustufen. Selbst Karteninhalte verschiedener Aufnahmemaßstäbe lassen sich (trotz kartenspezifischer geometrischer Eigenschaften) über eine Maßstabsanpassung auf rechnerisch-grafischem bzw. optischem oder fotomechanischem Weg auswerten.

Die technischen Anforderungen der Luftbildauswertung sind demgegenüber wesentlich höher. Stereoskopische Betrachtungs- und Umzeichengeräte sind unerläßlich, soll der hohe Informationsgehalt dieses Informationsträgers ausgeschöpft und trotz aufnahme- bzw. abbildungsbedingter geometrischer Eigenschaften der verschiedenen Luftbilder eine ausreichende Genauigkeit der Lokalisation und Abgrenzung erzielt werden.

Auch bezüglich der methodischen Anforderungen zur Auswertung sind Unterschiede zwischen beiden Informationsquellen festzuhalten.

Die Kartenauswertung kann von der methodischen Seite relativ problemlos durchgeführt werden. Vom Auswerter wird lediglich ein einfaches Kartenlesen verlangt, d.h. ein Vergleich der im Kartenfeld aufgeführten Signaturen mit den entsprechenden Signaturen in der Legende bzw. in den vollständigeren Musterblattanweisungen. Die Kartenauswertung weist dabei – im Vergleich zur Luftbildauswertung – den großen Vorteil auf, daß aufgrund der eindeutigen Codierung von Kartenzeichen innerhalb eines Kartenwerkes Objekte/Sachverhalte auch dann fehlerfrei und eindeutig erschlossen werden können, wenn das Auswertungspersonal die entsprechenden altlastrelevanten Objekte/Sachverhalte von ihrem Erscheinungsbild in der Wirklichkeit nicht kennt.

In der Praxis treten allerdings gewisse Probleme dadurch auf, daß die Karteninhalte nicht entsprechend den altlastrelevanten Flächennutzungen als Suchinhalte ausgewiesen und klassifiziert sind und nicht alle Inhaltskategorien durch den Vorgang des Kartenlesens direkt zu entnehmen sind.

Nach den Ausführungen von DODT et al. (1987, S. 13 ff.) kann den amtlichen topographischen Kartenwerken DGK 5 und TK 25 ein Teil an altlastrelevanten

Informationen in der Regel nur indirekt und über Indikatoren entnommen werden. Da diese Objekte/Sachverhalte nicht direkt codiert und nur durch eine sachbezogene Deutung ihrer Merkmalsausprägungen zu ermitteln sind, ist eine hohe Fehldeutungs- bzw. Unsicherheitsrate nicht auszuschließen. Ergebnisse sind daher durch andere Informationsquellen (z.B. Luftbilder, Betriebspläne usw.) zu verifizieren.

Während die methodischen Anforderungen zur inhaltlichen Erschließung der Karteninformation bei Karten eines Ausgabestandes keinerlei größere Probleme bereitet, sind im Rahmen einer Auswertung unterschiedlicher Ausgabe-/Fortführungszeiten eines Kartenwerkes zusätzliche Aspekte zu beachten. Die in den Musterblättern aufgeführten Karteninhalte haben im Laufe der Zeit einen Wandel in der Aufnahme- und der Darstellungsweise erfahren. Veröffentlichungen von DODT (1987) und DODT et al. (1987) weisen darauf hin, daß dieser Inhaltswandel in den verschiedenen Ausgaben der Zeichenvorschriften (Musterblättern) bei den amtlichen Kartenwerken z. T. ein erhebliches Ausmaß annehmen kann.

Weiterhin wird die Auswertbarkeit von Karten durch die unterschiedliche Art und den Umfang der Fortführung des Karteninhaltes in den amtlichen topographischen Karten bestimmt und oft auch eingeschränkt. Für den Auswerter gilt es dabei zu prüfen, inwieweit durch die unterschiedlichen Fortführungsstufen der TK 25 und DGK 5 eine Aktualisierung des Karteninhaltes zugleich auch eine vollständige Wiedergabe sämtlicher Veränderungen von Objekten/Sachverhalten der Wirklichkeit (altlastrelevante Nutzungen) bedeutet. Wie die Gegenüberstellung der einzelnen Fortführungsarten und deren Darstellungselemente in Tabelle 2.3 zeigt, bestehen z. T. deutliche Unterschiede in der Aufnahme von Darstellungselementen zwischen den Fortführungsarten. Altlastrelevante Objekte/Sachverhalte werden in Karten nicht immer vollständig wiedergegeben. Während sich «redaktionelle Änderungen» vorwiegend nur auf Namenskorrekturen und Grenzberichtigungen beziehen, werden bei der Kartenfortführung mit «(einzelnen) Nachträgen» u. a. Veränderungen des Siedlungswesens aufgenommen. Eine umfassende Aufnahme der tatsächlichen Veränderungen im Flächennutzungsgefüge ist nur bei einer Neuauflage der Karte als «Berichtigungsausgabe» zu erwarten. Insgesamt muß beachtet werden, daß häufig nur Veränderungen des Grundrisses vorgenommen werden, während Veränderungen der Bodenformen, die Auskunft über Altablagerungen geben, selbst in einer Berichtigung in älteren Kartenauflagen nicht immer vollständig wiedergegeben sind[2.18]. Ebenso sollte bei einer Kartenanalyse berücksichtigt werden, daß in älteren Auflagen die Fortführung des Grundrisses und der Geländeform von Industrieflächen unvollständig sein kann, da dem Vermessungspersonal der Zutritt auf das Firmengelände oftmals untersagt wurde. Die Kartenfortführung stützte sich daher häufig auf betriebsinterne Unterlagen, die nicht immer den tatsächlichen Gegebenheiten entsprachen. Da auch die Kartenlaufendhaltung und damit verbunden die zu aktualisierenden Karteninhalte im Laufe der Zeit einen Wandel erfahren haben können, sollte die Kartenfortführung für den gesamten Zeitraum der Ausgabe eines Kartenwerkes geprüft werden.

Tabelle 2.3 Art und Umfang der Fortführung des Karteninhaltes in den verschiedenen Fortführungsstufen der TK 25 und DGK 5

Autor/Jahr	Berichtigung	Nachträge	Redaktionelle Änderungen
Zentraldirektorium der Vermessungen Sitzung vom 11. 5. 1872 (nach STAVENHAGEN 1900)			Anordnung: «… bezieht sich auf Meßtischblätter 1 : 25 000…, daß die älteren Aufnahmen, gestützt auf *Geländeerkundungen*, auf dem laufenden zu erhalten seien …» (S. 550)
Von MOROZOWICS 1878	Forderung: «Aber die Zeit für diese Neuaufnahme ist nach dem allgemeinen Arbeitsplan noch nicht gekommen, der Generalstab steht den eingreifenden Änderungen machtlos gegenüber und kann sich nur darauf beschränken, die *Hauptkommunikationen, Eisenbahnen* und *Chausseen* zu berichtigen.»		«… Anspruch, daß wenigstens alle 10 Jahre jedes Kartenblatt einmal neu *rekognosziert* und *korrigiert* werden möge …»
Beschluß der Kommission des Zentraldirektoriums vom 25. 4. 1884	1. *Kurrenthaltung* des Straßennetzes. 2. Erfassung der Veränderungen in den Kulturen durch *Rekognoszierung*. 3. *Berichtigung* der Karten hinsichtlich der Wohnplätze. 4. Kurrenthaltung der Karten in bezug auf die Beränderungen an Gewässern, Eisenbahnlinien, Wegen und Wohnplätzen in den Forsten. 5. Alle zweifelhaften Fälle klären Beamte der Landesaufnahme durch Rekognoszierung.		
Von LOESCHEBRAND 1925	Berichtigt: «… ist eine Karte, welche durch eine eingehende Erkundung auf den Stand einer Neuaufnahme gebracht ist.» (Zwischen 10 – 25 Jahre)	*Nachträge:* «… wenn nur die wichtigsten Dinge wie Eisenbahnen, Straßen, Kanäle, größere Ortschaften berücksichtigt sind.» (Turnus 3 – 4 Jahre) Kleine Nachträge: «… daß nur unwesentliche Korrekturen erfolgt sind.» (S. 37).	
Vorschrift für die topographische Abteilung des Reichsamts für Landesaufnahme Heft IV 1935 und 1939	Berichtigung: «Um die Blätter 1 : 25 000 vorwiegend im Grundriß, in einzelnen Fällen auch in der Geländedarstellung wieder auf den ungefähren Stand einer Neuaufnahme zu bringen.» (S. 1) «Mangelhafte Aufnahmen nur durch Neuaufnahme ersetzen.» «*Der Arbeitsgang der Berichtigung* besteht vor allem in der *Durchführung des ganzen Grundrisses* auf eingetretene Veränderungen und deren maßgetreuer Eintragung. Der Erkunder muß dazu das ganze Blatt stückweise mit der Natur vergleichen.…»	*Einzelne Nachträge:* «Um Veränderungen an Eisenbahn-, Reichsautobahn- (1935 nicht, erst 1939 neu) und Straßennetz sowie sonstige größere Veränderungen (z. B. Stadterweiterungen, Verkoppelungen, Wasserstraßen, Talsperren, usw.) in die Karten nachzutragen.» »*Erkundung nur* auf die erteilten *Aufträge* und die in unmittelbarer Verbindung damit stehenden Veränderungen zu erstrecken, z. B. Anlagen und Gehöfte an Bahnen, Reichsautobahnen und Straßen, Weganschlüsse, Grabenveränderungen usw.» (S. 12)	

Autor/Jahr	Berichtigung	Nachträge	Redaktionelle Änderungen
	«Infolge des z. Zt. besonders ungünstigen Berichtigungszustandes der Blätter 1 : 25 000 ist es *notwendig*, mehr als bisher *kleine Veränderungen*, die für den *Gesamtwert des Blattes bedeutungslos* sind, *unberücksichtigt* zu lassen.» (S. 8).	«Bei der *Erkundung* handelt es sich dann zumeist nur noch um die *Festlegung* der die *Bahn begleitenden Wege*, Dämme, Einschnitte, Einfriedungen, Über- und Unterführungen usw.»	
	«Im allgemeinen gelingt es dem gewandten Erkunder, die *Berichtigungen ohne örtliche Messungen* maßstäblich darzustellen, besonders wenn bei zusammenhängenden großen Veränderungen von Neuanlagen wie Stadtteilen, großen Siedlungen, Verkoppelungen, umfangreichen Bahnanlagen die meist vorhandenen *Sonderpläne* oder deren *Verkleinerungen* verwandt werden.» (S. 9)		
	«Die Verbesserung der Höhendarstellung kann sich nur an die Uraufnahme anlehnen.»		
	«In einem gewissen Zeitraum vor dem Kriege sind an den Aufnahmen erhebliche Änderungen und Weglassungen in den Geländedarstellungen erfolgt (1935). Hierauf hat sich ein Vergleich der Uraufnahme und des Arbeitsblattes zu erstrecken. Nötigenfalls müssen Ergänzungen und Berichtigungen einsetzen, um durch die frühere Arbeitsart verursachten Schädigungen der Aufnahmen wieder auszugleichen.» (S. 12)		

Fortsetzung von Tabelle 2.3

Autor/Jahr	Berichtigung	Nachträge	Redaktionelle Änderungen
HAKE 1982 Kartographie I	*Berichtigung*: Bezieht sich auf sämtliche, im Bereich eines Blattes eingetretenen Veränderungen	*Nachträge*: Beschränken sich dagegen auf wesentliche Veränderungen (z. B. im Siedlungsbild, im Verkehrs- u. Gewässernetz). *Einzelne Nachträge*: sind Nachführungen einzelner Objekte vor dem Nachdruck bei einer vergriffenen Auflage.	*Redaktionelle Änderungen*: Ergeben sich z. B. aus der Änderung von Verwaltungsgrenzen u. Ortsnamen bei Eingemeindungen, erfordern also keine topographischen Arbeiten.
Musterblatt für die DGK 5 von 1983	*Fortgeführt*: Ein Kartenblatt ist fortgeführt, wenn sämtliche eingetretenen Veränderungen durch einen das ganze Blatt umfassenden Feldvergleich ermittelt und in das Kartenoriginal eingearbeitet sind.	*Nachträge*: Beschränken sich auf die Erfassung wesentlicher Teile der eingetretenen Veränderungen. Sie liegen z. B. dann vor, wenn größere Veränderungen im Siedlungsbild, im Verkehrsnetz oder in der Grundstücksstruktur in das Original nachgetragen sind.	*Redaktionelle Änderungen*: ergeben sich aus der Änderung von politischen Grenzen, Verwaltungsgrenzen und Ortsnamen, erfordern also keine topographischen Arbeiten.
G. KRAUSS/R. HARBECK 1985	*Berichtigung (B)*: Der gesamte Inhalt eines Blattes wird überprüft und die Darstellung – soweit erforderlich – geändert und ergänzt.	*Nachträge (N)*: Es werden im allgemeinen nur wichtige Veränderungen, wie z. B. Straßen- und Brückenbauten oder größere Siedlungen, übernommen. Seit 1971 Unterscheidung in: *Einzelne Nachträge (EN)*: Nicht sehr häufig angewendet, weil der Umfang der reproduktionstechnischen Nachfolgearbeiten nicht geringer wird und deshalb in einem recht ungünstigen Verhältnis zum wirklichen Wert der Fortführung steht.	*Redaktionelle Änderungen (RÄ)*: Dabei werden im allgemeinen nur redaktionelle Änderungen der Randausgestaltung erfaßt.
Definition nach LVA NRW (Lehrbetrieb)	*Berichtigung (B)*: Vollständige Fortführung. Übernahme aller topographischen Veränderungen und Beseitigung erkennbarer Mängel in der Grundrißdarstellung.	*Einzelne Nachträge (EN)*: Übernahme einzelner wichtiger Veränderungen (z. B. im Verkehrsnetz, Bebauung u. ä.).	*Redaktionelle Änderungen (RÄ)*: Übernahme von Veränderungen der Verwaltungsgrenzen oder Beschriftung.

In diesem Zusammenhang sind auch Geheimhaltungserlasse und -vorschriften – insbesondere aus den 30er und 40er Jahren – zu beachten, die eine Aufnahme und Wiedergabe von militärisch interessanten Objekten/Sachverhalten in amtlichen topographischen Karten (und Luftbildern) beeinflussen[2.19]. Bei der Auswertung von Kartenblättern aus dieser Zeit muß ein Wegfall bzw. eine veränderte Darstellung der betreffenden Objekte in ähnlicher Weise wie der Informationswandel in den Musterblättern berücksichtigt werden.

Insgesamt muß bei der Auswertung von Karten verschiedener Ausgabezeiten immer überprüft werden, ob ein Musterblattwandel oder Geheimhaltungseinflüsse den Karteninhalt verändert haben. Vom Auswerter verlangt dies, daß er sämtliche altlastrelevanten Karteninhalte aller Musterblattausgaben – einschließlich der Geheimhaltungsvorschriften – bezüglich der Wiedergabe dieser Karteninhalte kennt bzw. sie nach Altlastgruppen klassifiziert und chronologisch zusammenstellt, d.h. nach dem Zeitpunkt ihres erstmaligen Auftretens, ggf. ihrem Wandel bis hin zu ihrem Wegfall auflistet. Nur so kann beurteilt werden, ob ein erstmaliges Auftauchen eines altlastrelevanten Objektes/Sachverhaltes in der Karte mit einer Neuaufnahme in der Wirklichkeit zusammenhängt oder ob der thematische Sachverhalt nicht schon früher in der Natur existiert hat und nur aufgrund einer Musterblattveränderung oder eines Geheimhaltungseinflusses nicht dargestellt wurde. Umgekehrt ist zu prüfen, ob ein Wegfall eines früher dargestellten Objektes/Sachverhaltes in der Karte mit einer Musterblattveränderung (Geheimhaltungseinfluß) oder mit einem Nutzungswandel in der Wirklichkeit einhergeht.

Vergleichbare Beeinträchtigungen der Auswertbarkeit, die aus der Art der Informationswiedergabe resultieren, gelten mit Ausnahme von Geheimhaltungsvorschriften nicht für Luftbilder.

Dafür sind zur sachgerechten inhaltlichen Erschließung von Luftbildern höhere methodische Anforderungen an das Auswertungspersonal zu stellen. Aufgrund der großen, nicht codierten Informationsfülle ist es nicht wie bei Karten möglich, über Legenden und Zeichenvorschriften die Information vergleichend zu erschließen. Vielmehr sind Luftbildinformationen ausschließlich über die Analyse von Bildmerkmalen und über Indikatoren zu ermitteln. Der Auswerter muß sämtliche altlastrelevanten Objekte/Sachverhalte in ihrem Erscheinungsbild in der Natur sowie ihre spezifischen Merkmale und Merkmalsausprägungen im Luftbild zu unterschiedlichen Abbildungsweisen und -zeiten kennen, um Bildinhalte direkt identifizieren zu können. Daneben wird die Luftbildauswertung dadurch erschwert, daß nicht alle Objekte/Sachverhalte aufgrund eindeutiger, typischer Bildmerkmale und mit einer hohen Zuverlässigkeit zu identifizieren sind. Der Luftbildinterpret muß auch diejenigen Sachverhalte erschließen können, denen keine signifikanten Unterscheidungsmerkmale zu entnehmen sind. So ist z.B. die genaue Differenzierung von Betriebsanlagen wesentlich schwieriger. Eine Identifizierung ist hier nur über einen längeren, bewußten Denk- und Argumentationsprozeß auf indirektem Wege möglich, indem Untersuchungsmerkmale sorgfältig analysiert, miteinander verglichen und gegeneinander abgewägt werden.

Die Objektansprache weist jedoch im Gegensatz zur direkten Identifizierung einen höheren Grad der Unsicherheit und Ungenauigkeit auf.

Eine weitere Möglichkeit zur Identifizierung von altlastrelevanten Objekten/ Sachverhalten ergibt sich über Indikatoren (DODT 1974), deren Zuverlässigkeit jedoch eingeschränkt ist. Sichtbare Bildelemente dienen dabei als Indikatoren für die Erfassung von nicht sichtbaren Bildkategorien, indem kausale oder funktionale Beziehungsgefüge untersucht werden. Für die Verdachtsflächenerkundung müssen demzufolge «alle jene Bildinhalte zusammengestellt werden, die durch ihr Vorhandensein und/oder ihre Erscheinungsform und Ausprägung die gesuchten nicht sichtbaren Objekte und Tatbestände anzeigen» (DODT 1984, S. 49).

So hängen die Zuverlässigkeit und Genauigkeit der Ergebnisse der Karten- und Luftbildauswertung vom altlastrelevanten Fachwissen des Auswertungspersonals ab. Besonders zur Luftbildanalyse muß der Interpret über umfassende Kenntnisse verfügen, die sowohl die methodisch-technischen Grundlagen der Luftbildinterpretation als auch die Thematik der Altlasten bzw. der verdachtsflächenrelevanten Flächennutzungen als Untersuchungsobjekte umfassen.

Für eine flächendeckende Altlastenermittlung eignen sich Karten und Luftbilder im Vergleich zu anderen Informationsträgern nicht zuletzt aus Arbeitszeit- und Kostengründen. Außer bei der Archivrecherche entstehen kein großer Material- und Arbeitsaufwand und keine zusätzlichen Fahrtkosten, da die Untersuchung meist vom Schreibtisch aus durchzuführen ist. Bei Karten ist der Aufwand für die Materialbeschaffung, den Geräteeinsatz und die Auswertung selbst als gering anzusprechen. Zur Luftbildauswertung hingegen sind der Aufwand an speziellen Auswertungsgeräten und deren Einsatz – wie oben beschrieben – und damit auch die Kosten (Anschaffungskosten) höher. Für die Beschaffung von Informationsquellen, deren Bezugsort nicht bekannt ist oder die nicht systematisch archiviert sind, muß ebenfalls ein höherer Arbeits- und damit Kostenaufwand angenommen werden. Vorarbeiten zur chronologischen Zusammenstellung solcher Informationsträger für einen Untersuchungsraum können recht erheblich sein.

Für das Kriterium der Zugänglichkeit der Verdachtsflächen ist bei Karten und Luftbildern hervorzuheben, daß sie eine flächenhafte Einsichtnahme ohne restriktive Zugangsbeschränkungen ermöglichen. Weder besitzrechtliche Abgrenzungen und Datenschutzbelange noch die Einschränkung der Zugänglichkeit durch die aktuelle Flächennutzung behindern die Ermittlungen. Zugleich ermöglicht die Karten- und Luftbildauswertung als «Bürotätigkeit» eine Untersuchung von Flächen, ohne daß die Bevölkerung unnötig beunruhigt wird.

Ein weiterer hoher Wert von Karten und Luftbildern ist darin zu sehen, daß zu deren Auswertung kein direkter Kontakt zu einer Verdachtsfläche notwendig ist. Diese Distanz zum Untersuchungsobjekt und damit zu etwaigen gesundheitsgefährdenden Beeinträchtigungen, die von potentiellen Schadstoffen einer Altlastverdachtsfläche ausgehen können, kann als kostenminimierender Faktor (auf Schutzkleidung u. ä. kann verzichtet werden) für eine Untersuchung betrachtet werden.

2.2 Klassifikationsschemata von Altlasten als Grundlage zur Verdachtsflächenerkundung

Eine wesentliche Voraussetzung der systematischen Verdachtsflächenerkundung ist die Erarbeitung von Klassifikationsschemata. Wie jede Klassifizierung für einen spezifischen Zweck entworfen ist[2.20], sollten in Schemata für Altlasten möglichst viele umweltgefährdende Flächennutzungen berücksichtigt werden.

Die bisherigen Klassifikationsansätze, die den kommunalen Altlastenerfassungen zugrunde liegen, sind nur wenig differenziert und unvollständig. Schwerpunktmäßig beziehen sie sich auf Altablagerungen. Diese Tatsache liegt nicht zuletzt darin begründet, daß sich die Behörden bei der Erfassung bisher weitgehend auf diesen Bereich beschränkt haben.

Die Kategorien der Altstandorte und deren systematische Differenzierung werden allenfalls nach einzelnen Wirtschaftszweigen (z.B. Zechen, Industrie und Gaswerkstandorte) und einigen wenigen Betriebsdifferenzierungen (z.B. Gasometer und Klärbecken) untergliedert, die sich aus einzelnen bekanntgewordenen Schadensfällen ergeben.

Insgesamt jedoch fehlt eine einheitliche Systematik, die der Fülle der Altlastenkategorien Rechnung trägt. Einen ersten Klassifikationsansatz, der einer systematischen Altlastenzusammenstellung gerecht wird, geben DODT et al. (1987). Sie gliedern die Hauptkategorien (Altablagerungen und Altstandorte) in mögliche Untergruppen, wobei zunächst von recht weiten Kategorien ausgegangen wird, die «durch die Bildung von Unterklassen verschiedener Ordnung stufenweise weiter zu untergliedern» (DODT 1984, S. 34) sind.

Bei der im Rahmen dieser Arbeit erstellten Klassifikation von Altlasten wird diese Gliederung aufgegriffen, ergänzt und weiter differenziert, um dem Streben jeglicher Klassifikationen nach Vollständigkeit und damit auch der Forderung nach einer systematischen Zusammenstellung sämtlicher umweltgefährdender Flächennutzungen nachzukommen.

Auf der Grundlage der erweiterten Altlastendefinition (Abschnitt 1.1.2), die – wie bereits erwähnt – eine vollständige Berücksichtigung aller altlastrelevanten Phänomene zum Ziel hat, steht eine möglichst feine Differenzierung der Hauptkategorien «Altablagerungen», «Altstandorte» und «Militärische Anlagen» im Mittelpunkt. Diese werden nach Sachkategorien stufenweise in Unterklassen verschiedener Ordnung untergliedert.

Für die Erfassung von Verdachtsflächen werden auf diese Weise Inhalte festgesetzt, die eine Abgrenzung und eine differenzierte Zuordnung ermöglichen. Eine Erfassung, die auf Kategorien dieser Art beruht, kann einheitlich durchgeführt werden und ist jederzeit nachvollzieh- und übertragbar (Abschnitt 3.3).

Für die Gefährdungsabschätzung sind Klassifikationsschemata als ein erster Schritt zur Ansprache von Kontaminationskategorien von Bedeutung. Durch die Untergliederung der Hauptkategorien in verschiedene Unterklassen werden neben Aussagen zu Industrie-/Gewerbezweigen auch eingrenzende Hinweise zu speziellen

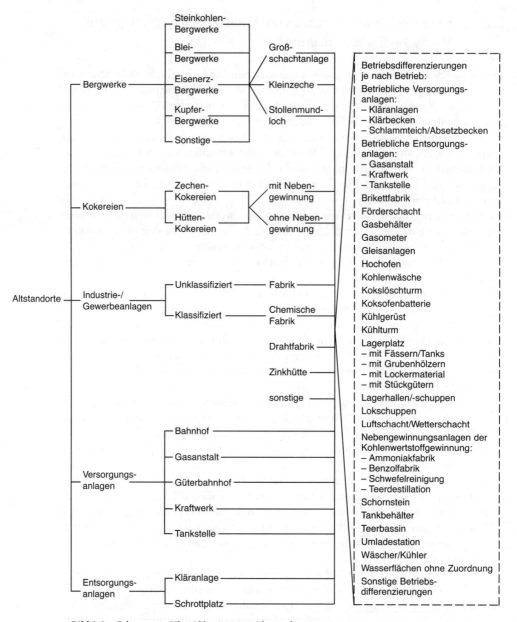

Bild 2.2 Schema zur Klassifikation von Altstandorten

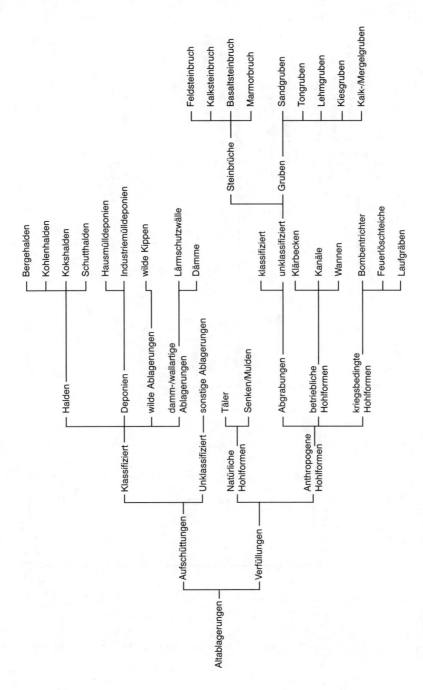

Bild 2.3 Schema zur Klassifikation von Altablagerungen

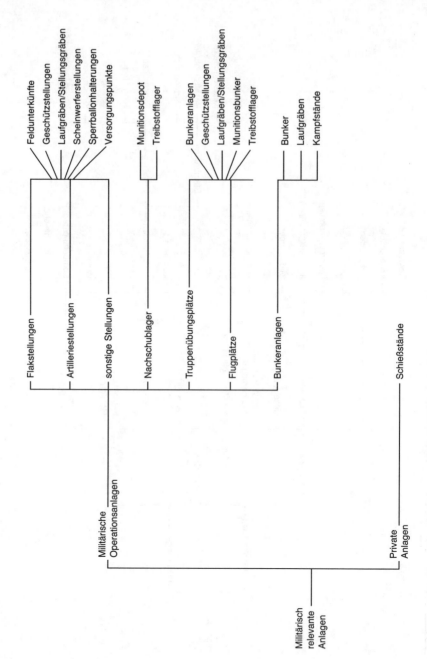

Bild 2.4 Schema zur Klassifikation von militärisch relevanten Anlagen

Produktionsanlagen aufgeführt, bei denen ein Umgang mit umweltgefährdenden Stoffen stattgefunden hat bzw. nicht auszuschließen ist. Dies ist für eine Zuordnung von Produktions(rest)- und Abfallstoffen von wesentlicher Bedeutung (Abschnitt 4.1).

Die Kategorien der Bilder 2.2, 2.3 und 2.4 sollen im folgenden vorgestellt werden. Die Untergliederung der Kategorie der Altstandorte geht von den industriegewerblichen Bereichen aus, die als potentielle Verursacher von Umweltbeeinträchtigungen angesehen werden: Bergwerke, Kokereien, Industrie/Gewerbe und kommunalöffentliche Ver- und Entsorgungsanlagen. Eine möglichst feine Untergliederung dieser Gruppen bis zu spezifischen Produktionsanlagen(teilen) im Sinne von Betriebsdifferenzierungen wird angestrebt. Innerhalb der Kategorien «Industrie/Gewerbe» wird zwischen Standorten allgemeiner Art, d.h. ohne nähere Hinweise auf den Produktionszweig, und Standorten mit Hinweisen auf Produktionszweige unterschieden.

Der Klassifikation der Kategorie «Altablagerungen» in Untergruppen (Aufschüttungen, Verfüllungen) liegen die mit ihrer Entstehung verbundenen Aktivitäten des Menschen zugrunde:

☐ das Aufschütten von Material, d.h. die Entstehung einer künstlichen Vollform durch Ablagerung, und

☐ die Verfüllung mit Material, d.h. das Ablagern bzw. Einbringen von Material in einer Hohlform mit natürlichem oder künstlichem Ursprung.

Weitere Unterteilungen der Aufschüttungen resultieren aus der Art des Aufschüttungsmaterials[2.21]. Zur Bildung von Untergruppen der Verfüllungen wird von ursprünglichen Hohlformen ausgegangen (natürlichen oder künstlichen Ursprungs). Anthropogene Hohlformen sind dabei am feinsten zu differenzieren.

Die Kategorie der militärischen Anlagen wird untergliedert in verschiedene militärische Operationsanlagen und deren Anlagenteile. Schießstände werden gesondert aufgeführt, da sie unabhängig vom Militär von Vereinen und Privatpersonen genutzt werden können.

3 Multitemporale Karten- und Luftbildanalyse zur Erfassung von Altlastverdachtsflächen

3.1 Methodischer Ansatz der Karten- und Luftbildanalyse

3.1.1 Reale Flächennutzung als Indikator zur Erfassung von Altlastverdachtsflächen

Die Erfassung von Altlastverdachtsflächen ist im wesentlichen davon bestimmt, daß diese nicht als Darstellungselemente in Karten und Luftbildern direkt und unmittelbar zu ermitteln sind. In Form eines methodischen Rückschlusses müssen daher die Informationsquellen hinsichtlich ihrer Objekte/Sachverhalte untersucht werden, die mit Verdachtsflächen in einem kausal-funktionalen Zusammenhang stehen (Abschnitt 2.1.2). Es besteht ein Zusammenhang mit industriegewerblichen Flächennutzungen der Vergangenheit, die als Verursacher von Bodenkontaminationen zu betrachten sind (siehe Abschnitt 4.1). Flächennutzungen werden gerade von topographischen Karten und Luftbildern wiedergegeben, da es sich bei diesen Informationsquellen um objektive Geländemodelle handelt, die die sichtbare Örtlichkeit und damit das Flächennutzungsgefüge wiedergeben. Zur Erfassung von Verdachtsflächen kommt den industriegewerblichen Flächennutzungen damit die Rolle eines Indikators zu, der in einem kausal-funktionalen Sachzusammenhang mit Verdachtsflächen steht. Die jeweilige Flächennutzung, d.h. Betriebsflächen und einzelne Anlagenteile, Deponien, Aufhaldungen, Geländeverfüllungen und Abgrabungen, dienen dazu, um die Verdachtsflächen (Altstandorte und Altablagerungen) zu erfassen.

3.1.2 Multitemporaler Analyseansatz

Da bei der systematisch-flächendeckenden Erfassung von Verdachtsflächen die Rekonstruktion ehemaliger Flächennutzungen im Mittelpunkt steht, die Hinweise über Altlastverdachtsflächen enthalten (Abschnitt 1.1), reicht es nicht aus, Karten eines Fortführungsstandes und Luftbilder eines Aufnahmedatums als Informationsquellen heranzuziehen. Diese monotemporale Auswertungsmethode ist nur dann als sinnvoll zu betrachten, wenn eine Untersuchungsfläche bereits bekannt, ihr Entstehungszeitraum exakt zu definieren ist und nur in Luftbildern oder Karten eines Aufnahme- bzw. Ausgabedatums dokumentiert ist. Sie liefert lediglich (ergänzende) Hinweise zu einem bestimmten Zeitraum. Altlastrelevante Veränderungen des Flächennutzungsgefüges eines Raumes hingegen werden nicht erfaßt. Untersuchungsergebnisse sind damit zufallsbedingt und nur lückenhaft; sie werden

den Ansprüchen einer systematisch-flächendeckenden Erfassung sämtlicher Altlastverdachtsflächen, wie sie vom MELF NRW (1985c) gefordert wird, nicht gerecht.

Da Altlasten als Folge von Flächennutzungen der Vergangenheit anzusehen sind, bei denen mit umweltgefährdenden Stoffen umgegangen wurde, eignet sich zur Erfassung allein eine Untersuchungsmethode, die diesem temporalen Aspekt gerecht wird. Nur eine Untersuchung von Karten und Luftbildern zeitlich unterschiedlicher Aufnahme-/Ausgabestände ermöglicht eine annähernd vollständige Erfassung aller Verdachtsflächen. Bei diesem multitemporalen Analyseverfahren handelt es sich nicht um eine völlig neue Methode, sondern um eine Übertragung einer bereits in anderen Themenbereichen der Geographie und Stadtplanung erfolgreich angewandten Methode zur Erfassung von zeitlich bedingten Nutzungsänderungen.

Schon in den 20er Jahren verweisen Veröffentlichungen auf den hohen Gebrauchswert von zeitlich unterschiedlichen Luftbildaufnahmen zur Rekonstruktion der Landschaftsentwicklung[3.1]. Nach dem Zweiten Weltkrieg wird dieses Verfahren verstärkt in einzelnen Bereichen der Geographie, z.B. zur Erfassung von Vegetationsveränderungen und dynamischen Prozessen in der Küstenmorphologie, eingesetzt. Der Wert des Luftbildes wird «durch das chronologische Nacheinander der Aufnahmezeitpunkte»[3.2] als wichtiges Dokument der geographischen Forschung zur Registrierung von Veränderungen der Kulturlandschaft angesehen[3.3]. Seit dem Ende der 50er Jahre wird – besonders in Großbritannien und den USA – dieses nunmehr als sequentiell bezeichnete Analyseverfahren zur Erfassung von Flächennutzungsänderungen in der Stadtplanung herangezogen. Parallel zum Verfahren der multispektralen Analyse, die in Untersuchungen gegen Ausgang der 70er Jahre verwendet wird[3.4], entsteht Anfang der 80er Jahre der Begriff «multitemporal»[3.5].

Da bei der Altlastenerkundung ebenfalls die Rekonstruktion ehemaliger Flächennutzungen im Vordergrund steht, ist dieses Analyseverfahren für die Verdachtsflächenerfassung als geeignet anzusehen.

In diesem Buch bezieht sich die multitemporale Methode nicht nur auf die Auswertung von zeitlich unterschiedlichen Luftbildern, sondern auch auf Karten unterschiedlicher Fortführungs- und Ausgabezeiten. Im Gegensatz zu bisherigen Ansätzen der multitemporalen Methode genügt es für eine Erfassung sämtlicher Altlasten nicht, nur einige (wenige) Ausgabe-/Aufnahmezeiten auszuwählen. Vielmehr muß sich die Karten- und Luftbildanalyse auf alle verfügbaren Zeiten beziehen. Dazu ist es erforderlich, alle Ausgabe-/Aufnahmezeiten der Informationsquellen lückenlos und chronologisch zusammenzustellen (siehe Kapitel 1).

Zur Durchführung der multitemporalen Auswertung bieten sich zwei Vorgehensweisen an:

☐ die progressiv-fortschreibende und
☐ die retrogressiv-rückschreibende Vorgehensweise[3.6].

Erstere geht von der Raumsituation der frühesten Vergangenheit aus, also von den ältesten verfügbaren Karten und Luftbildern, und analysiert die Raumentwicklung zur Gegenwart hin, d.h. die Veränderungen im Flächennutzungsgefüge in den zeitlich verschiedenen Ausgabeständen der Karten bzw. in den Luftbildern unterschiedlicher Aufnahmezeitpunkte. Im Gegensatz zum retrogressiv-rückschreibenden Ansatz trägt diese Vorgehensweise einer systematischen Erfassung sämtlicher, d.h. nicht nur bereits bekannter Verdachtsflächen, am effektivsten Rechnung und wird daher der Untersuchung zugrunde gelegt. Mit der Auswertung der Informationsquellen von der Vergangenheit zur Gegenwart werden Verdachtsflächen erfaßt und ihre Entwicklung bis heute verfolgt. Im Laufe der Zeit neu hinzutretende gefahrenverdächtige Flächennutzungen werden ebenso aufgenommen und in den Folgeausgaben zur Gegenwart hin untersucht.

Ein retrogressiv-rückschreibender Ansatz, der bei bereits bekannten Schadensfällen einen Wert hat, ist für eine systematische Erfassung wenig geeignet. Die in bestimmten Zeitabschnitten ermittelten Verdachtsflächen müssen nicht nur in ihrer Entwicklung zur Gegenwart verfolgt werden, sondern ihr Entstehungszeitpunkt muß in den älteren Ausgaben der Informationsquellen nachträglich bestimmt werden. Dies führt bei einer Vielzahl von bereits erfaßten und neu hinzukommenden Verdachtsflächen zu einem immer unübersichtlicher werdenden Auswertungsprozeß innerhalb der verschiedenen Ausgabestände/Aufnahmezeiten. Ein retrogressiv-rückschreibendes Verfahren ist somit als wesentlich zeitaufwendiger zu betrachten, da immer wieder ein Bezug zur Ausgangsbasis (Gegenwart) hergestellt werden muß.

3.1.3 Kombinierte Verwendung der Informationsquellen

Um Verdachtsflächen möglichst vollständig zu ermitteln, ist eine Kombination der Informationsträger von Bedeutung. Da Karten und Luftbilder unterschiedlich weit in die Vergangenheit zurückreichen und zudem in unterschiedlichen Zeiträumen fortgeführt bzw. aufgenommen werden, gestattet ihr kombinierter Einsatz, daß die Zeitlücken zwischen den Aufnahme-/Ausgabeständen minimiert werden.

Der Begriff «kombiniert» meint im Rahmen der multitemporalen (progressivfortschreibenden) Erfassung eine synchrone bzw. ergänzende Auswertung der Informationsträger. Bei dieser Arbeit wird allerdings von diesem parallelen, gleichzeitigen Einsatz von Karten und Luftbildern abgewichen. Die Informationsträger werden getrennt ausgewertet, um ihren Wert und Informationsgehalt später vergleichen zu können, da hier nicht die Anzahl der Verdachtsflächen im Vordergrund steht, sondern die Eignung der Informationsquellen. Ausgehend von den jeweils ältesten verfügbaren Karten bzw. Luftbildern umfaßt die Analyse jeden Fortführungsstand bzw. jede Aufnahmezeit bis zur Gegenwart. Auf diese Weise konzentriert sich die Untersuchung nicht auf bereits bekannte Verdachtsflächen aus anderen Informationsträgern. Es werden auch solche gefahrenverdächtige Standorte aufgedeckt, die nur in einem Informationsträger, womöglich nur zu einer Ausgabe/Aufnahme, festgehalten sind. Erst in einem zweiten Schritt erfolgt die Kombination, nämlich die Synthese der jeweiligen Erfassungsergebnisse. Zeitlücken der einen Informationsquelle werden durch Informationen aus anderen des betreffenden Zeitraumes geschlossen. Das unterschiedlich weite Zurückreichen sowie die verschieden engen Sequenzen der einzelnen Informationsquellen lassen sich auf diese Weise in einer multitemporalen Erfassung ausgleichen (Bild 2.1). Durch die Kombination werden – besonders zur Gegenwart hin – die zeitlichen Sequenzen verkürzt, so daß im günstigsten Fall zumindest ein Informationsträger innerhalb von 1 bis 5 Jahren zur Auswertung zur Verfügung steht. Eine synchrone Rekonstruktion der Flächennutzungsänderungen wird damit methodisch zu einer diachronen. Zu beachten ist in diesem Zusammenhang, daß zur Gegenwart hin die Kartenfortführungen auf Luftbildauswertungen (fotogrammetrische Auswertung von Grundriß und Höhe) beruhen.

3.1.4 Anwendungsmöglichkeiten des Analyseansatzes für eine raumbezogene Untersuchung

Die multitemporale kombinierte Karten- und Luftbildanalyse ist grundsätzlich sowohl zur Untersuchung von Einzelstandorten (Standortanalyse, Teilraumanalyse) als auch zur flächendeckenden Untersuchung von großräumigen Gebieten (Gebietsanalyse, Raumanalyse, Gebietsinventur) heranzuziehen. Diese Möglichkeit ergibt sich aus der Eigenschaft von Karten und Luftbildern, die – im Gegensatz zu klassischen Informationsquellen, wie Akten und Betriebsplänen – als flächendeckende Informationsquellen für weite Teile von NRW existieren. Sie liefern demzufolge «... flächendeckende Daten über die Lage und die räumliche Erstreckung der altlastverdächtigen Areale ...» (DODT 1988, S. 130).

Im Gegensatz zur Gebietsanalyse/-inventur, bei der großflächige Räume lediglich grob untersucht werden, steht bei der Standortanalyse nicht nur eine räumliche Lokalisierung und Abgrenzung von Verdachtsflächen im Vordergrund. Vielmehr werden Altstandorte exakt nach Gebäuden und Produktionsanlagen, innerbetrieblichen Ablagerungen und Kriegseinwirkungen differenziert. Bei Altablagerungen sind Schüttbereiche und Materialunterschiede zu untersuchen.

In der vorliegenden Untersuchung stehen beide Möglichkeiten im Mittelpunkt. Sämtliche Verdachtsflächen eines Gebietes sollen erfaßt werden und nicht ein bereits bekannter Schadensfall. Außerdem soll sich die Untersuchung nicht nur auf Betriebsgelände beziehen, wie es vornehmlich bei herkömmlichen Untersuchungen von Einzelstandorten der Fall ist, sondern auch auf den außerbetrieblichen Raum, um dort Verdachtsflächen zu ermitteln.

3.2 Kartenlesehilfen und Fotoschlüssel zur Identifizierung von Altlastverdachtsflächen

3.2.1 Grundsätzliche Gesichtspunkte

Zur Identifizierung und Erfassung von Verdachtsflächen durch Karten- und Luftbildanalyse sind Hilfsmittel notwendig, da beide Informationsträger – wie in Abschnitt 2.1.2 dargelegt – Verdachtsflächen nicht unmittelbar wiedergeben. Die altlastrelevanten Flächennutzungen, die als Indikatoren zur Ermittlung herangezogen werden (Abschnitt 3.1.1), umfassen verschiedenste Wirtschaftszweige, einschließlich deren Produktionsanlagen(teile). Um diese in den Informationsquellen exakt zu identifizieren, sind spezielle Kenntnisse des Erscheinungsbildes und der Produktionsprozesse erforderlich, wobei Veränderungen im Laufe der Zeit ebenso zu berücksichtigen sind.

Soll eine Verdachtsflächenerfassung einheitlich und nachvollziehbar sein, sind möglichst viele altlastrelevanten Flächennutzungen als «Suchinhalte» in sogenannten Kartenlesehilfen und Fotoschlüsseln zusammenzustellen. Spezifische Darstellungs- und Abbildungsarten der betreffenden Flächennutzungen als Objekte/Sachverhalte beider Informationsquellen stehen im Vordergrund, und zwar unter Berücksichtigung temporaler und aufnahmeperspektivischer Varianten, mit denen bei einer multitemporalen Karten- und Luftbildauswertung zwangsläufig zu rechnen ist.

Für die Kartenauswertung haben Identifizierungshilfen außerdem die Aufgabe, die Auswirkungen der Geheimhaltungsvorschriften, des Informationswandels in Musterblättern und der unterschiedlichen Fortführungsarten wiederzugeben, so daß man Informationen darüber nicht erst nachträglich durch umfangreiche Recherchen ermitteln muß. Primär sind die altlastrelevanten Darstellungskategorien eines jeden Informationsträgers in den Zeichenvorschriften zu analysieren. Außerdem ist der Einfluß der Geheimhaltungsvorschriften zu untersuchen.

Fotoschlüssel erleichtern die zur Identifizierung notwendige Zuordnung der individuellen Fotophysiognomie eines Objektes und des tatsächlichen Erscheinungsbildes in der Wirklichkeit. In systematischer Form werden alle charakteristischen, im Luftbild erkennbaren Abbildungsmerkmale von Objekten und Sachverhalten erfaßt, durch Abbildungen illustriert und textlich beschrieben. Dabei kommt dem zeitlichen Moment eine besondere Rolle zu. Nicht nur aufgrund der multitemporalen Analysemethode, sondern auch wegen der Eigenart des Luftbildes als Momentaufnahme sind zeitlich unterschiedliche Merkmalsausprägungen von Objekten/Sachverhalten zu berücksichtigen.

Kartenlesehilfen und Fotoschlüssel dienen damit der Identifizierung von altlastrelevanten Objekten/Sachverhalten in zeitlich unterschiedlichen Informationsquellen. Wesentlich ist, daß nicht nur direkt zu ermittelnde Objekte aufgeführt werden, sondern auch solche, die indirekt durch Indikatoren Hinweise über Verdachtsflächen geben. Kartenlesehilfen und Fotoschlüssel übernehmen auf diese Weise die Funktion eines Arbeitsmittels, mit dessen Hilfe es in der Praxis der Altlastenerkundung möglich ist, daß auch weniger umfassend geschultes Personal Verdachtsflächenkartierungen ausführen kann. Dem Auswerter wird ein Hilfsmittel zur Verfügung gestellt, das nicht nur typische Darstellungs-/Abbildungsmerkmale der Objekte/Sachverhalte und deren Ausprägungen aufweist. Enthalten sind außerdem fachspezifische Informationen zu altlastverdächtigen Industrien, einschließlich ihrer Fertigungsprozesse, Anlagen und deren Anordnungsmuster, zu Altablagerungen und militärisch relevanten Anlagen, die ansonsten nur durch ein interdisziplinäres Studium verschiedenster Bereiche erschlossen werden könnten. Insgesamt kann die vielfach wenig einheitliche Altlastenerfassung objektiviert, nachvollziehbar und einheitlicher gestaltet werden.

Zur Erarbeitung dieser Hilfen lassen sich z. T. wertvolle Anregungen aus bereits bestehenden Studien über Schlüssel entnehmen, da dort Teilbereiche der industriegewerblichen Nutzung mustergültig aufgenommen und beschrieben sind. Die für die Altlastensuche so wesentliche Differenzierung nach einzelnen Produktionsanlagen/Anlagenteilen bleibt dagegen weitgehend unberücksichtigt.

Während Kartenlesehilfen, wie z.B. die Kartenfibel von ECKERT-GREIFENDORF (1941), nur selten verwendet werden[3.7], findet man Einsatzmöglichkeiten von Fotoschlüsseln als Identifizierungshilfen an unterschiedlichen Stellen. So beschreibt beispielsweise EWALD (1924) Fotoschlüssel zu militärischen Aufklärungszwecken und leitet eine weitere Verwendung zur Flächennutzungsuntersuchung ab. Fotoschlüssel für öffentliche Belange werden erstmalig mit dem Luftbildlesebuch der Hansa-Luftbild (1936 bis 1942) eingesetzt. In Form eines beschreibenden Schlüssels werden typische Flächennutzungen zusammengestellt, wobei durch Geheimhaltungsvorschriften nur ein Teil der Landnutzungsformen (u. a. Industrie und Gewerbe) aufgeführt wird. SCHNEIDER (1974) stellt ebenfalls Beispielschlüssel für bestimmte Industrie-/Gewerbezweige zusammen. Aus den USA stammt eine Reihe von Studien[3.8] über Fotoschlüssel und deren Einsatzmöglichkeiten, so z.B. die Arbeit von CHISNELL (1958), der einen beschreibenden Schlüssel für wichtige Industriezweige erstellt und dabei ansatzweise auch Betriebsdifferenzierungen berücksichtigt.

3.2.2 Aufbau eines kombinierten Kartenlese-/Fotoschlüssels

Ein kombinierter Kartenlese-/Fotoschlüssel, in dem sowohl Karten- als auch Luftbildausschnitte der betreffenden altlastrelevanten Flächennutzungen zusammengestellt sind, kann in unterschiedlicher Weise realisiert werden, nämlich in Form eines beschreibend-vergleichenden Sachschlüssels und/oder Eliminationsschlüssels[3.9].

Während der Aufbau von Sachschlüsseln generell nach den Klassen und Kategorien erfolgt, «wie sie sachlich (...) durch die zu identifizierenden Objekte und Strukturen vorgegeben sind» (DODT 1984, S. 52), handelt es sich bei Eliminationsschlüsseln um Hilfsmittel, «die nicht nach Raum- oder Sachkategorien angelegt sind, sondern – bild- und auswertungsimmanent – nach den Charakteristika der Objektwiedergabe im Luftbild aufgebaut werden» (DODT 1984, S. 52).

Zur Altlastenerkundung werden mit Ausnahme eines Eliminationsschlüssels zur

Unterscheidung von Nebengewinnungsanlagen einer Kokerei (Bild 5.6 in Abschnitt 5.2) ausschließlich Sachschlüssel realisiert, und zwar für ausgewählte Hauptkategorien von altlastrelevanten Flächennutzungen (vgl. Bild- und Kartenbeispiele in den Abschnitten 5.2 bis 5.6). Dabei sind für die wichtigsten Flächennutzungekategorien sowohl typische Karten- als auch typische Luftbildmerkmale zusammengestellt.

Als Grundlage dieses kombinierten Kartenlese-/Fotoschlüssels dienen Beschreibungen von Betriebs- und Produktionsanlagen, wie sie spezieller Fachliteratur über Wirtschaftszweige bzw. Branchentypen zu entnehmen sind. Außerdem werden Schaubilder zu Produktionsprozessen und -abläufen, aber auch Firmenchroniken, Festschriften und Jubiläumsbände zum Bestehen von Betrieben sowie Betriebspläne herangezogen[3.10]. Sie werden nach Anordnungsregeln bzw. Aufbaumustern sowie nach spezifischen Darstellungs- und Abbildungsmerkmalen der betreffenden Kategorien analysiert, um auf diese Weise Regelhaftigkeiten aufzudecken. Diese sind als Identifikationsmerkmale in den Auswertungshilfen festzuhalten. In ähnlicher Weise können anhand von Literaturhinweisen aus den obengenannten Themenbereichen und aus dem Abfallwesen für Altablagerungen wichtige Hinweise zum Erscheinungsbild, Aufbau und zur Gestaltung von Halden und Deponien gewonnen werden[3.11].

Etwas schwieriger erweist sich allerdings die Erstellung von Aufbaumustern und Bestandteilen von militärisch relevanten Anlagen. Hinweise hierzu lassen sich z. T. nur Veröffentlichungen über den Zweiten Weltkrieg entnehmen[3.12]. Gespräche mit Mitarbeitern der Kampfmittelräumdienste des Landes NRW erbrachten zudem wichtige Erkenntnisse für die Zusammenstellung von Identifizierungshilfen militärisch relevanter Anlagen.

Die so ermittelten Informationen zu einer Verdachtskategorie sind je nach ihrer Bedeutung für die Erfassung als primäre oder sekundäre Identifikationsmerkmale im Sachschlüssel festgehalten.

Zu Beginn werden allgemeine Hinweise zur Identifizierbarkeit gegeben, d. h. ob die altlastrelevante Nutzungskategorie direkt, indirekt oder über Indikatoren zu erfassen ist.

Als primäre Merkmale dienen solche Informationen, die ausschließlich für die Erkennung einer Altlastkategorie zutreffen (z. B. Förderschacht und Wäsche im Luftbild und Schriftzusatz und Symbol für Bergwerke in Karten für die Identifikation einer Zeche).

Sekundäre Merkmale sind diejenigen, die zwar ebenfalls charakteristisch für die jeweilige Altlastkategorie sind, jedoch auch für die Erfassung von weiteren herangezogen werden können (z. B. Koksofenbatterien, Rohrleitungen und großflächige Gebäude in Luftbildern und Karten) für die Identifikation einer Kokerei mit oder auch ohne Nebengewinnungsanlagen.

Bei den ermittelten Informationen zu einer Verdachtskategorie kann es sich um Einzelobjekte/Anlagen handeln, aber auch um Meßdaten über Lage, Objektgröße (Länge, Breite, Höhe), ggf. Stereoeffekt, Objektform (Grundriß, Aufriß, Schattenwurf), Farb- und Grautönung, Textur sowie in Karten Schriftzusätze, Abkürzungen, Signaturen und topographische Einzelzeichen.

Im kombinierten Karten- und Fotoschlüssel sind sowohl Karten- als auch Luftbildausschnitte der betreffenden Altlastkategorien gegenübergestellt. Luftbilder werden gewöhnlich in einem einheitlichen Maßstab (ca. 1 : 5000) wiedergegeben. Die Vergrößerung gewährleistet eine hohe Detailerkennbarkeit, wie sie bei dem Einsatz von Auswerte- und Umzeichengeräten gegeben ist. Die entsprechenden Kartenausschnitte sind meist in ihrem Originalmaßstab oder ggf. aus Anschauungsgründen vergrößert bzw. verkleinert den Luftbildausschnitten gegenübergestellt.

3.3 Kartierung von Altlastverdachtsflächen – Erfassungsvorgang

Das Ziel der systematischen Erfassung von Verdachtsflächen ist die möglichst exakte Kartierung und Darstellung sämtlicher Flächennutzungen, die eine Umweltgefährdung vermuten lassen. Dies umfaßt eine parzellenscharfe Ausweisung, d.h. eine möglichst lage- und grundrißrichtige Abgrenzung sowohl großflächiger als auch kleinflächiger Objekte/Sachverhalte[3.13]. Die erfaßten Verdachtsareale sollen dabei übersichtlich dargestellt und sämtliche zusätzlichen Informationen im Sinne einer Materialsammlung festgehalten werden.

3.3.1 Die Deutsche Grundkarte 1 : 5000 als Kartierungsgrundlage

Zur Erfassung der Verdachtsflächen aus verschiedenartigen Informationsquellen mit unterschiedlichem Maßstab, geometrischen Eigenschaften bzw. Abbildungsfehlern ist es unerläßlich, eine einheitliche Kartierungsgrundlage in Form einer Basiskarte vorzugeben, in die ermittelte Verdachtsflächen eingetragen werden. Um den Forderungen nach einer exakten räumlichen Lokalisierung und Abgrenzung gerecht zu werden, muß diese Karte eine annähernd lage- und grundrißrichtige Kartierung von Flächen ermöglichen. Sie sollte daher weitgehend frei von begrifflich-inhaltlichen und geometrischen Generalisierungseinflüssen sein. Zur eindeutigen und leichten räumlichen Lokalisierung muß die Kartierungsgrundlage neben der aktuellen topographischen Situation des jeweiligen Untersuchungsraumes auch über ausreichende Orientierungsmöglichkeiten wie Koordinatensysteme, Stadtteilbezeichnungen und Straßennamen verfügen.

Von den amtlichen topographischen Kartenwerken bietet sich die DGK 5 mit ihrer aktuellen Ausgabe als Normalausgabe (DGK 5 N) und als Grundriß (DGK 5 G, ohne Höhenlinien) an. Als Kartenwerk im Maßstab 1 : 5000, das weitgehend generalisierungsfrei, lage- und grundrißtreu ist, gestattet die DGK 5 im Zusammenhang mit einer Wiedergabegenauigkeit von Objekten, die bei einer mittleren Aufnahmegenauigkeit von ± 3 m liegt, eine annähernd parzellenscharfe Abgrenzung bzw. Ausweisung von Flächennutzungen[3.14]. Gegenüber ihrer verkleinerten Ausgabe im Maßstab 1 : 10000 lassen sich kleinflächige Anlagen und Betriebsdifferenzierungen (z.B. Tankstellen und Tankbehälter) noch ausreichend groß darstellen, so daß die kartierten Flächen weitere Zusatzinformationen aus dem

Auswertungsvorgang aufnehmen können[3.15]. Von einer Kartierung in den Maßstäben 1 : 1000 oder 1 : 500 der Flur-/Katasterkarten ist aus arbeitsökonomischen Gründen abgesehen worden. Zudem ist die Kartiergenauigkeit der Verdachtsflächen durch Karten- und Luftbildauswertungsgeräte nicht der von Flur-/Katasterkarten gleichzusetzen. Eine Kartierung auf der Basis dieser Kartenwerke suggeriert eine Genauigkeit, die mit herkömmlichen Auswertungsgeräten (Abschnitt 3.3.3) nicht zu erreichen ist.

Für die Gebiete in NRW, für die es noch keine Ausgaben der DGK 5 G gibt, kann auf die Luftbildkarte (DGK 5 L) als Kartierungsgrundlage zurückgegriffen werden. Sie existiert flächendeckend für NRW.

Soll dennoch nicht auf eine Kartengrundlage verzichtet werden, so kann außerdem eine Basiskarte durch eine fotogrammetrische Auswertung aktueller Luftbilder erstellt werden.

3.3.2 Realnutzungskartierung zur Lokalisierung und Abgrenzung von Verdachtsflächen

Die Erfassung – d.h. Kartierung von Verdachtsflächen in die Basiskarte, der DGK 5 – setzt eine Kartierungsmethode voraus, die der Vielfalt altlastrelevanter Nutzungskategorien gerecht wird. Sämtliche Flächen eines Untersuchungsraumes müssen vollständig aufgenommen, ihre Lage möglichst richtig lokalisiert, ihre flächenhafte Erstreckung (Abgrenzung) exakt wiedergegeben und selbst kleinflächige Nutzungen (z.B. einzelne Betriebsanlagen) differenziert kartiert werden.

Als mögliche Kartierungsmethoden bieten sich die Realnutzungskartierung und die Rastermethode an. Letzteres Verfahren[3.16], dessen Vorzüge in einer rascheren Kartierung und anschaulichen Flächenausweisung liegen, erfüllt allerdings nicht im ausreichenden Maße die Ansprüche an eine vollständige, genaue und differenzierte Ausweisung kleinflächiger Flächennutzungsdifferenzierungen (z.B. Betriebsanlagen). Selbst bei feineren Rastermaschen, deren Verwendung wesentlich arbeitsaufwendiger ist, wird immer nur die jeweilige Hauptnutzung einer Fläche wiedergegeben. Weitere Nutzungen, die sich im Bereich einer Rastergrundeinheit befinden, werden nicht aufgenommen. Kleinflächige Differenzierungen lassen sich mit diesem Verfahren nur unter großem ökonomischen Aufwand wiedergeben. Insgesamt entsprechen die über die Rastermethode ermittelten Verdachtsflächen in der Regel nur bei sehr feinen und arbeitsaufwendigen Rastermaschenbreiten der geforderten vollständigen Erfassung, die für eine sich anschließende Gefährdungsabschätzung sämtliche altlastrelevanten Nutzungen parzellenscharf liefern soll.

Als ein Verfahren, das den obengenannten Forderungen weitgehend entspricht und das zur Verdachtsflächenerfassung im Untersuchungsraum herangezogen wird, ist die Realnutzungskartierung anzusprechen[3.17]. Dieses Verfahren basiert auf der Kartierung des realen Grenzlinienverlaufs der altlastrelevanten Flächennutzungen aus den verschiedenen Informationsquellen in die Basiskarte (DGK 5). Dazu werden für jeden Informationsträger separate, maßbeständige Folien über die Basiskarte gelegt und mit dem Kartenrand eingepaßt.

Aus den verschiedenen Ausgabeständen der TK 25 und WBK werden die betreffenden Areale über eine Maßstabsanpassung (Vergrößerung; Abschnitt 3.3.3) in die Basiskarte hochgezeichnet. Im Anschluß werden die maximale Ausdehnung des Betriebsgeländes, Gebäudegrundrisse (Gebäudesignaturen) und Umgrenzungslinien von Aufschüttungen und Gruben kartiert. Um altlastrelevante Areale in die DGK 5 einzupassen, eignen sich Mittelpunkte von Wegekreuzungen und Gebäude als Paßpunkte, die in den Karten identisch sind.

Zur Auswertung der DGK 5 und ihrer Fortführungsstände müssen die jeweiligen Ausgaben lediglich mit der Basiskarte zur Deckung gebracht werden. Eine Maßstabsanpassung ist hier nicht notwendig, da die DGK 5 sowohl Informationsquelle als auch Basiskarte ist. Zweckmäßigerweise sollte die DGK 5 in beiden Fällen als maßbeständige Folie vorliegen, um ein direktes Übertragen der betreffenden Areale in die Basiskarte am Leuchttisch zu erleichtern.

Um Verdachtsflächen aus dem Luftbild zu kartieren, ist ebenfalls eine Maßstabsanpassung mit Hilfe von Luftbildauswertungs- und -kartiergeräten oder Luftbildumzeichner erforderlich (Abschnitt 3.3.3). Über Paßpunkte, für die sich ähnlich wie bei der Kartenauswertung Wegekreuzungen, Gebäudeteile u. ä. anbieten, wird die maximale Ausdehnung der Verdachtsareale in die Basiskarte übertragen. Gebäude und Anlagenteile von Altstandorten, Fußpunkte der Böschungsunterkante bei Aufschüttungen und die Böschungsoberkante bei Abgrabungen werden aufgenommen.

Besonders zu beachten ist die Genauigkeit, mit der Verdachtsflächen aus den Informationsquellen in die Basiskarte übertragen werden. Die theoretische Kartiergenauigkeit wird durch die Strichstärke der Zeichenstifte bestimmt. Abhängig von der informationsträgerspezifischen geometrischen Genauigkeit (u. a. aufnahmebedingte, vermessungsbedingte Genauigkeit, Kartiergenauigkeit) werden altlastrelevante Flächennutzungen in unterschiedlicher Weise wiedergegeben (Tabelle 2.2). So lassen sich Objekte/Sachverhalte in der TK 25 mit einem mittleren Lagefehler von ± 3,8 bis 20/25 m abgrenzen. Bei den älteren Kartenausgaben der TK 25 ist mit geometrischen Ungenauigkeiten von 25 bis 100 m zu rechnen. Ferner werden Gebäudegrundrisse und Grenzlinienverläufe durch Generalisierungsmaßnahmen um bis zu 10 (20) m vergrößert und in ihrer Lage verdrängt (Abschnitt 2.1.2). Da für die WBK-Karten mit Ausnahme der topographischen Karte keine Hinweise zur geometrischen Genauigkeit zu finden sind, lassen sich Aussagen nur über einen Vergleich mit der DGK 5 treffen. Hier zeigt sich, daß die ältesten Ausgaben weitgehend frei von Generalisierungseinflüssen sind. Objekte/Sachverhalte werden mit einem mittleren Lagefehler von 1 bis 7 m wiedergegeben, der weitgehend dem der DGK 5 entspricht. Für die topographische Karte, die eine Verkleinerung der DGK 5 darstellt, gelten die Aussagen zur Genauigkeit der DGK 5. Dort lassen sich Objekte/Sachverhalte mit einem mittleren Lagefehler zwischen ± 0,8 bis 3 m abgrenzen.

Die Kartiergenauigkeit aus Luftbildern entspricht in etwa der Zeichen- und Abbildungsgenauigkeit in der DGK 5. Die Genauigkeit der Objekterfassung im Luftbild ist abhängig vom Auflösungsvermögen, dem Maßstab und der Bildquali-

tät. Insbesondere bei den gebräuchlichen Luftbildern im Maßstab 1 : 12 000 bis
1 : 13 000 lassen sich Flächennutzungen bzw. Einzelobjekte mit einer Minimaldimension von 0,3 bis 0,4 m unterscheiden (Tabelle 2.2)[3.18]. Bei Luftbildern
größeren Maßstabes (1 : 4000 und größer) und dem Einsatz von entsprechenden
Auswertungsgeräten höherer Ordnung (z. B. fotogrammetrische Präzisionsgeräte)
(Abschnitt 3.3.3) kann die Objektidentifikation und Kartiergenauigkeit noch
erheblich höher sein.

Neben der exakten Lagebestimmung und Abgrenzung liefert die Realnutzungskartierung im Sinne einer Positivausweisung von Verdachtsflächen differenzierte
Hinweise zur Art und Entwicklung einer Verdachtsfläche, die Rückschlüsse auf das
anfallende Kontaminationspotential zulassen.

In Anlehnung an die Klassifikationsschemata der Altlasten (Abschnitt 2.2 und
Bilder 2.2 bis 2.4) ist zur Kartierung der Verdachtsflächen ein Katalog von
Nutzungskategorien erarbeitet worden. Dieser stellt die Suchinhalte bzw. die
Erfassungskategorien dar, nach denen die Informationsquellen untersucht werden.
Ein und derselbe altlastrelevante Sachverhalt, der in den Informationsquellen meist
in unterschiedlicher Weise (z. B. Abkürzung, Schriftzusatz, Signatur) wiedergegeben
wird, kann durch die Erfassungskategorien zusammengefaßt und vereinheitlicht
werden, so daß er in der Erfassungskarte unter einer Bezeichnung aufzunehmen ist.

Sechs Erfassungskategorien werden ausgewiesen:

☐ Steinkohlenbergwerke (Bergwerke und Kokereien) (I),
☐ Industrie/Gewerbe, allgemein (ohne Hinweis auf den Produktionszweig) (IIa),
☐ Industrie/Gewerbe, mit Hinweis auf den Produktionszweig (IIb),
☐ Ver- und Entsorgungsanlagen (kommunal, öffentlich, privat) (III),
☐ militärisch relevante Anlagen und Schießstände (IV),
☐ Altablagerungen im städtischen/ländlichen Raum (außerhalb des Betriebsgeländes) (V);
  – ohne Hinweis auf abgelagerte Produktionsrückstände,
  – mit Hinweis auf abgelagerte Produktionsrückstände.

Sowohl für Altstandorte und Altablagerungen als auch für militärische Anlagen ist
eine Einordnung und Abgrenzung gemäß der Klassifikationsschemata möglich
(Abschnitt 2.2). Für die Realnutzungskartierung sind damit differenzierte Suchinhalte vorgegeben, nach denen altlastrelevante Flächennutzungen erfaßt und gegenüber ihrer Umgebung abgegrenzt sowie nach ihrer Art exakt benannt werden
können.

Bei der Kartierung selbst sind folgende Besonderheiten zu beachten: Während
Altstandorte und militärisch relevante Anlagen, wie oben erwähnt, nach den
Grenzlinien einer Gesamtfläche und nach Gebäudeumrissen und Anlagengrenzen
aufzunehmen sind, ist die Aufnahme von Altablagerungen aufwendiger. Aufschüttungen sind über die maximale Ausdehnung der Schüttbereiche (Böschungsfuß)
aufzunehmen, d. h. in der Karte über den Vergleich von Hinweisen zum Relief
(Isohypsenbild, Böschungen, Höhenpunkte) und in Reihenmeßbildern über Stereomikrometermessungen. Demgegenüber lassen sich Verfüllungen nicht unmittelbar

als eine Flächennutzung, sondern nur über die Aufnahme von Hohlformen und deren Wegfall als Folge einer anthropogenen Veränderung in späterer Zeiten identifizieren.

Im Gegensatz dazu werden bei einer ebenfalls möglichen methodischen Vorgehensweise zur Kartierung, der Negativausweisung, nur diejenigen Flächennutzungen aufgenommen, die nach einer multitemporalen Analyse des Informationsträgers keine altlastrelevanten Hinweise enthalten. Auf diese Weise lassen sich zwar Aussagen über Areale machen, die potentiell ungefährdet sind. Der eigentlichen Aufgabe der Altlastuntersuchung, nämlich differenzierte Aussagen über umweltgefährdende Flächennutzungen zu liefern, wird damit aber nicht entsprochen.

3.3.3 Auswertungsgeräte und Arbeitsmittel zur Durchführung der Erfassung

Die Übertragung der multitemporalen Flächeninformationen aus den verschiedenen Kartenwerken und Luftbildern in die Kartierungsgrundlage der DGK 5 (Abschnitt 3.3.4) setzt den Einsatz von optischen Karten- und Luftbildumzeichengeräten voraus.

Im Vordergrund der Kartenauswertung steht die Maßstabsanpassung zwischen auszuwertenden Kartenwerken und der DGK 5 als Kartierungsgrundlage. Zur Übertragung von altlastrelevanten Flächennutzungen aus den Quellenkarten TK 25 und den WBK-Karten in die Kartierungsgrundlage der DGK 5 wird ein optischer Kartenumzeichner verwendet, der eine stufenlose Verkleinerung bzw. Vergrößerung bis zum 6fachen des Ausgangsmaßstabes erlaubt[3.19]. In Einzelfällen, wie zum Beispiel zur Übernahme von Grundriß und Gebäudeflächen bei Altstandorten aus Kartenwerken in die Basiskarte, können fotomechanische Vergrößerungen (Verkleinerungen) durch Reproduktionskameras hilfreich sein, die eine stufenlose Vergrößerung/Verkleinerung bis zum 5fachen des Ausgangsmaßstabes erlauben.

Zur vollständigen inhaltlichen Erschließung des Informationsgehaltes von Luftbildern (Reihenmeßbildern) als dreidimensionalem Bildmodell sollte das Bildmaterial ausschließlich stereoskopisch ausgewertet werden. Dies verlangt den Einsatz von stereoskopischen Betrachtungsgeräten. Hierzu eignen sich alle Spiegelstereoskope, sofern sie über eine ausreichende Vergrößerung (mindestens 3fache Vergrößerung) verfügen und dementsprechend auch Details zu erkennen sind.

Für einen multitemporalen Vergleich von kartierten Informationen verschiedener Befliegungen sind wegen der bildimmanenten Maßstabsschwankungen und/oder Abbildungsfehler Verfahren oder Umzeichnungsgeräte notwendig, die diese Fehler ausgleichen. Im Rahmen von flächenhaften Kartierungen sollten zur Umzeichnung von stereoskopisch ausgewerteten Altlastverdachtsflächen in die DGK 5 als Basiskarte zumindest optische Umzeichnungsgeräte, wie z. B. das Luftbildumzeichnungsgerät (LUZ) der Firma Zeiss, Oberkochen, verwendet werden[3.20]. Als monokulares Umzeichengerät ermöglicht es auf manuellem Wege eine Maßstabsanpassung zwischen dem Luftbild und der Basiskarte bei einem weitgehenden Ausgleich der aufnahmebedingten Abbildungsfehler von Längs-, Querneigung und Abdrift, jedoch nicht des Radialversatzes (Teilflächenentzerrung). In Form eines Überlagerungsbildes von Luftbild und Karteninhalt lassen sich auf diese Weise die Areale altlastrelevanter Flächennutzungen in der Basiskarte exakt nachzeichnen. Je nach der Qualität dieser Arbeiten entspricht das Ergebnis des Umzeichenvorganges den Anforderungen an die Lage- und Grundrißgenauigkeit, wie sie in Abschnitt 3.3.1 für die Lokalisierung von Altlastverdachtsflächen gefordert wird[3.21].

Für eine direkte Um- bzw. Einzeichnung von stereoskopisch auszuwertenden Altlastverdachtsflächen in die DGK 5 ohne aufwendige Zwischenschritte kann z. B. das Stereo-Zoom-Transferscope der Firma Bausch & Lomb oder das Kartoflex M von Zeiss eingesetzt werden. Der Vorteil dieses Gerätes liegt darin, daß es nicht nur eine stufenlose Vergrößerung der Luftbilder und zugleich eine Maßstabsanpassung mit der Arbeitskarte unter stereoskopischen Auswertungsbedingungen gestattet, sondern den weitgehenden Ausgleich der aufnahmebedingten Ungenauigkeiten (anamorphe Bildentzerrung, Längs-, Querneigung, Abdrift und Radialversatz) auf apparativem Wege erlaubt. Insbesondere die Möglichkeit, Luftbilder unter guter Ausleuchtung bis zum 16fachen des Ausgangsmaßstabes zu vergrößern und über Paßpunkte oder sonstige markante Geländepunkte in die Kartengrundlage einzupassen, führt zu einer Genauigkeit der Kartierung, die in der DGK 5 eine weitgehend lage- und grundrißtreue Darstellung[3.22] ermöglicht und eine differenzierte Verdachtsflächenwiedergabe zuläßt.

Genauere Kartierungen sind demgegenüber nur durch den Einsatz von fotogrammetrischen Präzisionsgeräten (Stereoauswertegeräte I. und II. Ordnung) zu erreichen. Im Rahmen der Genauigkeitsansprüche für eine Grundrißkartierung von Altlastverdachtsflächen, wie sie diesem Untersuchungsverfahren zugrunde liegt (Abschnitt 3.3.1 und 3.3.2), kann auf den Einsatz derartiger Auswertungsgeräte verzichtet werden. Da für Altstandorte, Altablagerungen und militärisch relevante Anlagen im Gelände keine scharfen Abgrenzungen, sondern nur Grenzsäume der Verbreitung von Schadstoffen zu erwarten sind, ist ein Einsatz von sehr genauen, aber auch recht kostenintensiven Auswertungsgeräten nach Meinung des Verfassers in dieser Phase der Untersuchung nicht notwendig[3.23]. Allein im Falle von speziellen, vertiefenden Einzeluntersuchungen kann es von Vorteil sein – insbesondere zur exakten Ausmessung und Kartierung von Höhenlinien und Voluminamessungen von Altablagerungen –, auf diese Auswertungsgeräte zurückzugreifen. Kostengünstiger und für die Frühphase der Erkundung angemessener lassen sich aber auch über Stereomikrometermessungen die Abbautiefen bzw. Schütthöhen bestimmen.

Als Arbeitsmittel und -grundlagen zur Kartierung von Verdachtsflächen eignen sich alle durchsichtigen und maßbeständigen, d. h. die relativ verzugsfreien Pokalon- und Astralonfolien, die als Overlays für jeden Informationsträger anzufertigen sind.

Zur Auswertung der DGK 5 als Informationsquelle und dem direkten Vergleich ihrer Zeitreihen durch Übereinanderlegen der unterschiedlichen Fortführungsstände auf einem Leuchttisch genügen maßbeständige Folien (M-Folie), wie sie bei den kommunalen Vermessungs- und Katasterämtern zur Vervielfältigung und für Sicherungskopien von Karten benutzt werden.

3.3.4 Zeichensystem der kartographischen Darstellung von Verdachtsflächen

Zur Kartierung von Altlastverdachtsflächen in der Basiskarte der DGK 5 ist ein Zeichensystem notwendig, das der Vielfalt der Informationen einer multitemporalen Karten- und Bildanalyse gerecht wird.

Folgende Anforderungen sind daran zu stellen: Das Zeichensystem muß eine möglichst exakte Wiedergabe der Lage und Flächenausdehnung gewährleisten, d.h. altlastrelevante Flächennutzungen müssen parzellenscharf und klar voneinander abgegrenzt kartiert werden, ohne daß dabei eine Genauigkeit suggeriert werden soll, die aufgrund der Verschleppungszonen von Schadstoffen ungerechtfertigt ist.

Lage- und Arealabgrenzung

Altlastverdachtsflächen sind in der Regel bei der Realnutzungskartierung deutlich von benachbarten Flächen/Objekten abzugrenzen und damit als flächenhafte bzw. lineare Diskreta[3.24] grundrißtreu oder zumindest -ähnlich darzustellen. Zwar bilden beispielsweise Bahnlinien, Dämme und Kanäle als lineare Diskreta mit einer linienhaften bis bandförmigen Ausdehnung eine Ausnahme, die Mehrzahl der altlastrelevanten Nutzungen aber sind aufgrund ihres räumlichen Erscheinungsbildes als flächenhafte Diskreta anzusprechen[3.25].

Die kartographische Wiedergabe von Objekten/Sachverhalten dieser Art ist in Anlehnung an die Ausführungen von HAKE (1985, Bd. II, S. 42) und SCHWEISSTHAL (1967, S. 7–8) nur über die Flächenmethode (Arealmethode) möglich. Damit «ist innerhalb der Kartiergenauigkeit in Abhängigkeit vom Maßstab und den damit zusammenhängenden Generalisierungsproblemen eine absolute, geographische Darstellung möglich.» (SCHWEISSTHAL 1967, S. 7). Als Gestaltungsmittel zur kartographischen Wiedergabe dieser Sachverhalte bietet sich die Konturierung mittels Linien und linearer Signaturen, Vollflächen (Flächenfärbung), flächenhafter Signaturen (Schraffierung) und die Beschriftung und Bezifferung an.

Von Flächenfarben, die zwar «sehr anschaulich und am leichtesten mit weiteren Darstellungen» (HAKE 1985, Bd. II, S. 43) zu versehen sind, ist abzusehen, da die altlastrelevanten Objekte/Sachverhalte in ihrer Ausdehnung exakt abgegrenzt werden können. Es wird daher auf die Konturierung von Flächen durch Linien und lineare Signaturen zurückgegriffen. Diese wird sowohl den Genauigkeitsansprüchen als auch der Vielfalt unterschiedlicher Flächennutzungen und Differenzierungen gerecht. Zudem ist diese Darstellungsform weniger arbeitsaufwendig, da keine zusätzliche Farbgebung der abgegrenzten Areale nötig ist.

Die einzelnen Verdachtskategorien werden durch Umgrenzungslinien in einer einheitlichen Farbe und Strichstärke wie folgt aufgenommen (vgl. Beispiele in den Karten 5.3 bis 5.10 in den Abschnitten 5.2 bis 5.6):

☐ bei Altstandorten wird die maximale Grenze des Betriebsgsländes und der Gebäudeumrisse von Produktionsanlagen und Betriebsdifferenzierungen (z.B. Klärbecken) festgehalten;

☐ militärisch relevante Anlagen werden ebenfalls in den maximalen Ausdehnungsgrenzen ihrer Anlagen bzw. Anlagendifferenzierungen ausgewiesen;

☐ bei Altablagerungen werden die maximale Gesamtfläche aufgenommen und innere Differenzierungen nach Aufschüttungs- und Verfüllungszonen bzw. Nutzungsstrukturunterschieden mittels Arealabgrenzungen wiedergegeben.

Darstellungsmöglichkeiten von zeitlich bedingten Flächenveränderungen
Der kartographischen Darstellung der Veränderungen von altlastrelevanten Flächennutzungen im Laufe der Zeit, die im Mittelpunkt der multitemporalen Karten- und Bildanalyse stehen, kommt eine besondere Bedeutung zu. Auch hier lassen sich verschiedene Möglichkeiten[3.26] zur Kartierung unterscheiden. Zur Wiedergabe von Flächenveränderungen bietet sich eine Arealabgrenzung mittels Konturierung mit unterschiedlichen Linien oder Signaturen an. Flächen aus verschiedenen Zeiten erhalten unterschiedliche Liniendarstellungen (z. B. reine Linien, Linien mit linearen Signaturen, Linien mit Schrift oder reine lineare Signaturen) oder Farben. Dies veranschaulicht zwar die Veränderungen der Umgrenzungslinien, wird aber bei 15 und mehr Zeitschnitten unüberschaubar. Zur Kartierung zeitlich bedingter Veränderungen wird vielmehr eine Flächenfüllung durch eine flächenhafte Signatur (Schraffur) herangezogen. Komplexe und differenzierte Sachverhalte lassen sich dadurch übersichtlicher kartieren.

Zur Realisierung dieser Gestaltungsform bieten sich unter Berücksichtigung der Anzahl der Zeitschnitte einer Informationsquelle folgende Möglichkeiten an:

☐ Für jedes Erfassungsjahr ist eine maßhaltige Folie (Overlay) zu benutzen, auf der die Verdachtsflächen des betreffenden Jahres mittels Schraffur wiedergegeben werden. Bei bis zu 20 Zeitschnitten sowie einer großen Anzahl und Differenzierung von Verdachtsflächen kann dieses Verfahren allerdings recht unübersichtlich werden.
☐ Die Darstellung der Flächenschraffuren aller Erfassungsjahre erfolgt auf nur einer Folie. Auch hier kann die Schraffur für jedes Jahr farbig angelegt werden. Dies bietet sich für solche Informationsquellen an, die lediglich in wenigen Zeitschnitten existieren. Weist eine Informationsquelle dagegen mehr als acht Zeitschnitte auf, so wird die Kartierung unübersichtlich. Als eine ebenfalls mögliche Darstellungsform hat sich für eine Untersuchung mit wenigen Zeitschnitten die Schraffur in einer Farbe erwiesen. Jedes Auswertungsjahr erhält eine gesonderte Linienschraffur, die über die Variation der Schraffurrichtung, unterschiedliche Linienabstände und Strichbreiten die verschiedenen Auswertungsjahre wiedergeben. Zu beachten ist hier, daß die Strichabstände nicht zu weit angelegt werden, damit auch das Erfassungsjahr kleinerer Flächen erkennbar bleibt.
☐ Eine weitere Möglichkeit zur Wiedergabe des Zeitaspektes bietet sich mit der Eintragung der jeweiligen Jahreszahl der erstmaligen Erfassung in bzw. an einer offenen Flächendarstellung (z. B. Gebäudeteile) an.

Um die Übersichtlichkeit dieses Verfahrens zu gewährleisten, erhalten unverändert gebliebene Flächen keinen neuen Zeithinweis. Das Wegfallen von Flächen oder Teilflächen wird mit einem roten Querstrich und der entsprechenden Jahreszahl gekennzeichnet. Kommen Gesamt- oder Teilflächen im Laufe der multitemporalen Erfassung neu hinzu, so erhalten sie in gleicher Weise eine Kennzeichnung des Jahres der Ersterfassung. Ein Nutzungswandel einer Verdachtsfläche bei gleichbleibender Flächenabgrenzung betrifft nicht die zeitliche Darstellung durch Flächenschraffur; sie erfolgt durch eine Benennung der Art der neuen Flächennutzung (folgender Abschnitt).

Kennzeichnung von Verdachtsflächen
Ein weiterer Aspekt, der bei der Verdachtsflächenkartierung übersichtlich dargestellt werden muß, ist die Benennung der jeweiligen Altlastkategorie und die Wiedergabe zusätzlicher Informationen, wie der Entstehungszeitraum, der Wandel bzw. Wegfall und die derzeitige Nutzung.

Generell sind, wie HAKE (1985, Bd. II, S. 43) und SCHWEISSTHAL (1967, S. 8) hervorheben, unterschiedliche Gestaltungsmittel zur Darstellung dieser weiteren qualitativen Aussagen zu Verdachtsflächen möglich:

☐ verschiedene Gattungs- und Objektsignaturen,
☐ Ziffern,
☐ Buchstabenkombinationen.

Bei der Vielzahl unterschiedlicher Erfassungskategorien und ihrer Differenzierung ist allerdings eine Kartierung über Gattungs- und Objektsignaturen schwierig, da zur Kartierung der verschiedenartigen Nutzungen viele Kombinationen dieser Signaturen notwendig werden, die nur schwer zu handhaben sind.

Deshalb sind die Flächennutzungen über eine spezielle «Kennziffer» wiederzugeben, die sich aus einer Buchstabenkombination und Ziffern zusammensetzt. Sie enthält folgende Angaben:

☐ die Art der Verdachtsfläche (Erfassungskategorie),
☐ die Nummer der jeweiligen Verdachtsfläche einer Kategorie in einer Untersuchungseinheit,
☐ die Jahresangabe der ersten Erfassung, des Wegfallens als gefahrenverdächtige Flächennutzung und eines Nutzungswandels und
☐ die aktuelle Flächennutzung.

Die Kennzeichnung der Art der Flächennutzung erhält eine Buchstabenkombination, die eine möglichst sinnverwandte Abkürzung der jeweiligen Erfassungskategorien darstellt.

Die Buchstabenkombinationen lehnen sich z. T. an bestehende (geläufige) Abkürzungen der betreffenden Objekte/Sachverhalte in den Musterblättern der TK 25 und der DGK 5 an (z. B. «Zgl» für Ziegelei).

Eine ungekürzte Benennung der Verdachtsflächenart ist – sofern der Platz in der Erfassungskarte es zuläßt – besonders bei Altstandorten mit Hinweisen auf den Wirtschaftszweig vorzunehmen (z. B. Stanz- und Emaillierwerk).

Generell werden bei Altstandorten und militärisch relevanten Anlagen sämtliche Anlagenteile aufgenommen; eine exakte Benennung erhalten nur die Bereiche, zu denen funktions- und produktionsspezifische Hinweise im Informationsträger zu identifizieren sind.

Das System der Abkürzungen ist so angelegt, daß die Hauptkategorien der Verdachtsfläche den jeweiligen Betriebs- bzw. Ablagerungsdifferenzierungen als Großbuchstaben vorangestellt werden, um eine Einordnung der einzelnen Flächen zu erleichtern.

Außerdem erhält jede Verdachtsfläche einer Erfassungskategorie eine Numerierung in der Erfassungskarte und im -stammblatt, die sich aus der Lage der Fläche in der Karte und dem erstmaligen Auftreten im Informationsträger ergibt. Dabei wird die linke obere Ecke des Kartenfeldes als Ausgangspunkt gewählt und die Numerierung nach rechts bzw. nach unten fortgesetzt.

An das Jahr des Wegfallens als gefahrenverdächtige Nutzung schließt sich die Eintragung der Folgenutzung durch einen Buchstaben an, der bei weiteren Nutzungsveränderungen immer ergänzt wird, wobei der letzte Buchstabe die aktuelle Flächennutzung wiedergibt.

Insgesamt bietet das beschriebene Verfahren zur Verdachtsflächenkennzeichnung den Vorteil, daß neben einer Kennziffer zur Benennung der Fläche zugleich wesentliche Informationen zur Genese (Jahr der Ersterfassung, des Wegfallens) und zur aktuellen Flächennutzung festgehalten werden. Die Kennziffer erlaubt damit einen raschen Zugriff auf die wichtigsten Daten einer Verdachtsfläche sowohl in der Erfassungskarte als auch im Erfassungsstammblatt (Abschnitt 3.3.5).

Darstellungsmöglichkeiten von Kriegsschäden
Als einen Aspekt, der zusätzliche Informationen zu möglichen Kontaminationen in einem Untersuchungsaum gibt, sind Kriegseinwirkungen anzusprechen. Im Rahmen des Kartierungsvorganges werden sie gesondert betrachtet, da es aus arbeitsökonomischen Gründen effektiver ist, erfaßte Verdachtsflächen am Ende der Untersuchung auf Bombentreffer (Bombentrichter, Blindgänger) und damit verbundene Anlagenzerstörungen und -beschädigungen zu untersuchen (Abschnitt 1.1.2). Sollen Aussagen über Kontaminationen infolge von Kriegseinwirkungen für Untersuchungsräume getroffen werden, ist es unerläßlich, diese auf separaten Folien in Verbindung mit der Basiskarte der DGK 5 zu kartieren. Dazu werden Luftbilder der Alliierten aus dem Zweiten Weltkrieg ausgewertet, die meist in sehr engen Zeitschnitten existieren (Abschnitt 2.1.2). Zur Vergleichbarkeit empfiehlt es sich, die Hinweise zu Kriegseinwirkungen aus den einzelnen Zeitschnitten auf getrennten Folien aufzunehmen. Als flächenhafte Diskreta lassen sich Kriegsschäden in entsprechender Weise wie altlastrelevante Flächennutzungen über qualitativ flächenhafte Darstellungen (Flächenmethode) aufnehmen. Zur Darstellung und exakten Abgrenzung von Lage und Ausdehnung der Bombentrichter hat sich die Methode der Konturierung der entsprechenden Hohlformen mittels Linien erwiesen. Anlagenbeschädigungen und -zerstörungen sind in ihrer Flächenausdehnung ebenfalls durch Konturierung des betroffenen Anlagenbereiches zu kartieren. Zur besseren Hervorhebung der kartierten Kriegseinwirkungen sollten diese in einer gesonderten Farbe wiedergegeben werden. Zu unterscheiden sind weiterhin in ihrer

Darstellungsweise Bombentrichter, die zum Zeitpunkt der Aufnahme als Hohlform existieren, und solche, die bereits verfüllt sind. Dazu wird die Arealausdehnung der verfüllten Bombentrichter mit einer Farbe versehen. Blindgänger im Sinne von Bombeneinschlägen ohne Detonationskrater werden nur über eine Punktsignatur dargestellt. Zur Unterscheidung von Anlagenbeschädigungen und -zerstörungen bieten sich unterschiedliche Farbgebungen der Umgrenzungslinien bzw. zusätzliche Flächenschraffierungen an.

3.3.5 Erfassungsstammblatt zur Datensammlung im Altlastenkataster

Die multitemporale Auswertung verschiedener Informationsquellen führt zu einer Informationsfülle, die neben den Daten zur Art, Lage und Ausdehnung von Verdachtsflächen Hinweise auf ihre Genese, aktuelle Folgenutzung und Wirtschaftszweige, die als mögliche Verursacher von Kontaminationen in Frage kommen, sowie Hinweise auf die Herkunft des Materials enthält.

Um im Sinne einer Materialsammlung diese Informationen vollständig und systematisch zusammenzutragen, festzuhalten und für weiterführende Untersuchungen bereitzustellen, ist eine angemessene Form der Datenspeicherung unerläßlich. Da sich aufgrund der Informationsfülle und des eingeschränkten Darstellungsraumes in der Kartierungsgrundlage der DGK 5 nicht alle Hinweise auf Verdachtsflächen kartographisch festhalten lassen, ist zur zusätzlichen Datensammlung ein Erfassungsbogen (Erfassungsstammblatt) entwickelt worden (Tabelle 3.1). Betrachtet man zunächst bisherige Ansätze zur Erstellung von Erfassungsbögen, wie z. B. von Hamburger Untersuchungen oder des MELF NRW[3.27], so sind diese mit Ausnahme des ISAL-Bogens[3.28] zur Speicherung von Informationen aus der Karten- und Luftbildauswertung nur unzureichend. Dies gilt sowohl für die Differenzierungsmöglichkeiten von altlastrelevanten Flächennutzungen als auch für die zusätzlichen Informationen, wie sie oben angesprochen wurden. Bisherige Erfassungsstammblätter sind primär auf die Speicherung von Informationen aus Akten-, Verwaltungsvorschriften und Befragungen (von Zeitzeugen) ausgerichtet, in einzelnen Fällen auch aus beprobten Analyseverfahren.

Das im Rahmen dieser Arbeit erstellte Erfassungsstammblatt ist von vorneherein auf der erweiterten Altlastendefinition (Abschnitt 1.1.2), den Erfassungskategorien zur Realnutzungskartierung (Abschnitt 3.3.2) und nach methodischen Gesichtspunkten des Auswertungsvorganges von Karten und Luftbildern entwickelt worden. Grundsätzlich erfolgt die Datensammlung, d.h. die Eintragung im Stammblatt, jeweils für eine Verdachtsfläche durch Ankreuzen der entsprechenden Hinweise, und zwar möglichst parallel zur Kartierung, um die Vollständigkeit der Informationsspeicherung zu gewährleisten. Dazu ist das Stammblatt entsprechend dem Ablauf des Erfassungsvorganges konzipiert, der allgemeine Daten einer Verdachtsfläche, wie Lage und Abgrenzung, die Kennzeichnung der jeweiligen Altlastkategorie und differenzierte Zusatzinformationen enthält (Tabelle 3.1). 13 aufeinander aufbauende Datenblöcke geben diesen Vorgang wieder und ermöglichen, daß die jeweiligen Informationen exakt festgehalten werden. Aufgrund der Informations-

Tabelle 3.1   Der Erfassungsstammbogen

Altlasten-Verdachtsflächen (Erfassungsbogen)

0. 10 ☐ *Kennziffer:* _____
   20 ☐ *Verdachtskategorie:* _____
   30 ☐ *Prioritätenwert:* _____

1. *Standort*
   10 ☐ Stadt/Gemeinde Bochum
   20 ☐ Kreis
   30 ☐ Flur/Name/Nr.
   40 ☐ Fläche m^2
   50 ☐ Volumen m^3
   60 ☐ DGK 5 Namen
             Nr.
   70 ☐ Mittelpunktskoordinate:
             R 25   H 57
   80 ☐ Derzeitige Nutzung: _____

2. *Informationsträger*
   10 ☐ Kartenwerke
   11 ☐ TK 25
   12 ☐ DGK 5
   13 ☐ Stadtpläne/Stadtkarten
   14 ☐ Kartenwerke der WBK
   15 ☐ Anlagen/Betriebspläne
   20 ☐ Luftbilder
   21 ☐ Geneigtaufnahme
   12 ☐ Senkrechtaufnahmen
   23 ☐ Monobild
   24 ☐ Stereobild
   25 ☐ Panchromatisch SW
   26 ☐ Farbaufnahme
   27 ☐ Falschfarbe CIR
   28 ☐ Thermalaufnahme
   29 ☐ Sonstiges (Radar, MSS)

3. *Ausgabe/Jahr des Informationsträgers*
   10 ☐ Aufnahmedatum   _____
   20 ☐ Auflage   _____
   30 ☐ Ausgabe   _____
   40 ☐ Berichtigungsstand
                             _____
   41 ☐ Berichtigt   _____
   42 ☐ Fortgeführt   _____
   43 ☐ Letzte Nachträge   _____
   44 ☐ Redaktionelle Änderungen
                             _____
   50 ☐ Jahr der Ersterfassung _____
   60 ☐ Letzte Erfassung   _____

4. *Erkennung der Verdachtsfläche aufgrund von*
   10 ☐ Bezeichnung _____
   20 ☐ Abkürzung _____
   30 ☐ Symbolzeichen _____
   40 ☐ Schraffur

   50 ☐ Flächenton
   60 ☐ Farbgebung
   70 ☐ Stärke der Umrißlinie
   80 ☐ Objekttypische Erscheinung
   90 ☐ Form/Größe/Lage

5. *Erkennung Verdachtsflächen- zuordnung*
   10 ☐ Direkt
   20 ☐ Indirekt
   30 ☐ Mittels Indikatoren
   40 ☐ Nicht möglich, geschätzt

6. *Art der Verdachtsfläche*
   10 ☐ Altanlage
   20 ☐ Altablagerung
   30 ☐ Militärisch relevante Einrichtung
   40 ☐ Kriegsschäden

7. *Lageklassifizierung*
   10 ☐ Ist ein Betrieb
   20 ☐ Ist eine Betriebsdifferenzierung
   30 ☐ Liegt innerhalb eines Betriebes
   40 ☐ Liegt außerhalb eines Betriebes
   50 ☐ Ist eine kommunal/öffentlich-private Einrichtung

8.   *Betriebsarten*
8.1   *Bergwerke*
8.1.1 *Steinkohlenbergwerke*
   10 ☐ Zechen
   20 ☐ Schachtanlagen
   30 ☐ Kleinzechen
   40 ☐ Stollenmundlöcher

8.1.2 *Sonstige Bergwerke*
   10 ☐ Bleibergwerke
   20 ☐ Eisenerzbergwerke
   30 ☐ Kupferbergwerke
   40 ☐ Sonstige Bergwerke

8.2   *Kokereien*
   10 ☐ *Ohne* Hinweis auf Nebengewinnungsanlagen
   20 ☐ *Mit* Hinweis auf Nebengewinnungsanlagen

8.3   *Industrieanlagen*
8.3. 10 ☐ Industrie/Gewerbe aufgrund Hinweis allgemeiner Art, ohne Differenzierung der Produktion

Fortsetzung von Tabelle 3.1

Altlasten-Verdachtsflächen (Erfassungsbogen)

	20	☐ Industrie/Gewerbe aufgrund allgemeiner Bezeichnung ohne Differenzierung der Prod.		230	☐ Ziegelei
				240	☐ Sonstiges
	30	☐ Industrie/Gewerbe mit Erkennung des Produktionszweiges	10.		*Militärisch relevante Anlagen*
	31	☐ Name des Produktionszweiges _____	10.1		*Kriegsbedingte Anlagen*
				10	☐ Flakstellungen
	40	☐ Industrie/Gewerbehinweis aufgrund von Namensnennung		11	☐ Geschützstellungen
				12	☐ Munitionsbunker
	41	☐ Firmenart _____		13	☐ Feldunterkünfte
	42	☐ Firmenname _____		14	☐ Laufgräben/Stellungsgräben
				15	☐ Scheinwerferstellung
8.4		*Versorgungsanlagen*		16	☐ Sperrballonhalterung
	10	☐ Gasanstalt		17	☐ Versorgungspunkte
	20	☐ Kraftwerk		20	☐ Artilleriestellungen
	30	☐ Tankstelle		21	☐ Geschützstellung
				22	☐ Munitionsbunker
8.5		*Entsorgungsanlagen*		23	☐ Feldunterkünfte
	10	☐ Kläranlage		24	☐ Laufgräben/Stellungsgräben
	20	☐ Schrottplatz		25	☐ Versorgungspunkte
				30	☐ Panzergräben
8.6		*Eisenbahngelände*		40	☐ Laufgräben (allgemein)
	10	☐ Bahnhof		50	☐ Bunkeranlagen
	20	☐ Güterbahnhof		60	☐ Feuerlöschteiche
	30	☐ Be-/Entladestation		70	☐ Versorgungspunkte
				80	☐ Flugplätze
9.		*Betriebsdifferenzierungen*		90	☐ Kasernen
	10	☐ Ammoniakfabrik		100	☐ Truppenübungsplätze
	20	☐ Aufbereitungsanlage v. Kokerei	10.2		*Militärisch-private Anlagen*
	30	☐ Benzolfabrik		10	☐ Schießstände
	40	☐ Brikettfabrik	11.		*Kriegsschäden*
	50	☐ Förderschacht		10	☐ Anlagenbeschädigungen
	60	☐ Gasbehälter		20	☐ Anlagenzerstörungen
	70	☐ Gasometer		30	☐ Ausgelaufene Produktionsstoffe
	80	☐ Gleisanlagen			
	90	☐ Klärbecken/-teiche	12.		*Altablagerungen*
	100	☐ Kohlenwäscher	12.1		*Gefährdungsstufe – Lagemoment*
	110	☐ Kokslöschturm		10	☐ Altablagerung auf Betriebsflächen *immer* mit Verdacht auf Produktionsrückstände
	120	☐ Kühlturm			
	130	☐ Lagerplatz			
	131	☐ Lagerplatz mit Fässern		20	☐ Altablagerung im städtischen/ländlichen Raum (außerhalb von Betriebsgeländen)
	132	☐ Lagerplatz mit Grubenhölzern			
	133	☐ Lagerplatz mit Lockmaterial			
	134	☐ Lagerplatz mit Stückgütern		21	☐ *Ohne* Hinweis auf Verdacht von abgelagerten Produktionsrückständen
	140	☐ Lagerhallen-/Schuppen			
	150	☐ Luftschacht/Wetterschacht			
	160	☐ Schlammteich/Absetzbecken		22	☐ *Mit* Hinweis auf Verdacht von abgelagerten Produktionsrückständen
	170	☐ Schornstein			
	180	☐ Tankbehälter			
	190	☐ Teerbasis			
	200	☐ Teerdestillation	13.		*Art der Altablagerung*
	210	☐ Umladestation	13.1		*Aufschüttungen*
	220	☐ Wasserflächen ohne Zuordnung/Bezeichnung		10	☐ Unklassifiziert

Fortsetzung von Tabelle 3.1

Altlasten-Verdachtsflächen (Erfassungsbogen)

	20	☐ Klassifiziert		30	☐ Brüche/Tagesbrüche
	21	☐ Halden		40	☐ Steinbrüche
	22	☐ Zechenhalden			
	23	☐ Bergehalden	13.2.2.		*Verfüllungen innerbetrieblicher Hohlformen*
	24	☐ Kohlenaufhaldungen			
	25	☐ Schutthalden		10	☐ Entwässerungskanal
	30	☐ Deponie (Hausmüll)		20	☐ Kläranlage
	40	☐ Industriemülldeponien		21	☐ Klärbecken
	50	☐ Ungeordnete Ablagerungen/ wilde Kippen		30	☐ Schlammteiche/Absetzbecken
				40	☐ Teerbassin
	60	☐ Damm/wallartige Erhebung		50	☐ Wasserflächen ohne Zuordnung
	70	☐ Lärmschutzwälle			
			13.2.3.		*Verfüllungen natürlicher Hohlformen*
13.2.		*Verfüllungen*			
13.2.1		*Verfüllte ehemalige Abgrabungen*		10	☐ Talbereiche
	10	☐ Gruben unklassifiziert		20	☐ Mulden/Senken
	20	☐ Gruben klassifiziert			
	21	☐ Sandgruben	13.2.4.	10	☐ *Verfüllungen von militärisch relevanten Anlagen*
	22	☐ Lehmgruben			
	23	☐ Tongruben			
	24	☐ Mergelgruben	13.2.5.	20	☐ *Verfüllungen von Kriegsschäden*

vielfalt bietet es sich an, den Erfassungsbogen für eine rechnergestützte Weiterverwendung auszulegen. Dazu sind alle tabellarisch aufgeführten Datensegmente bis in ihre Einzelhinweise mit Schlüsselzahlen versehen, die eine EDV-mäßige Eingabe der numerischen Informationen ermöglichen.

Ein übergeordneter «Kennblock», in den erst nach Abschluß des Erfassungsvorganges die ermittelten Kennziffern der Verdachtsfläche in den verschiedenen Informationsquellen eingetragen werden, gestattet, daß die erfaßten Flächen untereinander verglichen werden können.

Zusätzlich werden zu diesen Daten Aussagen über die Zuverlässigkeit, mit der eine Verdachtsfläche erfaßt und gekennzeichnet wurde, im Erfassungsstammblatt berücksichtigt. Anhand der in den Punkten 4 und 5 aufgeführten Kriterien läßt sich festhalten, anhand welcher Karten- und Luftbildinformationen die Identifikation einer Verdachtsfläche erfolgte und ob die Erfassung direkt oder nur indirekt und über Indikatoren stattgefunden hat oder ob sie lediglich auf einer Vermutung basiert.

Die Identifizierung und Kennzeichnung von Verdachtsflächen, die immer ein gewisses Maß an Subjektivität aufweist, wird auf diese Weise nachvollziehbar, indem der Auswerter belegen muß, aufgrund welcher Faktoren er eine altlastrelevante Nutzung einer Altlastenkategorie zuordnet.

Die Stammblätter eines Erfassungsvorganges sind zweckmäßigerweise in einem Altlastenkataster zu führen. Entsprechend der analysierten Informationsquellen werden die Erfassungsbögen für die jeweilige Grundlage der DGK 5 zusammengestellt. Als Ordnungsziffer dient die Nummer der DGK 5 innerhalb eines Stadtgebietes, die den einzelnen Stammblättern vorangestellt wird. Als Altlastenkataster, geordnet nach den DGK-5-Blättern eines Stadtgebietes, können sie den Belangen der Stadtplanung zur Verfügung stehen. In diesem Zusammenhang ist eine Koppelung der EDV-aufbereiteten Daten der Verdachtsflächenerkundung mit der Datenbank einer digitalisierten und automatisierten Fortführung der DGK 5 wünschenswert und realisierbar, da die Verdachtsflächen über ihre Gauß-Krüger-Mittelpunktskoordinaten aufgenommen werden. Außerdem ist es möglich, über eine Vektorisierung die Verdachtsflächen nach ihrer Ausdehnung und Abgrenzung zu ermitteln.

4 Indirekte beprobungslose Gefährdungsabschätzung zur Erstbewertung von Altlastverdachtsflächen durch Karten- und Luftbildinformation

4.1 Indirekte Abschätzung des Kontaminationspotentials

4.1.1 Methodischer Ansatz einer indirekten Abschätzung durch Indikatoren

Eine Abschätzung des Gefährdungspotentials von erfaßten Altlastverdachtsflächen steht vor dem Problem, daß Kontaminationen nicht als solche direkt in den Informationsquellen zu identifizieren sind. Es handelt sich um nicht unmittelbar sichtbare Sachverhalte des Raumes, die als Bodenverunreinigungen die Folge von altlastrelevanten Nutzungen sind. Um dennoch über die Karten- und Bildanalyse eine Gefährdungsabschätzung vornehmen zu können, ist eine Informationsgewinnung durch Indikatoren notwendig. Entsprechende Untersuchungsmethoden sind bereits seit den 60er Jahren im Rahmen der Luftbildanalyse zur Identifizierung von nicht sichtbaren Raumelementen bzw. -strukturen eingesetzt worden[4.1]. Wie Untersuchungen aus der Stadtplanung und Stadtforschung gezeigt haben, ist es möglich, Informationen über Sachverhalte durch Luftbildanalyse zu gewinnen, die nicht unmittelbar im Bild sichtbar sind[4.2].

Ausgangspunkt dieser Analysemethode ist der Grundgedanke, daß zwischen bestimmten nicht sichtbaren Sachverhalten bzw. Raumelementen und -strukturen und bestimmten sichtbaren ein kausaler oder funktionaler Beziehungszusammenhang besteht (Abschnitt 2.1.2). Dieser Zusammenhang ist nach DODT (1974, S. 434) dadurch gekennzeichnet, daß nicht sichtbare Sachverhalte oft als das Ergebnis oder die Folge von sichtbaren anzusprechen sind. Interpretationsmethodisch bedeutet dies, daß von der Existenz und Ausprägung der direkt erkennbaren Objekte auf nicht sichtbare Sachverhalte zu schließen ist. «Bestimmte sichtbare Bildelemente (können) als Indikatoren für die Erfassung nicht sichtbarer Bild- und Raumkategorien fungieren» (DODT 1974, S. 434). Betrachtet man Kontaminationen als nicht sichtbare Sachverhalte vor diesem interpretationsmethodischen Hintergrund, so sind altlastrelevante Nutzungen als sichtbare Objekte/Sachverhalte zur Gefährdungsabschätzung von Bedeutung. Beide stehen in einem kausalen oder funktionalen Beziehungszusammenhang, da Kontaminationen als das Ergebnis von altlastrelevanten Nutzungen zu betrachten sind. Zur Abschätzung des Gefährdungspotentials von erfaßten Verdachtsflächen ist damit eine differenzierte Kenntnis dieses Beziehungszusammenhangs unerläßlich. Die Art des Bezugszusammenhangs ist als kausal zu bezeichnen, da in den Informationsträgern der Verursacher als Flächennutzung und nicht die Kontamination selbst erfaßt werden kann. Je genauer man die altlastrelevante Flächennutzung, so z. B. Altstandorte, klassifizieren und differenzieren kann, um so exakter läßt sich von diesen auf spezifische Produktionsabläufe, Fertigungs- und Teilprozesse schließen und weiter auf umweltgefährdende Stoffe, die eingesetzt werden bzw. anfallen. In diesem Zusammenhang stehen ebenfalls Flächen, auf denen mit umweltgefährdenden Stoffen umgegangen wird, diese transportiert, zwischen- bzw. endgelagert werden oder mit Verlustquellen von umweltgefährdenden Stoffen infolge von Unfällen, Schadensfällen u. ä. zu rechnen ist[4.3]. Flächennutzungen und deren Differenzierungen nach Anlagen und Anlagenteilen sind somit als Indikatoren für im Boden zu erwartende Kontaminationen anzusehen. Voraussetzung für eine indirekte Identifizierung bzw. Abschätzung über diese Indikatoren ist, daß «die betreffenden sichtbaren Bildinhalte unter der vorgegebenen Fragestellung einen hinreichend schlüssigen «Zeigewert» besitzen» (DODT 1974, S. 435). Erfaßte Verdachtsflächen (sichtbare Bildinhalte) sollten also Auskunft über Funktion und Produktionsprozesse geben, um eine Zuordnung von Stoffen und damit die Abschätzung des Gefährdungspotentials zu ermöglichen.

Wie bereits in Abschnitt 2.1.2 hervorgehoben, wird auch an dieser Stelle deutlich, daß die Gefährdungsabschätzung von der Zuverlässigkeit und Genauigkeit abhängt, mit der altlastrelevante Flächennutzungen identifiziert und erfaßt werden. Je differenzierter und eindeutiger die Hinweise über Art und Funktion von erfaßten Flächennutzungen sind, desto exaktere Aussagen lassen sich über die Stoffzugehörigkeit und damit über das anfallende Gefährdungspotential machen. Grundsätzlich können folgende Fälle unterschieden werden:

☐ eindeutig identifizierbare Flächennutzungen (Indikatoren), die von ihrem Erscheinungsbild mit keiner anderen Flächennutzung zu verwechseln sind und demzufolge eine eindeutige Zuordnung der Funktion, d.h. eine Definition der Produktionsabläufe ermöglichen. Anhand dieser eindeutigen Funktionsbestimmung können eingesetzte Produktionsstoffe, anfallende Zwischen-, Rest- und Abfallstoffe exakt eingegrenzt, definiert und damit bestimmt werden (z.B. bei Koksofenbatterien, Gasometer);

☐ eindeutig identifizierbare Flächennutzungen mit direkter Funktionszuweisung, bei denen das Kontaminationspotential nicht eindeutig zu bestimmen ist, da Stoffeinbringungen aus anderen Anlagen nicht auszuschließen sind. Dies ist vorrangig der Fall bei betrieblichen Anlagen(teilen), die als Hohlformen für eine Ablagerung von Produktions-, Rest- und Abfallstoffen geeignet erscheinen (z.B. Klärbecken, Teerwannen). Ebenfalls muß bei sämtlichen betrieblichen Ablagerungen (z.B. Halden, Industriemülldeponien, ungeordnete Ablagerungen) in unmittelbarer Nähe zu Produktionsanlagen damit gerechnet werden, daß Ablagerungsstoffe nicht nur von der unmittelbar angrenzenden Produktionsanlage stammen, sondern auch von anderen innerbetrieblichen Anlagen mit eingelagert sein können. Letztendlich darf auch der Fall nicht ausgeschlossen werden, daß Abfallstoffe von anderen Industriebetrieben hier deponiert worden sind;

☐ nicht eindeutig zu identifizierende Flächennutzungen, die nur eine recht allgemeine Funktionszuweisung gestatten und lediglich eine ungefähre Festlegung des Kontaminationspotentials ermöglichen. Diese Flächennutzungen weisen viele ähnliche Merkmalsausprägungen auf, sie haben nur wenige Unterscheidungsmerkmale, die nicht immer von der Funktion bestimmt sein müssen (z.B. eine Nebengewinnungsanlage, die entweder eine Ammoniak- oder Benzolfabrik sein kann). Ein nicht auszuschließender Funktions-/Nutzungswandel im Sinne einer Mehrfachnutzung gestattet daher lediglich eine grobe Bestimmung von Mehrfachstoffgruppen des Kontaminationspotentials;

☐ weder direkt noch indirekt zu identifizierende Flächennutzungen, deren Funktion nicht näher einzugrenzen ist. Das Kontaminationspotential kann aber zumindest annähernd vermutet werden. Es handelt sich um Flächennutzungen, wie außerbetriebliche Ablagerungen, deren Verursacher über Karten-/Bildmerkmale, wie Verkehrsträger, Lage und Nähe zu Produktionsstätten (Abschnitt 4.1.2), zu bestimmen sind. Dies gilt gleichermaßen für alle betrieblichen Gebäudeteile, deren Funktion nicht zu identifizieren ist. Allein über die Identifikation des Gesamtproduktionszweiges kann zumindest das Schadstoffpotential grob vermutet werden;

☐ weder direkt noch indirekt zu identifizierende Flächennutzungen, deren Funktion nicht näher einzugrenzen ist. Aufgrund fehlender Karten- und Bildmerkmale wie Lage, Nähe und Verkehrsanbindung zu potentiellen Verursachern kann das Schadstoffpotential nicht einmal grob eingegrenzt werden. Zu dieser Kategorie gehören alle Altablagerungen außerhalb von Betriebsgeländen.

Abschließend sind an dieser Stelle Grenzen eines solchen indirekten (beprobungslosen) Verfahrens zur Gefährdungsabschätzung anzusprechen. Die Gefährdungsabschätzung über die Zuordnung von Flächennutzungen und anfallenden Stoffen ist letztendlich nur als eine Vermutung anzusprechen. Sie bedarf einer Verifizierung durch beprobte Verfahren, die exakte Meßergebnisse über die Art und das Ausmaß der Altlastgefährdung erbringen. Doch gerade vor dem Hintergrund beprobter Verfahren wird der Wert von indirekten Verfahren über Indikatoren zur flächendeckenden Abschätzung des Gefährdungspotentials von Verdachtsflächen deutlich. Auf der Grundlage der Abschätzungsergebnisse können diese (z.B. Bohrungen) gezielter und damit kostengünstiger eingesetzt werden.

4.1.2 Beprobungslose Abschätzung des Kontaminationspotentials von Verdachtsflächen anhand des produktionsspezifischen Ansatzes

Erweiterung des produktionsspezifischen Ansatzes
Wie aus den interpretationsmethodischen Ausführungen deutlich wird, bildet die Zuordnung von Produktionsanlagen bzw. -prozessen und anfallenden Stoffen die Grundlage beprobungsloser Verfahren. Die Genauigkeit und Vollständigkeit der Zusammenstellung bestimmt somit die Gefährdungsabschätzung. Das im weiteren als produktionsspezifischer Ansatz bezeichnete Verfahren basiert auf den Erkenntnissen früherer Studien zur beprobungslosen Gefährdungsabschätzung (Abschnitt 1.3.2). So werden die bestehenden Ansätze zur Gefährdungsabschätzung aufgegrif-

fen und unter Berücksichtigung des spezifischen Informationsgehaltes von Karten und Luftbildern als Informationsquellen erweitert. Die Bewertung erfolgt auf der Basis der karten- und luftbildspezifischen Informationen zu Flächennutzungen und der typischen Stoffzusammenstellungen. Nicht berücksichtigt, weil dazu in topographischen Karten und Luftbildern keine bzw. nur unzulängliche Hinweise enthalten sind, werden geologische und hydrogeologische Karten. Diese enthalten u.a. wichtige Aussagen zur Ausbreitung von Schadstoffen im Untergrund und Grundwasser.

Im Vordergrund steht eine möglichst vollständige Zusammenstellung von Altlastverdachtsflächen und deren spezifischen Stoffzugehörigkeiten. Um Auskunft über einzelne Produktionsprozesse und damit über Stoffzugehörigkeiten zu erhalten, ist die detaillierte Aufschlüsselung der verschiedenen Produktionsbereiche notwendig. Aber nicht nur der Standort einer Betriebsanlage selbst, auch die unmittelbare betriebliche Umgebung wird in das Abschätzungsverfahren einbezogen. Es muß davon ausgegangen werden, daß umweltgefährdende Stoffe auch dort anzutreffen sind. Dazu sind alle Bereiche zu analysieren, die als mögliche Verlustquellen von Produktions- und Abfallstoffen in Frage kommen bzw. bei denen mit Handhabungsverlusten im Umgang mit Produktions-, Rest- und Abfallstoffen während des Betriebes zu rechnen ist.

Außerdem werden der außerbetriebliche Raum und die Kriegsschäden in die Gefährdungsabschätzung einbezogen, die bislang nur in wenigen Ausnahmen berücksichtigt wurden, wie z.B. von HUBER/VOLK (1986, S. 509–515) und ALBERTZ/ ZÖLLNER (1984, S. 64–82).

Die Zusammenstellung bezieht sich demzufolge auf anfallende Abfallstoffe, aber auch auf eingesetzte Produktions- und Reststoffe.

Allerdings steht die Gefährdungsabschätzung vor dem generellen Problem, daß ein Katalog, dem sämtliche Wirtschaftszweige mit den spezifischen Stoffen zu entnehmen wären, bisher fehlt. Zudem zeigt der Vergleich der Stoffzusammenstellungen herkömmlicher Abschätzungsverfahren (Tabelle 4.1), daß diese recht unterschiedlich und z. T. unvollständig sind.

Um dennoch typische Stoffe zusammenzustellen, ist die gezielte Analyse von Fachliteratur zu Produktionsanlagen und -prozessen unerläßlich[4.4]. Über Produktionsbeschreibungen, themenspezifische Handbücher usw. lassen sich ergänzend zu bestehenden Ansätzen weitere Stoffzugehörigkeiten erarbeiten. Dabei sind jedoch in stärkerem Maße die einzelnen Anlagen(teile) nach den eingesetzten Ausgangsstoffen zu beachten. Oft unterliegt Literatur zu diesem Themenbereich einem Werksschutz und ist daher der Öffentlichkeit nur schwer zugänglich. Problematisch erweist sich außerdem, daß Produktionsverfahren und -abläufe, eingesetzte Ausgangsstoffe und anfallende Abfallstoffe im Laufe der industriellen Entwicklung einen Wandel erfahren haben. Zur Abschätzung von multitemporal erfaßten Verdachtsflächen genügt es demzufolge nicht, von aktuellen Produktionsverfahren auf anfallende Schadstoffe zu schließen. Vielmehr ist die Entwicklung von Verfahren zu berücksichtigen, die mit veränderten Produktions-, Rest- und Abfallstoffen einhergehen.

Tabelle 4.1 Vergleich der Bestimmung des Kontaminationspotentials von Kokereien in unterschiedlichen Abschätzungsverfahren

Studien	JURUE (GB)	NATO CCMS (M. A. SMITH)	UBA (Hg.) Matrix Wirtschaftszweige – Stoffe	LAGA Abfallkatalog modifiziert als herstellerspezifischer Abfallkatalog
Schadstoffe	– Ammonia – Aromatic hydrocarbons – Combustion products – Cyanate – Cyanide – Dust – Flouride – Hydrocartons – Hydrogen salphide – Phenols – Polycyclic Hydrocarbons – Salphur dioxide – Tar – Thiocyanate	– Acenanaphtene oil – Ammonia – Ammonia liqour – Ammonium cyanide – Ammonium sulphate – Ammonium thiocyanate – Anthracene-heavy oil – Benzene – Benzol – Biphenyl oil – chlorides – Coke breeze – Coke – Fluorene oil – Formaldehyde – Gas – Hydrogen cyanide – Lead – Light oil – Liqour – Mercury – Methylnapthalene oil – Naphta – Nickelcyanide – Phenol – Pitch – Salphuracid – Selenium – Sulphates – Sulphides – Tar – Toluene – Toluol – Total tar acids (phenols, creosols, zynols) – Total tar bases (eg pyridine) – Xylene – Xylol	– Arsen – Blei – Chrom – Zink – Schwefelsäure – Sulfate – Sulfide – Cyanide – Calciumcyanid – Asbest – Chloride – Natriumhydroxid – Teer – Carbolöl – Benzol – Kresol – Phenol – Tuluol – Xylol – Anthracen – Benz(a)pyren – Naphtalin – Phenanthren – Pyridin	– Holzhorden – Holzhorden mit Schwefelanhaltung – phenolhaltiger Schlamm – mercaptanhaltiger Schlamm – Anthracenrückstände – naphtalinhaltige Rückstände – phenolhaltige Rückstände – Pellets aus Ölvergasung – Teerrückstände – Destillationsrückstände aus Teerölproduktion – Steinkohlenteerrückstände – Phenolwasser – Petrolkoks – cyanidhaltiger Schlamm – sonst. Schlämme aus Kokereien – Xylol

Zusammengestellt aus: Joint Unit for Research on the Urban Environment (JURUE) (1981); M. A. Smith (1985), S. 319 – 320; Minister für Ernährung, Landwirtschaft, Umwelt und Forsten Baden-Württemberg (1987), S. 96 – 99; Länderarbeitsgemeinschaft Abfall (LAGA) in Zusammenarbeit mit dem Bundesminister des Inneren (Hrsg.) (1981), modifiziert nach eigenem herstellerspezifischen Abfallkatalog.

Weitere Hinweise über anfallende Stoffe, insbesondere bei Altablagerungen auf und außerhalb von Betriebsgeländen, können Abfallkatalogen entnommen werden.

Allerdings hat eine Analyse von Abfallkatalogen das Problem, daß hier die Abfallarten im Vordergrund stehen, während die Erzeuger nur zweitrangig aufgeführt sind. Bisherige Abfallkataloge erlauben daher nur unter sehr zeitaufwendigem vergleichenden Suchen die Erfassung aller möglichen Abfallstoffgruppen eines Produktionszweigs und sind damit nicht auf die Belange der Gefährdungsabschätzung zugeschnitten[4.5]. Wesentlich leichter durchzuführen ist die Gefährdungsabschätzung dagegen durch die Zusammenstellung aller Abfallstoffgruppen einzelner Wirtschaftszweige nach einem herstellerspezifischen Abfallkatalog. Hier wird primär der Erzeuger bzw. Verursacher und an zweiter Stelle die jeweiligen Abfallstoffe berücksichtigt. Solche Kataloge existieren bisher lediglich in einigen wenigen Einzelfällen für Altstandorte[4.6], oder sie sind, wie die Vorgehensweise des Umweltamtes von Baden-Württemberg (MELUF Baden-Württemberg (1987), Teil 1, S. 100, Anlage 2) zeigt, zwar übersichtlich gestaltet, aber nur recht unvollständig.

Um möglichst viele Branchen mit allen anfallenden Abfallstoffen in einem herstellerspezifischen Abfallkatalog aufzunehmen, wurde als Datengrundlage auf den Abfallkatalog der Länderarbeitsgemeinschaft Abfall (im weiteren: LAGA) zurückgegriffen[4.7]. Dieser Katalog stellt die derzeit vollständigste und differenzierteste Sammlung von Informationen zu Abfallstoffen unterschiedlicher Herkunft dar. Der Katalog umfaßt neben reinen Abfallstoffen auch Zwischen- oder Endprodukte, die bei einer Verfahrensstufe von Produktionsvorgängen anfallen. Außerdem sind auch die Rückstände und Reststoffe aufgenommen, die zu Abfällen gemäß Abfallbeseitigungsgesetz gezählt werden können.

Der Aufbau des LAGA-Abfallkataloges richtet sich vorwiegend nach den Eigenschaften der Abfallstoffe, d.h. nach dem stofflichen Aufbau bzw. der Zusammensetzung sowie der Herkunft. Die Abfallarten sind nach übergeordneten Begriffen in aufeinanderfolgenden systematischen Kategorien geordnet. Fünf Hauptkategorien von Abfallarten werden über eine Dezimalklassifikation in Obergruppen (einstellige Nummer), Gruppen (zweistellige Nummer) und Untergruppen (dreistellige Nummer) eingeteilt. Den Untergruppen zugeordnete Abfälle werden als Abfallarten bezeichnet (fünfstellige Nummer). Zusätzlich werden in einer gesonderten Spalte Angaben über die Herkunft der Abfallarten angeführt. Deutlich wird, daß die jeweiligen Abfallstoffe eines Industriezweiges nur nach langem vergleichenden Durchsuchen aller Stoffgruppen zu ermitteln sind. Ein Katalog dieser Art ist somit für die Gefährdungsabschätzung im Rahmen der Altlastensuche wenig benutzerfreundlich.

Deshalb ist eine Umsetzung der Daten des LAGA-Abfallkataloges in einen herstellerspezifischen Abfallkatalog notwendig, der den spezifischen Belangen der Gefährdungsabschätzung entspricht. Hierzu werden in alphabetischer Reihenfolge alle im Abfallkatalog genannten Hersteller mit den spezifischen Abfallarten aufgeführt. Zur Erarbeitung dieser Zusammenstellung, d.h. zur Analyse des LAGA-Abfallkatalogs, sind in einem ersten Arbeitsschritt sämtliche Abfallarten in zwei Stammblättern aufgelistet worden. Durch Ankreuzen der betreffenden Schlüsselnummern (fünfstellige Zahlen der Abfallarten) werden die jeweiligen Abfallarten aufgenommen. Zur übersichtlicheren Zusammenstellung sind in einer katalogartigen Auflistung die Abfallstoffhersteller in alphabetischer Reihenfolge mit ihren spezifischen Abfallarten zusammengetragen (Tabelle 4.2). Auf diese Weise ist ein umfassender und schneller Zugriff der Daten gewährleistet, nach denen man die jeweiligen Stoffzugehörigkeiten ermitteln kann.

Möglichkeiten der Gefährdungsabschätzung im außerbetrieblichen Raum
Abweichend von den bisherigen Abschätzungsverfahren, die sich ausschließlich auf Altstandorte bzw. auf Altablagerungen innerhalb von Betriebsgeländen beschränken, muß dem außerbetrieblichen, d.h. städtischen/ländlichen Raum, eine ebenso große Bedeutung bei der Gefährdungsabschätzung zugemessen werden wie den Betriebsflächen. Dies resultiert nicht zuletzt aus der Tatsache, daß vor Inkrafttreten des Abfallbeseitigungsgesetzes (1972) die Ablagerung bzw. Einbringung von Produktionsrest- und Abfallstoffen außer auf Betriebsgeländen auf geeigneten Flächen der näheren und entfernteren Umgebung oft «wild» und ohne Genehmigung stattfand. Selbst Hausmülldeponien, wilde Kippen oder sonstige Verfüllungen müssen ungeachtet ihrer Flächenausdehnung als potentielle Verdachtsstandorte für die Ablagerung von produktionsspezifischen Rest- und Abfallstoffen angesehen werden[4.8]. Demzufolge muß eine beprobungslose Gefährdungsabschätzung auch solche Verdachtsflächen einbeziehen, die außerhalb von Betriebsgeländen liegen.

Da eine beprobungslose Gefährdungsabschätzung von Altablagerungen außerhalb von Betriebsgeländen nicht über Indikatoren, wie Verursacher oder Produktionsprozesse, möglich ist, müssen zusätzliche Informationen, wie Entstehung, Prozeß der Ablagerung und die Art und Weise, wo und wie Stoffe abgelagert werden, herangezogen werden, die ebenfalls in einer engen kausalen bzw. funktionalen Beziehung zu Flächennutzungshinweisen und zum Kontaminationspotential stehen.

An erster Stelle ist die Lage und Entfernung einer Altablagerung zu benachbarten Industrie-/Gewerbebetrieben zu untersuchen. Betriebe der Umgebung kommen insbesondere dann als potentielle Verursacher von Kontaminationen in Frage, wenn über Transportwege Produktionsrest- und Abfallstoffe eingebracht werden können. Direkt erkennbare Hinweise wie Rohrleitungen, Transport-, Förderbänder, Seilbahnen, das Vorhandensein von Werksbahnen und Eisenbahnlinien (als Haupttransportmedium in der Vergangenheit) und die Anbindung an ein ausgebautes Straßen-/Wegenetz können als relativ sichere Indikatoren für eine Einbringung von Schadstoffen von benachbarten Industrie-/Gewerbestandorten herangezogen werden.

Hilfreich kann aber auch sein, anhand von Form, Aufbau und Größe einer Ablagerungsfläche sowie Hinweisen zur Beschaffenheit des Untergrundes auf die Möglichkeit einer Industriemülldeponierung zu schließen[4.9].

Treffen bei Altablagerungen keine der oben aufgeführten Kriterien zu, besteht die Möglichkeit, über eine Identifizierung des Ablagerungsmaterials Rückschlüsse auf potentielle Verursacher zu erhalten. So kann beispielsweise die Steilheit bzw. Größe

Tabelle 4.2 Alphabetische Zuordnung von Produktionszweigen und ihren spezifischen Abfallstoffen auf der Grundlage der Stammblätter des produktionsspezifischen Abfallkataloges (Auswahl)

Erzeuger	Nr.	Abfallstoffe
Abwasserreinigung	57125	Ionenaustauschharze mit prod.-spez. Beimengungen
Abwasserreinigung	94301	Rohschlamm (Frischschlamm)
	94302	Faulschlamm
	94501	Rohschlamm (Frischschlamm)
	94502	Faulschlamm
	94601	Rohschlamm
	94602	Faulschlamm
	94603	Schlamm aus Phosphatfällung
	94701	Rechengut
	94702	Rückstände aus Siel-, Kanalisations- u. Gullyreinigung
Batterienherstellung/ -handel/-anwendung	35324	Quecksilberbatterien
	35325	Trockenbatterien, Trockenzellen
Bergbau	17108	Spurlatten u. Einstriche
	31413	Waschberge
	51536	Abraumsalze
Chemische Industrie	18710	Papierfilter, sonst. verunreinigt
	31403	Kalksteinsand
	31417	Aktivkohleabfälle
	31422	Kiesabbrände
	31432	Graphitabfälle, -staub, Schlamm
	31433	Glas- u. Keramikabfälle mit prod.-spez. Beimengungen
	31435	verbrauchte Filter- u. Aufsaugmassen (Kieselgur, Aktiverden, Aktivkohle)
	31442	Kieselsäure- u. Quarzabfälle
	31443	Kieselsäure- u. Quarzabfälle mit prod.-spez. Beimengungen
	31445	Gipsabfälle mit prod.-spez. Beimengungen
	31520	Gipsschlämme mit prod.-spez. Beimengungen
	31621	Kalkschlämme mit prod.-spez. Beimengungen
	31622	Magnesiumoxidschlämme
	31623	Dicalciumphosphatschlämme
	31624	Eisenoxidschlämme aus Reduktionen
	31631	Bariumsulfatschlamm
	31632	Bariumsulfatschlamm, quecksilberhaltig
	31639	sonst. Schlämme aus Fäll- u. Löseprozessen mit prod.-spez. Beimengungen
	35313	Zündsteinabrieb
	39903	Steinsalzrückstände (Gangart)
	39907	Rückstände mit Elementarschwefel
	51302	Zinkhydroxid
	51304	Braunstein, Manganoxide
	51305	Aluminiumoxid
	51306	Chrom-(III)-Oxid
	51307	Kupferoxid
	51503	Natrium- u. Kaliumphosphatabfälle
	51508	Pottascherückstände
	51509	Salmiak

Fortsetzung von Tabelle 4.2

Erzeuger	Nr.	Abfallstoffe
Chemische Industrie	51513	Arsentrisulfid
	51519	Eisenchlorid
	51520	Eisensulfat
	51523	Natriumchlorid
	51524	Bleisalze
	51525	Bariumsalze
	51526	Calciumchlorid
	51528	Alkali- u. Erdalkalisulfide
	51529	Schwermetallsulfide
	51530	Kupferchlorid
	51532	Chlorkalk
	51533	Härtesalz, cyanidhaltig
	51534	Härtesalze, nitrat-, nitrithaltig
	51537	Grünsalz
	51538	Boraxrückstände
	52102	Säuren, Säuregemische, Beizen (sauer)
	52402	Laugen, Laugengemische, Beizen (basisch)
	52725	sonst. Konzentrate
	53103	Altbestände v. Pflanzenbehandlungs- u. Schädlingsbekämpfungsmittel
	54106	Trafoöle, Wärmeträgeröle, frei v. polychlorierten Biphenylen u. polychlorierten Terphenylen
	54107	Trafoöle, Wärmeträgeröle, polychlorierte Biphenyle u. polychlorierte Terphenyle enthaltend
	54204	Fettsäurerückstände
	54205	Stearinpech
	54206	Metallseifen
	54207	Wachsabfälle
	54208	Fettsäurederivate
	54407	Bitumenemulsionen
	54805	Rohschwefel
	54916	Steinkohlenteerrückstände
	54917	festes Dichtungsmaterial u. Unterbodenschutzabfälle
	55201	Ethylenchlorid
	55202	Chlorbenzole
	55203	Chloroform
	55204	Dichlorphenol
	55207	Monochlorphenol
	55208	anchlorierte Paraffine
	55209	Perchlorethylen
	55211	Tetrachlorkohlenstoff (Tetra)
	55212	Trichlorethan
	55221	Weichmacher, halogenhaltig
	55222	sonst. chlorierte Phenole
	55301	Aceton
	55302	Ethylacetat
	55303	Ethylenglykol
	55304	Ethylglykol
	55305	Ethylphenol
	55307	Butylacetat

Fortsetzung von Tabelle 4.2

Erzeuger	Nr.	Abfallstoffe
Chemische Industrie	55308	Cyclohexanon
	55309	Dekahydonaphthalin
	55310	Diethylether
	55311	Dimethylfomamid
	55312	Dimethylsulfid
	55313	Dimethysulfoxid
	55314	Dioxan
	55315	Methanol
	55316	Methylacetat
	55317	Methylathylketon
	55318	Methylisobutylketon
	55320	Dyridin
	55321	Schwefelkohlenstoff
	55322	Tetrahydrofuran
	55323	Tetrahydronaphthalin/Tetralin
	55324	Terpentinöl
	55326	Waschbenzin, Petrolether, Ligronin, Testbenzin
	55327	Xylol
	55351	Ethanol
	55352	aliphatische Amine
	55353	aromatische Amine
	55354	Butanol
	55355	Glycerin
	55356	Glykolether
	55358	Kresole
	55359	Nitroverdünnungen
	55361	Polyetheralkohole
	55372	Weichmacher, halogenfrei
	55401	lösemittelhaltige Schlämme halogenhaltig
	55402	lösemittelhaltige Schlämme halogenfrei
	57120	Polyvinylacetat-Abfälle
	57121	Polyvinylacetat-Abfälle
	57122	Polyvinylacetat-Abfälle
	57125	Ionenaustauscherharze mit prod.-spez. Beimengungen
	57216	fluorhaltige Kunststoffabfälle
	57201	Weichmacher, polychlorierte Biphenyle u. polychlorierte Temphenyle enthaltend
	57301	Kunststoffschlämme, lösemittelfrei
	57303	Kunststoffdispensionen
	57304	Kunststoffemulsionen
	57305	Kunststoffschlämme, lösemittelhaltig
	57306	Kunststoffschlämme, lösemittelhaltig (halogenfrei)
	58119	Filtertücher u. Säcke, chem. verunreinigt
	59103	mehrfachnitrierte organische Chemikalien
	59301	Feinchemikalien
	59401	Fabrikationsrückstände aus Waschmittelherstellung
	59402	flüssige Tenside
	59403	feste Tenside
	59504	Kontaktmassen
	59507	Katalysatoren

Fortsetzung von Tabelle 4.2

Erzeuger	Nr.	Abfallstoffe
Chemische Industrie	59701	Destillationsrückstände, salz- u. lösemittelfrei
	59702	Destillationsrückstände, lösemittelhaltig (halogenh.)
	59703	Destillationsrückstände, lösemittelhaltig (halogenfr.)
	59704	Destillationsrückstände, salzhaltig
	59801	Gase in Patronen
	59802	Gase in Stahldruckflaschen
	59901	polychlorierte Biphenyle u. Terphenyle (PCB, PCT)
	59902	Spraydosen
	71101	feste radioaktive Abfälle
	71103	Rückstände v. Leuchtfarben
Drahtzieherei	12303	Ziehmittelrückstände
Eisen- u. Stahlerzeugung	31208	Eisenoxid, gesintert
	31209	Eisensilikatschlacke
	31215	Gichtgasstäube
	31216	Filterstäube, eisenmetallhaltig
	31219	Hochofenschlacken
	31220	Konverterschlacken
	35101	eisenhaltiger Staub
Eisen- u. Stahlverarbeitung	35101	eisenhaltiger Staub
Emaillierung	31610	Emaillschlamm, Emailleschlicker
Erzaufbereitung	31413	Waschberge
Fördertechnik	57501	Gummiabfälle
Gasreinigung	51435	verbrauchte Filter- u. Aufsaugmassen Kieselgur, Aktiverden, Aktivkohle
	54805	Rohschwefel
Gaswerke	17109	Holzhorden u. Koksgasreinigung
	17110	Holzhorden mit Schwefelanhaftung
	54903	phenolhaltiger Schlamm
	54904	mercaptanhaltiger Schlamm
	54905	Anthracenrückstände
	54906	naphthalinhaltige Rückstände
	54907	phenolhaltige Rückstände
	54909	Schlamm aus Kokerei- u. Gaswerknaßentstaubern
	54913	Teerrückstände
	54915	Destillationsrückstände aus Teerölproduktion
	54918	Phenolwasser
	54919	Petrolkoks
	54923	cyanidhaltiger Schlamm
	54924	sonst. Schlämme aus Kokereien u. Gaswerke
	55327	Xylol
Gewerbliche Wirtschaft	17105	Holzemballagen
	17107	Holzwolle
	17118	Holzemballagen, Holzabfälle mit prod.-spez. Anhaftung
	31639	sonst. Schlämme aus Fäll- u. Löseprozessen mit prod.-spez. Beimengungen
	35104	Schnitt-, Stanz-, Dreh-, Bohr- u. Hobelabfälle
	35106	Metallemballagen u. Behältnisse mit Reststoffen
	35312	Metallemballagen, -behältnisse

Fortsetzung von Tabelle 4.2

Erzeuger	Nr.	Abfallstoffe
Gewerbliche Wirtschaft	57126	fluorhaltige Kunststoffabfälle
	57127	Kunststoffemballagen u. -behältnisse mit Reststoffen, Polyolefinabfälle
	58109	Putzwolle, Putzlappen
	58110	Putztücher
	58120	textiles Verpackungsmaterial, verunreinigt
Gießerei	31101	Hütten-/Gießereischutt
	31102	SiO_2-Tiegelbruch
	31103	Ofenausbruch aus metallurgischen Prozessen
	31425	Formsand
	31426	Kernsand
	31616	Schlamm aus Gießereien
	35316	bleihaltiger Staub
	35317	aluminiumhaltiger Staub
	35319	magnesiumhaltiger Staub
	35320	zinkhaltiger Staub
	35321	NE-metallhaltiger Stäube
Hauskläranlagen	94303	Fäkalschlamm
Holzkonservierung	51504	Imprägniersalzabfälle
Holzverarbeitung (Holzfaserplatten, Holzspanplatten, Sperrholz)	17102	Schwarten, Spreißel
	17103	Sägemehl u. Sägespäne
	17104	Holzschleifstäube u. -schlämme
	17114	Schlamm u. Staub aus Spanplattenherstellung
	57101	Phenol- u. Melaminharzabfälle
	57102	Polyesterabfälle
	57104	Imprägnierharzabfälle
Industrieabwasserbehandlung	31639	sonst. Schlämme aus Fäll- u. Löseprozessen mit prod.-spez. Beimengungen
Industriebahnen	17111	Eisenbahnschwellen
Kohlenaufbereitung	31413	Waschberge
Kohlenstaubfeuerung	31421	Kohlenstaub
Kohlenzerkleinerung	31421	Kohlenstaub
Kokereien	17109	Holzhorden u. Koksgasreinigung
	17110	Holzhorden mit Schwefelanhaltung
	54903	phenolhaltiger Schlamm
	54904	mercaptanhaltiger Schlamm
	54905	Anthracenrückstände
	54906	naphthalinhaltige Rückstände
	54907	phenolhaltige Rückstände
	54909	Pellets aus Ölvergasung
	54913	Teerrückstände
	54915	Destillationsrückstände aus Teerölproduktion
	54916	Steinkohlenteerrückstände
	54918	Phenolwasser
	54919	Petrolkoks
	54923	cyanidhaltiger Schlamm
	54924	sonst. Schlämme aus Kokereien
	55327	Xylol

Fortsetzung von Tabelle 4.2

Erzeuger	Nr.	Abfallstoffe
Kraftfahrzeugbau	35322	Bleiakkumulatoren
	52101	Akku-Säuren
Kraftwalzwerke	35102	Zunder
Reifenherstellung	57501	Gummiabfälle
	57506	Gummimehl
	57507	Gummigranulat
	57705	Gummischläuche
Sägewerke	17101	Rinden
	17102	Schwarten, Spreißel
	17103	Sägemehl, Sägespäne
Sand-/Kiesgewinnung	31625	Erdschlämme, Sandschlämme
Schmierölraffination	54801	Bleicherde, mineralölhaltig
	54802	Säureharz u. Säureteer
Schrotthandel	35322	Bleiakkumulatoren
	52101	Akku-Säuren
Schrottverwertung	59601	Shredderrückstände
	59602	Filterstäube aus Shreddern
Stahlerzeugung	31208	Eisenoxid, gesintert
	31209	Eisensilikatschlacke
	31215	Gichtgasstäube
	31216	Filterstäube, eisenmetallhaltig
	31219	Hochofenschlacken
	31220	Konverterschlacken
	31614	Schlamm aus Eisenhütten
	31619	Gichtgasschlamm
Stahlgießerei	31209	Eisensilikatschlacke
	31215	Gichtgasstäube
	31216	Filterstäube, metallhaltig
	31401	Gießerei-Altsand
	31402	Putzereisand, Strahlsand
	31619	Gichtgasschlamm
Steine- u. Erdenverarbeitung	31104	Ofenausbruch aus nicht metallurgischen Prozessen
Tanklager	54104	verunreinigte Kraftstoffe
	54108	verunreinigte Heizöle
	54701	Sandfangrückstände
	54702	Ölabscheiderinhalte u. Benzinabscheiderinhalte
Tankstellen	57101	Phenol- u. Melaminharzabfälle
Tonerdeaufbereitung	31608	Rotschlamm
Umspannwerke	54106	Trafoöle, Wärmeträgeröle, frei v. polychlorierten Biphenylen u. polychlorierten Terphenylen
	54107	Trafoöle, Wärmeträgeröle, polychlorierte Biphenyle u. polychlorierte Terphenyle enthaltend
Warmwalzwerke	31615	Schlamm aus Stahlwalzwerken
Ziegelei	31604	Tonsuspensionen

des Böschungswinkels als Indikator für die Art und Materialbeschaffenheit des Ablagerungsmaterials angeführt werden. Während die Ablagerung von Lockermaterial in der Regel nur eine Anschüttung mit einem Böschungswinkel von 35 bis 50 Grad erlaubt, kann bei einer Ablagerung von Sperrmüll, Bauschutt und Grobmaterial der Böschungswinkel durchaus 60 und mehr Grad einnehmen[4.10]. Können Einzelobjekte, wie z.B. Fässer, Tanks und Rohre, direkt identifiziert werden, läßt sich zumindest der Nachweis erbringen, daß nicht nur Hausmüll, sondern auch Industrieabfälle in einer Ablagerung vorzufinden sind[4.11].

Sind für eine Fläche keinerlei Kriterien zur Abschätzung des Kontaminationspotentials heranzuziehen, kann versucht werden, über Helligkeits-/Farb-, Texturunterschiede und verschiedene Schüttungsformen auf Materialunterschiede innerhalb der Altablagerung zu schließen. Setzt man voraus, daß qualitative wie auch quantitative Unterschiede in der Fotophysiognomie eines Objektes jeweils den Unterschieden der gesuchten nicht sichtbaren Sachverhalte entsprechen, so können heterogene Strukturen innerhalb einer ansonsten homogenen Altablagerung als Indikator für unterschiedliche Ablagerungsmaterialien ausgewiesen werden.

Kriegseinwirkungen als Ursache von Bodenkontaminationen
Als ein weiterer Bereich, der zur Gefährdungsabschätzung heranzuziehen ist und der in Untersuchungen bislang nicht ausreichend berücksichtigt wurde, sind Kriegseinwirkungen anzusprechen. Bomben- und Granattreffer können bei Produktionsanlagen/-teilen, Umschlags- und Verladungseinrichtungen, Lagerplätzen und Transportmitteln zu Leckagen und damit zum Freisetzen von verwendeten Produktions-, Rest- und Abfallstoffen geführt haben. Vergleichbar mit Unfällen und Schadensfällen stellen Kriegseinwirkungen damit eine massive Störung bzw. Unterbrechung von Produktionsabläufen dar und sind als eine Ursache für Bodenkontaminationen anzusehen.

In einigen Ausnahmefällen lassen sich Hinweise auf Bodenkontaminationen sogar direkt identifizieren. Wie den methodischen Ausführungen von Dodt (1986, S. B 13) zu entnehmen ist, erlauben Kriegsschadensbilder der Alliierten, die unmittelbar nach Angriffen auf Industrieanlagen aufgenommen wurden, eine direkte Identifizierung von kontaminationsverdächtigen Bereichen. Dies kann z.B. der Fall sein, «wenn neben den beschädigten Tankanlagen einer chemischen Fabrik feuchtigkeitsdurchtränkte Areale auszumachen sind»[4.12]. Wie dieses Beispiel verdeutlicht, muß im besonderen Maße die unmittelbare Umgebung von getroffenen Produktionsanlagen und Transporteinrichtungen auf Hinweise dieser Art untersucht werden.

In diesem Zusammenhang ist auf einen besonderen Aspekt hinzuweisen, der gleichzeitig mit einer Schadensfeststellung beachtet werden sollte. Innerhalb von Altstandorten sind die Standorte von Tankanlagen, Flüssigkeits- und Gasbehältern besonders kontaminationsgefährdet. Diese Anlagen wurden vor Luftangriffen oft vorsorglich abgelassen, um größere Schäden zu verhüten. Gleiches gilt für die Flächen, auf denen Transportmittel wie Eisenbahnwaggons, Kessel- und Tankwagen zu erkennen sind. Hinzu kommt, daß oftmals kleinere Beschädigungen an

Transportmitteln nicht zu identifizieren sind, aber dennoch zu einem Auslaufen von Stoffen gefahrenverdächtiger Art geführt haben.

In der Regel sind durch Bomben-/Granattreffer entstandene Schäden als Indikatoren für freigesetzte Produktions- und Abfallstoffe zu werten. Daneben müssen auch die Verfüllungen von Bombentrichtern einer Gefährdungsabschätzung unterzogen werden. Bombentrichter innerhalb wie auch außerhalb von Betriebsgeländen sind im Zuge einer schnellen Beseitigung von Werksschäden und zur Aufrechterhaltung der Produktion innerhalb kurzer Zeit mangels Verfüllungsmaterial möglicherweise mit Produktions-, Rest- und Abfallstoffen verfüllt worden. Ebenso müssen verfüllte Bombentrichter im außerbetrieblichen Raum – unabhängig von ihrer Entfernung zu Industrie-/Gewerbebetrieben – als Sammelstellen bzw. Müllkippen für abgelagerte Munitionsteile, Waffen usw. einbezogen werden[4.13]. Hinzu kommt, daß auch dort eine Einbringung von Produktions-, Rest- und Abfallstoffen nicht auszuschließen ist.

Hinweise zur Art und Herkunft des Verfüllungsmaterials sind, wenn man einmal von dem Fall der direkten Erkennung von großen Fässern, Bombenblindgängern usw. absieht, nur auf indirektem Wege über Indikatoren möglich. Hierzu bieten sich die bereits bei der Abschätzung des Kontaminationspotentials von Altablagerungen benutzten Indikatoren an.

Insgesamt müssen Altstandorte und militärisch relevante Anlagen, die Kriegseinwirkungen aufweisen, im Vergleich zu Standorten ohne Kriegseinwirkungen als wesentlich altlastgefährdeter eingestuft werden (Abschnitt 4.3), da hier die Wahrscheinlichkeit erheblich größer ist, daß umweltgefährdende Stoffe aus Verlustquellen in den Boden gelangt sind.

4.2 Gefährdungs- und Dringlichkeitsstufen zur Prioritätenermittlung für weiterführende Untersuchungen

Mit der Zuordnung von umweltgefährdenden Stoffen zu Altlastkategorien werden im Rahmen eines flächendeckenden Untersuchungsverfahrens eine Vielzahl und Vielfalt unterschiedlich kontaminierter Flächen ausgewiesen. Diese sind weiteren Untersuchungen zu unterziehen. Über das Ausmaß der Gefährdung (Gefährdungsstufen) und über mögliche Auswirkungen auf die Umwelt (Dringlichkeitsstufen) werden Prioritäten festgestellt (Bild 4.1). Bereits bei einer beprobungslosen Erstbewertung, wie sie im Rahmen der flächendeckenden Untersuchung von Verdachtsflächen im Mittelpunkt steht, kann auf diese Weise ermittelt werden, welche Verdachtsflächen vorrangig bzw. mit einer größeren Dringlichkeit einer beprobten Untersuchung zu unterziehen sind.

Die Erstbewertung beschränkt sich hier auf Informationen der Karten- und Luftbildauswertung und den typischen Stoffzusammenstellungen (Abschnitt 4.1.2). Auf der Grundlage dieser Ergebnisse sollten weiterführende beprobungslose Informationsquellen, wie z.B. geologische/hydrogeologische Karten und Bohrverzeichnisse gezielt herangezogen werden. Damit lassen sich Aussagen über Schadstoffaus-

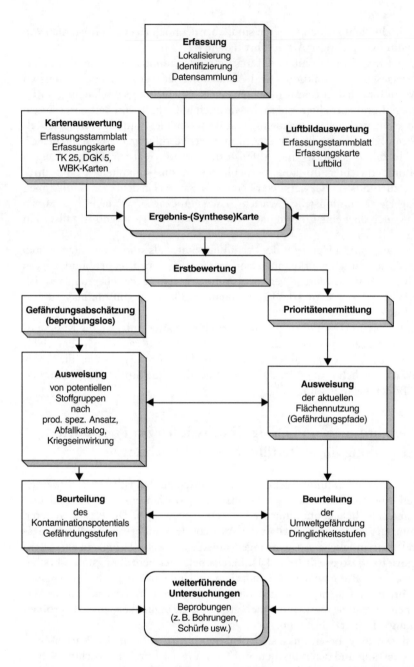

Bild 4.1 Erfassung und beprobungslose Erstbewertung durch Karten- und Luftbildinformation

breitung und Langzeitverhalten treffen, die für eine Gefährdungsabschätzung notwendig sind.

4.2.1 Einstufung der Altlastgefährdung einer Verdachtskategorie

Für eine Einstufung von Verdachtskategorien nach dem Grad ihrer Umweltgefährdung wird ein Verfahren benötigt, das

- ☐ die anfallenden Produktions-, Rest- und Abfallstoffe von Altstandorten,
- ☐ die eingesetzten Materialien und Munitionsstoffe von militärisch relevanten Anlagen und
- ☐ die zu erwartenden Produktions-, Rest- und Abfallstoffe und Munitionsteile von Altablagerungen bezüglich ihres Gefährdungsgrades bewertet.

Dazu bieten sich grundwasser- und gesundheitsgefährdende Eigenschaften der verschiedenen Stoffe als Kriterien an[4.14]. Stoffe gleicher Umweltgefährdung, d.h. mit ähnlichen grundwasser- und gesundheitsgefährdenden Eigenschaften, werden zu Gruppen, sog. Gefährdungsstufen, zusammengefaßt. Die verschiedenen Altlastkategorien sind darin einzuordnen. Dabei werden allerdings nicht die unterschiedlichen Wirkungsweisen von Stoffen untereinander berücksichtigt. Bereits eine Eingrenzung gröberer Art ermöglicht an dieser Stelle der Erstbewertung eine Bestimmung der Altlastgefährdung. Folgende fünf Stufen werden unterschieden:

Gefährdungsstufe 0: wahrscheinlich nicht gefährdet
Dieser Stufe werden Flächen zugeordnet, bei denen mit relativ hoher Wahrscheinlichkeit eine Altlastgefährdung auszuschließen ist. Über den gesamten multitemporal erfaßten Untersuchungszeitraum konnten in allen Informationsquellen altlastrelevante Flächennutzungen weder direkt erfaßt noch vermutet werden. Im Sinne einer Negativausweisung handelt es sich um Bereiche, die bereits in den ältesten Ausgaben der Informationsträger als Wohnflächen und Grünflächen genutzt werden und demzufolge nicht kontaminiert sind.

Gefährdungsstufe 1: potentiell gering gefährdet
Zur Ausweisung von Verdachtsflächen dieses Typs lassen sich folgende Merkmale anführen: Dem Karten- und Luftbildmaterial sind keinerlei Informationen zu entnehmen, die eine Ausweisung von umweltgefährdenden Stoffen ermöglicht. Fehlende Verkehrsanbindungen (Schienenwege und Straßen) sowie die entfernte Lage zu Industrie-/Gewerbebetrieben lassen keine Aussagen zu potentiellen Stoffen zu. Es handelt sich vorrangig um kleinflächige Ablagerungen von Bauschutt und Trümmern aus dem Zweiten Weltkrieg oder von der Flächengröße und dem Erscheinungsbild ähnlicher Ablagerungen in bebauten Siedlungsbereichen. Eine illegale Deponierung von Produktions-, Rest- und Abfallstoffen kann jedoch bei diesen Flächen nicht generell ausgeschlossen werden.

Gefährdungsstufe 2: potentiell gefährdet
Diese Stufe umfaßt alle Aufschüttungen und Verfüllungen, sofern sie nicht auf bzw. in unmittelbarer Nähe zu Betriebsgeländen liegen und keine Hinweise auf abgelagerte Stoffe enthalten. Ihnen fehlt die verkehrsmäßige Anbindung an Eisenbahnlinien, Werks- und Seilbahnen, über die eine Ablagerung von Material möglich ist. In der Regel handelt es sich um ehemalige Hausmülldeponien und wilde Kippen. In der Kategorie der Altstandorte müssen alle Betriebe als potentiell gefährdet eingestuft werden, bei denen nur Stoffe mit geringer Umweltgefährdung anfallen. So zählen zu dieser Stufe neben den Betriebsflächen von Zechen, Ziegeleien und ähnlichen Betrieben einige militärisch relevante Anlagen und Betriebsdifferenzierungen, auf denen der Umgang mit Farben, Holzkonservierungsstoffen, Reinigungsmitteln usw. für betriebliche Zwecke nicht auszuschließen ist.

Gefährdungsstufe 3: potentiell sehr gefährdet
Dieser Stufe entsprechen die Altstandorte, für die hoch umweltgefährdende Stoffe kennzeichnend sind, wie z.B. Kokereien, Gasanstalten und chemische Betriebe. Sämtliche außerbetrieblichen Altablagerungen in unmittelbarer Nähe eines Industrie-/Gewerbebetriebs, Transportanbindungen und direkte Materialhinweise werden ebenfalls hier zugeordnet, insbesondere Industriemülldeponien; ebenso militärische Anlagen, die eine Ablagerung von Kampfmitteln nahelegen (z.B. Panzergräben, Munitionsbunker).

Gefährdungsstufe 4: potentiell höchst gefährdet
Alle betrieblichen Ablagerungen werden mit der höchsten Gefährdungsstufe ausgewiesen, insbesondere wenn es sich um ehemalige Hohlformen natürlichen und künstlichen Ursprungs handelt, die als geeignete Einbringungsorte von höchst umweltgefährdenden, produktionsspezifischen Materialien anzusprechen sind (z.B. Betonwannen, Klärbecken u.ä.). Daneben werden alle Bergehalden dieser Stufe zugeordnet, da sie außer dem Abraum in der Regel auch Produktionsrest- und Abfallstoffe enthalten. Innerhalb von Altstandorten sind die Anlagen(teile) in Stufe 4 aufzunehmen, auf denen der Umgang bzw. die Produktion von gefährlichen Stoffen nachzuweisen ist oder die durch Kriegseinwirkungen beschädigt bzw. zerstört wurden. Als höchst gefährdet sind Standorte ehemaliger Gasometertassen, Ammoniak-, Benzolfabriken und Teerdestillationen anzusehen; aber auch Lokschuppen, Tankstellen und große Schrottplätze und Autoverwertungen, bei denen besonders sorglos mit umweltgefährdenden Stoffen umgegangen wurde.

Den Tabellen 4.3 bis 4.5 sind die Gefährdungsstufen jeder Altlastkategorie zu entnehmen. Selbst alte Verdachtsflächen, deren Umweltgefährdung z.T. noch auf Flächennutzungen gegen Ende des 19. Jahrhunderts zurückzuführen ist, sind bei einer Einstufung des möglichen Gefährdungspotentials in gleicher Weise wie jüngere Flächen zu behandeln. Wie Untersuchungen zur Langzeitwirksamkeit von Stoffen verdeutlichen, kann nicht davon ausgegangen werden, daß sich bestimmte Stoffe im Laufe der Zeit abbauen, sondern selbst 100 Jahre später noch ein hohes Kontaminationspotential behalten.

Tabelle 4.3 Stufen der Altlastgefährdung von Steinkohlebergwerken und Kokereien

ALTLASTVERDACHTSFLÄCHEN-KATEGORIEN			
I. Steinkohlenbergwerke		Klärbecken/Teich	2
Altanlagen		Schlammteich/Absetzbecken	4
1. Bergwerke		Wasserflächen ohne Zuordnung	2
Zechen	2	*Versorgungsanlagen* (innerbetrieblich)	
Schachtanlagen	2	Gasanstalt	4
Kleinzechen	2	Kraftwerk	3
Stollenmundloch	1	Tankstelle	4
2. Kokereien		**ALTABLAGERUNGEN**	
Kokereien ohne Hinweis auf		(auf/an Betriebsflächen *immer* mit	
Nebengewinnungsanlagen	3	Verdacht auf Produktionsrückstände)	
Kokereien mit Hinweis auf		*Aufschüttungen*	
Nebengewinnungsanlagen	3	unklassifiziert	4
Betriebsdifferenzierungen		klassifiziert:	4
Nebengewinnungsanlagen,		– Zechenhalden	4
undifferenziert	4	a) Halden, allgemein	4
Nebengewinnungsanlagen, differenziert	4	b) Bergehalden	4
– Ammoniakfabrik	4	c) Kohleaufhaldungen	2
– Benzolfabrik	4	d) Schutthalden	4
Brikettfabrik	2	– Industriemülldeponie (geordnet)	3
Förderschacht	2	– ungeordnete Ablagerungen	4
Gasbehälter	4	*Verfüllungen*	
Gasometer	4	verfüllte ehemalige Abgrabungen	4
Gleisanlagen	3	– Gruben, unklassifiziert	4
Kohlenwäsche	2	– Gruben, klassifiziert	4
Koksofenbatterien	4	a) Sandgrube	4
Kokslöschturm	2	b) Lehmgrube	4
Kühlgerüst	4	c) Tongrube	4
Kühlturm	3	d) Mergelgrube	4
Lagerplatz	3	– Brüche, Tagesbrüche	4
– Fässer	4	– Steinbrüche	4
– Grubenhölzer	4	Verfüllungen innerbetrieblicher	
– Lockermaterial	3	Hohlformen	4
– Stückgüter	3	– Entwässerungskanal	4
Lagerhallen/Schuppen	4	– Kläranlage	4
Luftschacht/Wetterschacht	1	– Klärbecken	4
Schornstein	3	Schlammteiche/Absetzbecken	4
Tankbehälter	4	– Teerbassin	4
Teerbassin	4	– Wasserflächen ohne Zuordnung	4
Teerdestillation	4	Verfüllungen von Bombentrichter	4
Umladestation	4	**KRIEGSBEDINGTE EINWIRKUNGEN**	
Wäscher/Kühler	4	Anlagenbeschädigungen	
Entsorgungsanlagen (innerbetrieblich)		Anlagenzerstörungen	
Entwässerungskanal	2	ausgelaufene Produktionsstoffe	
Kläranlage	2		

Bewertungsskala   Gefährdungsstufe 0 wahrscheinlich nicht gefährdet
                                   1 potentiell gering gefährdet
                                   2 potentiell gefährdet
                                   3 potentiell sehr gefährdet
                                   4 potentiell höchst gefährdet

Tabelle 4.4 Stufen der Altlastgefährdung von Industrie-/Gewerbestandorten

ALTLASTVERDACHTSFLÄCHEN-KATEGORIEN			
II. INDUSTRIE/GEWERBE (allgemein, ohne Erkennung des Produktionszweiges)		– Steinbrüche	4
		Verfüllungen innerbetrieblicher Hohlformen	4
ALTANLAGEN		– Entwässerungskanal	4
Industrie-/Gewerbebetriebe	3	– Kläranlage	4
Betriebsdifferenzierungen		– Klärbecken	4
Gasbehälter	4	– Schlammteich/Absetzbecken	4
Gasometer	4	– Wasserflächen ohne Zuordnung	4
Gleisanlagen	3	Verfüllungen von Bombentrichtern	4
Lagerhäuser/-hallen	3	KRIEGSBEDINGTE EINWIRKUNGEN	
Lagerplatz	3	Anlagenbeschädigungen	
– Fässer	4	Anlagenzerstörungen	
– Holzlager	4	ausgelaufene Produktionsstoffe	
– Lockermaterial	3		
– Stückgut	3	**II. INDUSTRIE/GEWERBE** (mit detaillierten Hinweis des Produktionszweiges)	
Schornstein	3		
Schrottplatz	4	ALTANLAGEN	
Tankbehälter	4	*Industrie-/Gewerbebetriebe*	3
Umladestation	4	davon erfaßt als:	
Entsorgungsanlagen (innerbetrieblich)		Chem. Fabrik (Ind.)	3
Entwässerungskanal	2	Eisen- u. Stahlerzeug. Ind.	3
Kläranlage	2	Metallverarbeitende Ind.	3
Klärbecken/-teich	2	Ziegelei	2
Schlammteich/Absetzbecken	4	Betriebsdifferenzierungen	
Wasserflächen ohne Zuordnung	2	Gasbehälter	4
Versorgungsanlagen (innerbetrieblich)		Gasometer	4
Gasanstalt	4	Gleisanlagen	3
Kraftwerk	3	Hochofen	3
Tankstelle	4	Lagerhäuser/-hallen	3
ALTABLAGERUNGEN (auf/an Betriebsflächen *immer* mit Verdacht auf Produktionsrückstände)		Lagerplatz	3
		– Fässer	4
		– Holzlager	4
Aufschüttungen		– Lockermaterial	3
unklassifiziert	4	– Stückgut	3
klassifiziert	4	Schornstein	3
– Halden	4	Schrottplatz	4
– Schutthalden	4	Tankbehälter	4
– Industriemülldeponie (geordnet)	3	Umladestation	4
– ungeordnete Ablagerungen, Kippe	4	*Entsorgungsanlagen* (innerbetrieblich)	
– Damm, wallartige Erhebung	4	Entwässerungskanal	2
Verfüllungen		Kläranlage	2
verfüllte ehemalige Abgrabungen	4	Klärbecken/-teich	2
– Gruben, unklassifiziert	4	Schlammteich/Absetzbecken	4
– Gruben, klassifiziert	4	Wasserflächen ohne Zuordnung	2
a) Sandgrube	4	*Versorgungsanlagen* (innerbetrieblich)	
b) Lehmgrube	4	Gasanstalt	4
c) Tongrube	4	Kraftwerk	3
d) Mergelgrube	4	Tankstelle	4
– Brüche/Tagesbrüche	4		

Fortsetzung von Tabelle 4.4

ALTABLAGERUNGEN (auf/an Betriebsflächen *immer* mit Verdacht auf Produktionsrückstände)		b) Lehmgrube	4
		c) Tongrube	4
		d) Mergelgrube	4
Aufschüttungen		– Brüche/Tagesbrüche	4
unklassifiziert	4	– Steinbrüche	4
klassifiziert	4	Verfüllungen innerbetrieblicher Hohlformen	4
– Halden	4		
– Schutthalden	4	– Entwässerungskanal	4
– Industriemülldeponie (geordnet)	3	– Kläranlage	4
– ungeordnete Ablagerungen, Kippe	4	– Klärbecken	4
– Damm, wallartige Erhebung	4	– Schlammteich/Absetzbecken	4
Verfüllungen		– Wasserflächen ohne Zuordnung	4
verfüllte ehemalige Abgrabungen	4	Verfüllungen von Bombentrichtern	4
– Gruben, unklassifiziert	4	**KRIEGSBEDINGTE ENWIRKUNGEN**	
– Gruben, klassifiziert:	4	Anlagenbeschädigungen	
a) Sandgrube	4	Anlagenzerstörungen	
		ausgelaufene Produktionsstoffe	

Bewertungsskala
Gefährdungsstufe 0 wahrscheinlich nicht gefährdet
                     1 potentiell gering gefährdet
                     2 potentiell gefährdet
                     3 potentiell sehr gefährdet
                     4 potentiell höchst gefährdet

Tabelle 4.5 Stufen der Altlastgefährdung von Ver- und Entsorgungsanlagen, militärisch relevanten Anlagen und Altablagerungen im städtischen/ländlichen Raum

III. VER- u. ENTSORGUNGSANLAGEN
(kommunal, öffentlich, privat)

1. Versorgungsanlagen

Bahnhof	3
Gasanstalt	4
Güterbahnhof	3
Kraftwerk	3
Tankstelle	4

Betriebsdifferenzierung

Gasbehälter	4
Gasometer	4
Gleisanlage	3
Kühlturm	3
Lagerplatz	3
– Fässer	4
– Lockermaterial	3
– Stückgut	3
Lokschuppen	4
Schornstein	3
Tankbehälter	4
Umladestation	4

Entsorgungsanlagen

Entwässerungskanal	2
Kläranlage	2
Klärbecken/Teich	2
Wasserflächen ohne Zuordnung	2

Aufschüttungen

unklassifiziert	4
klassifiziert:	4
– Kohleaufhaldungen	2
– Schutthalden	4
– ungeordnete Ablagerung, Kippe	4

Verfüllungen

verfüllte ehemalige Abgrabungen	4
– Gruben, unklassifiziert	4
– Gruben, klassifiziert	4
a) Sandgrube	4
b) Lehmgrube	4
c) Tongrube	4
d) Mergelgrube	4
– Brüche, Tagesbrüche	4
– Steinbrüche	4
Verfüllungen innerbetriebliche Hohlformen	4
– Entwässerungskanal	4
– Kläranlage	4
– Klärbecken	4
– Wasserflächen ohne Zuordnung	4
Verfüllungen von Bombentrichtern	4

KRIEGSBEDINGTE EINWIRKUNGEN
Anlagenbeschädigungen
Anlagenzerstörungen
ausgelaufene Produktionsstoffe

2. Entsorgungsanlagen

Kläranlagen	3
Schrottplatz	4

Betriebsdifferenzierung

Entwässerungskanal	2
Klärbecken/Teich	2

Aufschüttungen

unklassifiziert	4
klassifiziert:	4
– ungeordnete Ablagerung, Kippe	4

Verfüllungen

verfüllte ehemalige Abgrabungen	4
– Gruben, unklassifiziert	4
– Gruben, klassifiziert	4
a) Sandgrube	4
b) Lehmgrube	4
c) Tongrube	4
d) Mergelgrube	4
– Brüche/Tagesbrüche	4
– Steinbrüche	4
Verfüllungen innerbetrieblicher Hohlformen	4
– Entwässerungskanal	4
– Kläranlage	4
– Klärbecken	4
Verfüllungen von Bombentrichtern	4

KRIEGSBEDINGTE EINWIRKUNGEN
Anlagenbeschädigungen
Anlagenzerstörungen

IV. MILITÄRISCH RELEVANTE ANLAGEN

1. Kriegsbedingte Anlagen

Flakstellungen	2
– Geschützstellung	2
– Munitionsbunker	3
– Feldunterkünfte	3
– Laufgraben, Stellungsgraben	3
– Scheinwerferstellungen	2
– Sperrballonhalterungen	1
– Versorgungspunkte	4
Artillerie	2
– Geschützstellung	2
– Munitionsbunker	3
– Feldunterkünfte	3

Fortsetzung von Tabelle 4.5

– Laufgraben	3		Verfüllungen natürlicher Hohlformen	2
– Versorgungspunkte	4		– Talbereiche	1
Panzergraben	3		– Mulden/Senken (einschl. wassergefüllt)	1
Laufgraben	3		Entwässerungskanal	2
Bunkeranlagen	2		Bomben-/Granattrichter	1
Feuerlöschteiche	3			
Versorgungspunkt	4	2.	Mit Hinweis auf Verdacht von abgelagerten Produktionsrückständen	
Flugplatz	3			
Kasernen	2		Aufschüttungen	
Truppenübungsplatz	1		unklassifiziert	3
2. Schießstände			klassifiziert:	3
V. ALTABLAGERUNGEN IM STÄDTISCHEN/LÄNDLICHEN RAUM (außerhalb von Betriebsgeländen)			– Schutthalden (Trümmer, Bauschutt)	3
			– Deponie	3
			– Industriemülldeponie	3
1. Ohne Hinweis auf Verdacht von abgelagerten Produktionsrückständen			– ungeordnete Ablagerungen/Kippe	3
			– Damm/wallartige Erhebung	3
Aufschüttungen			Verfüllungen	
unklassifiziert	1		verfüllte ehemalige Abgrabung	3
klassifiziert:			– Gruben, unklassifiziert	3
– Schutthalden (Trümmer, Bauschutt)	2		– Gruben, klassifiziert	3
– Deponie (Hausmüll)	2		a) Sandgrube	3
– ungeordnete Ablagerung, Kippe	1		b) Lehmgrube	3
– Damm/wallartige Erhebung	1		c) Tongrube	3
– Lärmschutzwall	1		d) Mergelgrube	3
Verfüllungen			– Brüche/Tagesbrüche	3
verfüllte ehemalige Abgrabungen	2		– Steinbrüche	3
– Gruben, unklassifiziert	2		Verfüllungen natürlicher Hohlformen	3
– Gruben, klassifiziert	2		– Talbereiche	3
a) Sandgrube	2		– Mulden/Senken (einschl. wassergefüllt)	3
b) Lehmgrube	2		Entwässerungskanal	3
c) Tongrube	2		Bomben-/Granattrichter	3
d) Mergelgrube	2			
– Brüche/Tagesbrüche	2			
– Steinbrüche	2			

Bewertungsskala
Gefährdungsstufe 0 wahrscheinlich nicht gefährdet
                    1 potentiell gering gefährdet
                    2 potentiell gefährdet
                    3 potentiell sehr gefährdet
                    4 potentiell höchst gefährdet

Tabelle 4.6 Die Beeinträchtigung des Menschen bei verschiedenen Flächennutzungen durch die Ausbreitung von Schadstoffen über Gefährdungspfade

Flächennutzungen		W	Kl	Sp	F	O	G	Fo	Lw	Wa	IG neu	B	IGB	H	Dep	St
Gefährdungspfade	Schadstoffauswirkungen	Wohnen (W)	Kleingärten (Kl)	Spielplatz (Sp)	Freizeitanlagen (F)	Öffentliche Gebäude (O)	Grünanlagen (G)	Forsten (Fo)	Landwirtschaft (Lw)	Wasserflächen (Wa)	Industrie-, Gewerbe neu (IG neu)	Brachen (B)	Industrie-/Gewerbebranche (IGB)	Halde (H)	Deponie (Dep)	Versiegelte Flächen (St)
Wasser	Auswirkungen auf Nahrungsmittel	+	+	–	–	–	–	o	+	+	–	o	–	–	–	–
	Korrosion von Gebäudefundamenten	+	+	o	+	+	+	–	–	–	+	–	–	–	–	–
	Trinkwasserverunreinigung	+	+	o	+	+	+	+	+	+	o	–	–	–	–	–
Boden	Auswirkungen auf Nahrungsmittel	+	+	–	–	–	–	o	+	+	–	o	–	–	–	–
	Gasmigration	+	+	+	+	+	+	o	–	–	+	–	–	–	–	–
	Geruchsbelästigung	+	+	+	+	+	+	–	–	+	+	–	–	–	–	–
	Infektionsgefahren	+	+	+	+	+	+	o	+	+	+	–	–	–	–	–
	Korrosion an Gebäudefundamenten	+	+	o	o	o	+	–	–	–	+	+	+	–	–	–
	Orale Aufnahme	+	+	+	+	+	+	+	+	o	o	+	–	–	–	–
	Standfestigkeit/Rutschungen	+	+	+	+	+	+	–	–	–	+	–	–	–	–	–
Luft	Ausgasungen	+	+	+	+	+	+	o	–	–	+	–	–	–	–	–
	Explosionsgefahr	+	+	–	+	+	–	–	–	–	+	–	–	–	–	–
	Geruchsbelästigung	+	+	+	+	+	+	–	–	–	+	–	–	–	–	–

Legende: Gefährlichkeitsstufen: + Hohe Gefährdung   o Mäßige Gefährdung   – Geringe Gefährdung

4.2.2 Aktuelle Flächennutzung und Dringlichkeitsstufen von Verdachtsflächen zur Prioritätenermittlung

Neben dem Gefährdungspotential von Verdachtsflächen muß eine Prioritätenermittlung im besonderen Maße die heutige Flächennutzung berücksichtigen (Bild 4.1), da hierdurch die Intensität und Dauer der Einwirkung möglicher Schadstoffe auf den Menschen bestimmt wird. Karten und Luftbilder geben als raumrelevante Informationsträger Auskunft über die aktuelle Flächennutzung. Diese erlaubt Rückschlüsse auf die Art und Weise der Ausbreitung von Schadstoffen und ihre Wirkungsweisen auf den Menschen (und auf alle Lebewesen und Pflanzen). Auf der Basis einer beprobungslosen Bewertung lassen sich Hinweise zur möglichen Ausbreitung von Schadstoffen über sogenannte Gefährdungs-/Belastungspfade entnehmen und deren Wirkungsweisen abschätzen. Wie in Tabelle 4.6 aufgezeigt, ist bei einer Ausbreitung von Schadstoffen über die vier Gefährdungs-/Belastungspfade «Grund-», «Oberflächenwasser», «Boden» und «Luft» mit unterschiedlichen Wirkungsweisen auf eine Anzahl typischer Flächennutzungen zu rechnen. Deutlich lassen sich Flächennutzungen unterscheiden, bei denen die Ausbreitung von Schadstoffen für den Menschen als besonders gefährdend zu kennzeichnen sind. Insbesondere wenn Schadstoffe die Standfestigkeit (Sackungen, Setzungen, Korrosionsschäden an Fundamenten und Bauwerken) des Untergrundes beeinflussen, austretende giftige Gase/Dämpfe u.a. zu einer Explosionsgefahr bei schlecht durchlüfteten Räumen (wie z.B. Kellerräume) führen und eine Verschmutzung und Vergiftung von Bodenschichten mit darin vorhandenem Wasser und vorhandenen Organismen auftritt, wird im erheblichen Maße die Sicherheit wie auch die Gesundheit des Menschen gefährdet. Dies ist besonders der Fall bei den Flächennutzungen, die durch eine hohe Verweildauer, eine direkte Zugänglichkeit und einen dauernden/langfristigen und unmittelbaren Kontakt des Menschen gekennzeichnet sind. Zu nennen sind in erster Linie Flächennutzungen wie Wohnen, Kleingärten, Spielplätze, Freizeit- und Sportanlagen. Demgegenüber gibt es eine Reihe von Flächennutzungen, bei denen der Mensch nur unwesentlich und nur mittelbar von Schadstoffeinwirkungen beeinflußt wird. Dies ist bei den Flächennutzungen der Fall, bei denen die Verweildauer gering und ein direkter Kontakt zum Boden z.T. schon durch Zugangs- bzw. Zutrittsbeschränkungen erschwert ist (Deponien, Halden, Industrie-/Gewerbebrachen). Zwischen beiden Formen gibt es eine Reihe von Flächennutzungen, bei denen der Mensch zwar nur indirekt gefährdet ist, in stärkerem Maße aber sekundär (wie z.B. über die Nahrungsmittelkette bei landwirtschaftlich genutzten Flächen) und langfristig den Wirkungen von Schadstoffen ausgesetzt ist.

Legt man die unterschiedlichen Schadstoffauswirkungen über die Gefährdungspfade als Kriterium für eine Beurteilung der vorrangig zu untersuchenden Flächen zugrunde, so lassen sich die Flächennutzungen nach folgenden drei Dringlichkeitsstufen klassifizieren:

Dringlichkeitsstufe 1: Eine Verdachtsfläche muß vorrangig und kurzfristig untersucht werden.

In diese Dringlichkeitsstufe fallen alle Verdachtsflächen, deren heutige Flächennutzung einen langfristigen, intensiven und direkten Kontakt zum Menschen anzeigt. Die Wahrscheinlichkeit, daß daher Sicherheit und Gesundheit des Menschen durch eine Ausbreitung und Wirkung von Schadstoffen über die unterschiedlichen Gefährdungspfade direkt und unmittelbar betroffen sind, muß insgesamt als sehr hoch angesehen werden. An erster Stelle sind alle Wohnflächen, Kleingärten, Spielplätze, Freizeitanlagen/Sportplätze und öffentliche Einrichtungen wie Verwaltungen, Schulen und Kindergärten gegenüber den anderen Flächennutzungen der Stufen 2 und 3 vorrangig und schnellstens durch beprobte Analyseverfahren zu untersuchen.

Dringlichkeitsstufe 2: Eine Verdachtsfläche sollte mittelfristig, d.h. nach Abschluß der Untersuchung von Verdachtsflächen der Dringlichkeitsstufe 1, untersucht werden.

In diese Kategorie sind die Verdachtsflächen einzuordnen, bei denen weniger eine unmittelbare Gefährdung der Sicherheit als vielmehr eine langfristige und mittelbare Gefährdung der Gesundheit des Menschen anzunehmen ist. Hierunter fallen die Verdachtsflächen, die als Grünanlagen, landwirtschaftliche Flächen, Forst- und Wasserflächen genutzt werden und bei denen eine Gefährdung des Menschen aufgrund geringerer Verweildauer und weniger intensiven Kontaktes als geringfügig einzustufen ist.

Dringlichkeitsstufe 3: Die Verdachtsfläche bleibt unter Beobachtung und ist erst im Anschluß an die Verdachtsflächen der Stufe 2 zu untersuchen.

In diese Dringlichkeitsstufe sind alle übrigen Flächennutzungen einzustufen, bei denen durch Zugangsbeschränkungen und Versiegelung der Oberfläche im Rahmen baulicher Maßnahmen eine Schadstoffausbreitung den Menschen nicht direkt und unmittelbar gefährdet. Es handelt sich um Industriebrachen, neue Industrie-/Gewerbebetriebe, Halden, Deponien sowie Straßen- und Schienentrassen.

Entsprechend den oben beschriebenen Kriterien lassen sich die einzelnen Flächennutzungen in Abhängigkeit der Intensität, mit der eine Schadstoffausbreitung den Menschen betrifft, innerhalb jeder der drei Dringlichkeitsstufen in einer bestimmten Reihen- bzw. Rangfolge anordnen (Tabelle 4.7). So hat beispielsweise die Flächennutzung «Wohnen» innerhalb der Dringlichkeitsstufe 1 die höchste Rangfolge. Es folgen Kleingärten, Spielplätze und Freizeitanlagen.

Für die Prioritätenermittlung sind im weiteren diese Dringlichkeitsstufen mit den Stufen der Altlastgefährdung zu kombinieren (Bild 4.1). Dazu wird in Tabelle 4.8 bei jeder einzelnen Altlastkategorie die entsprechende Stufe der Altlastgefährdung mit den Dringlichkeitsstufen in Verbindung gebracht. Eine Prioritätenermittlung wird nach folgenden Grundsätzen vorgenommen: Mit der höchsten Priorität für eine weiterführende Untersuchung werden die Flächen ausgewiesen, die innerhalb einer Dringlichkeitsstufe die höchste Rangfolge und außerdem der Altlastgefähr-

Tabelle 4.7 Dringlichkeitsstufen der aktuellen Flächennutzung

Dringlichkeitsstufen	1					2				3					
Rangfolge	1	2	3	4	5	1	2	3	4	1	2	3	4	5	6
Flächennutzung	W	Kl	Sp	F	O	G	FO	Lw	Wa	IGneu	B	IGB	H	Dep	St

(Abkürzungen erläutert in Tabelle 4.6)

Tabelle 4.8 Die reale Flächennutzung erfaßter Altlastverdachtsflächen und ihre Prioritäten für weiterführende Untersuchungen
– Rangfolge, in der eine weiterführende Untersuchung durchzuführen ist

Altlastgefährdungsstufe	Dringlichkeitsstufe 1					Dringlichkeitsstufe 2				Dringlichkeitsstufe 3					
	1	2	3	4	5	1	2	3	4	1	2	3	4	5	6
4	1	4	7	10	13	16	19	22	25	28	31	34	37	40	43
3	2	5	8	11	14	17	20	23	26	29	32	35	38	41	44
2	3	6	9	12	15	18	21	24	27	30	33	36	39	42	45
1	46	47	48	49	50	51	52	53	54	55	56	57	58	59	60

dungsstufe 4 angehören. So sind generell Wohnflächen mit der Gefährdungsstufe 4 in der Priorität am höchsten zu bewerten. Es folgen sämtliche Wohnflächen der Gefährdungsstufe 3 und daran anschließend die der Stufe 2.

In vergleichbarer Weise sind alle übrigen Flächen aus der Dringlichkeitsstufe 1 entsprechend ihrer Rangfolge bewertet. Ebenso werden im Anschluß daran erst alle Verdachtsflächen der Dringlichkeitsstufe 2 und im Anschluß daran diejenigen der Dringlichkeitsstufe 3 für weiterführende Untersuchungen ausgewählt. Bei Flächen mit dem Altlastgefährdungsgrad der Stufe 1 ist davon auszugehen, daß dort keine oder nur in den seltensten Fällen Schadstoffe mit höherer Umweltgefährdung vorhanden sind. Unter der Annahme, daß von diesen Flächen normalerweise nur geringe Gefahren ausgehen, werden sie erst zum Abschluß entsprechend ihrer Rangfolge untersucht.

Festzuhalten ist, daß der jeweiligen Flächennutzung einer Altlastkategorie die dominante Rolle in der Prioritätenermittlung beigemessen wird. Der Grad der Altlastgefährdung ist nur insofern von Bedeutung, als er die Abfolge angibt, mit der er über die Dringlichkeitsstufen bestimmt (Bild 4.1).

In der Praxis sind die Verdachtsflächen, die der Gefährdungsstufe 1 und der Dringlichkeitsstufe 3 angehören, nicht vorrangig zu untersuchen. Sie werden aufgrund der Vielzahl der Verdachtsflächen mit einer höheren Priorität lediglich weiter beobachtet. Je nach Anzahl der ermittelten Verdachtsflächen im Rahmen einer flächendeckenden Altlastenerkundung kann dies ggf. auch für die Flächen der Dringlichkeitsstufe 2 gelten.

Die Ergebnisse der Gefährdungsabschätzung, d.h. die Zuweisung von Gefährdungs- und Dringlichkeitsstufen, sollten in das Altlastenkataster einfließen und damit für Planungszwecke zur Verfügung stehen.

Hervorzuheben ist, daß eine einmal vorgenommene Zuweisung von Prioritäten jederzeit durch neue Informationen revidiert werden kann. So ist z.B. bei beabsichtigten Flächenumwidmungen im Rahmen von Nutzungsänderungen erneut eine Dringlichkeitsprüfung durchzuführen, um Schadensfälle auszuschließen.

4.3 Tabellarische Datenspeicherung von Informationen der Gefährdungsabschätzung

Zur Abschätzung des Gefährdungspotentials einer Verdachtsfläche wird eine Vielzahl von qualitativ und quantitativ unterschiedlichen Informationen aus verschiedensten Quellen zusammengetragen und analysiert (Abschnitte 4.2 und 4.3).

Damit diese nachvollziehbar, nachprüfbar und in der Praxis verwendbar werden, ist eine systematische Datenspeicherung unerläßlich. Zur übersichtlichen und raschen Verwendung bietet sich eine tabellarische, katalogartige Auflistung der betreffenden Informationen an. Hierbei gilt es zu beachten, daß diese Zusammenstellung in operationaler Weise dem Abschätzungsverfahren entspricht und ergänzende Informationen jederzeit mit aufgenommen werden können. Damit stellt die tabellarische Auflistung ein Arbeitsmittel bzw. Grundlagenmaterial bereit, nach dem der Altlastensucher nachfolgende Abschätzungsverfahren durchführen kann, ohne Verfahrenstechniken, Anlagenbau und stoffliche Zusammensetzung von Altlasten zu analysieren.

Bisherige Untersuchungsansätze dagegen, wie z.B. die Studie von KINNER/KÖTTER/NICLAUSS (1986, S. E 1–E 288), werden diesen Aufgaben nur z.T. gerecht. Zwar lassen sich auch hier eine Fülle an Informationen zum Kontaminationspotential von bestimmten Wirtschaftszweigen entnehmen, wegen ihrer Datenaufbereitung in vorwiegend textlich-beschreibender Form sind sie jedoch z.T. recht unübersichtlich. Ein Vergleich des Kontaminationspotentials von Altstandorten ist in dieser Form nur sehr schwer durchzuführen und daher sehr arbeits- und zeitintensiv.

Ohne völlig auf die Möglichkeit einer kurzen, informativen Beschreibung von Produktionsprozessen, dort anfallender Schadstoffe und einer Skizzierung von Verlustquellen in textlicher Form verzichten zu wollen, sollte einer tabellarischen Auflistung der Daten zur Gefährdungsabschätzung einzelner Anlagen(teile) der Übersichtlichkeit halber der Vorzug gegeben werden. Daß dieser Form der Datenpräsentation ein wesentlich höherer Wert für einen Vergleich des Kontaminationspotentials unterschiedlicher Anlagen beizumessen ist, belegt das Hessische Handbuch «Altablagerungen Teil 4» in einer Beispielstudie für Gaswerksstandort[4.15].

Aufbauend auf den Erfahrungen bisheriger Untersuchungsansätze ist in dieser Arbeit eine Möglichkeit der Datenspeicherung konzipiert worden, die in einem ersten Teil aus Abbildungen der Ablaufschemata von Produktionsprozessen besteht (Schaubilder mit Flußdiagrammen von Produktionsabläufen) und die ergänzend zu den Abbildungen des kombinierten Kartenlese-/Fotoschlüssels zu verwenden sind (Abschnitt 3.2). Zusätzlich werden in den Ablauf-/Funktionsschemata die potentiellen Verlustquellen – einschließlich der dort anfallenden Schadstoffe – ausgewiesen, die als Bereiche möglicher Bodenkontaminationen in Frage kommen (Bild 4.2). Größere Bedeutung hat allerdings der zweite Teil der Datensammlung, die tabellarische Auflistung von Altstandorten, deren Produktionsanlagen und des dort anfallenden Kontaminationspotentials. In Form einer Matrix (Tabelle 4.9) werden die jeweiligen Produktionsanlagen(teile) der erfaßten Wirtschaftszweige, deren heutige wie ehemalige Produktionsprozesse und dort eingesetzte Produktionsstoffe und anfallende Zwischen-, Rest- und Abfallstoffe katalogartig aufgelistet. Diesen werden die Bereiche zugeordnet, an denen mit Kontaminationen aufgrund von Verlustquellen zu rechnen ist. Außerdem sind alle Hinweise aufgenommen, die Auskunft über die betriebliche Abfallentsorgung und den Verbleib dieser Stoffe sowohl innerhalb als auch außerhalb des Betriebsgeländes geben. Zusätzlich sind die Anlagenteile – einschließlich vermuteter Schadstoffe – festgehalten, die infolge einer Betriebsstillegung und ggf. nach einem Abriß und einer Planierung des Firmengeländes als Anlagenreste im Untergrund verbleiben. In einem gesonderten Teil der tabellarischen Zusammenstellung wird als Zusatzinformation die Rubrik «Kriegsschäden» aufgenommen. Dieser ist zu entnehmen, ob die Produktionsanlage ein bevorzugtes Angriffsziel für alliierte Luftangriffe gewesen ist und, wenn ja, mit welchen typischen Schäden zu rechnen ist. Zusätzlich lassen sich unter der Sparte «Besonderheiten» ergänzende Informationen anführen, die z.T. in den vorherigen Punkten nicht ausreichend beachtet werden konnten. Abschließend wird als Ergebnis jede Verdachtskategorie einer Gefährdungsstufe zugeordnet.

In ähnlicher Weise werden militärisch relevante Anlagen – differenziert nach Einzelanlagen und dem zu erwartenden Kontaminationspotential – in einer Matrix katalogartig aufgelistet (Tabelle 4.10). Im Unterschied zur Matrix für Altstandorte stehen bei dieser Altlastgruppe die dort anfallenden Abfallstoffe bzw. die eingesetzten Stoffe (Treibstoffe, Schmiermittel) im Vordergrund. Auch für Altablagerungen steht eine Matrix dieser Art zur Verfügung, die in erster Linie auf die Herkunft bzw. die Erzeuger von Stoffen eingeht (Tabelle 4.11). Es werden die herstellerspezifischen Produktions-, Rest- und Abfallstoffe aufgeführt. Zu Altablagerungen, bei denen keine der Information direkt auf den Verursacher hinweist, werden entsprechend der Analyse der Indikatoren (Abschnitt 4.2) sämtliche Hinweise mit aufgenommen, die zu einer näheren Eingrenzung und Bestimmung der Schadstoffe führen können.

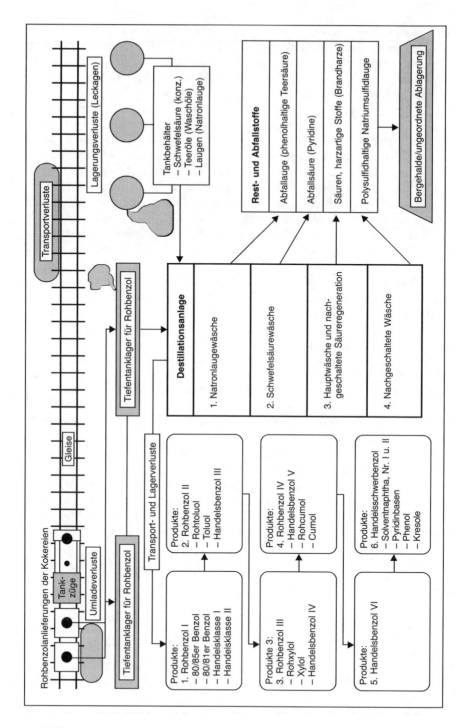

Bild 4.2 Produktionsverfahren und potentielle Verlustquellen von Benzolaufbereitungsanlagen

Tabelle 4.9 Matrix zur Bestimmung des Kontaminationspotentials von Industrie-/Gewerbestandorten mit Erkennung des Produktionszweiges (Stahlwerk)

Anlage/Anlagenteil	Stahlwerk (Siemens-Martin-Verfahren)
Produktionsprozeß	Aufarbeitung von Roheisen zu Stahl
Eingesetzte Produktionsstoffe	Roheisen, Schrott, Stahlveredler (Chrom, Nickel, Wolfram, Mangan, Kupfer, Kobalt, Vanadium, Silicium, Titan, Bor, Phosphor, Molybdän, Aluminium, Niob, Zirkon)
Anfallende Zwischen-/ Rest- und Abfallstoffe	Eisenoxid gesintert, Eisensilikatschlacke, Gichtgasstäbe, Filterstäube (eisenmetallhaltig), Stahlwerkschlacken, Konverterschlacken, eisenhaltiger Staub, Stäube der Sekundärentstaubung, Stäube der trockenen Abgasreinigung, Schlämme aus der Prozeßwasserbehandlung der Stahlwerksentstaubung
Kontaminationsquellen (Leckagen, Handhabungsverluste)	Lagerplätze (Handhabungsverluste, Staubanfall, Rost), Abluft/Abgase (Kamin), Klärbecken, Schlammbecken
Betriebliche Abfallentsorgung (Hinweise zum Verbleib der Rest- und Abfallstoffe *während* des Betriebes)	Deponierung von Stahlwerksstäuben und Ofenausbruch (cyanid- u. NE-metallhaltig), Schlämme u. saure Schlacken innerhalb des Betriebsgeländes (ungeordnete Ablagerungen) bzw. auf der Schlacken-/Schutthalde
Verbleibende Anlagenteile *nach* Stillegung/Abriß des Betriebes	Abriß der oberirdischen Anlagen(teile), es verbleiben im Untergrund Rohrleitungen, Klärbecken und Schlammgruben
Zurückgelassene Rest- und Abfallstoffe *nach* der Stillegung bzw. bei Produktionsstopp	Eisensilikatschlacke, Gichtgasstäube, Filterstäube, Schlacken, Schlämme
Verschleppung von Schadstoffen infolge des Abrisses von Anlagen/Anlagenteilen	Verteilung und Einplanierung der Ofenwände (asbesthaltig). Eventuell Beschädigung der Rohrleitungen und Klärbecken/Schlammgruben
Bevorzugtes Objekt von Kriegseinwirkungen, wenn ja: typische Schäden	Ja! Eine der wehrwirtschaftlich wichtigsten Anlagen mit höchster Priorität für alliierte Bombenangriffe Schäden am Ofenbereich, Gas-/Luftleitungen, Lagerplätze, Eisenbahnlinien
Besonderheiten	
Altlastgefährdungsstoffe	Gesundheitsgefährdend (Schwermetalle, Cyanide) Altlastgefährdungsstufe 3

Tabelle 4.10 Matrix zur Bestimmung des Kontaminationspotentials militärisch relevanter Anlagen (Flakstellung)

Anlage/Anlagenteil	Flakstellungen, Geschützstellungen, Munitionsbunker, Feldunterkünfte, Scheinwerferstellungen, Sperrballonhalterungen, Versorgungspunkte
Verwendete umweltgefährdende Materialien	*Flakstellungen:* Munition (Leuchtspurgeschosse, Phosphor), Hydrauliköle, Rostschutzmittel, Farb- und Anstrichmittel, Schmiermittel (Öle/Fette), Treibstoffe von Lkw. *Geschützstellungen:* Hydraulikflüssigkeiten, Schmiermittel, Rostschutzmittel, Farb- u. Anstrichmittel. *Munitionsbunker:* Rostschutzmittel, Farb- u. Anstrichmittel. *Feldunterkünfte:* Rostschutzmittel, Farb- u. Anstrichmittel. *Scheinwerferstellungen:* Hydraulikflüssigkeit (-öle), Quecksilber (für Lampen), Rostschutzmittel, Farb- u. Anstrichmittel. *Sperrballonhalterungen:* Farb- u. Anstrichmittel, Schmiermittel (-öle). *Versorgungspunkte:* Munition/Pulver, Nebeltöpfe, Treibstoffe (Diesel, Benzin), Schmierfette, Hydraulikflüssigkeit, Quecksilber, Rostschutzmittel, Farb- u. Anstrichmittel.
Anfallende Rest- und Abfallstoffe	*Flakstellungen:* Munitions- u. Pulverreste (aromatische Nitroverbindungen, z.B. Nitroglyzerin u. Nitroglykol, anorganische Nitrate), Hydraulikölabfälle-/reste, verbrauchte Transformatorenöle, Treibstoffreste, Reste von Rostschutzmitteln u. Farben. *Geschützstellungen:* s. Flakstellungen. *Munitionsbunker:* Reste von Munition (Pulver, Sprengstoff, Leuchtspur-/Spreng-/Brandgeschosse, Nebeltöpfe, Signalmunition). *Feldunterkünfte:* – – –, Scheinwerferstellungen: Hydraulikflüssigkeit (verbraucht), Reste von Quecksilber, Schmiermittel, Farb- u. Anstrichmittel. *Sperrballonhalterungen:* Schmiermittel- u. Rostschutzmittelreste. Versorgungspunkte: Überreste von Munition, Treibstoff, Öle, Fette u. Farben.
Kontaminationsquellen	*Flakstellungen:* Standorte von Geschützstellungen, Grabensysteme, Erdlöcher, Leitungen. *Geschützstellungen:* Erdwälle, Stellungs-/Laufgräben. *Munitionsbunker:* Hohlformen/Vertiefungen als Ablagerungsorte für Reststoffe u. Munitionsreste (Versager, Blindgänger, Waffen). *Feldunterkünfte:* Hohlformen als Ablagerungsbereiche für Rest- u. Abfallstoffe. *Scheinwerferstellungen:* Standorte von Scheinwerfern und Trafos (Hydraulikflüssigkeit, Quecksilber aus Leitungsleckagen). *Sperrballonhalterungen:* Standorte der Sperrballonhalterungen/-winden. *Versorgungspunkte:* Treibstoffdepot/-lager, Lkw-Abstellplätze, Stellungsgräben.
Lagerung von Einsatzstoffen	Meist außerhalb der Flakstellungen in Erdlöchern, Bunkern u. Gräben. Entfernung zur Stellung der Geschütze usw. ca. 50 bis 300 m. Eventuell bieten sich Bomben-/Granattrichter ebenfalls für eine Lagerung an.

Fortsetzung von Tabelle 4.10

Verbleib der Stoffe bei Abriß/Stellungswechsel	Flakstellungen: Munitionsversager, Blindgänger u. Waffenselbstsprengmittel können in den Erdwällen der Geschützbatterien verbleiben. Gleiches gilt für angebrochene Kanister mit Hydraulikölen, Farb- u. Anstrichmittel u. Rostschutzmittel.
Bevorzugtes Objekt von Kriegseinwirkungen? Welche typischen Schäden?	Ja! Gegen Ende des Krieges wichtiges Angriffsziel von Tieffliegern Bombenteppiche
Besonderheiten	Bombentrichter, Laufgräben/Stellungsgräben, die Hohlformen ehemaliger Bunker u. Feldunterkünfte bieten sich für eine Ablagerung von Munitionsresten, Versagern/Blindgängern und Waffen an. Eine Deponierung von Produktionsrest- u. Abfallstoffen benachbarter Industrie-/Gewerbezweige ist bei unmittelbaren Verkehrsanschluß ebenfalls nicht auszuschließen.
Altlastgefährdungsstufe	*Flakstellungen:* Altlastgefährdungsstufe 2 (gesundheitsgefährdend, u.a. aromatische Nitroverbindungen). *Geschützstellungen, Scheinwerferstellungen:* Altlastgefährdungsstufe 2. *Sperrballonhalterungen:* Altlastgefährdungsstufe 1. *Munitionsbunker, Versorgungspunkte:* Altlastgefährdungsstufe 3 (potentielle Ablagerungsbereiche). *Feldunterkunft/Lauf-/Stellungsgräben:* Altlastgefährdungsstufe 3

Tabelle 4.11 Matrix zur Bestimmung des Kontaminationspotentials von Altablagerungen (Hausmülldeponie, ungeordnete Ablagerung außerhalb von Betriebsgeländen)

Hinweis zur Herkunft bzw. Erzeuger von Ablagerungen	Hausmülldeponien ohne Hinweis auf abgelagerte Produktionsrest-/Abfallstoffe Ein industriegewerblicher Erzeuger ist nicht nachzuweisen
Herstellerspezifische Produktionsstoffe	
Herstellerspezifische Rest- und Abfallstoffe	Hausmüll aus öffentlichen Haushalten; Bauschutt, Gartenabfälle, Inertstoffe, Straßenabfälle Der Hausmüll kann enthalten: Chemikalien aus dem Haushalt (Reste von Reinigungsmitteln), Medikamente, Trockenbatterien (Blei, Cadmium), Farben (lösungsmittelhaltig, -frei), Lösungsmittel, Entwickler- und Fixierlösung, Spraydosen, Laugen, Pflanzenschutzmittel (DDT), Feinchemikalien, Thermometer (Quecksilber), kleinere Altölkanister, Autobatterien, Bremsflüssigkeit, Sperrmüll.
Hinweise zur Ablagerung des Materials	Müllabfuhr-Lkw, fehlende Hinweise auf Rohrleitungen, Seilbahnen, Förderbänder, Eisenbahnanschluß, Lkw von Industrie-/Gewerbebetrieben.
Besonderheiten	Auch bei den reinen Hausmülldeponien, die nach 1972 entstanden sind, ist letztlich nicht ganz auszuschließen, daß Rest- u. Abfallstoffe von Industrie/Gewerbe zusammen mit Bauschutt usw. abgelagert worden sind (wenn auch nur in kleineren Mengen). Vor 1972 ist davon auszugehen, daß eine Deponie von Rest-/Abfallstoffen aus Industrie/Gewerbe möglich gewesen ist.
Altlastgefährdungsstufe	wenige gesundheits- und wassergefährdende Stoffe (Ausnahme: evtl. vorhandene Schwermetalle wie Quecksilber, Blei sowie DDT und Lösungsmittel) Altlastgefährdungsstufe: 2

5 Verdachtsflächenerfassung und Erstbewertung am Beispiel der Stadt Bochum und angrenzender Kommunen

5.1 Der Untersuchungsraum und seine Quellenlage

Um Möglichkeiten und Grenzen der multitemporalen Karten- und Luftbildauswertung als Verfahren zur flächendeckenden Verdachtsflächenerkundung zu überprüfen, wurde ein 46 km² großer Untersuchungsraum im Stadtgebiet Bochum ausgewählt. Dieser besteht aus zwei Teilräumen, Bochum-West und Bochum-Ost, die Anteil an den angrenzenden Kommunen Dortmund, Essen, Gelsenkirchen und Witten haben (Karte 5.1). Sowohl von der Größe als auch von der Ausstattung her ist der Raum als repräsentativ anzusehen, um qualitative und quantitative Aussagen zur Eignung der Untersuchungsmethode zu treffen.

Im Übergangsbereich der Ruhrtalzone im Süden und der Hellwegzone bzw. Emscherzone im Norden gelegen, wird der Untersuchungsraum seit Mitte des 19. Jahrhunderts industriell genutzt[5.1]. Auf der Grundlage der Kohlevorkommen entwickelte sich zunächst der Steinkohlenbergbau, dessen zahlreiche Schachtanlagen das Ruhrgebiet prägten. Außerdem entstanden in Bochum großflächige Unternehmen der eisenschaffenden und -verarbeitenden Industrie, so z.B. der Bochumer Verein für Gußstahlfabrikation, die Stahlwerke Bochum und das Werk Bochum der Deutschen Edelstahlwerke AG. Ferner bildeten seit Ende der 1890er Jahre Kokereien mit Kohlenwertstoffgewinnung die Grundlage für chemische Industrien. Seit Ende der 1950er und Anfang der 1960er Jahre war Bochum wie das gesamte Ruhrgebiet einem Strukturwandel unterworfen, der zur Stillegung sämtlicher Zechen und Kokereien sowie zur Schließung zahlreicher Industrie-/Gewerbebetriebe führte. Die aufgelassenen Industriebrachen wurden in den folgenden Jahren nur z.T. durch neue Industrieansiedlungen genutzt, wie z.B. die Opelwerke in Bochum-Langendreer.

So ist für den Untersuchungsraum eine 150jährige industriegewerbliche Tätigkeit mit Wirtschaftszweigen kennzeichnend, die heute als Hauptverursacher von Altlasten anzusehen sind. Entsprechend der Vielfalt industrieller Nutzungen ist mit zahlreichen Verdachtsflächen zu rechnen. In diesem Zusammenhang sind nicht nur Altstandorte verschiedenster Art, sondern auch Altablagerungen zu erwarten. Ferner ist der Untersuchungsraum während des Zweiten Weltkrieges wiederholt das Ziel alliierter Bombenangriffe gewesen, da die obengenannten Industriezweige wehrwirtschaftlich wichtige Standorte darstellten. Es ist davon auszugehen, daß massive Kriegsschäden an Betriebsanlagen zu Bodenkontaminationen geführt haben.

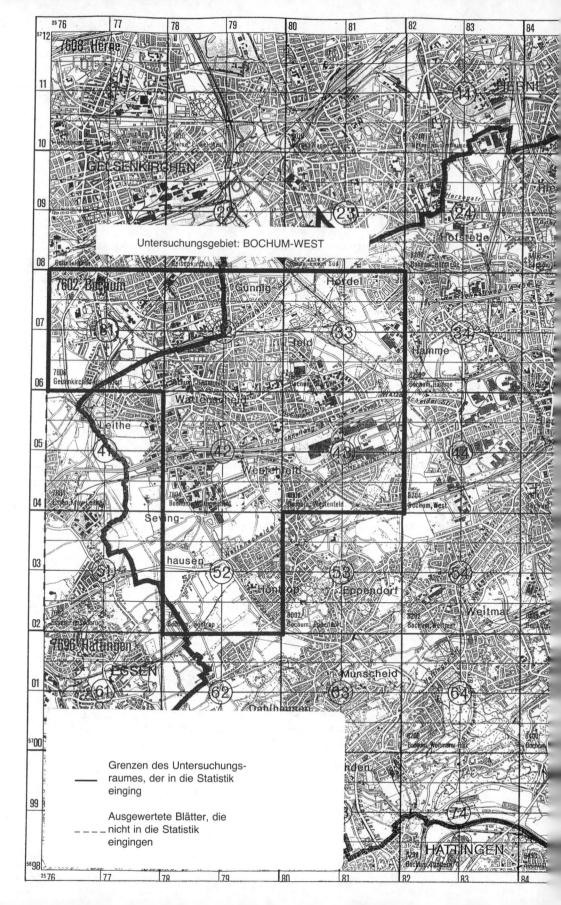

Untersuchungsgebiet: BOCHUM-WEST

— Grenzen des Untersuchungsraumes, der in die Statistik einging

---- Ausgewertete Blätter, die nicht in die Statistik eingingen

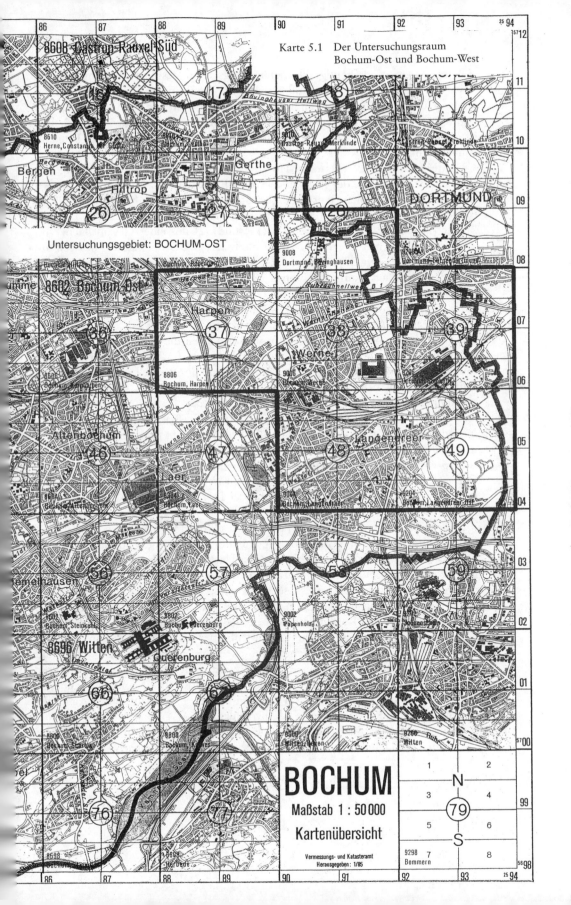

Karte 5.1 Der Untersuchungsraum Bochum-Ost und Bochum-West

Betrachtet man das heutige Flächennutzungsgefüge des Untersuchungsraumes, das neben der verstädterten und industriellen Kernzone im Norden auch Räume mit landwirtschaftlicher Nutzung im Süden aufweist, so sind nur noch wenige direkte Hinweise auf die ehemalige industriegewerbliche Nutzung zu finden. Festzuhalten ist, daß zum Zeitpunkt der Untersuchung (1985) keine Altlastenfälle im Untersuchungsraum bekannt waren.

Da die DGK 5 als Kartierungsbasis zugrunde gelegt wird, stellt das Blattgebiet zugleich die Grundlage der flächendeckenden Erfassung dar. Im einzelnen werden die beiden untersuchten Teilräume der Stadt Bochum von folgenden DGK-5-Blättern abgedeckt: Für den Teilraum Bochum-West wurden 8 bzw. 6 DGK-5-Blätter (Nr. 31, 32, 33, (41), 42, 43, (51) und 52) mit einer Gesamtfläche von 32 km^2 bzw. 24 km^2 untersucht. Von 7 analysierten DGK-5-Blättern des Teilraumes Bochum-Ost (Nr. 28, 37, 38, 39, (47), 48 und 49) wurden außer dem Blatt 47 und der nördlichen Hälfte des Blattes 28 insgesamt 5½ DGK-5-Blätter mit einer Gesamtfläche von 22 km^2 ausgewertet. Die beiden Untersuchungsräume setzen sich damit aus insgesamt 11½ Blättern des Kartenwerkes zusammen.

Wie bereits in Abschnitt 3.1.2 deutlich wird, ist die zeitlich lückenlose, flächendeckende Zusammenstellung der Informationsquellen die Voraussetzung für eine systematische Verdachtsflächenerkundung. Für den Bochumer Untersuchungsraum sind hierzu die verschiedensten Fundorte und Bezugsquellen von Karten und Luftbildern untersucht worden.

Grundsätzlich stellte sich das Problem, daß der Blattschnitt verschiedener Kartenwerke nicht mit der DGK 5 als Untersuchungsbasis übereinstimmen. Bei Luftbildern ist anzumerken, daß nur Bildflüge für Vermessungszwecke, die nach ungeraden Gauß-Krüger-Koordinaten durchgeführt werden, dem Blattschnitt der DGK 5 entsprechen. Dies bedeutet für die beiden Untersuchungsräume Bochum-Ost und -West, die sich jeweils aus 6 DGK-5-Blättern zusammensetzen, daß beispielsweise bis zu 4 verschiedene Blätter der TK 25 und der WBK Anteil an einer DGK 5 haben.

In diesem Zusammenhang ist auf ein weiteres Problem hinzuweisen, das sich bei einem multitemporalen Vergleich der Informationsquellen ergibt. In den seltensten Fällen sind die jeweiligen Kartenblätter einer Untersuchungsbasis (DGK 5) einheitlich zu einem Zeitpunkt fortgeführt worden. Liegen die Fortführungszeiten nur wenige Jahre auseinander, so lassen sich diese noch relativ leicht zu einem gemeinsamen Fortführungszeitraum von 1 bis 4 Jahren zusammenfassen. Für diese Zeitspanne weist das Kartenblatt demzufolge eine einheitliche, flächendeckende Fortführung auf. In der Regel sind die Kartenblätter jedoch zu recht unterschiedlichen Zeiten und in unterschiedlicher Häufigkeit fortgeführt worden. Dann ist die Informationsquelle für die jeweilige Untersuchungseinheit nicht flächendeckend für einen eng begrenzten Zeitraum vorhanden, sondern nur in bestimmten Teilbereichen. Das gesamte Blattgebiet wird dagegen nur in einer geringeren Anzahl von Fortführungsständen flächendeckend abgebildet.

Weniger problematisch ist die Situation bei Luftbildern, die normalerweise eine DGK 5 in 2 bis 3 Flugstreifen (eines Bildfluges) mit nur geringfügigen Differenzen in der Aufnahmezeit abdecken (wenige Minuten bzw. Stunden). Allerdings kann es vorkommen, daß das Gebiet einer DGK 5 von 2 Bildflügen flächenhaft abgedeckt wird, die nicht nur wenige Stunden, sondern z.T. mehrere Tage, Wochen oder gar mehrere Monate auseinanderliegen[5.2]. Diese Gesichtspunkte sind bei der multitemporalen Analyse zu beachten, da sie die Vergleichbarkeit der einzelnen Informationsträger einschränken. Um dennoch eine zeitlich vergleichbare Grundlage an Informationsträgern zuerhalten, sind zeitlich eng zusammenliegende Fortführungs-/Aufnahmezeiten (bis zu 4 Jahre bei Karten) zusammenzufassen. Alle verfügbaren Ausgabe-/Aufnahmezeiten eines Informationsträgers werden dazu in chronologischer Reihenfolge aufgelistet. Insgesamt läßt sich die Quellenlage für das Bochumer Untersuchungsgebiet als gut bezeichnen. Eine flächendeckende multitemporale Karten- und Luftbildauswertung ist mit einer Vielzahl von unterschiedlichen Ausgabe-/Aufnahmezeiten möglich. Bei der TK 25 und dem Luftbild konnten 15 bis 21 Sequenzen ermittelt werden, während für die DGK 5 nur 4 bis 14 und für die WBK-Kartenwerke nur 1 bis 4 Sequenzen existieren. Zeitlücken werden durch eine synchrone Karten- und Luftbildauswertung minimiert. Während vor 1925 nur alle 10 bis 15 Jahre eine Informationsquelle existiert, stehen sie zur Gegenwart hin nahezu alle 1 bis 3 Jahre zur Verfügung (Tabellen 5.1 und 5.2).

Im einzelnen läßt sich die Quellenlage für die beiden Untersuchungsgebiete Bochum-Ost und Bochum-West folgendermaßen charakterisieren:

TK 25
Die TK 25, die beide Untersuchungsgebiete mit 5 Blättern abdeckt, ist auch für den Untersuchungsraum Bochum als die Informationsquelle zu kennzeichnen, die am weitesten in die Vergangenheit zurückreicht. Auch wenn für Bochum keine Vorausgaben des Kartenwerkes aus den Jahren 1824/25 existieren, wie es für den südlich angrenzenden Raum (Bergisches Land) der Fall ist, ermöglichen doch die Urmeßtischblätter von 1840/42 eine Rekonstruktion des Flächennutzungsgefüges vor der Industrialisierung. Zusammen mit der Neuauflage von 1892 und deren Fortführungsausgaben, die im Vergleich zu anderen Regionen NRW bereits recht früh erscheinen (seit 1899 bzw. 1906/07, spätestens aber seit 1913/14) und zahlreich vorliegen, lassen sich wichtige Veränderungen des Siedlungs- und Wirtschaftsraumes über eine große Anzahl von Kartenausgaben erfassen (Tabellen 5.1 und 5.2). Zusätzlich zu den im LVA-Katalog[5.3] aufgeführten Ausgaben der TK 25 konnten für die 1920er Jahre einige bisher unbekannte Fortführungsstände in kommunalen Archiven ermittelt werden. Hierbei handelt es sich um Sonderkarten der TK 25, wie z.B. die Landkreiskarte Bochum von 1920/21 und die SVR-Karte von 1925/26, bei denen als Kartengrundlage eine Nachtragsausgabe der TK 25 verwendet wurde[5.4]. Da die Ausgaben der TK 25 bis weit in die Vergangenheit zurückreichen und die Anzahl der Fortführungsausgaben (bis zu 21 Ausgaben) und Ausgabestände aus der Zeit von 1900 bis Ende der 20er Jahre (3 bis 6 Ausgaben) umfangreich ist, kann die Quellensituation der TK 25 für den Untersuchungsraum Bochum als gut bezeichnet werden.

Tabelle 5.1 Temporales Vorliegen der Informationsquellen im Untersuchungsraum Bochum-Ost

Legende: Lb = Luftbild   TK = TK 25   DGK = DGK 5   WBK = WBK-Karten   ST = Stadtpläne/Stadtkarten

Tabelle 5.2 Temporales Vorliegen der Informationsquellen im Untersuchungsraum Bochum-West

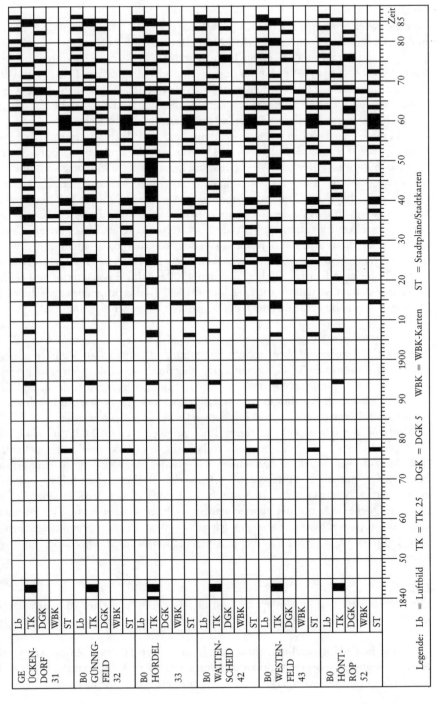

Legende: Lb = Luftbild   TK = TK 25   DGK = DGK 5   WBK = WBK-Karten   ST = Stadtpläne/Stadtkarten

DGK 5
Vergleichsweise ungünstiger ist die Quellenlage der DGK 5 für Bochum. Sie existiert in ihrer endgültigen Form (als DGK-5-Normalausgabe) für beide Untersuchungsgebiete erst seit der Mitte der 1960er Jahre. Vorläufer bzw. frühe Vorstufen der DGK 5 aus den 1920er bis 1940er Jahren (topographische Grundkarte 1 : 5000 und erste Versuchsblätter einer DGK 5) fehlen dagegen hier vollständig. Allein einige wenige Ausgaben der Katasterplankarte aus den frühen 1950er Jahren stehen zur Verfügung. Die in unterschiedlicher Weise bei den Kataster- und Vermessungsämtern der damals noch eigenständigen Städte Wattenscheid und Bochum gehandhabte Fortführung der Katasterplankarte ist als Grund dafür anzusehen, daß für den Untersuchungsraum Bochum-West (Zuständigkeitsbereich Wattenscheid) alle Kartenblätter – einschließlich der Berichtigungen in den Meldekarten der Katasterpläne – erhalten blieben. Dagegen enthalten die wenigen Katasterplankarten des Untersuchungsraumes Bochum-Ost als Folienausgaben nur die zuletzt gültige und berichtigte Grundrißsituation. Veränderte Karteninhalte wurden entfernt. Sicherungskopien dieser früheren Kartenausgaben konnten nicht mehr aufgefunden werden. Demgegenüber sind sämtliche Ausgaben der DGK 5 N und deren Fortführungsstände (ca. alle 3 bis 5 Jahre) seit den 1970er Jahren vollständig und zeitlich geordnet erhalten, so daß für die einzelnen DGK-5-Blätter insgesamt zwischen 4 bis 11 unterschiedliche Fortführungszeiten existieren (Tabellen 5.1 und 5.2).

WBK-Kartenwerke
Ist die DGK 5 aufgrund ihres späten Entstehungszeitraumes als weniger geeignet einzustufen, so sind die WBK-Karten durch Zugangsbeschränkungen eines privaten Kartenwerkes bestimmt. Nur die z. T. unvollständigen Ausgaben der Übersichtskarte des Rheinisch-Westfälischen Steinkohlenbezirks, die in den Stadtarchiven zu finden sind, können für Untersuchungszwecke herangezogen werden.

Während der Untersuchungsraum Bochum-West seit 1914/19 in allen drei Auflagen dieses Kartenwerkes nahezu vollständig abgedeckt wird, die Quellenlage dort demzufolge als gut zu bezeichnen ist, existiert für den Untersuchungsraum Bochum-Ost nur die 2. Auflage des Kartenwerkes flächendeckend. Diese wird für einige wenige Bereiche der DGK 5 durch die 1. Auflage der WBK ergänzt, so daß hier die Quellenlage nur als ausreichend bezeichnet werden kann. Die Folgeausgabe, die topographische Karte des Rheinisch-Westfälischen Steinkohlenbezirks, von 1967/70 ist dagegen für beide Untersuchungsräume flächendeckend vorhanden.

Luftbilder
Die Luftbildsituation im Untersuchungsraum Bochum ist als gut zu beurteilen, da die Informationsquelle zeitlich weit zurückreicht und uneingeschränkt verfügbar ist.

So sind beide Untersuchungsräume erstmalig in den Jahren 1925 bis 31 von der SVR-Befliegung flächendeckend aufgenommen worden. Außerdem steht eine Reihe von Geneigtaufnahmen einzelner Stadtteile zur Verfügung, die insbesondere bedeutende Zechen- und Industrie-/Gewerbeanlagen anschaulich abbilden. Während für das westlich angrenzende Stadtgebiet von Essen Papierabzüge der Originalreihenmeßbilder erhalten sind, konnten für die beiden Untersuchungsräume davon nur Bildpläne im Maßstab 1 : 5200 gefunden werden. Als einziges Zeitdokument für die 30er Jahre stehen die Bildpläne des Luftbildplanwerkes des Deutschen Reiches im Maßstab 1 : 25 000 von 1937/38 zur Verfügung. Die Bildqualität ist allerdings bei diesen Aufnahmen, insbesondere beim Blatt 4509 Essen, durch einen geringen Kontrast, Rauch und Wolkenschleier eingeschränkt. Die Alliierten-Kriegsaufnahmen gestatten erstmalig eine stereoskopische Betrachtung beider Untersuchungsgebiete.

Eine systematische Analyse der derzeit bei den Kampfmittelräumdiensten Hagen und Gelsenkirchen (Außenstelle des Kampfmittelräumdienst Münster) vorhandenen Bildflugübersichten (Karte 5.2) und Angriffsverzeichnisse alliierter Bomberflüge verdeutlicht[5.5], daß für Bochum bisher nur ca. 2 bis 5 unterschiedliche Aufnahmezeiten zur Verfügung stehen. Ein Vergleich mit der Zusammenstellung der Befliegungshäufigkeit von NRW während des Zweiten Weltkrieges durch die Alliierten nach DODT et al. (1987, S. 110) deutet darauf hin, daß diese nur einen Teil einer weitaus höheren Anzahl von Befliegungen darstellen. Zusätzlich konnten durch eine Analyse von Zielschadensberichten der Alliierten einige wenige, bisher nicht zugängliche und weitgehend unbekannte Kriegsschadensbilder der Alliierten – einschließlich der entsprechenden Schadensberichte – für Teile des Untersuchungsraumes Bochum-Ost zusammengetragen werden, die für die Untersuchung von Kriegseinwirkungen auf Produktionsstätten wichtige Informationen enthalten können[5.6]. Allerdings bilden die bisher bekannten Alliierten-Luftaufnahmen in Form von Punkt- und Trassenbefliegungen nur die Angriffsziele und deren nähere Umgebung ab. Eine flächendeckende Aufnahme beider Untersuchungsräume, die ein umfassendes Bild der frühen Nachkriegssituation vermittelt, liefern die beiden Hochbefliegungen der Alliierten (Juli 1945 und Herbst 1945). Nach einer Zeitlücke von 7 Jahren werden beide Untersuchungsräume erstmals wieder 1952 und seitdem regelmäßig alle 3 bis 4 Jahre flächendeckend aufgenommen. Ergänzend kann für Teile der Untersuchungsgebiete auf 2 britische Befliegungen aus den Jahren 1952 und 1953 zurückgegriffen werden. Seit 1983 gibt es für beide Untersuchungsräume auch Farbaufnahmen. Die aktuellen Luftaufnahmen für Bochum entstammen den Befliegungen der Jahre 1985 und 1986.

Insgesamt existieren damit für beide Untersuchungsgebiete Luftbildaufnahmen aus rund 20 zeitlich unterschiedlichen Befliegungen (Tabellen 5.1 und 5.2), deren zeitliche Abfolge sich von 6 bis 10 Jahren in der Vergangenheit auf ca. 3 Jahre in der Gegenwart verkürzt. Die verfügbaren Kriegsaufnahmen bieten teilweise sogar Sequenzen von wenigen Tagen bzw. einigen Monaten.

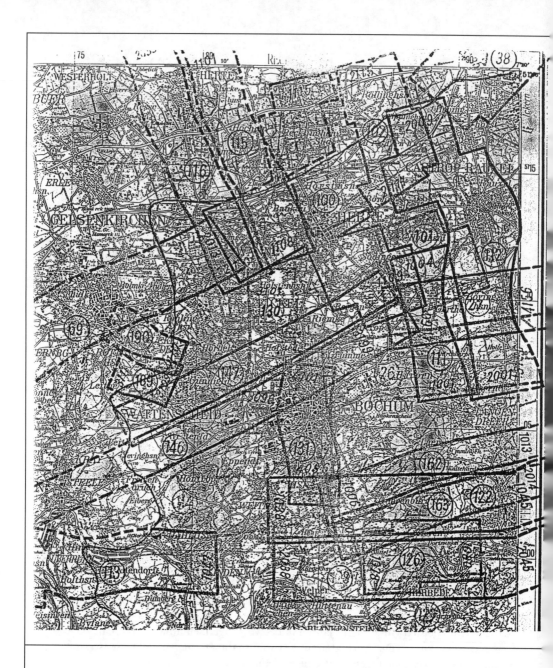

69	Nr. des Befliegungsstreifens
2013	Bildanfangs-/Endnummer des Streifens
═══	ungefähre Grenzen des Bildstreifens

Karte 5.2 Befliegungsübersicht alliierter Luftangriffe für Bochum (TK 100, C 4710, Blatt 7)

5.2 Erfassung und Erstbewertung von Zechen- und Kokereistandorten

5.2.1 Identifizierungsmöglichkeiten

Zechen

Wie die Analyse von Karteninhalten, Legenden oder Legendenteilen sowie Zeichen- und Kartiervorschriften (Musterblätter, Kartenerlasse) zeigt, sind Steinkohlenbergwerke bzw. Zechen ein Gegenstand der Kartenaufnahme und als Objekte/Sachverhalte in den Kartenwerken der TK 25, DGK 5 und der WBK-Karten direkt zu erfassen (Tabellen 5.3 bis 5.14).

Typische Signaturen des Steinkohlenbergbaus, in der TK 25 und DGK 5 die Bergwerkssignaturen «Schlägel und Eisen» (in den Urmeßtischblättern der TK 25 eine brillenähnliche Signatur, erst ab 1892 mit ⚒ ⚭ aufgeführt und nach 1900 nur mit ⚒), sind mit erläuternden Schriftzusätzen (Z., Zeche, Zechenname, Schachtname mit Bezifferung der Schachtzahl) versehen. Wie alle übrigen Identifizierungsmerkmale sind sie in Bild 5.1 zusammengestellt.

In den Kartenwerken der WBK (Übersichtskarte des Rheinisch-Westfälischen Steinkohlenbezirks) fehlen diese Bergwerkssignaturen. Sie werden erst mit der Übernahme der DGK 5 als Basiskarte in den 60er Jahren eingeführt. Steinkohlenbergwerke werden in der Übersichtskarte des Rheinisch-Westfälischen Steinkohlenbezirks als «Schachtanlage, Schachtanl.» über Schriftzusätze bezeichnet und nicht, wie bei den amtlichen Kartenwerken üblich, als Zechen. Zusätzlich werden sämtliche Zechen und Industrie-/Gewerbebetriebe in der Übersichtskarte des Rheinisch-Westfälischen Steinkohlenbezirks durch einen roten Flächentonaufdruck dargestellt. In der topographischen Karte sind Bergwerksanlagen anstelle des roten durch einen schwarzen Flächenton hervorgehoben.

Schacht Arnold III/IV) und die Bergwerkssignatur möglich. Kleinzechen werden dagegen in den Musterblättern der amtlichen Kartenwerke nicht durch Schriftzeichen erläutert. Sie können lediglich auf indirektem Wege, d. h. über die Analyse von Grundriß (kleinflächig, meist fehlender Gleiskörperanschluß, wenige Gebäude) erfaßt werden (Tabelle 5.14).

In der Übersichtskarte des Rheinisch-Westfälischen Steinkohlenbezirks fehlen Hinweise, die eine direkte Erfassung von Kleinzechen und Stollenmundlöchern zulassen. Erst die topographische Karte des Rheinisch-Westfälischen Steinkohlenbezirks enthält die in der DGK 5 gebräuchlichen Signaturen für Stollenmundlöcher. Zusätzlich findet man in einigen Blättern den Schriftzusatz «Kleinzeche».

Fehlen grafische Zeichen dieser Art, so können Zechenstandorte in den oben aufgeführten Kartenwerken über großflächige Einzelgrundrisse und Gebäudedarstellungen, ihre Lage an Verkehrswegen sowie über ihre Formgebung/Grundrißform und das Ausbleiben/Fehlen von Höhenlinien indirekt identifiziert werden.

Eine direkte Differenzierung von Zechen nach Schachtanlagen und Stollenmundlöchern/Stollen ist in der TK 25 und der DGK 5 über einen Schriftzusatz (z. B.

Tabelle 5.3 Veränderungen altlastrelevanter Karteninhalte in den Musterblattausgaben TK 25 (Bergwerke)

Bergwerke	1818	1832	1848-65	1876	1879/80	1885	1889	1899	1910	1913/15	1926	1930	1931	1939	1953	1958	1962	1967	1969	1981
Bergwerke, allg.	X	X	X	X	X	X	X	X	X	X	X	X	X	X*	X*	X*	X	X	X*	X*
Goldbergwerk	X	X	X	X	X	X	–	–	–	–	X*	X*	X*	X*	X*	X*	X*	X*	X*	X*
Silberbergwerk	X	X	X	X	X	X	X	–	–	–	X*	X*	X*	X*	X*	X*	X*	X*	X*	X*
Kupferbergwerk	X	X	X	X	X	X	X	–	–	–	X*	X*	X*	X*	X*	X*	X*	X*	X*	X*
Zinnbergwerk	X	X	X	X	–	–	–	–	–	–	X*	X*	X*	X*	X*	X*	X*	X*	X*	X*
Bleibergwerk	X	X	X	X	X	X	X	–	–	–	X*	X*	X*	X*	X*	X*	X*	X*	X*	X*
Zinnoberbergwerk	X	X	–	–	–	–	–	–	–	–	X*	X*	X*	X*	X*	X*	X*	X*	X*	X*
Quecksilberbergwerk	X	X	X	X	X	X	X	–	–	–	X*	X*	X*	X*	X*	X*	X*	X*	X*	X*
Vitriolbergwerk	X	X	X	X	X	X	X	–	–	–	X*	X*	X*	X*	X*	X*	X*	X*	X*	X*
Steinkohlebergwerk	–	–	X	X	X	X	X	–	X	X	X	X	X	X*	X*	X*	X*	X	X	X
Arsenikbergwerk	–	–	X	X	X	X	X	X	X	–	X*	X*	X*	X*	X*	X*	X*	–	X*	X*
Eisenbergwerk	–	–	X	X	X	X	X	–	–	–	X*	X*	X*	X*	X*	X*	X*	X*	X*	X*
Zink-/Galmeibergwerk	–	–	X	X	X	X	X	–	–	–	X*	X*	X*	X*	X*	X*	X	X*	X*	X*
Salpeterbergwerk	–	–	X	X	X	X	X	–	–	–	X	X	X	X	X	X	X	X	X	X
Braunkohlebergwerk	–	–	–	X	X	X	X	–	–	–	–	–	–	–	–	–	–	–	–	–
unsichere Stellen über verlassenen Gruben und Bergwerke	–	–	–	X	X	X	–	–	–	–	–	–	–	–	–	–	–	–	–	–
Kobaltbergwerk	–	–	X	X	X	X	X	X	–	–	X*	X*	X*	X*	X*	X*	X*	X*	X*	X*
Salzbergwerk	–	–	X	X	X	X	X	X	–	–	X*	X*	X*	X*	X*	X*	X*	X*	X*	X*
Alaunbergwerk	–	–	X	X	X	X	X	X	–	–	X*	X*	X*	X*	X*	X*	X*	X*	X*	X*
Gangbare Schächte und Stollen	–	–	–	–	–	X	X	X	X	X	X	X	X	X	X	X	X	X	X	X
Verlassene Schächte und Stollen	–	–	–	–	–	–	X	X	X	X	X	X	X	X	X	X	X	X	X	X
unsichere Stellen über verlassenen Gruben und Bergwerken unsicherer Boden	–	–	–	X	X	X	X	X	–	–	–	–	–	–	–	–	–	–	–	–
über Schächten	–	–	–	–	–	–	X	X	X	–	–	–	–	–	–	–	–	–	–	–
Bruchfelder durch Bergbau unterhöhlt, Bruchfeld	–	–	–	–	–	–	–	–	–	X	X	X	X	X	X	X	X	X	X	X
Schacht (Förder-, Kabel-, Wetter-)	–	–	–	–	–	–	–	–	–	–	–	–	–	X	X	X	X	X	X	X
Stollen/Stollenmundloch	–	–	–	–	–	–	–	–	–	–	–	–	–	X	X	X	X	X	X	X

Erläuterung der Zeichen: X als darzustellender Karteninhalt im Musterblatt erwähnt und erläutert
 – weder erläutert noch erwähnt
 –* Karteninhalt unterliegt der Geheimhaltung, eine Darstellung ist verboten
 X* im Musterblatt nicht ausdrücklich erwähnt, jedoch im Zusammenhang mit anderen Karteninhalten dargestellt.

Quelle: Auswertung der Musterblätter der TK 25 von 1818 bis 1981 (Quellenangabe gilt auch für die Tabellen 5.4, 5.5, 5.6)

Tabelle 5.4 Veränderungen altlastrelevanter Karteninhalte in den Musterblattausgaben der TK 25 (Industrie-/Gewerbestandorte)

	1818	1832	1848-65	1876	1879/80	1885	1889	1899	1910	1913/15	1926	1930	1931	1939	1953	1958	1962	1967	1969	1981
Teerofen	X	X	X	–	–	X	X	X	X	X	X	X	X	X	X	X	–	–	–	–
Ziegelei	X	X	X	X	X	X	X	X	X	X	X	X	X	X	X	X	X	–	–	–
Kalkofen	X	X	X	–	–	X	X	X	X	X	X	X	X	X	X	X	–	–	–	–
Eisenhütte	X	X	X	–	–	–	–	–	–	–	–	–	–	X	–	X	–	–	–	–
Eisenhammer	X	X	X	X	X	–	–	–	–	–	–	–	–	–	–	–	–	–	–	–
Glashütte	X	X	X	X	X	–	–	–	–	–	–	–	–	–	–	–	–	–	–	–
Salzwerk	X	X	–	–	–	–	–	–	–	–	–	–	–	–	–	–	–	–	–	–
Blechhammer	X	X	X	–	–	–	–	–	–	–	–	–	–	–	–	–	–	–	–	–
Kupferhammer	X	X	X	–	–	–	–	–	–	–	–	–	–	X	X	X	–	–	–	–
Salpeterhütte	X	X	X	–	–	–	–	–	–	–	–	–	–	–	–	–	–	–	–	–
Gipsofen	X	X	–	–	–	–	–	–	–	–	–	–	–	–	–	–	–	–	–	–
Alaunwerk	X	X	X	–	–	–	–	–	–	–	–	–	–	–	–	–	–	–	–	–
Messingwerk	X	X	X	–	–	–	–	–	–	–	–	–	–	–*	–*	–*	–	–	–	–
Pulvermühle	X	X	X	X	X	X	X	X	–	–	–	–	–	X	X	X	–	–	–	–
Sägemühle	X	X	X	X	X	X	X	X	–	–	–	–	–	–	–	–	–	–	–	–
Stampfmühle	X	X	X	–	–	–	–	–	–	–	X	X	X	X	X	X	–	–	–	–
Ölmühle	X	X	X	X	X	X	X	X	–	–	X	X	X	X	X	X	–	–	–	–
Schleifmühle	X	X	X	X	X	X	X	X	–	–	X	X	X	X	X	X	–	–	–	–
Schiffmühle	X	X	X	X	X	X	X	X	–	–	X	X	X	X	X	X	–	–	–	–
Lohmühle	X	X	X	X	X	–	–	–	–	–	–	–	–	–	–	–	–	–	–	–
Walkmühle	X	X	X	X	X	–	–	–	–	–	X	X	X	X	X	X	X	–	–	–
Papiermühle	X	X	–	–	–	–	–	–	–	–	–	–	–	–	–	–	–	–	–	–
Dampfmaschine	–	–	X	–	–	–	–	–	–	–	–	–	–	–*	–*	–*	–	–	–	–
Backofen	–	–	X	–	–	–	–	–	–	–	–	–	–	–	–	–	–	–	–	–
Hochofen	–	–	X	X	–	–	–	–	X	X	X	X	X	X	X	X	–	–	–	–
Coaksofen	–	–	X	–	–	–	–	–	–	–	–	–	–	–	–	–	–	–	–	–
Pochhammer	–	–	X	X	X	–	–	–	–	–	–	–	–	–	–	–	–	–	–	–
Drahtzieherei	–	–	X	X	X	–	–	–	–	–	–	–	–	–	–	–	–	–	–	–
Walzwerk	–	–	X	X	X	–	–	–	–	–	–	–	–	–	–	–	–	–	–	–
Saline	–	–	X	–	–	–	–	–	X	X	X	X	X	X	X	X	X	X	X	X
Gradierwerk	–	–	X	–	–	–	–	–	X	X	X	X	X	X	X	X	X	X	X	X
Silberschmiede	–	–	X	–	–	–	–	–	–	–	–	–	–	–	–	–	–	–	–	–
Vitriolwerk	–	–	X	–	–	–	–	–	–	X	–	–	–	–	–	–	–	–	–	–
Dampfmühle	–	–	X	X	X	X	X	X	X	X	X	X	X	X	X	X	X	X	X	–
Fabrik	–	–	–	–	–	X	–	–	–	–	–	–	–	–	–	–	–	–	X	–

Fortsetzung von Tabelle 5.4

	1818	1832	1848-65	1876	1879/80	1885	1889	1899	1910	1913/15	1926	1930	1931	1939	1953	1958	1962	1967	1969	1981
Schornstein	-	-	-	-	-	X	X	X	X	X	X	X	X	X	X	X	X	X	X	X
Lademühle	-	-	-	-	-	X	X	X	X	X	-	-	-	-	-	-	-	-	-	-
Ladestelle	-	-	-	-	-	-	-	X	X	X	-	X	X	-*	X	X	-	-	-	-
Dampfsägemühle	-	-	-	-	-	-	-	X	-	-	-	-	-	-	-	-	-	-	-	-
Hammer	-	-	-	-	-	-	-	X	-	-	-	-	-	-	-	-	-	-	-	-
Brennerei	-	-	-	-	-	-	-	X	X	X	X	X	X	X	X	X	X	X	X	-
Ladeplatz	-	-	-	-	-	-	-	X	X	X	X	X	X	X	X	X	-	-	-	-
Sägewerk	-	-	-	-	-	-	-	-	X	X	X	X	X	X	X	X	X	-	-	-
Elektrizitätswerk	-	-	-	-	-	-	-	-	X	X	X	X	X	X	X	X	X	X	X	X
Molkerei	-	-	-	-	-	-	-	-	-	-	X	X	X	X	X	X	-	-	-	-
Hammerwerk	-	-	-	-	-	-	-	-	-	-	-	-	-	X	X	X	X	X	-	-
Papierfabrik	-	-	-	-	-	-	-	-	-	-	-	-	-	X	X	X	-	-	-	-
Werft	-	-	-	-	-	-	-	-	-	-	-	-	-	X	X	X	-	-	-	-
Werk	-	-	-	-	-	-	-	-	-	-	-	-	-	X	X	X	X	X	-	-
Pochwerk	-	-	-	-	-	-	-	-	-	-	-	-	-	X	X	X	-	-	-	-
Stampfe	-	-	-	-	-	-	-	-	-	-	-	-	-	X	X	X	-	-	-	-
Terpentinfabrik	-	-	-	-	-	-	-	-	-	-	-	-	-	X	-	X	-	-	-	-
Sandwerk	-	-	-	-	-	-	-	-	-	-	-	-	-	X	-	-	-	-	-	-
Zementfabrik	-	-	-	-	-	-	-	-	-	-	-	-	-	X	X	-	-	-	-	-
Porzellanfabrik	-	-	-	-	-	-	-	-	-	-	-	-	-	X	-	-	-	-	-	-
Tankstelle	-	-	-	-	-	-	-	-	-	-	-	-	-	-	X	-	X	X	X	X
Kläranlage	-	-	-	-	-	-	-	-	-	-	-	-	-	-	-	X	X	X	X	X

Tabelle 5.5 Veränderungen altlastrelevanter Karteninhalte in den Musterblattausgaben der TK 25 (militärisch relevante Anlagen, Verkehr)

Militärische Anlagen	1818	1832	1848-65	1876	1879/80	1885	1889	1899	1910	1913/15	1926	1930	1931	1939	1953	1958	1962	1967	1969	1981
Friedenspulvermagazin	–	–	X	X	X	X	X	X	–	–	–	–	–	–	–	–	–	–	–	–
Kriegspulvermagazin	–	–	X	X	X	X	X	X	X	X	X	X	X	X	–	–	–	–	–	–
Schießstand	–	–	X	X	X	X	X	X	X	X	X	X	X	X*	X*	X*	X	X	X	X
Pulverhaus	–	–	–	–	–	–	–	–	X	X	–	X	X	X	X	X	X	X	X	X
Truppenübungsplatz	–	–	–	–	–	–	–	–	–	–	–	X	X	X	X	X	X	X	X	X
Standortübungsplatz	–	–	–	–	–	–	–	–	–	–	–	–	–	X	X	X	X	X	X	X
Verkehr/Transport																				
Hafen	X	X	X	X	X	X	X	X	X	X	X	X	X	X	X	X	X	X	X	X
Bahnhof	–	X	X	X	X	X	X	X	X	X	X	X	X	X	X	X	X	X	X	X
Eisenbahnlinien (Lok)	–	–	X	X	X	X	X	X	X	X	X	X	X	X	X	X	X	X	X	X
Pferdebahnen	–	–	X	X	X	X	X	–	–	–	–	–	–	–	–	–	–	–	–	–
Seilbahnen	–	–	–	–	–	–	–	–	X	X	X	X	X	X	X	X	X	X	X	X
Industriebahnen	–	–	–	–	–	–	–	X	X	X	X	X	X	X	X	X	X	X	X	X
Abschlußgleise vor, nach Fabriken	–	–	–	–	–	–	–	–	X	X	–	X	X	–*	–*	–*	X	X	X	X
Flughafen	–	–	–	–	–	–	–	–	–	–	–	–	X	X	X	X	X	X	X	X
Verschiebebahnhof	–	–	–	–	–	–	–	–	–	–	–	–	–	X*	X	X	X	X	–	–
Güterbahnhof	–	–	–	–	–	–	–	–	–	–	–	–	–	X*	X	X	–	X	X	X
Rangierbahnhof	–	–	–	–	–	–	–	–	–	–	–	–	–	–*	–	–	X	X	X	X

Tabelle 5.6 Veränderungen altlastrelevanter Karteninhalte in den Musterblattausgaben der TK 25 (Ablagerungen)

Ablagerungen	1818	1832	1848-65	1876	1879/80	1885	1889	1899	1910	1913/15	1926	1930	1931	1939	1953	1958	1962	1967	1969	1981
Verfüllungen																				
Sandgrube	X	X	X	X	X	X	X	X	X	X	X	X	X	X	X	X	X	X	X	X
Kiesgrube	X	X	X	X	X	X	X	X	X	X	X	X	X	X	X	X	X	X	X	X
Lehmgrube	X	X	X	X	X	X	X	X	X	X	X	X	X	X	X	X	X	X	X	X
Steinbruch	X	X	X	X	X	X	X	X	X	X	X	X	X	X	X	X	X	X	X	X
Basaltbruch																				
Marmorbruch	X	X*	X*	X*	X*	X*	X*	X*	X	X	X	X*	X*	—	X	X	X	X	X	X
Kalksteinbruch	X	X*	X*	X*	X*	X*	X*	X*	X*	X*	X*	X*	X*	X	X	X	X	X	X	X
Schiefersteinbruch	X	X*	X*	X*	X*	X*	X*	X*	X*	X*	X*	X*	X*	X	X	X	X	X	X	X
Wetzsteinbruch	X	X*	X*	X*	X*	X*	X*	X*	X*	X*	X*	X*	X*	—	—	—	—	—	—	—
Hohlwege, kleinere	X	X	X	X	X	X	X	X	—	—	—	—	—	—	—	—	—	—	—	—
Hohlwege, bedeutend	X	X	X	X	X	X	X	X	X	X	X	X	X	—	—	—	—	—	—	—
Kanäle	X	X	X	X	X	X	X	X	X	X	X	X	X	X	X	X	X	X	X	X
Seen	X	X	X	X	X	X	X	X	X	X	X	X	X	X	X	X	X	X	X	X
Dümpel/Tümpel	X	X	X	X	X	X	X	X	X	X	X	X	X	X	X	X	X	X	X	X
Teiche	X	X	X	X	X	X	X	X	X	X	X	X	X	X	X	X	X	X	X	X
abgelassene Teiche	X	X	X	X	X	X	X	X	X	X	X	X	X	X	X	X	X	X	X	X
nasse Gräben	X	X	X	X	X	X	X	X	X	X	X	X	X	X	X	X	X	X	X	X
trockene Gräben	X	X	X	X	X	X	X	X	X	X	X	X	X	X	X	X	X	X	X	X
Kalk-/Mergelgrube	—	—	X	X	X	X	X	X	X*	X*	X*	X	X	X	X	X	X	X	X	X
Tongrube	—	—	X	X	X	X	X	X	X	X	X	X	X	X	X	X	X	X	X	X
Bernsteingrube	—	—	X	X	X	X	X	—	—	—	—	—	—	—	—	—	—	—	—	—
Aufschüttungen																				
Dämme	X	X	X	X	X	X	X	X	X	—	—	X	X	X	X	X	X	X	X	X
Schutthalden	—	—	—	—	—	—	—	—	—	—	—	—	—	—	—	—	—	—	—	—
Halden (Berge-, Aufschüttungen, Steilränder)	—	—	—	—	—	—	—	—	—	—	X	X	X	X	X	X	X	X	X	X
Ablagerungen natürlichen Ursprungs	—	—	—	—	—	—	—	—	—	—	—	—	—	X	X	X	X	X	X	X
Ablagerungen nicht natürlichen Ursprungs	—	—	—	—	—	—	—	—	—	—	—	—	—	X	X	X	X	X	—	X
Mülldeponie	—	—	—	—	—	—	—	—	—	—	—	—	—	—	—	—	—	—	—	X

Tabelle 5.7 Statistischer Vergleich der Veränderungen altlastrelevanter Karteninhalte in den Musterblattausgaben der TK 25

	Anzahl der verdachtsflächenrelevanten Karteninhalte in den Musterblättern				
	a	b	c	d	e
1818	51	–	–	–	51
1832	–	51	–	–	51
1848–65	29	43	–	8	80
1876	3	51	–	25	83
1879/80	–	54	–	–	83
1885	5(2)	53	–	1	88
1889	1(1)	60	–	–	89
1899	5	46	–	16	94
1910	5(4)	38	–	12	99
1913/15	1	48	–	1	100
1926	4(18)	49	–	1	104
1930	1	71	–	–	105
1931	1	72	–	–	106
1939	18(3)	69	5	–	124
1953	1	87	4	4	125
1958	–	88	4	–	125
1962	1	66	–	26	126
1967	(1)	64	–	3	126
1969	(1)	65	–	–	126
1981	1	64	–	2	127

(Quelle: Auswertung der Musterblätter von 1818 bis 1981)

Zeichenerklärung: a: neu aufgenommen
b: geblieben
c: Geheimhaltungseinfluß (Wegfall)
d: weggefallen
e: Gesamtzahl

Tabelle 5.8 Veränderungen altlastrelevanter Karteninhalte in den Musterblattausgaben der DGK 5 – Bergwerke

	1937	1942	1947	1952	1955	1964	1971	1974	1983
Steinkohlenbergwerk	X	X	X	X	X	X	X	X	X
Braunkohlenbergwerk	X	X	X	X	X	X	X	X	X
Schacht	X	X	X	X	X	X	X	X	X
Bergwerksanlagen									
– in Betrieb	X	X	X	X	X	X	X	X	X
– außer Betrieb	X	X	X	X	X	X	X	X	X
– vorübergehend stillgelegt	X	X	X	X	X	X	X	X	–
Stollenmundloch	X	X	X	X	X	X	X	X	X
Stollen	X	X	X	X	X	X	X	X	–

[Quelle: Auswertung der Musterblätter der DGK 5 von 1937 bis 1983]
(Quellenangabe gilt auch für die Tabellen 5.9, 5.10, 5.11)

Tabelle 5.9 Veränderungen altlastrelevanter Karteninhalte in den Musterblattausgaben der DGK 5 – Industrie/Gewerbe, Ver- und Entsorgungsanlagen

	1937	1942	1947	1952	1955	1964	1971	1974	1983
Ablage	X	X	X	X	X	–	–	–	–
Brennerei	X	X	X	X	X	X	X	X	–
Dampfmühle	X	X	X	X	X	X	X	X	–
Fabrik	X	X	X	X	X	X	X	X	X
Fabrikschornstein	X	X	X	X	X	X	X	X	X
Kalkofen	X	X	X	X	X	X	X	X	–
Ladeplatz	X	X	X	X	X	X	X	X	–
Lohmühle	X	X	X	X	X	X	X	X	–
Molkerei	X	X	X	X	X	X	X	X	X
Ölmühle	X	X	X	X	X	X	X	X	–
Papiermühle	X	X	X	X	X	X	X	X	–
Sägewerk	X	X	X	X	X	X	X	X	X
Schleifmühle	X	X	X	X	X	X	X	X	–
Schiffsmühle	X	X	X	X	X	–	–	–	–
Teerofen	X	X	X	X	X	X	X	X	–
Wirtschafts- und Industriegebäude	X	X	X	X	X	X	X	X	X
Ziegelei	X	X	X	X	X	X	X	X	X
Elektrizitätswerk	–	–	–	X	X	X	X	X	X
Sägemühle	–	–	–	X	X	X	X	X	–
Tankstelle	–	–	–	X	X	X	X	X	X
Werft	–	–	–	X	X	X	X	X	X
Werk	–	–	–	X	X	X	X	X	X
Gasanstalt/Gaswerk	–	–	–	–	X	X	X	X	X
Ladestelle	–	–	–	–	X	X	X	X	–
Lagerplatz	–	–	–	–	X	X	X	X	X
Maschinenfabrik	–	–	–	–	X	–	–	–	–
Papierfabrik	–	–	–	–	X	X	X	X	–
Glasfabrik	–	–	–	–	–	X	X	X	X
Großmarkt	–	–	–	–	–	X	X	X	X
Kläranlage	–	–	–	–	–	X	X	X	X
Malzfabrik	–	–	–	–	–	X	X	X	X
Ölhafen	–	–	–	–	–	X	X	X	X
Schlachthof	–	–	–	–	–	X	X	X	X
Walzwerk	–	–	–	–	–	X	X	X	X

Tabelle 5.12 Statistischer Vergleich der Veränderungen altlastrelevanter Karteninhalte in den Musterblattausgaben der DGK 5

	Anzahl der verdachtsflächenrelevanten Karteninhalte				
	a	b	c	d	e
1937	55	–	–	–	55
1942	–	55	–	–	55
1947	–	55	–	–	55
1952	7	55	–	–	62
1955	8	62	–	–	70
1964	9	66	–	4	79
1971	–	75	–	–	79
1974	–	75	–	–	79
1983	3	60	–	15	82

(Quelle: Auswertung der Musterblätter von 1937 bis 1983)

Tabelle 5.10 Veränderungen altlastrelevanter Karteninhalte in den Musterblattausgaben der DGK 5 – Militärisch relevante Anlagen, Verkehr)

	1937	1942	1947	1952	1955	1964	1971	1974	1983
Schießstand	X	X	X	X	X	X	X	X	X
Truppenübungsplatz	X	X	X	X	X	X	X	X	X

	1937	1942	1947	1952	1955	1964	1971	1974	1983
Bahnhof	X	X	X	X	X	X	X	X	X
Eisenbahnlinien	X	X	X	X	X	X	X	X	X
Flughafen	X	X	X	X	X	X	X	X	X
Förderbahn, Wirtschaftsbahn	X	X	X	X	X	X	X	X	X
Hafen	X	X	X	X	X	X	X	X	X
Industriebahn	X	X	X	X	X	X	X	X	X
Seil- oder Schwebebahn	X	X	X	X	X	X	X	X	X
Erzbahn	–	–	–	–	X	X	X	X	X
Güterbahnhof	–	–	–	–	X	X	X	X	X
Verschiebebahnhof	–	–	–	–	X	X	X	X	–
Bandstraßen/Transportbänder	–	–	–	–	–	X	X	X	X
Lokschuppen	–	–	–	–	–	X	X	X	X
Rangierbahnhof	–	–	–	–	–	–	–	–	X

Tabelle 5.11 Veränderungen altlastrelevanter Karteninhalte in den Musterblattausgaben der DGK 5 – Altablagerungen

	1937	1942	1947	1952	1955	1964	1971	1974	1983
Verfüllungen									
nasse Gräben	X	X	X	X	X	X	X	X	X
trockene Gräben	X	X	X	X	X	X	X	X	X
Teich	X	X	X	X	X	X	X	X	X
Teich, zeitweise wasserlos	X	X	X	X	X	X	X	X	–
Kanal	X	X	X	X	X	X	X	X	X
See	X	X	X	X	X	X	X	X	X
Geländeeinschnitt	X	X	X	X	X	X	X	X	X
Steinbruch	X	X	X	X	X	X	X	X	X
Basaltbruch	X	X	X	X	X	X	X	X	X
Bruchfelder	X	X	X	X	X	X	X	X	X
Grube	X	X	X	X	X	X	X	X	X
Kiesgrube	X	X	X	X	X	X	X	X	X
Sandgrube	X	X	X	X	X	X	X	X	X
Tongrube	X	X	X	X	X	X	X	X	X
Mergelgrube	X	X	X	X	X*	X*	X*	X*	X
Schürfe	X	X	X	X	X	X	X	X	–
Pinge	X	X	X	X	X	X	X	X	X
Pfuhl	–	–	–	X	X	X	X	X	X
Tümpel	–	–	–	X	X	X	X	X	X
Marmorbruch	–	–	–	–	–	–	–	–	X
Aufschüttungen									
Dämme	X	X	X	X	X	X	X	X	X
Anschüttung/Aufschüttung	X	X	X	X	X	X	X	X	X
Bergehalde (Abraumhalde usw.)	X	X	X	X	X	X	X	X	X
Schlackenhalde	X	X	X	X	X	–	–	–	–
Mülldeponie	–	–	–	–	–	–	–	–	X

Tabelle 5.13 Veränderungen altlastrelevanter Karteninhalte in den WBK-Karten (Bergwerke, Industrie-/Gewerbestandorte

Altanlagen	1914/19 1. Auflage	1923/29 2. Auflage	1936 3. Auflage	1967 1 : 10 000
Bergwerke Zechen Zechenname	Name Schachtanl. (Name)	×	×	Name Zeche (Name)
Art der Zechenanlage Wetterschacht	Wetterschacht W. Sch.	W. Sch. W. S.	×	Wetterschacht
Kleinzeche				Kleinzeche
Luftschacht	–	Luftschacht	–	Luftschacht
Schachtname	Schacht (Name) Sch.	×	Schacht (Ziffer)	Scht.
Schacht verlassen		Scht, Schacht verlassen	Schacht (IV) verlassen	ehem. Zeche
Blindschacht	–	–	–	–
Maschinenschacht	–	–	–	–
Mundloch	–	–	–	Signatur
Grubenrettungswacht				Grubenrw.
Neuer Schacht	–	–	–	–
Betriebsdiff. Wasserbehälter				Wasserbehälter
Ladestation		Ladestation	–	–
Gasometer		Gasometer	Gasometer	Gasometer
Holzlager		Holzlager	–	–
Lagerhaus	–	–	–	–
Kraftwerk				Kraftwerk
Kokereianlagen Kokerei	–	–	–	–
Nebengewinnungsanlage		Nebenprodukten-Fabrik	×	–
Industrie, detailliert Ziegelei	Ziegelei	Ziegelei	Ziegelei	Ziegelei
Eisen- u. stahlerz. Industrie Hochofen	× Hochofen-Anl.	Stahl- und Eisenwerk ×	Gußstahl Fabrikation ×	Fbr. Fbr.
Stahlwerk		Stahlwerk	×	Fbr.
Metallverarb. Industrie Stanz- u. Emaillierwerk	Stanz- und Emaillierwerk	×	× (Name)	Fbr.
Röhrenwalzwerk		Röhrenwalzwerk	–	–
Maschinenfabrik (Name)		Masch. Fabr. (Name)	×	Fbr.
Fabrikname	aufgeführt	aufgeführt	aufgeführt	–
Drahtwerke Drahtbauwerk	Drahtbauwerk	Drahtwerk	–	–
Leichtindustrie Glashütte		Glashütte	–	Fbr.
Sägewerk	–	Sägewerk	–	Fbr.
Chem. Industrie Ammoniakfabrik	Ammoniakfabrik	Ammoniakfabrik	–	–
Chem. Fabrik (Name)	Chem. Fabr. (Name)	–	–	Chem. Fbr.
Sonstiges Brauerei	Brauerei	Brauerei	Brauerei	Fbr.

1914 bis 1936 Übersichtskarte des Rheinisch-Westfälischen Steinkohlenbezirks 1 : 10 000 (der Westfälischen Berggewerkschaftsklasse); 1967 Topographische Karte des Rheinisch-Westfälischen Steinkohlenbezirks 1 : 10 000 (der Westfälischen Berggewerkschaftsklassen)

Erläuterung der Zeichen: × Bezeichnung ist geblieben   – Wegfallen der Information

Fortsetzung von Tabelle 5.13

Versorgungsanlagen	1914/19 1. Auflage	1923/29 2. Auflage	1936 3. Auflage	1967 1 : 10000
Gasanstalt/-fabrik	Gasanstalt	×	×	×
Elektrizitätswerk	Elektrizitätswerk	Elektrizitätswerk	×	–
Städt. Beleuchtungsanstalt, Wasserwerk			Städt. Beleuchtungsanstalt u. Wasserwerk	–
Städt. Desinfektionsanstalt				Städt. Desinfektionsanstalt
Entsorgungsanlagen				
Kläranlage	Kläranlage, Klär Anlage	Kläranlage, Klär-Anl., Klär-Anlage	Klär Anlage, Kläranlage	Kläranlage
Klärbecken	Klärteich, Klärbassin	Klärteich(e), Klär Bassin	Klärteich, Klärbassin	Klärbecken
Schlammbecken		Schlammbecken	×	×
Entwässerungskanal	Entwässerungskanal	Signatur in Blau f. Bach u. Name	Signatur in Blau f. Bach u. Name	×
Müllverwertung			Müllverwertung	–
Städt. Fuhrpark			Städt. Fuhrpark	Städt. Fuhrpark
Schrottplätze				
Tankstellen				T
Altablagerungen				
Aufschüttungen (Inner- u. außerbetriebl.) Halden	Halden	Halden	Halden	Halden, Signatur, Name
Zechenhalden				Zechenhalde
Steinhalden				Steinhalde
Schutthalden				Schutthalde
Dämme				
Bahndamm	Strichsignatur	×	×	×
Verfüllungen Abgrabungen				
Sandgrube	keine Bezeichnung	Sandg., Sandgrube	Sandgr./ Grube	Sandgr.
Tongrube				Tongrube Ton
Lehmgrube				Lehmgrube
Steinbruch	Steinbr.	Steinbr., Steinbruch	×	–
Tagebruch	Tagebr./ Tagebrüche	Tagebruch (a)	×	–
Bruch		Bruch	×	–
Hohlformen		es werden nicht alle H. aufgeführt	×	×
Sonstiges Kippe				Kippe
Schuttabladeplatz				Schutthalde
Mülldeponie				Müllkippe
Militärisch relevante Anlagen				
Schießstände		Schießstand	×	×

Tabelle 5.14 Möglichkeiten der Identifizierung von Steinkohlebergwerken und Kokereien in Karten und Luftbildern

Altlastverdachtsflächen-Kategorien	Luftbild	TK 25	DGK 5	WBK
I. STEINKOHLENBERGWERKE ALTANLAGEN				
1. *Bergwerke*				
Zechen	1	1	1	1
Schachtanlagen	1	1	1	1
Kleinzechen	1	3 – 4	3 – 4	3 – 4
Stollenmundloch	4	1	1	1
2. *Kokereien*				
Kokereien ohne Hinweis auf Nebengewinnungsanlagen	1	3 – 4	3 – 4	3 – 4
Kokereien mit Hinweis auf Nebengewinnungsanlagen	1			
Betriebsdifferenzierungen				
Nebengewinnungsanlagen, undifferenziert	1	4	4	4
Nebengewinnunganlagen, differenziert	3 – 4	*	*	*
– Ammoniakfabrik	3 – 4	*	*	*
– Benzolfabrik	3 – 4	*	*	*
Brikettfabrik	3 – 4	*	*	*
Förderschacht	1	1	1	1
Gasbehälter	1	4	4	4
Gasometer	1	3 – 4	1 – 3	1 – 3
Gleisanlagen	1	1	1	1
Kohlenwäscher	1	4	4	4
Koksofenbatterien	1	3 – 4	3 – 4	3 – 4
Kokslöschturm	1	4	3 – 4	3 – 4
Kühlgerüst	1	*	3 – 4	3 – 4
Kühlturm	1	4	1	3 – 4
Lagerplatz	1	*	1 – 3	1 – 3
– Fässer	1	*	*	*
– Grubenhölzer	1	*	1 – 4	1 – 4
– Lockermaterial	1	*	*	*
– Stückgüter	1	*	*	*
Lagerhallen/Schuppen	3 – 4	*	*	*
Luftschacht/Wetterschacht	3 – 4	1	1	1
Schwefelreinigungsanlage	1	4	4	4
Schornstein	1	1	1	
Tankbehälter	1	*	4	4
Teerbassin	4	*	*	*
Teerdestillation	1	4	4	4
Umladestation	3 – 4	*	*	*
Wäscher/Kühler	1	*	4	4
Entsorgungsanlagen (innerbetrieblich)				
Entwässerungskanal	1	*	1	1
Kläranlage	1	1 – 4	1 – 4	1 – 4
Klärbecken/Teich	1	3 – 4	1 – 4	1 – 4
Schlammteich/Absetzbecken	3	4	1 – 4	1 – 4
Wasserflächen ohne Zuordnung	3 – 4	4	4	4

Fortsetzung von Tabelle 5.14

Versorgungsanlagen (innerbetrieblich)				
Gasanstalt	1	4	1 – 4	1 – 4
Kraftwerk	1	4	1 – 4	1 – 4
Tankstelle	1	*	*	*
ALTABLAGERUNGEN				
(auf/an Betriebsflächen *immer* mit Verdacht auf Produktionsrückstände)				
Aufschüttungen				
unklassifiziert	1	2	2	2
klassifiziert:				
– Zechenhalden	1	2	2	1
a) Halden, allgemein	1	2	2	1
b) Bergehalden	3	3 – 4	1 – 4	3 – 4
c) Kohleaufhaldungen	3	4	4	4
d) Schutthalden	3	4	4	4
– Industriemülldeponie (geordnet)	3	4 – *	4 – *	4 – *
– ungeordnete Ablagerungen	3	4 – *	4 – *	4 – *
Verfüllungen				
verfüllte ehemalige Abgrabungen				
– Gruben, unklassifiziert	2	2	2	2
– Gruben, klassifiziert				
a) Sandgrube	3	2	2	2
b) Lehmgrube	3	2	2	2
c) Tongrube	3 – 4	2	2	2
d) Mergelgrube	3 – 4	2	2	2
– Brüche, Tagesbrüche	2	2	2	2
– Steinbrüche	2	2	2	2
Verfüllungen innerbetrieblicher Hohlformen				
– Entwässerungskanal	2	*	2	2
– Kläranlage	2	2 – 4	2 – 4	2 – 4
– Klärbecken	2	3 – 4	2 – 4	2 – 4
– Schlammteiche/Absetzbecken	3	4	2 – 4	2 – 4
– Teerbassin	4	*	*	*
– Wasserflächen ohne Zuordnung	2	4	4	4
Verfüllungen von Bombentrichtern	-1 – 2	*	*	*
KRIEGSBEDINGTE EINWIRKUNGEN				
Anlagenbeschädigungen	1	*	*	*
Anlagenzerstörungen	1 – 3	*	*	*

Erläuterung:	Kategorie	Identifizierbarkeit
	1	direkt
	2	indirekt
	3	mittels Indikatoren
	4	nur zu vermuten
	*	keine Identifizierung möglich, da nicht in den Informationsquellen aufgenommen und nicht zu vermuten.

Kombinierter Karten-/Fotoschlüssel (Identifizierungsmerkmale)

Bild 5.1 Zechenstandort

A. Luftbild (direkt/indirekt)

Primäre Merkmale

 Förderschacht (Wellblech als Abdeckung) Malakoffturm

 Wäsche

 Gleisanlage des Zechenbahnhofs

Sekundäre Merkmale

 Aufbaumuster von Gebäuden/Anlagen

 Halden

 Klärteiche

B. DGK 5 (direkt/indirekt)

Primäre Merkmale

 Schriftzusatz: Zeche

 Bergwerkssignatur

 Schriftzusatz: Scht. und Förderturmsignatur

Sekundäre Merkmale

 Gebäude: Lage zu Zechenbahnhof/Gleisanlage

 Halde/Steinkohle

 Schriftzusatz (Ausnahmefall): Klärteiche, -becken oder T. (= Teich)

C. TK 25 (direkt/indirekt)

Primäre Merkmale

 Schriftzusatz Zeche + Name

 Bergwerkssignatur: Schlägel und Eisen oder Brillensignatur (nur 1892–1910)

Sekundäre Merkmale

 Einzelgrundrisse von Gebäuden, Anordnung, Form des Zechenbahnhofs

 Haldensignatur

 ev. Farbe/Schrift T.

D. WBK-Karte (direkt/indirekt)

Primäre Merkmale

 Schriftzusatz: Schachtanlage

 Schriftzusatz: Scht. und Name

 Förderturmsignatur und Einzelgrundriß

Sekundäre Merkmale

 Gebäudeanordnung

 Haldensignatur

 Klärteiche (Schrift)

Meßdaten

- ■ Lage: unterschiedliche Lageformen in Abhängigkeit vom Verkehrsanschluß (1. Kopfbahnhofzeche, 2. Parallelzeche, 3. Straßenzeche)
- ■ Objektgröße: L: 100–1000 m B: 100–400 m H: 20–70 m   Stereo: ja ■ nein □   gering Förderturm, Kohlenwäsche, Schornsteine
- ■ Objektform: regelhafter Aufbau; langgestreckt oder kompakt
- ▣ Farbe/Grauton: Förderturm und Wäsche: hellgrau; übrige Bauten und Halden: mittel- bis dunkelgrau
- □ Textur: heterogen
- ■ Besonderheiten: Charakteristische Bauelemente sind der Förderturm und die Wäsche. Hebt diese Industrie von allen anderen Branchen ab.

Bedeutung der Identifizierungsmerkmale für eine Erfassung
■ hoch   ▣ mäßig   □ gering/unbedeutend

Auch das Luftbild gestattet eine direkte Identifizierung von Zechen, besonders durch typische, leicht zu erkennende Tagesanlagen wie Förderschächte, Kohlenwäsche, Gleisanlagen, Kühltürme usw. (Tabelle 5.14 und Bild 5.1). Eine Differenzierung nach Schachtanlagen, Kleinzechen und Stollenmundlöchern ist nur in indirekter Weise über Aufbaumuster und Anzahl bzw. Größe und Lage von Produktionsgebäuden möglich. Stollenmundlöcher sind durch die Abbildungsperspektive der Senkrechtaufnahme nicht direkt zu ermitteln; sie werden häufig irrtümlich als Kleinzechen bzw. Industrie-/Gewerbestandorte gedeutet.

Hervorzuheben ist der Luftbildplan des Deutschen Reiches, der durch zusätzliche Schriftzusätze in Weiß und Signaturen eine Identifizierung erleichtert. Allerdings werden in einigen Blättern der Aufnahmejahre 1938 bis 1944 militärisch und rüstungswichtige Industriestandorte nicht abgebildet (weiße, ausgesparte Flächen), so daß sie nicht zu erfassen sind[5.7].

Kokereien
Die Musterblattanalyse zeigt, daß Kokereien kein Gegenstand der Kartenaufnahme sind und ein Schriftzusatz oder Symbol fehlt. Sie können daher nicht auf direktem Wege identifiziert werden (Tabellen 5.3 bis 5.14). Als Anlagenteile einer Zeche sind sie jedoch als Gebäudegrundriß in der Karte eingezeichnet. Sie sind jedoch aufgrund einer fehlenden weiteren Bezeichnung (Schriftzusatz und Symbol) nicht von der Zeche selbst zu unterscheiden. Da Zechen und Kokereien nach bestimmten funktionalen Prinzipien aufgebaut sind, kann die Kokerei bei Kenntnis der typischen Aufbaumuster (Tabelle 5.15) über die Lage und Anordnung von Gebäuden zueinander und zu Gleisanlagen innerhalb des Zechengeländes bestimmt werden. In der TK 25 fällt eine Identifizierung jedoch in den Bereich der Vermutung, da Generalisierungsvorgänge die typischen Objektmerkmale wie die Gebäudeform, die Lage von Gebäuden zu Gleiskörpern und zum Förderschacht und Koksbatterie sowie die Anlagengröße und Größe beeinflussen. Anders verhält es sich mit der DGK 5 und den WBK-Karten. Die nahezu ungeneralisierte Grundrißdarstellung gestattet die indirekte Erfassung von Kokereianlagen(teilen), da diese in ihrer objekttypischen Form wiedergegeben werden. Außerdem können kokereitypische Anlagenteile (Gasometer, Hochdruckgasbehälter), die durch Schriftzusätze bezeichnet werden, bei der Identifizierung helfen (Bild 5.2).

Die Analyse der Kartenblätter der TK 25 und DGK 5 für NRW zeigt, daß die Zeichenvorschriften der Musterblätter nicht immer eingehalten wurden. In Ausnahmefällen können Kokereien daher über Schriftzusätze, wie z.B. «Kokerei Hansa», detailliert bezeichnet werden. In ähnlicher Weise findet sich in der Übersichtskarte des Rheinisch-Westfälischen Steinkohlenbezirks der Schriftzusatz «Nebenproduktenfabrik», über den eine direkte Identifizierung möglich wird (Tabellen 5.16 und 5.17)[5.8].

Tabelle 5.15 Aufbaumuster und Anordnungsschemata von Kokereien

Das Aufbaumuster und die Disposition der Koksöfen und Nebengewinnungsanlagen wird primär von der Form/Anordnung des Zechenbahnhofs und der Lage der Tagesanlagen geprägt: Insgesamt lassen sich 6 unterschiedliche Typen von Kokereien unterscheiden:

Typ 1: Kokerei einer Zechenanlage des Aufbautyps Durchgangsbahnhof

Die Kokerei befindet sich auf der gegenüberliegenden Seite der Tagesanlagen. Die Koksofenbatterien reihen sich parallel zu den Gleisanlagen in einer Fluchtlinie an. In geringer Entfernung (ca. 20–50 m) ist die Ammoniakfabrik errichtet, die ebenfalls mit der Längsseite parallel zu den Koksofenbatterien liegt. Weitere Nebengewinnungsanlagen schließen sich in weiterer Entfernung von den Koksofenbatterien an. Die Benzolfabrik weist eine parallele Lage zu einem 2. Gleisbogen auf.

Typ 2: Kokerei einer Zeche mit Durchgangsbahnhof und seitenparalleler Mehrfachgleisanlage

Die Kokereianlagen befinden sich auf einer von den Tagesanlagen durch ein Durchgangsgleis getrennten Seite. Koksöfen sind parallel zu den zusätzlichen Gleissträngen errichtet. Sie liegen in insgesamt zwei Fluchtreihen, von denen die unterste eine Erweiterung/Ausbau des Typs 1 darstellt. Zwischen der 1. und 2. Koksofenbatterie liegt die Ammoniakfabrik in unmittelbarer Nähe zu den Koksöfen. Die Benzolfabrik befindet sich etwas außerhalb. Die Schwefelreinigungsanlage und sonstige Nebengewinnungsanlagen bilden eine 3. Fluchtreihe. I. d. R. sind hier Gasanstalt oder Teerdestillation disponiert. Vom Aufbau und Flächenbedarf eine der größten Kokereien.

Typ 3: Kokerei einer Zeche des Typs Durchgangsbahnhof in der Fluchtreihe der Tagesanlagen errichtet (Längsanordnung).

Tagesanlagen sowie Koksöfen und Nebengewinnungsanlagen sind parallel zum Zechenbahnhof errichtet. Die einzelnen Anlagen liegen mit den Längsseiten parallel zu den Gleisen. Unmittelbar an die Tagesanlagen schließen sich die Koksofenbatterien an, denen in „klassischer" Weise erst die Ammoniakfabrik, dann die Benzolfabrik folgt. Kokereianlagen mit einer charakteristischen Längserstreckung und schmalen Grundrißmuster.

Typ 4: Veränderung des Typs 3 (Queranordnung)

In Anwandlung des Typs 3 sind die Nebengewinnungsanlagen nicht in einer Fluchtreihe mit den Koksofenbatterien, sondern in Queranordnung zu diesen errichtet. Auch hier findet man die Ammoniakfabrik in unmittelbarer Nähe zur Koksofenbatterie. Weitere Nebengewinnungsanlagen gruppieren sich um bzw. hinter der Ammoniakfabrik.

Typ 5: Kokerei einer Zeche des Typs Kopf-/Sackbahnhof

Die Koksöfen und Nebengewinnungsanlagen sind in mehreren Fluchtreihen parallel zu 2 Zechenbahnhofssträngen errichtet. Die Koksöfen liegen zwischen beiden Gleisanlagen. Nebengewinnungsanlagen gruppieren sich in einer Fluchtlinie mit diesen bzw. befinden sich auf der gegenüberliegenden Seite des Zechenbahnhofs. Deutliche Trennung von Tagesanlagen und Nebengewinnungsanlagen. Eine Erweiterung des Kokereibetriebes geht i. d. R. mit einer Queranordnung einher.

Typ 6: Kokerei am Endpunkt eines Zechenbahnhofs vom Typ Kopf-/Sackbahnhof

Die Koksofenbatterien liegen seitlich des Zechenbahnhofs bzw. eines Hauptschienenstranges. Dahinter folgen Nebengewinnungsanlagen. Die Schwefelreinigung sowie andere Nebengewinnungsanlagen sind durch separate Einzelgleise an die Haupteisenbahnlinien mit den weiter entfernten Tagesanlagen verbunden.

Zeichenerklärung:

☐ Zeche (Tagesanlagen)

— Zechenbahnhof Gleis

■ Koksofenbatterie

▨ Ammoniakfabrik

▧ Benzolfabrik

▥ Schwefelreinigung

▭ Sonstige Nebengewinnungsanlagen (z. B. Gasanstalt)

Karten- und Luftbildanalyse (BORRIES 1989)
Quelle: Verein für die bergbaulichen Interessen im Oberbergamtsbezirk Dortmund (...) (Hrsg.) (1905)

Kombinierter Karten-/Fotoschlüssel (Identifizierungsmerkmale)

Bild 5.2 Kokerei mit Hinweis auf Nebengewinnungsanlagen

A. Luftbild (direkt/indirekt)

Primäre Merkmale

 Koksofenbatterie mit Kohlenturm. Forum: rechteckig, gekammert, länglich, parallel zu Gleisanlagen

 Tankbehälter: Form a) rundlich, b) rechteckig, paarweise, regelhaft

 Wäscher/Kühler: Form: technische Anlage 3–5 Stück, paarweise

Sekundäre Merkmale

 Gebäude mit Dachreiter und Rohrleitungen

 Rohrleitungssysteme

 Koks-/Kohlehalden

B. DGK 5 (direkt, über Indikatoren)

Primäre Merkmale

 Schriftzusatz: (Ausnahmefall)

 Schriftzusatz: Gasometer

 Form: Tankbehälter

Sekundäre Merkmale

 Gleisanlagen und Kohlenrutschen

 rechteckige Gebäude an Gleisen

 Schornstein an länglich-schmalen Gebäuden

C. TK 25 (direkt, über Indikatoren)

Primäre Merkmale

 Schriftzusatz: (Ausnahmefall)

 Größe (Ø) und Form wie Tanks, Gasometer

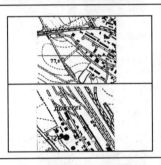

Sekundäre Merkmale

 Gleisanlagenaufbau

 rechteckige Gebäudeform parallel zu Gleisen mit Schornstein

D. WBK-Karte (direkt, über Indikatoren)

Primäre Merkmale

 Schriftzusatz: (Ausnahmefall)

 Schriftzusatz

 Größe und Form von Tanks und Lage zu den Gleisen

Sekundäre Merkmale

 s. TK 25

 s. TK 25

Meßdaten

■ Lage: innerhalb des Betriebsgeländes einer Zeche oder eines Hüttenwerkes mit einer gewissen Tendenz zur östlichen Randlage

■ Objektgröße: L: 100–800 m B: 50–300 m H: 20–70 m   Stereo: ja ■ nein ☐ Gasometer, Wascher/Kühler, hohe Nebengewinnungsanlagen

■ Objektform: rechteckig, gekammert, länglich, parallel zu Gleisanlagen

■ Farbe/Grauton: Koksofenbatterie: mittelgrau; Dachreiter von Gebäuden: hellgrau; Gasometer: hellgrau

☐ Textur: heterogen

■ Besonderheiten: im Bildplanwerk des Dt. Reiches sowie in den Kartenausgaben der 1930/40er Jahre aus Geheimhaltungsgründen ausgespart bzw. unbeschriftet oder in der Grundrißform verändert

deutung der Identifizierungsmerkmale für eine Erfassung
hoch ■   mäßig ■   gering/unbedeutend ☐

Tabelle 5.16 Zusätzliche Schriftzusätze in Kartenblättern der TK 25, die eine Identifikation und Funktionsbestimmung von altlastrelevanten Objekten/Sachverhalten ermöglichen

Hinweise auf Altstandorte:
Bleicherei
Brauerei
Chemische Fabrik
D.S.W.
Dampf M.
Dynamit Fabrik
ehem. Eisenwerk
ehem. Z./Gasan.
Eisenbahn Hauptwerkstatt
Eisenbahnwerkstatt
Eisengießerei
Eisenw.
Eisenwalzwerk
Eisenwerk
Elektr. Zentrale
Elektr. W.
Farben-Fabrik
Feuerwerkerei
Fingerhutsmühle
Gärtnerei
Gas Anst.
Gas Anstalt
Gasanst.
Gasanstalt
Gasbehälter
Gas Fbr.
Gerberei
Glasfabrik
Glas-Werke
Guanowerk
Hochbassin
Hochöfen
Hütte
Hüttenwerk
Imprägnieranstalt
Industriehafen
Kalkofen
Kalkstein
Kalkw.
Keramik Fabrik
Kessel Fabrik
Kiesbaggerei
Kläranlage
Kokerei
Kraftwerk
Kupferhütte
Ladebühnen
Martinswerk
Neuwalzwerk

Nickelwerk
Ölwerke
Papierfabrik
Pochwerk
Porzellan Fbr.
Pumpenhaus
Pumpw.
Pulvermühle
Ringofen
Röhrengießerei
Schlachthof
Schleifmühle
Schwelanlage
Sprengstofflager
Spiegel Fbr.
Sprengstofflager
Stahlbau
Stahlhammer
Stahlröhrenwerk
Stahlwerk
Teppichfabrik
Verschiebe Bhf.
Verschiebebahnhof
Versuchsstrecke
Walz.
Walzwerk
Wasserw.
Werkstätte
Zinkhütte
Zinkw.
Zucker Fabrik

Hinweise auf Altstandorte:
Firmennamen:
August Thyssen Hütte
Bremer Eisen W.
Christinenhütte
Eisenw. Rote Erde
Farben-Fbr. Leverkusen
Gasbehälter der Z. Mathias Stinnes I/II
Grube Philippine
Gute Hoffnungshütte
Heinrichshütte
Hermannshütte
Hüttenwerk Hüttingen
Hüttenwerk Vulkan
Karlshütte
Katernberger Hütte
Kokerei Nordstern

Kokerei Z. Hansa
Langenerhammer
Ludwighütte
Osinghauser Hammer
Phönix Hütte
Rhein. Kalkstein W.
Rhein. Kalksteinwerke
Rhein. Kalkw.
Rheinstahl Eisenwerk
Rheinstahl Werk
Rothen Sacher Hütte
Ruhrchemie AG
Ruhr-Gas A.G.
Scholven-Chemie
Selbachhammer
Stahlwerk Hösch
Walzwerk Thyssen
Westfälisches Stahlwerk

(Ergebnis einer Analyse von Kartenblättern aus NRW)

Tabelle 5.17 Zusätzliche Schriftzusätze in Kartenblättern der DGK 5, die eine Identifikation und Funktionsbestimmung von altlastrelevanten Objekten/Sachverhalten ermöglichen

Hinweise auf Altablagerungen:	*Hinweise auf Altstandorte:*
Ablage	Bunker
Abraumhalde	Druckerei
Bergehalde	Eisenwerk Rote Erde
Erdkippe	Großmarkt
Halde	Hochdruckgasbehälter
Holzplatz	Hoesch AG Hüttenwerk
Kippe	Hoesch Röhrenwerke AG
Kohlelagerplatz	Kleiderfbr.
Kohlenhalde	Kokerei
Landabsatzanlage	Maschinenfabrik Wagner u. Co.
Pechbecken	Rangierbahnhof
Rückstandsbecken	Zementfabrik
Säurebecken	
Schlammbecken	
Schlammkippe	
Schutthalde	
Schuttplatz	
(Ergebnis einer Analyse von Kartenblättern aus NRW)	

Eine weitere Differenzierung nach Kokereien mit bzw. ohne Nebengewinnungsanlagen ist ebenfalls nur über Aufbaumuster bzw. über den Vergleich mit Luftbildern möglich (Tabellen 5.15 und Bilder 5.2 und 5.3). Lediglich der Schriftzusatz «Nebenproduktenfabrik» in der WBK-Karte gibt einen indirekten Hinweis auf Nebengewinnungsanlagen, macht jedoch keine genauen Aussagen über die Art und Funktion. Das Luftbild hingegen erlaubt die direkte Identifizierung von Kokereien, da typische Produktionsanlagen bzw. Gebäude wie Koksöfen, Gasleitungen, Gasometer, Kokslöschtürme usw. über ihre Objektgestalt zu erkennen sind (Tabelle 5.14 und Bilder 5.2, 5.4 und 5.5). Selbst eine Unterscheidung nach Kokereien mit bzw. ohne Kohlenwertstoffgewinnung ist noch auf indirektem Wege möglich, indem analysiert wird, ob neben Koksofenbatterien auch typische Nebengewinnungsanlagen vorhanden sind oder nicht. Eine Identifizierung über Aufbaumuster kann unter Umständen so weit gehen, daß eine Kokereianlage auch dort zu vermuten ist, wo Anlagen nicht direkt erkannt werden können (z.B. durch Rauch, bei Abrißüberresten usw.).

Kombinierter Karten-/Fotoschlüssel (Identifizierungsmerkmale)

Bild 5.3 Kokerei ohne Hinweis auf Nebengewinnungsanlagen

A. Luftbild (direkt/indirekt)

Primäre Merkmale

 Koksofenbatterie i. d. R. flacher als neuere Anlagen, Schattenwurf der Schornsteine

Lage: mit der Längsseite zur Gleisanlage, am Rande des Zechengeländes

Sekundäre Merkmale

 längliche, rechteckige Bereiche als Abrißsäume von alten Koksofenbatterien, i. d. R. der ältesten Kokereien

 Fehlen von Anlagen wie Wäscher/Kühler, Rohrleitungen, Tanks oder Gasometer und Gebäude mit Dachreitern und Oberlichtern

B. DGK 5 (direkt/indirekt)

Primäre Merkmale

keine Gegenstände der Kartenaufnahme

in den Karten nicht (mehr) aufgenommen

Sekundäre Merkmale

in der DGK 5 nicht mehr ausgewiesen, da i. d. R. ab 1950 baulich nicht mehr vorhanden

C. TK 25 (direkt/indirekt)

Primäre Merkmale

keinerlei Schriftzusätze mit Hinweis auf Kokereibetrieb, daher nur zu vermuten

Sekundäre Merkmale

 vermutete Koksofenbatterie anhand der Form (langgestreckt, Längsseite parallel zu Gleisen) und Lage

 oftmals nur in den Kartenausgaben von 1892–1920 noch zu erfassen

D. WBK-Karte (über Indikatoren nur zu vermuten)

Primäre Merkmale

 Koksofenbatterie Form des Einzelgrundrisses: langgestreckt mit Längsseite parallel zu Gleiskörper

Sekundäre Merkmale

 Fehlen von großflächigen und runden Einzelgrundrissen in unmittelbarer Nähe zur Koksofenbatterie

Meßdaten

- ■ Lage: in unmittelbarer Nähe zur Kohlenwäsche (5–50 m, Ø 25 m); mit der Längsseite parallel zur Eisenbahnlinie
- ■ Objektgröße: L: 60–150 m B: 80–120 m H: 4–6 m   Stereo: ja ■   nein □   Koksofen und Schornstein treten gering hervor
- ■ Objektform: i. d. R. nur eine Koksofenbatterie, langgestreckt, rechteckig, schmal
- ■ Farbe/Grauton: mittelgrau; Koksstümpfe hellgrau
- □ Textur: Koksofen: homogen; abgerissene Koksbatterien: heterogen bis fleckig
- ■ Besonderheiten: Hierbei handelt es sich um die ältesten Kokereien mit Coppée oder Flammöfen ohne Kohlenwertstoffanlagen; i. d. R. bis Mitte der 1920er Jahre weitgehend abgerissen und von Großkokereien verdrängt. Im Luftbild häufig nur noch im Bildplan von 1925/31 zu erkennen.

Bedeutung der Identifizierungsmerkmale für eine Erfassung
■ hoch   ■ mäßig   □ gering/unbedeutend

Kombinierter Karten-/Fotoschlüssel (Identifizierungsmerkmale)

Bild 5.4 Koksofenbatterie

A. Luftbild (direkt/indirekt)

Primäre Merkmale

 Form: rechteckig, schmal, langgestreckt
Lage: mit Längsseite zum Gleiskörper

 Längskammerung der Oberfläche und Seitenteile

 Kohlenturm (Höhe = Stereoeffekt und viereckige Form

Sekundäre Merkmale

 Ofendach und Seite mit Steigrohren

 Rohrleitungen, Schornsteine am Kopfpunkt

B. DGK 5 (indirekt nur zu vermuten)

Primäre Merkmale

 kein Schriftzusatz

 Lage an Gleisanlagen und typische Objektform beiderseits des vermuteten Kohlenturms

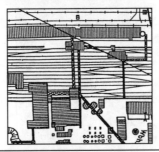

Sekundäre Merkmale

 langgestreckter, rechtwinklig schmaler Grundriß mit Schornstein am Kopfpunkt

C. TK 25 (indirekt nur zu vermuten)

Primäre Merkmale

 kein Schriftzusatz
Funktionsbestimmung nur zu vermuten

 Lage: s. o.

Sekundäre Merkmale

 s. DGK 5

D. WBK-Karte (indirekt nur zu vermuten)

Primäre Merkmale

 Lage: wie DGK 5 und TK 25

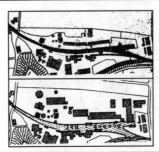

Sekundäre Merkmale

 in der 1. Auflage i. d. R. mit geringerer Breite dargestellt als in der 2. und 3. Auflage (vermutl. wird die Koksausdrückmaschine mit angedeutet)

Meßdaten

- ■ Lage: in unmittelbarer Nähe zur Kohlenwäsche (ca. 10–70 m) mit der Längsseite parallel zur Eisenbahnlinie
- ▢ Objektgröße: L: 65–110 m B: 10–12 m H: 2–6 m   Stereo: ja ■ nein ▢ nur gering ausgeprägt, bei modernen Anlagen deutlicher (= höher gebaut)
- ■ Objektform: langgestreckt, rechteckig mit Schornstein und über Rohrleitungen mit Nebengewinnung verbunden
- ▢ Farbe/Grauton: mittelgrau
- ▢ Textur: homogen
- ▢ Besonderheiten: in Karten aufgrund von Form und Lage mit Schwefelreinigung und Werkstatthallen zu verwechseln

deutung der Identifizierungsmerkmale für eine Erfassung
■ hoch   ▢ mäßig   ▢ gering/unbedeutend

Kombinierter Karten-/Fotoschlüssel (Identifizierungsmerkmale)

Bild 5.4 (Fortsetzung) Tankbehälter und Nebengewinnungsanlagen

A. Luftbild (direkt, über Indikatoren)

Primäre Merkmale

 Lage: in direkter Nachbar zur Koksofenbatterie

 Nebengewinnungsanlagen mit vorgelagerten Destillationsanlagen (Wascher/Kühler)

 Tankbehälter, liegend und als Hochbehälter (kreisrund)

Sekundäre Merkmale

 Gebäude über Rohrleitungen mit Koksofenbatterie verbunden

 Benzolfabrik i.d.R. mit Dachreiter und großer Entfernung zu den Koksöfen

 Erdtankbehälter in der Nähe der Benzolfabrik

B. DGK 5 (indirekt nur zu vermuten)

Primäre Merkmale

 Einzelgrundriß mit runder oder eckiger Form als Tank anzusprechen. Keine Funktionsbeschreibung durch Schriftzusätze usw.

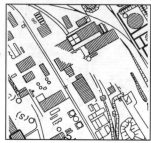

Sekundäre Merkmale

 Einzelgrundriß mit Signatur für Wirtschaftsgebäude und runde Grundrisse ohne Schraffur.
Lage bzw. Entfernung zur Kohlenwäsche und Koksbatterie kann mitverwendet werden.

C. TK 25 (indirekt nur zu vermuten)

Primäre Merkmale

 Einzelgrundriß mit runder Form und in längsparalleler Anordnung = Tankbehälter

Sekundäre Merkmale

 Kleinflächige Einzelgrundrisse in der Nähe der Koksbatterie. Aufgrund der Grundrißform ist hier keine Unterscheidung nach Art der Nebengewinnung möglich.

D. WBK-Karte (indirekt nur zu vermuten)

Primäre Merkmale

 Einzelgrundriß mit runder Form = Tankbehälter

Sekundäre Merkmale

 s. TK 25

Meßdaten

■ Lage: innerhalb der Kokerei, im Anschluß (Nähe) zur Koksofenbatterie bahnparallel gelegen

■ Objektgröße: L: 15–40 m B: 8–15 m H: 12–25 m   Stereo: ja ■ nein ☐   Tankbehälter: ⌀ 5–25 m; Höhe: 5–30 m

■ Objektform: Tankbehälter: kreisrund oder rechtwinklig längsliegend; Ammoniakfabrik: > Längsausdehnung als Benzolfabrik; Benzolfabrik i.d.R. mit Dachreiter
■ Farbe/Grauton: Dachreiter fallen durch helle Teile auf

☐ Textur: heterogen

■ Besonderheiten: in Karten sind Nebengewinnungsanlagen nur anhand ihrer Lage (Entfernung zur vermutl. Koksbatterie) abzuschätzen. Eine Unterscheidung nach Art der Produktion ist nur über das Luftbild möglich

Bedeutung der Identifizierungsmerkmale für eine Erfassung
■ hoch   ■ mäßig   ☐ gering/unbedeutend

Kombinierter Karten-/Fotoschlüssel (Identifizierungsmerkmale)

Bild 5.5 Gasometer, Gasanstalt, Schwefelreinigung

A. Luftbild (direkt)

Primäre Merkmale

 Gasometer, anhand von Form, Stereoeffekt und Radialversatz

 Schwefelreinigung mit typischen Kästen und Längserstreckung

 Gasreinigungsanlage. Form: Rechteck, länglich; Dachreiter/Oberlichter; in der Nähe des Gasometers

Sekundäre Merkmale

 Lage zueinander, typischer Regelaufbau aller 3 Komponenten eng beieinander

 Lage: zum Rand des Betriebsgeländes parallel an Gleisen gelegen

 Anlagen verbunden über Rohrleitungen

B. DGK 5 (indirekt, über Indikatoren)

Primäre Merkmale

 Schriftzusatz: Gasometer, Grundrißform und Durchmesser

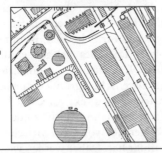

Sekundäre Merkmale

 Lage der runden und rechteckigen Gebäude zueinander, parallel zu Gleisanlagen

 Schwefelreinigung, langgestreckt (mit Koksbatterie zu verwechseln)

 Gasanstalt nur über Lage und Form zu vermuten (nahe bei Gasometer)

C. TK 25 (indirekt, über Indikatoren)

Primäre Merkmale

 Schriftzusatz: Kokerei (Ausnahme); Lage von großflächigen, runden und länglichen Einzelgrundrissen

Sekundäre Merkmale

 Form und Lage von Einzelgrundrissen am Gleiskörper

 Form und Lage von Einzelgrundrissen (Ausnahmefall)

D. WBK-Karte (indirekt, über Indikatoren)

Primäre Merkmale

 Schriftzusatz: Gasometer und Grundrißform sowie Durchmesser

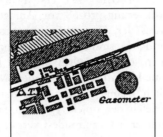

Sekundäre Merkmale

 Form und Lage von Einzelgrundrissen am Gleiskörper

Meßdaten

- ■ Lage: innerhalb des Betriebsgeländes der Kokerei, abseits der Koksofenbatterie. Typisches Aufbaumuster der Anlagenteile zueinander
- ■ Objektgröße: Gasometer: ⌀ 15–20 m, H: 25–70 m; Schwefelreinigung: L: 45–110 m, B: 10–15 m, H: 2–4 m   Stereo: ja ■   nein ☐
  Gasanstalt: L: 30–50 m, B: 10–15 m, H: 12–20 m
- ■ Objektform: typische Anordnungsmuster, parallel zu Gleisanlagen und eng beieinander
- ■ Farbe/Grauton: Schwefelreinigung: hell und mittelgrau; Gasometer: dunkelgrau
- ☐ Textur: heterogen
- ■ Besonderheiten: in den 1930/40er Jahren aufgrund von Geheimhaltungsvorschriften teilweise grundrißverfälscht bzw. ausgelassen (ebenfalls Auslassung im Bildplanwerk des Dt. Reiches möglich)

...deutung der Identifizierungsmerkmale für eine Erfassung

◀ hoch   ■ mäßig   ☐ gering/unbedeutend

Anlagen(teile) von Zechen
Aus der Vielzahl möglicher Betriebsdifferenzierungen von Zechen und Kokereien, die in Tabelle 5.14 zusammengestellt sind, lassen sich in Karten in den meisten Fällen nur wenige (zechen-)typische direkt durch Schriftzusätze und Signaturen erkennen, und zwar Förderschächte, Schornsteine, Gleisanlagen, Kühltürme und Klärbecken. Die Mehrzahl der Anlagen ist dagegen nur über Aufbauschemata, objekttypische Abbildungsmerkmale (Bilder 5.2, 5.4 und 5.5) und über einen Luftbildvergleich identifizierbar, da die Anlagen in den Kartenwerken nicht mit Schriftzusätzen oder typischen Signaturen gekennzeichnet sind.

In den amtlichen topographischen Kartenwerken werden Anlagen(teile) nur dann aufgenommen und durch Bezeichnungen, Schriftzusätze oder topographische Einzelzeichen wiedergegeben, wenn sie als Objekte weithin sichtbar sind und den Anforderungen der Geländeaufnahme eines ehemaligen militärischen Kartenwerks (TK 25) und einer Planungskarte für Behörden, Kommunen und Militär (DGK 5) entsprachen. Zudem erfolgte – und dies belegen eindeutig die Hinweise in der Literatur – die Aufnahme bzw. Wiedergabe von Industrie/Gewerbe und Bergbauanlagen u.a. aus betrieblichen Datenschutzgründen nur bedingt durch Vermessungsfachleute der amtlichen Kartenwerke direkt vor Ort[5.9]. Hinzu kommt, daß zu fast allen Zeiten der Landes-/Kartenaufnahme (insbesondere aber seit 1937) die staatliche Geheimhaltung eine Wiedergabe von wehrwirtschaftlichen Produktionsstätten in Karten maßgeblich beeinflußt hat. Daher werden viele Betriebsanlagen entweder gar nicht dargestellt bzw. abweichend von ihrem typischen Erscheinungsbild (z.B. mit veränderter Grundrißform) verfälscht wiedergegeben (vgl. dazu die Hinweise in Tabelle 5.18 zu Geheimhaltungsvorschriften und ihren Auswirkungen auf die Darstellung von Objekten/Sachverhalten in amtlichen Karten). Das bedeutet, daß gerade die für die Altlastensuche relevanten Gasometer, Gasanstalten, Tankanlagen und Nebengewinnungsanlagen in Karten nur unvollständig dargestellt werden[5.10]. Dies kann u.U. so weit gehen, daß diese Anlagen gar nicht aufgenommen werden, ihr Grundriß verändert wird und Schriftzusätze zur Erläuterung fehlen. Eine Aufnahme dieser Kategorien erfolgt, wie den Tabellen zum Informationswandel zu entnehmen ist (Tabellen 5.3 bis 5.15), z.T. erst in den 1960er bis 70er Jahren. Außerdem wird der Identifizierungsprozeß von Anlagen(teilen) in der TK 25 im besonderen durch das Maß der Generalisierung bestimmt. Wie die Beispiele verdeutlichen (Bilder 5.4 und 5.5), sind es Generalisierungsmaßnahmen, die gerade die typischen Objektformen, den Grundriß und die Lage zu anderen Anlagen nachhaltig beeinflussen. Eine Identifikation über diese Merkmale ist bis auf wenige Ausnahmefälle nicht möglich. Demgegenüber kann man in der wenig generalisierten DGK 5 über den Vergleich der objekttypischen Form und Anordnung von Produktionsanlagen Gasometer usw. zumindest vermuten, auch wenn diese nicht bezeichnet werden.

Wie die Musterblätter zeigen, sind Lagerplätze seit den Ausgaben von 1955 ein Gegenstand der Kartenaufnahme. Sie werden in einigen Fällen näher als Holzlagerplätze bezeichnet. Ebenso finden sich nun auch Kraftwerke, Gasanstalten, Gasometer und Luftschächte (Tabellen 5.8 bis 5.12).

Tabelle 5.18 Geheimhaltungsvorschriften und ihre Auswirkungen auf die Darstellung von altlastrelevanten Karteninhalten in den amtlichen Topographischen Kartenwerken

Verordnung/ Erlaß	Geheimhaltungsvereinbarung	Betrifft folgende Altlastverdachtskategorie	Auswirkungen auf die kartographische Darstellung des Objekts/Sachverhaltes
Musterblatt der DGK 5 von 1937, S. 11	Erläuternde Schriftzusätze wie: Gas-, Elektrizitäts-, Wasserwerk, «Chem.» (Fabrik), Hochöfen, Ölbehälter, Funkstelle, Kaserne, Pulverhaus, Munitionsanstalt u. dgl. bleiben weg. Festungswerke mit allen Anlagen (Gebäude, Schuppen, Stauwerke, Zäune u. dgl. sowie Bahnen, Straßen u. Wege, die vom Hauptverkehrsnetz zu solchen Anlagen führen, wie überhaupt alle sonstigen für die Reichsverteidigung wichtigen Anlagen werden nicht dargestellt.	*Industrie-/Gewerbebetriebe:* – Chemische Fabriken, – Eisen- u. Stahlwerke (u. a. Hochöfen), – Kokereien mit umfangreicher Kohlenwertstoffgewinnung, *Versorgungsanlagen:* – Gaswerke, – Elektrizitätswerke *Betriebliche Differenzierungen/ Anlagen(teile):* – Ölbehälter, – evtl. auch Gasometer, – Hochöfen, – Tankbehälter *Militärische Anlagen:* – Kaserne, – Pulverhaus, – Munitionsanstalt – Flakstellungen usw.	Gebäude bzw. Anlagen der betreffenden Objekte/ Sachverhalte werden in ihrer Grundrißausdehnung dargestellt, aber weder durch Schriftzusätze noch durch Signaturen erläutert. Gebäude bzw. Anlagenteile werden nicht dargestellt.
Musterblatt der DGK 5 von 1937, S. 2	Bei Bahnhöfen werden nur Umrandungen des Bahngeländes, durchgehende Gleise und Empfangsgebäude dargestellt. Anschlußgleise sind an der Umrandungslinie des Bahnhofs beginnend zu zeichnen. Beschriftungen, die auf die Leistungsfähigkeit und den Betrieb der Bahn schließen lassen, bleiben weg (z. B. Verschiebebahnhof, Güterbahnhof, Reichsbahnausbesserungswerk, Eisenbahnwerkstätten, Reparaturwerkstätten-Maschinenhaus, Ladestelle, Blockstelle, Umformer). Anschlußgleise zu militärischen Anlagen sowie alle damit zusammenhängenden Eisenbahneinrichtungen werden nicht dargestellt.	*Versorgungsanlagen:* – Bahnhöfe, – Güterbahnhöfe *Betriebliche Differenzierungen/ Anlagen(teile):* – Gleisanlagen – Lokschuppen	Darstellung der maximalen Ausdehnung des Bahngeländes, Betriebsdifferenzierungen werden mit Ausnahme von wehrwirtschaftlich unwichtigen Anlagenteilen nicht eingezeichnet. Bahnbetriebe werden nicht durch Schriftzusätze näher erläutert. Anschlußgleise zu militärischen Anlagen und Bahnanlagenteile werden nicht dargestellt.

Fortsetzung von Tabelle 5.18

Verordnung/ Erlaß	Geheimhaltungsvereinbarung	Betrifft folgende Altlastverdachts-kategorie	Auswirkungen auf die kartographische Darstellung des Objekts/Sachverhaltes
Musterblatt der DGK 5 von 1980, Kap. 6.1	Industrieanlagen werden nicht in allen Einzelheiten dargestellt. Neben den Gebäuden sind im allgemeinen nur massive, weithin sichtbare Schornsteine, die Hauptanschlußgleise, bedeutende Werkstraßen und die Umringsgrenzen darstellungswürdig. Schriftzusätze sollen lediglich die Art der Nutzung kennzeichnen, z. B. Glasfabrik. Sie werden nur in Auswahl und bei bedeutenden Anlagen hinzugefügt. Firmenbezeichnungen dürfen nicht verwandt werden.	*Industrie-/Gewerbebetriebe:* *Betriebliche Differenzierungen:* – Tankanlagen usw.	Keine vollständige Wiedergabe aller Anlagen(teile). Schriftzusätze werden nur in Auswahl und für bedeutende Anlagen angeführt. Die Firmenbezeichnung wird nicht wiedergegeben.
Musterblatt der TK 25 von 1939, S. 15	Fabrikgebäude, Gießereien, Hochöfen, Gas-, Kraft- und Wasserwerke, Munitionsanlagen aller Art, Petroleumlager, Ölbehälter u. Tankanlagen werden innerhalb der mit Linienraster gefüllten Flächen für geschlossene Bauweise nicht dargestellt. Außerhalb derselben sind die Gebäude in ihrer Grundrißform schwarz zu füllen, wobei Gasometer, Kühltürme, Hochöfen nur in rechteckiger Form wiederzugeben sind. Es sind nur die Bezeichnungen «Fabrik, Fabriken, abgekürzt: Fbr., Fbrn.» anzuwenden.	*Industrie-/Gewerbebetriebe:* – Gießereien, – Eisen- u. Stahlwerke, – Hochöfen, *Versorgungsanlagen:* – Gaswerke – Kraftwerke *Betriebliche Differenzierungen:* Petroleumlager, – Ölbehälter, *Militärische Anlagen:* *Betriebliche Differenzierungen:* – Gasometer, – Kühltürme, – Hochöfen	Betreffende Industrie-/Gewerbestandorte bleiben in der Karte ausgespart. Anlagen(teile) werden nicht in ihrer typischen Grundrißgestalt, sondern verfälscht wiedergegeben. Eine Unterscheidung von Gasometern u. Kühltürmen ist so nicht möglich. Anstelle der funktional-spezifischen Bezeichnung tritt der Schriftzusatz Fbr., Fbrn.
Musterblatt der TK 25 von 1939, S. 17	Festungswerke mit allen dazugehörenden Anlagen wie Gebäuden, Gräben, Mauern, Wällen, Zäunen, Eisenbahnen, Straßen werden nicht dargestellt ...	*Militärische Anlagen:* – z. B. Flakstellungen, – Kasernen – Schießstände	Betreffende Anlagen(teile) werden nicht wiedergegeben.

Verordnung/Erlaß	Geheimhaltungsvereinbarung	Betrifft folgende Altlastverdachtskategorie	Auswirkungen auf die kartographische Darstellung des Objekts/Sachverhaltes
Musterblatt der TK 25 von 1939, S. 18	Bergwerke, Schächte: Mit allen Anlagen dem Grundriß entsprechend darzustellen, Kühltürme, Hochöfen, Gasometer, Fördertürme nur in rechteckiger Form ohne Schriftzusatz.	Zechen/Kokereien: Eisen- u. Stahlindustrie: Betriebliche Differenzierungen: – Kühlturm, – Gasometer, – Förderschacht – Hochöfen	Zwar weitgehend vollständige Wiedergabe aller Tagesanlagen, jedoch werden die wehrwirtschaftlich wichtigen Anlagen(teile) in ihrer Grundrißform verfälscht eingezeichnet.
Musterblatt der TK 25 von 1981, S. 9	Industrieanlagen. Die Art des Industriezweiges oder der Fabrikation wird nicht zum Ausdruck gebracht.	Industrie-/Gewerbebetriebe:	Industrie-/Gewerbebetriebe werden nicht durch Schriftzusätze näher nach deren Industriezweig oder Produktion erläutert.
KartVeröffVO § 1 vom 6. 2. 1940	(2) Kartographische Darstellungen müssen so entworfen und kartentechnisch ausgearbeitet sein, daß sie keinen Einblick in Zweckbestimmung, Anzahl, Umfang, Größe und Beschaffenheit sowie örtliche und allgemeine wehr- oder betriebstechnische Zusammenhänge militärischer Anlagen und Bauten oder wehrwirtschaftlicher Betriebe vermitteln.	Zechen/Kokereien mit wehrwirtschaftlich bedeutenden Nebengewinnungsanlagen, Industrie-/Gewerbestandorte: – z. B. Chem. Werke, Betriebliche Differenzierungen: – Gasometer, – Tankbehälter usw. Militärische Anlagen: – Kasernen, – Flakstellungen usw.	Betreffende Objekte/Sachverhalte werden: – ohne erläuternde Schriftzusätze, – nicht in ihrer exakten Lage- und Grundrißausdehnung, – oder nicht dargestellt, – bzw. nur unvollständig wiedergegeben.
§ 2	Je nach den obwaltenden Verhältnissen sind die Anlagen, Betriebe, Gebäude, topographischen Gegenstände usw. a) überhaupt nicht darzustellen; b) nur unvollständig oder andeutungsweise oder unverfänglich in einer Form darzustellen, die ein Erkennen der wirklichen Zweckbestimmung und Zusammenhänge auch bei aufmerksamem Lesen ausschließt; c) soweit die Gegenstände im Grundriß oder durch Signaturen dargestellt werden dürfen, nicht durch Schriftzüge zu erläutern.		

Fortsetzung von Tabelle 5.18

Verordnung/ Erlaß	Geheimhaltungsvereinbarung	Betrifft folgende Altlastverdachtskategorie	Auswirkungen auf die kartographische Darstellung des Objekts/Sachverhaltes
§ 3	Es ist verboten darzustellen: a) Befestigungs- und Munitionsanlagen, Tanklager der Wehrmacht, Militärflugplätze und die dazugehörenden Anlagen;	*Militärische Anlagen*	Betreffende Objekte/Sachverhalte werden nicht dargestellt.
§ 4	(2) Von Bahnhofsanlagen dürfen nur die Umgrenzungen des Bahnhofsgeländes und das Empfangsgebäude dargestellt werden. Von den Gleisanlagen dürfen nur die durchgehenden Gleise signaturgemäß wiedergegeben werden. Anschlußgleise sind an der Umrandungslinie des Bahnhofs zu bezeichnen. Nicht zu übernehmen sind die Gleisanlagen der Bahnhöfe (Rangieranlagen), Ladestraßen, Rampen, Drehscheiben, Bahnbetriebswerke (Lokomotivschuppen, Lokomotivbehandlungsanlagen), Wasserstationen u. Bahnkraftwerke. (4) Bei militärischen Anlagen und Bauten sowie wirtschaftlichen Betrieben, die durch ihre ungewöhnliche Form allgemein oder durch den Grundriß einzelner Gegenstände auf die Art des Betriebes oder der Anlage schließen lassen, dürfen die elektrischen Zentralen, Gasbehälter, Kühltürme, Hochöfen, Wasserwerke u. dgl. nicht dargestellt werden. Sind solche Anlagen, Bauten oder Betriebe in den bisherigen Karten nicht dargestellt und in der Öffentlichkeit einzeln oder versteckt angelegt, so ist lediglich ihre örtliche Grundstücksumgrenzung aufzunehmen. (5) Militärische Anlagen und Bauten sowie wehrwirtschaftliche Betriebe, die in Wohngebieten liegen oder im Anschluß an Wohngebiet entstehen, sind in der Darstellungsform der Umgebung anzugleichen.	*Versorgungsanlagen:* – Bahnhöfe, – Güterbahnhöfe *Militärische Anlagen: Wehrwirtschaftlich wichtige Betriebe:* – Kokereien – Chemische Fabriken – Eisen- und Stahlwerke – Walzwerke – Gaswerke – Kraftwerke – weitere Industriezweige *Betriebliche Differenzierungen:* – Gasometer, Gasbehälter – Kühltürme, – Hochöfen	Keine lage- und grundrißtreue Darstellung. Nur unvollständige Wiedergabe aller Anlagen. Keine lage- u. grundrißtreue Wiedergabe der objekttypischen Anlagen(teile)form. Falsche Grundrißdarstellung, Wegfall von wichtigen Anlagen(teilen).

Verordnung/ Erlaß	Geheimhaltungsvereinbarung	Betrifft folgende Altlastverdachtskategorie	Auswirkungen auf die kartographische Darstellung des Objekts/Sachverhaltes
§ 5	(1) Schriftzusätze sind untersagt für militärische und militärisch art- und zweckverwandte Gebäude und Anstalten, z. B. Kasernen, ... Munitionsanstalt, Pulvermagazin ... und dgl. (2) Bei wehrwirtschaftlichen Betrieben, z. B. bei Fabriken, Gruben, Hütten- und Werkanlagen sind jegliche, die Art des Betriebes kennzeichnenden Zusätze wegzulassen: wie Gaswerk, Elektrizitätswerk, Laboratorium, Funkanlage, Maschinenhaus, Motorenprüfstand, Schalthaus, Umformer, Stollen, Hochofen, Erzwäsche, Gießerei, Erdölbohrturm, Erdöllager, Ölbehälter, Großtankanlage, Wasserturm, Pumpwerk und dgl. Ausgenommen sind Objekte. (3) Ebenso sind für bahnbetriebstechnische Gebäude und Einrichtungen Schriftzusätze zu unterlassen.	*Militärische Anlagen* *Wehrwirtschaftlich wichtige Industriezweige*	Keine erläuternden Schriftzusätze, die Auskunft über die dort stattfindende Produktion bzw. Funktion geben.

Quelle: Analyse der Musterblattausgaben der DGK 5 von 1937 bis 1983, Musterblätter der TK 25 von 1818 bis 1981. Reichsamt für Landesaufnahme (1940a): Erste Durchführungsbestimmung zur Verordnung über die Veröffentlichung kartographischer Darstellungen vom 6. 2. 1940.

Im Unterschied zu den in den Musterblättern aufgezeigten Darstellungskategorien gibt es dennoch in den Kartenblättern einige zusätzliche Hinweise auf Produktionsanlagen, wie z.B. die Schriftzusätze «Hochdruckgasbehälter», «Landabsatzanlage» usw. (Tabelle 5.17).

Ähnliche Aussagen wie für die TK 25 und die DGK 5 gelten auch für die WBK-Karten, deren Übersichtskarte des Rheinisch-Westfälischen Steinkohlenbezirks z. T. nach den Zeichenvorschriften und Legendenteilen der DGK 5 erstellt wurde. In diesem bergmännischen Kartenwerk lassen sich nur die unterschiedlichen Schachtarten (z.B. Förderschacht, Luftschacht) und die in Blau gehaltenen Wasserflächen direkt identifizieren (Tabellen 5.13 und Bilder 5.4 und 5.5). Letztere werden allerdings nicht immer als Klärbecken ausgewiesen. Aussagen über mögliche Nebengewinnungsanlagen sind mit Ausnahme einer gelegentlichen Bezeichnung von Gasometern nur durch Kartenauswertung möglich. Grundlagen hierfür sind die Form und Aufbaumuster der einzelnen Gebäude (Tabelle 5.15). Da die Gebäude/Anlagen(teile) aus den bergbaueigenen Betriebsplänen verkleinert übernommen wurden und ein Generalisierungsvorgang nicht festzustellen ist, bleiben die objekttypische Grundrißform und die Lagebeziehungen von Anlagen untereinander erhalten. Über den Vergleich mit Luftbildern und Aufbauschemata ist so eine Identifikation möglich. Allerdings läßt sich ein Wandel in der Darstellungsweise zwischen der 1. und 2. Auflage der Übersichtskarte des Rheinisch-Westfälischen Steinkohlenbezirks feststellen, der zu einer veränderten Grundrißform von Koksofenbatterien geführt hat (sie sind in der 2. Auflage wesentlich breiter dargestellt). Da diese Objekte nunmehr mit dem Grundriß von Maschinenhäusern und Werkstätten vergleichbar sind, ist eine Fehldeutung nicht auszuschließen (Tabelle 5.13 und Bilder 5.4 und 5.5).

Im Luftbild lassen sich die zechentypischen Gebäude und Produktionsanlagen über objekttypische Erscheinungsmerkmale erkennen. Hierzu gehören Förderturm, Gleisanlagen, Kühltürme, Kokslöschturm, Kläranlagen/-becken, Gasometer, Schornsteine, Tankbehälter, Wäscher/Kühler (Tabelle 5.14 und Bilder 5.4 und 5.5). Insbesondere Rohrleitungen, die von Koksofenbatterien zu Nebengewinnungsanlagen führen, sowie Wäscher und Kühler und kleine Tankbehälter treten durch den Überhöhungsfaktor in stereoskopisch auswertbaren Reihenmeßbildern deutlich hervor und heben sich von anderen Anlagen(teilen) ab. Zusätzlich können die Anlagen-/Gebäudehöhen mit Stereomikrometern gemessen werden und als wichtiges Unterscheidungskriterium zur Identifizierung von Anlagen herangezogen werden. Produktionsanlagen, die in Gebäuden ohne typische Merkmalsausprägung untergebracht sind, lassen sich nicht funktionsmäßig differenzieren. Während z.B. eine Teerdestillation primär über typische Objektmerkmale wie Tankbehälter, Teerblasen, Tiefbehälter (Lagertanks) und sekundär über Gleisanlagen und Dachform identifiziert werden kann, ist bei Gasanstalten das Hauptidentifizierungsmerkmal die unmittelbare Nähe zu Gasometern und sekundär die Lage am Rande des Betriebsgeländes (Tabelle 5.15 und Bilder 5.4 und 5.5). Demgegenüber lassen sich weitere Nebengewinnungsanlagen von Kokereien – insbesondere Ammoniak- und Benzolfabriken – aufgrund zahlreicher identischer Erscheinungsmerkmale nur schwer unterscheiden. Wie eine Analyse der Betriebspläne von 17 Zechenkokereien und der einschlägigen Literatur[5.11] zeigt, besteht eine gewisse Tendenz zur Regelhaftigkeit im Aufbau von Kokereien und der Anordnung der Nebengewinnungsanlagen. Da die Anordnung der Tagesanlagen von der Lage des Zechenbahnhofs bestimmt ist (entweder in Längs- oder in Queranordnung), wird die Koksofenbatterie als zentraler Punkt der Kokereianlage immer parallel zu den Gleisanlagen errichtet. Die Lage der Koksofenbatterien ist außerdem durch die Nähe zu der Kohlenwäsche und dem Förderturm bestimmt. Sämtliche anderen Nebengewinnungsanlagen gruppieren sich um die Koksofenbatterien. Die Analysen von Kokereigrundrissen belegen, daß aus arbeitsökonomischen Gründen die Ammoniakfabrik näher (20 bis 25 m) an der Koksofenbatterie errichtet wird als die Benzolgewinnung, die nicht zuletzt aus baupolizeilichen Gründen in größerer Entfernung (35 bis 50 m) angelegt wird. So kann bei der Erfassung angenommen werden, daß es sich bei Anlagen, die näher zu Koksofenbatterien gelegen sind, um Ammoniakfabriken handelt, während die Benzolfabriken in den weiter entfernten Gebäuden zu vermuten sind. Die Lage bzw. Entfernung ist damit das wichtigste Identifizierungsmerkmal. Weitere, eher sekundäre Merkmale sind die Gebäudeform und -größe. In der Frühphase des Kokereianlagenbaus weisen Ammoniakfabriken größere Gebäudeflächen auf, da meist ein Salzlager angegliedert war. Zusätzlich kann die Dachform als ein weiteres, unmittelbares Unterscheidungsmerkmal herangezogen werden, da das Salzlager der Ammoniakfabrik weniger mit ausgeprägten Dachreitern und Fensterflächen ausgestattet ist als die Benzolfabrik (belüftungstechnische Vorschrift). Weniger aussagekräftig ist die Anordnung und Anzahl von Kühlern und Wäschern. Sie können je nach dem Produktionsverfahren (Tabelle 5.15) in ihrer Anzahl und Höhe als ein Unterscheidungsmerkmal dienen. So sind Wäscher/Kühler von Benzolfabriken höher und zahlreicher als die von Ammoniakfabriken. Diese Merkmale erlauben in einigen Fällen eine über die Vermutung hinausgehende Identifizierung, so daß u. U. eine Unterscheidung nach Ammoniak- oder Benzolfabrik möglich ist (Bilder 5.4 bis 5.6).

Innerbetriebliche Altablagerungen
Wie die Analyse von Zeichenvorschriften zeigt, sind Inhaltskategorien von betrieblichen Altablagerungen kein eigenständiger Gegenstand der Kartenaufnahme. Sie sind daher nur über Hinweise zur Gelände- bzw. Oberflächendarstellung eines Raumes (Aufschüttungen und Verfüllungen einschließlich ihrer Untergruppen) zu erschließen.

Aufschüttungen lassen sich gewöhnlich nur dann in Karten direkt ermitteln, wenn es sich um relativ großflächige und weithin sichtbare Objekte/Sachverhalte handelt (Tabelle 5.14). Hinweise zur näheren Kennzeichnung der Aufschüttungen oder zur Materialbeschaffenheit können in manchen Fällen über Objekt-/Bildmerkmale (in Karten: Schriftzusätze, Signaturen und Böschungsverlauf) erschlossen werden (Bild 5.7).

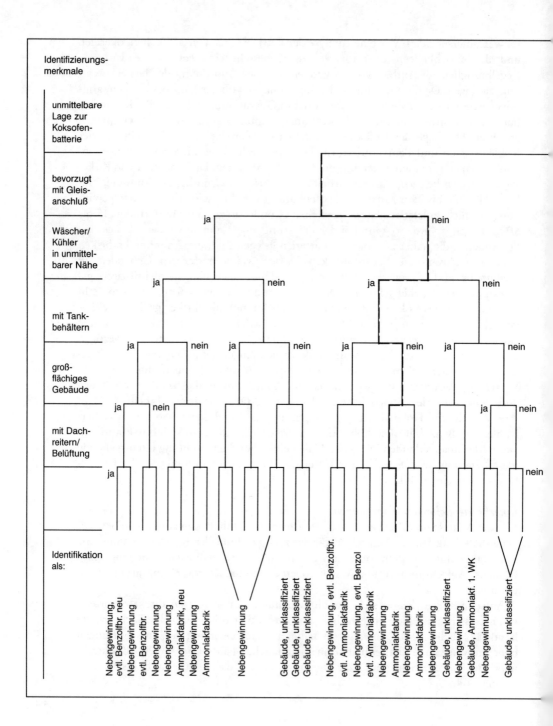

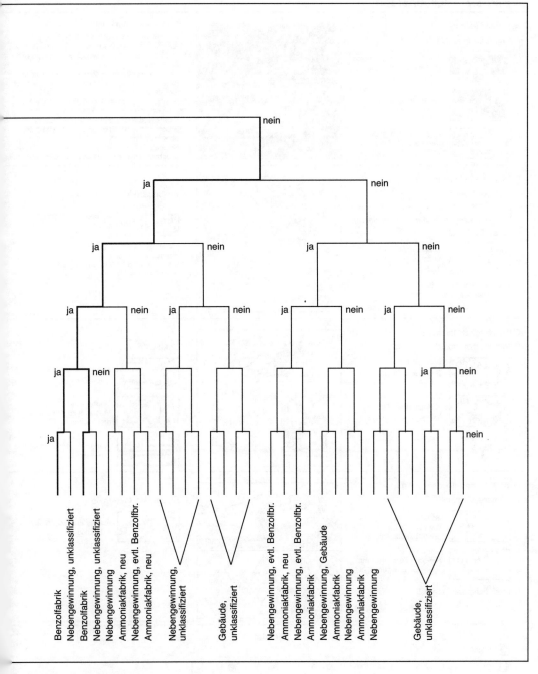

Bild 5.6 Eliminationsschlüssel zur Identifizierung und Unterscheidung von Nebengewinnungsanlagen nach Ammoniak- und Benzolfabriken

Kombinierter Karten-/Fotoschlüssel (Identifizierungsmerkmale)
Bild 5.7 Bergehalden

A. Luftbild (direkt)

Primäre Merkmale

 Grauton: hell- bis mittelgrau (heller als Kohlenhalden) Erosionsrinnen

 Textur: heterogen und Schüttform

 Lage: am Rande des Betriebsgeländes einer Zeche

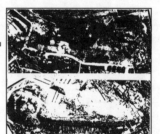

Sekundäre Merkmale

Aufbauform: Spitzkegelhalde (Böschung ≥ 35°), asymmetrische Form mit flacher Seite zur Zeche und steiler Stirnseite (Abkippungs- u. Endpunkt der Seilbahn).
Mehrfachkegelhalde: mehrere Spitzkegelhalden, hintereinanderliegend in Verlängerung/Achsenrichtung der Seilbahn.
Breitflächige Terrassenhalde: Flächenhafte Aufschüttung mit unregelmäßigem Grundriß, breite Basis mit stufenartigem Aufbau (Terrassen), Böschungswinkel 30 bis 35°, bei älteren Halden abgeflacht auf ca. 25°.
Schmale, langgestreckte Terrassenhalde: Gegenüber breitflächiger Terrassenhalde schmalere Basis.

B. DGK 5 (direkt/indirekt)

Primäre Merkmale

 Schriftzusatz (vereinzelt)

Schriftzusatz und Böschungsstriche in Schwarz

Lage: am Rande des Betriebsgeländes einer Zeche

Sekundäre Merkmale

 Aufbau/Schüttform s. Luftbild

Freistehende Böschungen werden erst wiedergegeben, wenn sie mind. 100 m lang und höher als 1 m sind.

C. TK 25 (direkt/indirekt)

Primäre Merkmale

 Bergwerkssignatur

 Keilschraffen, Form und Verlauf (Bergstriche)

Lage: siehe Luftbildtext, und DGK 5

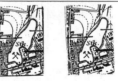

Sekundäre Merkmale

 Aufbau/Schüttform s. Luftbild

 Größenausdehnung: im Vergleich zu Kokshalden großflächiger

 Verkehrsanbindung über Seilbahn zur Zeche

D. WBK-Karte (direkt/indirekt)

Primäre Merkmale

 Schriftzusatz, nur vereinzelt ohne Schriftzusatz

 Keilschraffenverlauf mit feiner Umgrenzungslinie

Lage: siehe Luftbild/DGK 5

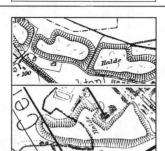

Sekundäre Merkmale

 Aufbau und Schüttform s. Luftbild

Meßdaten

■ Lage:

■ Objektgröße: L: 30–500 m B: 20–300 m H: 25–50 m   Stereo: ja ■ nein ☐

■ Objektform: 1. flache, langgestreckte Halden als Tal-/Muldenfüllung
2. Halden, die nur an einer Talseite liegen; 3. Halden auf ebenem Gelände; 4. Halden, die zur Geländeform ansteigen

■ Farbe/Grauton: Junge Aufschüttungsbereiche schieferblau bis schwarz (dunkelgrau)
Alte Bergehalden blaugrün bis hellgrau (hell- bis mittelgrau)

■ Textur: uneinheitlich, grobe Textur

▯ Besonderheiten: Vereinzelt befinden sich auf Bergehalden Klärteiche und Holzlager (Grubenhölzer)

Bedeutung der Identifizierungsmerkmale für eine Erfassung
■ hoch   ▯ mäßig   ☐ gering/unbedeutend

Kombinierter Karten-/Fotoschlüssel (Identifizierungsmerkmale)

Bild 5.7 (Fortsetzung)   Koks-/Kohlehalden

A. Luftbild (direkt)

Primäre Merkmale

 Grauton/Farbe: dunkelgrau/schwarz

 Textur: feinkörniger als Bergehalden

Sekundäre Merkmale

 Lage: in direkter Nachbarschaft zu Kohlenturm, Gleisen

Rohrleitungssysteme

B. DGK 5 (direkt, indirekt)

Primäre Merkmale

Kohlenhalde   Schriftzusatz: (Ausnahmefall)

 Lage: in direkter Nachbarschaft zu Kohlenturm oder Wäscher, Gleisen

 vielfach nicht aufgenommen

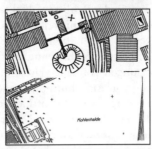

Sekundäre Merkmale

 Böschungsstriche und Förderband

Großflächige Kohle-Kokshalden sind ohne Schriftzusatz i. d. R. nicht von Bergehalden zu unterscheiden.

C. TK 25 (direkt/indirekt)

Primäre Merkmale

 keine Unterscheidung von Schachthalden, Bergehalden und Kohlehalden

Sekundäre Merkmale

 Bergstriche/Keilschraffenform/-verlauf

 Halden unter einer Mindestgröße von 625 m² werden nicht dargestellt

---

D. WBK-Karte (direkt/indirekt)

Primäre Merkmale

kein Gegenstand der Kartenaufnahme

in Karten nicht dargestellt!

Sekundäre Merkmale

kein Gegenstand der Kartenaufnahme

Meßdaten

■ Lage: i. d. R. nur innerhalb des Zechengeländes in unmittelbare Nachbarschaft zu Koksbatterie und Kohlenturm

■ Objektgröße: L: 10–200 m B: 10–100 m H: 2–20 m •   Stereo: ja ■   nein ☐

■ Objektform: i. d. R. rundlich, weniger langgestreckt

■ Farbe/Grauton: mittel- bis dunkelgrau, schwarz

☐ Textur: feinkörnig, Regenwasserrinnen, Erosionsrinnen stärker ausgeprägt

☐ Besonderheiten: im Vergleich zu Bergehalden ohne Klärbecken und ohne Nutzung als Holzplatz

---

Deutung der Identifizierungsmerkmale für eine Erfassung

hoch ■   mäßig ☐   gering/unbedeutend

In den Inhaltskategorien «Geländeformen» und «topographische Einzelzeichen» der TK 25 finden sich direkt zu identifizierende Hinweise auf Aufschüttungen. Hierzu zählen Dämme, Schutthalden, Halden, Ablagerungen natürlichen und künstlichen Ursprungs und Mülldeponien (Tabelle 5.6). Allerdings zeigt die Analyse der Zeichenvorschriften und Kartenblätter, daß unterschiedliche Aussagen zur Darstellung dieser Inhalte zu finden sind. Während in den Musterblättern vor 1926 jegliche Hinweise zur Darstellung von Aufschüttungen fehlen[5.12], sind großflächige Aufschüttungen auf oder in der Nähe von Zechengeländen schon in den Kartenausgaben seit 1892 zahlreich aufgenommen. Sie werden durch Keilschraffen (Bergstriche) ohne Höhenlinien dargestellt und sind mit Bergwerkssignaturen versehen. Einschränkungen in der Darstellung von Aufschüttungen ergeben sich aus der Größe des Objektes in der Realität. Objekte, deren Flächenausdehnung unter der Kartier- und Aufnahmegenauigkeit des Kartenwerkes liegt (Tabelle 2.2)[5.13], werden nicht dargestellt oder extrem vergrößert (Betonung eines Objektes/Sachverhaltes im Rahmen der Generalisierung) im Kartenblatt wiedergegeben. Das gleiche gilt für Aufschüttungen von einer Höhe unter 1 m[5.14].

Eine nähere Differenzierung von Aufschüttungen und Halden, deren Keilschraffendarstellung für Abraum-, Berge- und Schutthalden verwandt wird, ist nicht möglich, da Schriftzusätze fehlen. Aussagen zur Differenzierung sind deshalb nur über die Lage bzw. Nähe zu Bergwerken zu ermitteln (Bild 5.7).

Auf einen Sonderfall ist bei der mehrfarbigen Ausgabe der TK 25 mit der Höhenliniendarstellung in Braun hinzuweisen. Steilränder, Risse, Ablagerungen, Böschungen und Kanten werden dann in Schwarz wiedergegeben, wenn sie anthropogenen Ursprungs sind[5.15]. So lassen sich diese von natürlichen Vollformen (in Braun) direkt unterscheiden.

In der DGK 5 werden Aufschüttungen im Unterschied zur TK 25 durch Böschungsstriche dargestellt. Darüber hinaus gibt die Analyse des Höhenlinienbildes von zeitlich verschiedenen Ausgaben der DGK 5 über Größe, Form und Erstreckung von Vollformen einen indirekten Hinweis auf mögliche Ablagerungen (Bild 5.7). Dabei erlaubt der große Maßstab der DGK 5 die Wiedergabe selbst kleinflächiger Ablagerungen. In einigen Kartenblättern finden sich zusätzlich zu den Vollformdarstellungen erläuternde Schriftzusätze, wie z.B. Berghalde, Landabsatz, Kohlenhalde, Schlammbecken, Schlammkippe (Tabelle 5.17).

Das Ablagerungsmaterial ist, wenn die obengenannten Schriftzusätze fehlen, ebenfalls nur über die Lage bzw. Nähe zu Produktionsanlagen oder durch den Vergleich mit Luftbildern zu unterscheiden.

In den Kartenwerken der WBK sind Aufschüttungen allein in der Übersichtskarte des Rheinisch-Westfälischen Steinkohlenbezirks durch eine Keilschraffendarstellung mit Schriftzusatz «Halde» wiedergegeben (Bild 5.7). Diese beschränken sich nur auf großflächige Erscheinungen (gewöhnlich über 5000 m^2), die auf bzw. in der Nähe von Bergwerksgeländen liegen. Aufschüttungen kleinflächiger Art und Differenzierungen werden nicht dargestellt. Eine Ausnahme stellt die topographische Karte des Rheinisch-Westfälischen Steinkohlenbezirks dar. Auf der Basis der DGK 5 läßt dieses Kartenwerk hierzu Aussagen zu.

Altablagerungen in Form von Verfüllungen sind generell nur indirekt in Kartenwerken zu ermitteln (Tabelle 5.14). Der Wegfall einer Hohlform, der über den Vergleich unterschiedlicher Fortführungsstände zu erkennen ist, ist mit einer möglichen Verfüllung gleichzusetzen. Hohlformen natürlichen wie künstlichen Ursprungs sind demzufolge für die Erfassung von Verfüllungen von großer Bedeutung. Den Zeichenvorschriften und Kartenblättern sind diese über die Geländedarstellung und topographische Einzelzeichen direkt zu entnehmen (Tabellen 5.6, 5.11 und 5.13). Hohlformen mit anthropogenem Ursprung, insbesondere Gruben und Steinbrüche, sind über Schriftzusätze weitgehend nach der Art des Abbauproduktes differenzierbar (Lehm-, Kalk-, Sand-, Mergelgrube usw.). Sie gestatten direkte Aussagen über die Beschaffenheit des Untergrundes. Diese Information ist u. a. für die Erstbewertung wichtig, um Aussagen über die Basisabdichtung und Grundwassergefährdung zu treffen.

Ist über den Vergleich des Isohypsenbildes verschiedener Kartenausgaben ein Wegfall einer Hohlform, d.h. eine Verfüllung, zu erfassen, kann das eingebrachte Material bzw. dessen Herkunft nur über die Lage zu einem Betrieb und an Transportverbindungen bestimmt werden.

Da in den Kartenwerken der DGK 5 und TK 25 die Höhenliniendarstellung innerhalb von Betriebsgeländen (aber auch auf Halden) meist fehlt, fällt der Vergleich des Isohypsenbildes als Erfassungsmöglichkeit hier fort[5.16]. Dagegen sind auf bzw. an Betriebsgeländen künstliche Hohlformen wie Wannen, Absetzbecken, Klärbecken, Kläranlagen, Schlammkippen, Schlammbecken und Rückstandsbecken in Ausnahmefällen über den Schriftzusatz zu erfassen (Tabellen 5.16 und 5.17). Über einen Vergleich mit weiteren Ausgabeständen ist eine Verfüllung zu ermitteln, wenn die künstlichen Hohlformen weggefallen sind.

In den WBK-Kartenwerken (Übersichtskarte des Rheinisch-Westfälischen Steinkohlenbezirks) lassen sich nur sehr wenige Hinweise auf Verfüllungen innerhalb von Betriebsgeländen direkt erfassen (Tabelle 5.14). Da auf eine Darstellung der Geländeformen mittels Höhenlinien verzichtet wurde, sind Verfüllungen allein über die Analyse von betrieblichen Anlagen zu ermitteln, die als Hohlformen für eine Ablagerung von Abfallstoffen in Frage kommen. Fallen diese bereits bei Betriebsanlagen(teilen) angesprochenen Inhaltskategorien in zeitlich nachfolgenden Ausgabeständen weg, so sind sie als mögliche Verfüllungsbereiche anzusehen. In der topographischen Karte des Rheinisch-Westfälischen Steinkohlenbezirks können betriebliche Verfüllungen wie bei der DGK 5 identifiziert werden.

Im Unterschied zu den Kartenwerken werden in Luftbildern betriebliche Ablagerungen – in Abhängigkeit von einer noch sichtbaren Mindestgröße und unter dem Einfluß der stereoskopischen Überhöhung des Raummodells – insgesamt vollständiger und differenzierter wiedergegeben, soweit diese zum Zeitpunkt der Aufnahme erkennbar sind (Tabelle 2.2). So können insbesondere durch den Überhöhungsfaktor selbst geringfügige Höhenunterschiede (von 1 bis 3 m) noch deutlich wahrgenommen werden. Auf diese Weise lassen sich die kleinflächigen und relativ niedrigen Schüttbereiche von ungeordneten Ablagerungen und Kippen gut identifizieren. Die Differenzierung von Ablagerungen nach der Art des Materials, ggf. auch nach der Materialbeschaffenheit, erfolgt in der Regel über Bildmerkmale, es sei denn, es handelt sich um großflächige Ablagerungsobjekte oder um Aufschüttungen (z.B. mit Tanks, Fässern; aber auch Bergehalden), die direkt zu erkennen sind. Im Vergleich zu den oben erwähnten, direkt zu identifizierenden Bergehalden können aus der Kategorie «Aufschüttungen» über Lage, Größe, Stereoeffekt, Helligkeit und Textur sowie über Transportwege zur Ablagerung und Ablagerungsvorgänge sowohl unterschiedliche Haldenarten als auch betriebliche Ablagerungen differenziert werden (Bild 5.7). Als manchmal hilfreich für die Identifizierung von Bergehalden, Kohlehalden und ungeordneten Ablagerungen/Kippen, die in den Senkrechtaufnahmen der Bildpläne von 1925/28 nicht immer eindeutig zu unterscheiden sind, haben sich die Schräg- bzw. Geneigtaufnahmen aus den Jahren vor 1930 erwiesen. Sie zeigen die betreffenden Ablagerungsflächen aus einer anschaulichen Perspektive, über die mittels Bildmerkmalen (Hangform, Textur) die Aufschüttung näher zu klassifizieren ist.

Obwohl betriebliche und natürliche Hohlformen direkt identifizierbar sind, lassen sich Verfüllungen wie in Karten auch in Luftbildern nur indirekt ermitteln, indem Hohlformen in unterschiedlichen Aufnahmezeiten miteinander verglichen werden (Tabelle 5.14). Betriebliche Hohlformen (Klärbecken, Entwässerungskanäle usw.) sind dabei entsprechend den Inhaltskategorien der Betriebsdifferenzierungen direkt zu erfassen. Die Verfüllung dieser ehemaligen Betriebsanlagen ist zum einem durch einen Wegfall bzw. eine Folgenutzung in nachfolgenden Aufnahmezeiten zu erkennen, zum anderen über Grauton-/Texturunterschiede im Bereich der ehemaligen Betriebsanlagen, die in etwa der alten Umrißform entsprechen. Großflächige Verfüllungen von natürlichen Hohlformen wie ehemalige Talzüge und Mulden bzw. Senken lassen sich besonders deutlich in stereoskopisch auswertbaren Reihenmeßbildern über einen mehrzeitlichen Vergleich des Geländemodells kartieren. Zusätzlich können zur quantitativen Bestimmung der Tiefe bzw. der Aufschüttungs- und Verfüllungshöhe die Höhenunterschiede von Böschungsoberkanten und Fußpunkten (Basis) sowie die tiefsten Bereiche einer Hohlform mittels Stereomikrometer ermittelt werden. Fehlen Stereobildpaare bzw. liegen nur Bildpläne vor (insbesondere aus den Jahren 1925 bis 1940), so kann die Geländeform indirekt über den Vergleich von Geländekanten und deren Schattenwurf vermutet werden.

Gruben und Steinbrüche sind in stereoskopisch auswertbaren Luftbildern direkt erfaßbar. Hinweise zur Art des Abbauproduktes lassen sich dagegen nicht immer eindeutig entnehmen. Über Objekt- und Bildmerkmale wie die Steilheit der Böschungen, Helligkeit und Textur ist in manchen Fällen eine Bestimmung des Abbaumaterials möglich, das Aufschluß über die natürliche Basisabdichtung und mögliche Grundwasserströme einer Ablagerungsfläche gibt. In Bildplänen erlauben Helligkeit, Grauton, Textur und Schattenwurf eine Identifizierung von Gruben und Steinbrüchen und in manchen Fällen auch eine Differenzierung nach Sand- und Lehmgruben (Abschnitt 5.6).

Rückschlüsse auf die Materialbeschaffenheit und Herkunft von Ablagerungen in Verfüllungen können wie bei allen anderen Informationsträgern über Lagebeziehungen (Nähe zu einer Produktionsanlage) und Anbindung an Verkehrsträger und

Bild 5.8 Kriegseinwirkungen der Zeche und Kokerei Carolinenglück, erfaßt in Alliierten-Kriegsaufnahmen von 1944 bis 1945

Luftbild ca. 1945

Vergrößerung M ca. 1:1000

Rohrleitungen (Abschnitt 4.2) gezogen werden. In Ausnahmefällen wird in Luftbildern sogar der Vorgang der Materialeinbringung dokumentiert.

Kriegseinwirkungen
Allein die Luftbildauswertung gestattet eine Identifizierung von Kriegseinwirkungen auf Zechen- und Kokereistandorten durch Bomben- und Granattreffer (Tabelle 5.14 und Bild 5.8).

Als Bombentrichter bzw. Beschädigungen von Gebäuden und Produktionsanlagen (hauptsächlich Dachschäden) sind sie direkt zu erkennen. Auch Bombentrichter älteren Datums, die bereits verfüllt sind, fallen aufgrund der typischen Umrißform (kreisrund), des hellen Grautons und der fleckigen Textur auf und können ebenfalls direkt identifiziert werden. Detaillierte Aussagen über Ausmaß und Umfang der Bombentreffer auf Produktionsanlagen, die entweder als Anlagenbeschädigung oder Anlagenzerstörung einzustufen sind, können allein über die Größe der Schäden im Verhältnis zur Gesamtanlage, eventuell über Dauer der Schäden bzw. über den Abriß der Gesamtanlage zu einem späteren Zeitpunkt, getroffen werden.

5.2.2 Erfassungsergebnisse der multitemporalen Karten- und Luftbildauswertung

Durch die multitemporale Karten- und Luftbildauswertung konnten im Bochumer Untersuchungsraum 26 Zechen und 17 Kokereien (Zechenkokereien) erfaßt werden (Tabelle 5.19). Sowohl Zechen- als auch Kokereistandorte sind im Luftbild in direkter Weise zu identifizieren, während in den Kartenwerken, entsprechend den theoretischen Ausführungen zur Identifizierbarkeit in Abschnitt 5.2.1, nur Zechen direkt zu erfassen sind.

Können Zechenstandorte in Karten durch Schriftzusätze und Signaturen und im Luftbild durch Bildmerkmale ermittelt werden, so ist eine vollständige Erfassung von Kokereien allein im Luftbild anhand von typischen Gebäudemerkmalen möglich. Lediglich in einer Sonderausgabe der TK 25 aus dem Jahre 1924 und in der 2. und 3. Auflage der Übersichtskarte der WBK läßt sich ein Standort über die Schriftzusätze «Kokerei» und «Nebenproduktenfabrik» direkt identifizieren. Damit bestätigt sich auch im Untersuchungsraum die Musterblattbestimmung, daß Kokereien im Regelfall in Karten unbezeichnet dargestellt werden (Abschnitt 5.2.1). Wie ein Vergleich der im Luftbild erfaßten Kokereien mit den entsprechenden Karteninhalten verdeutlicht, sind Anlagen(teile) von Kokereien zwar mit den Tagesanlagen von Zechenstandorten aufgenommen worden (vgl. die Kartenbeispiele in Bild 5.9). Eine Identifizierung des Kokereigeländes in Karten ist allerdings nur auf indirektem Wege und durch den Vergleich mit der Luftbildinformation möglich. Des weiteren belegt die Analyse der Zechen- und Kokereistandorte im Untersuchungsraum, daß auch in allen Kartenwerken die ungefähre Lage der Kokerei über den Aufbautyp des Zechenbahnhofs und der Anordnung von Gebäuden (Tagesanlagen), d.h. über Aufbaumuster, ermittelt werden kann.

Vergleicht man die Erfassungsergebnisse (Tabelle 5.19), so bestehen zwischen allen 4 Informationsquellen nur geringfügige Unterschiede der Gesamtzahl der erfaßten Zechenstandorte. Wie dem kombinierten Vergleich zu entnehmen ist, konnten insgesamt 19 Großschachtanlagen, eine Zeche mit 2 Schachtanlagen, 5 Kleinzechen und 1 Stollenmundloch erfaßt werden. Die Anzahl von 25 Zechenstandorten im Luftbild und jeweils 23 in den 3 Kartenwerken ist als Beleg dafür anzusehen, daß die Kategorie «Zechen» durch alle Informationsträger nahezu vollständig zu ermitteln ist. Abweichungen sind auf unterschiedliche Erfassungsmöglichkeiten und unterschiedlich große Zeitlücken der Informationsträger zurückzuführen. Auch für das Untersuchungsgebiet gilt, daß Karten weniger differenzierte Hinweise auf Betriebsflächen von Zechen zu entnehmen sind als Luftbildern. So lassen sich zwar in allen Kartenwerken großflächige Zechenstandorte vollständig erfassen. Bei der Differenzierung nach einzelnen Schachtanlagen treten in der TK 25 jedoch Schwierigkeiten auf. So belegt die Untersuchung, daß es nicht immer möglich ist, innerhalb eines Zechengeländes mehrere separate Schachtanlagen zu unterscheiden, wenn diese einheitlich nur mit dem Namen der Zeche versehen werden. Außerdem sind in den Kartenwerken Kleinzechen, die aus der Zeit nach dem Zweiten Weltkrieg stammen, nicht vollständig wiedergegeben. Als kurzlebige Erscheinungen werden sie nicht bei der Kartenfortführung in langfristigen Intervallen aufgenommen. Außerdem ist in den Kartenwerken die Differenzierung von Zechen nach Kleinzechen aufgrund fehlender Schriftzusätze erschwert. Die Klassifizierung dieser Kategorie ist nur durch das Luftbild möglich. Lediglich dort, wo die Abbildungsperspektive des Luftbildes eine Identifizierung von Objekten verhindert, geben Karten genauere Informationen. Dies ist im Untersuchungsgebiet bei einem Stollenmundloch der Fall.

Eine Differenzierung der erfaßten 17 Kokereistandorte nach Betrieben mit oder ohne Nebengewinnungsanlagen, d. h. Anlagen der Nebenproduktengewinnung, ist allein durch die Luftbildauswertung möglich. Typische Gebäude der Nebenproduktengewinnung (u.a. Nebengewinnungsanlagen, Wäscher/Kühler, Gasometer bzw. Gasbehälter und diverse Tankbehälter) sind bei 13 Standorten zu ermitteln, während bei 4 Standorten dem Luftbild keinerlei Hinweise auf Gebäude dieser Art zu entnehmen sind. Weiterhin lassen sich sämtliche Kokereistandorte nach ihrer Größe und Entstehungszeit klassifizieren. So können kleinere Kokereien der Frühphase des Kokereianlagenbaus (8 Stück) mit unbedeutender bzw. ohne Nebenproduktengewinnung von großflächigen Zentralkokereien (9 Großkokereien) unterschieden werden. Des weiteren gestattet das Luftbild nicht nur eine Identifikation unterschiedlicher Typen von Kokereien (Bilder 5.2 und 5.3), sondern auch Aussagen zum Betriebszustand dieser Anlagen. Sowohl Phasen des Umbruchs bzw. des Abrisses als auch ein beginnender Teilausbau und Neuerrichtungen von Kokereibetrieben werden durch das Luftbild dokumentiert. Damit ist es möglich, die Anlagenüberreste (z.B. Koksofenbatteriestümpfe) zur Rekonstruktion des früheren Standorts und Kokereityps zu benutzen. Zugleich dokumentiert allein das Luftbild den Abriß von Anlagen(teilen) und die Einebnung des Betriebsgeländes. Diese deuten auf mögliche Verschleppungszonen von Schadstoffen hin.

Tabelle 5.19 Erfaßte Verdachtsflächen der Kategorie «Zechen- und Kokereistandorte» im Untersuchungsraum

Altlastverdachtsflächen-Kategorien I. STEINKOHLENBERGWERKE ALTANLAGEN	Vermutete Anzahl gesamt	Luft-bild	TK 25	DGK 5	WBK 1 : 10 000
1. *Bergwerke*	26	25	23	23	23
Zechen	19	19	22	21	21
Schachtanlagen	2	2	2	2	
Kleinzechen	5	5	–	–	–
Stollenmundloch	1	–	–	1	1
2. *Kokereien*	17	17	1	–	1
Kokereien ohne Hinweis auf Nebengewinnungsanlagen	4	4	1	–	–
Kokereien mit Hinweis auf Nebengewinnungsanlagen	13	13	–	–	1
Betriebsdifferenzierungen	461	435	168	114	129
Nebengewinnungsanlagen, undifferenziert	33	33	–	–	–
Nebengewinnungsanlagen, differenziert	–	–	–	–	–
– Ammoniakfabrik	–	–	–	–	–
– Benzolfabrik	–	–	–	–	–
Brikettfabrik	–	–	–	–	–
Förderschacht	35	35	–	23	30
Gasbehälter	7	7	–	–	2
Gasometer	5	5	–	1	–
Gleisanlagen	91	90	85	68	80
Kohlenwäsche	14	14			
Koksofenbatterien	31	31			
Kokslöschturm	3	3			
Kühlgerüst	11	11			
Kühlturm	41	41			
Lagerplatz				3	3
– Fässer	2	2			
– Grubenhölzer	22	22	1		
– Lockermaterial	1	1			
– Stückgüter	2	2			
Lagerhallen/Schuppen					
Luftschacht/Wetterschacht	12	2	5	3	12
Schornstein	87	72	78	15	2
Tankbehälter	37	37			
Teerbassin					
Teerdestillation	5	5			
Umladestation	1	1			
Wäscher/Kühler	20	20			
Schwefelreinigungsanlage	1	1			
Entsorgungsanlagen (innerbetrieblich)	3	3			3
Entwässerungskanal					
Kläranlage					
Klärbecken/Teich	2	2			1

Fortsetzung von Tabelle 5.19

	Vermutete Anzahl gesamt	Luft-bild	TK 25	DGK 5	WBK 1 : 10000
Schlammteich/Absetzbecken	1	1			
Wasserflächen ohne Zuordnung					2
Versorgungsanlagen (innerbetrieblich)	6	6		2	1
Gasanstalt	5	5		1	1
Kraftwerk	1	1		1	
Tankstelle					
ALTABLAGERUNGEN (auf/an Betriebsflächen *immer* mit Verdacht auf Produktionsrückstände)	268	254	151	87	136
Aufschüttungen	162	161	67	55	37
unklassifiziert	3	3	23	39	6
klassifiziert:					
– Zechenhalden					2
a) Halden, allgemein	1		44	15	29
b) Bergehalden	75	75		2	
c) Kohleaufhaldungen	10	10			
d) Schutthalden					
– Industriemülldeponie (geordnet)					
– ungeordnete Ablagerungen	73	73			
Verfüllungen	106	93	84	32	99
verfüllte ehemalige Abgrabungen					
– Gruben, unklassifiziert	3	1	3		
– Gruben, klassifiziert					
a) Sandgrube					
b) Lehmgrube					
c) Tongrube					
d) Mergelgrube					
– Brüche, Tagesbrüche					
– Steinbrüche					
Verfüllungen innerbetrieblicher Hohlformen					
– Entwässerungskanal	2	2			3
– Kläranlage	14	14	1		1
– Klärbecken	86	75	1	12	10
– Schlammteiche/Absetzbecken	1	1			
– Teerbassin					
– Wasserflächen ohne Zuordnung			79	20	85
Verfüllungen von Bombentrichter	264	264			
KRIEGSBEDINGTE EINWIRKUNGEN					
Anlagenbeschädigungen	47	47			
Anlagenzerstörungen	11	11			
ausgelaufene Produktionsstoffe					

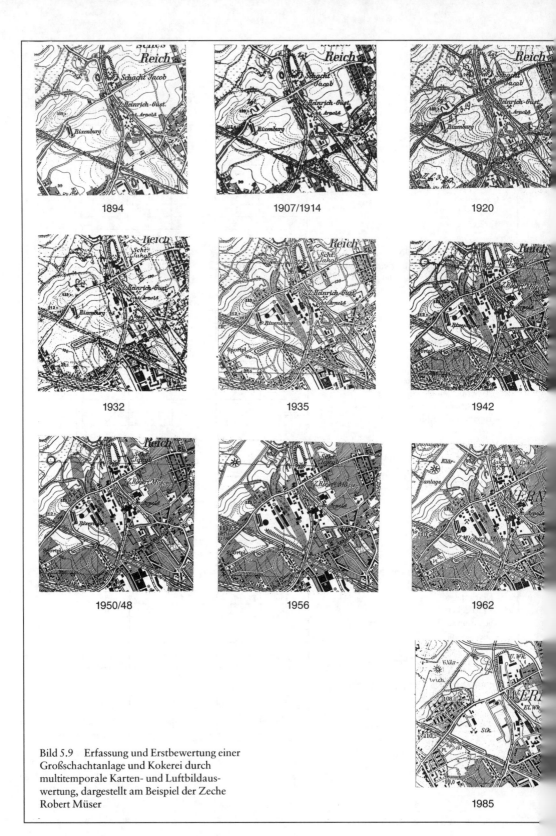

Bild 5.9 Erfassung und Erstbewertung einer Großschachtanlage und Kokerei durch multitemporale Karten- und Luftbildauswertung, dargestellt am Beispiel der Zeche Robert Müser

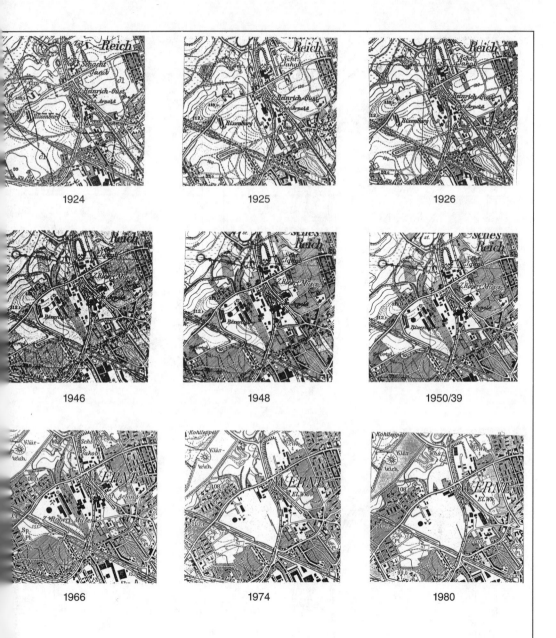

Bild 5.9 Fortsetzung – DGK 5

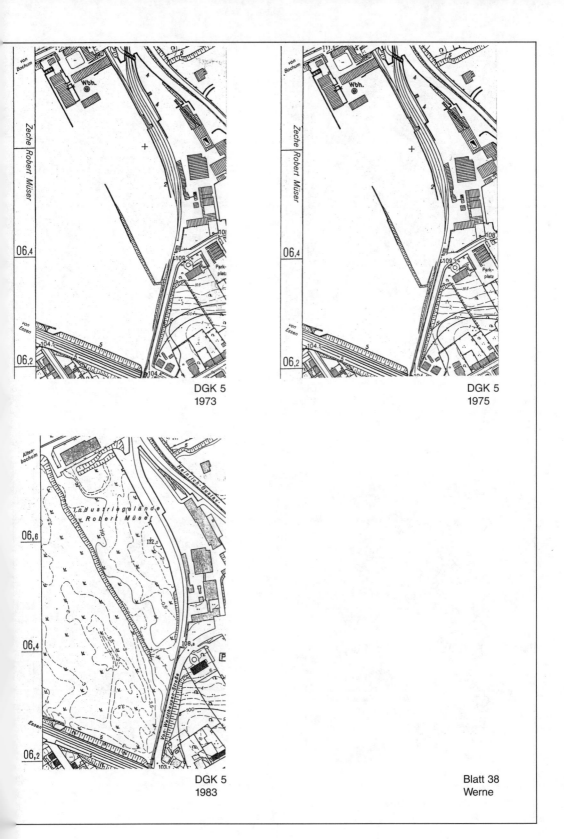

DGK 5
1973

DGK 5
1975

DGK 5
1983

Blatt 38
Werne

Bild 5.9 Fortsetzung – DGK 5

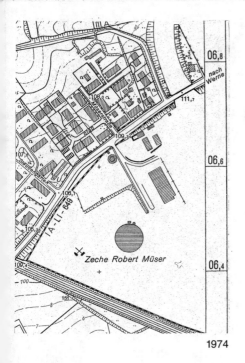

1974

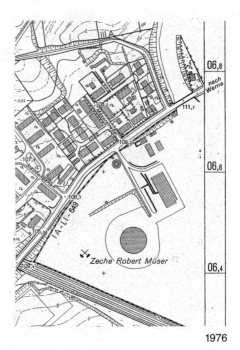

1976

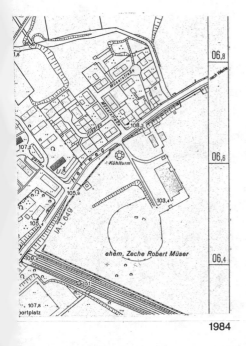

1984

Blatt 37
Harpen

Bild 5.9 Fortsetzung WBK

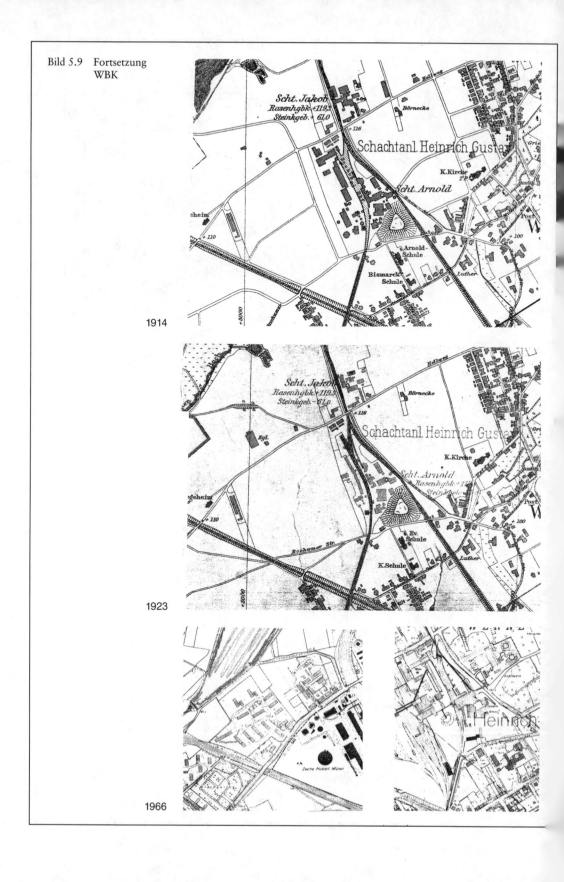

1914

1923

1966

Luftbild-
plan 1926

Historische Schrägaufnahme der Zeche Heinrich-Gustav aus dem Jahre 1926 (KVR Hist. Schrägaufnahme Bild-Nr. 53)
Im Vordergrund deutlich erkennbar die Kokereianlagen (a) mit Nebengewinnungsanlage (b). Am unteren Bildrand fallen Ablagerungsflächen (c) auf.

Deutlich erkennbare Ablagerungen am Rande des Betriebsgeländes (a)

Identifizierbare Nebengewinnungsanlage mit Kühler und Wäscher (a) und ungeordneten Ablagerungen auf dem Betriebsgelände (b)

Bild 5.9 Fortsetzung

Flachaufnahme des Gasometers der Zeche und Großkokerei Robert Müser in Bochum-Harpen/
Bochum-Werne. (Aufnahmezeitpunkt ca. Mitte 30er Jahre)

Bildplan
8/1938
Vergrößerung
M. 1:12500

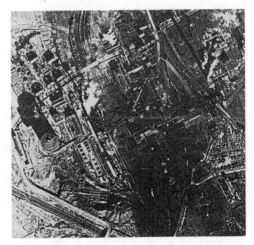

Luftbild
15. 10. 44

Kriegsaufnahme der Zeche Robert Müser
von 1945. Bild-Nr. 3158, Str. 26
M. ca. 1:5000.

Bild 5.9　Fortsetzung

Ca. Frühjahr 1945

Luftbild 1945

Luftbild 1945

Bild 5.9 Fortsetzung

Alliierte Hochbefliegung vom 15. 7. 1945

Vergrößerung von M. 1:33 900 auf M. ca. 1:10 000

Der schwer beschädigte Gasometer befindet sich im Abbruch.

Alliierte Hochbefliegung vom Herbst 1945
Vergrößerung von M. 1:38 500 auf M. ca. 1:10 000

Der Gasometer ist fast vollkommen abgebaut.

Senkrechtaufnahme von 1952

M. ca. 1:5000

Obenerwähnter Gasometer ist vollständig abgebaut. Ein neuer Gasometer ist in unmittelbarer Nähe errichtet worden. Die Gasometertasse des alten ist in Spuren zu erkennen.

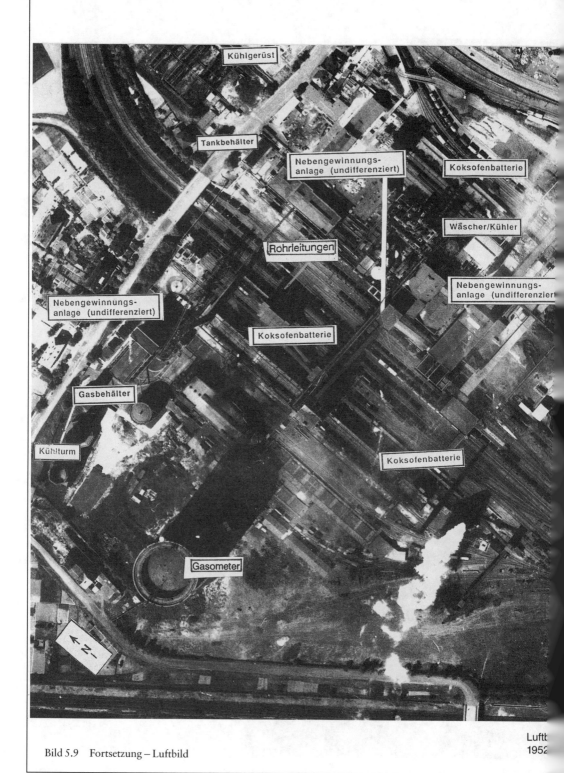

Bild 5.9 Fortsetzung – Luftbild

Luftbild
1959

Luftbild
1963

Luftbild 1969

Luftbild 1974

Bild 5.9 Fortsetzung

Luftbild
1983

Neben den unterschiedlichen Erfassungsmöglichkeiten von Zechen- und Kokereistandorten zeigt die Auswertung von Karten und Luftbildern, daß auch einzelne Produktionsanlagen und betriebliche Ablagerungen innerhalb des Betriebes in unterschiedlicher Weise durch die Informationsträger zu ermitteln sind. Von den 461 Betriebsdifferenzierungen (Produktionsanlagen, -anlagenteilen), die im Untersuchungsraum erfaßt wurden (Tabelle 5.19), ist dem Luftbild die höchste Anzahl zu entnehmen (435 = ca. 95 %). Lediglich die Inhaltskategorien «Gleisanlagen», «Schornsteine» und «Wetterschächte», die in den ältesten Kartenausgaben der TK 25 (ab 1894) und der Übersichtskarte der WBK (ab 1914) enthalten sind und bereits bis 1925 wegfallen, lassen sich in den Luftbildplänen von 1925/28 nicht mehr erfassen.

Im Vergleich zu den Kartenwerken sind wesentlich mehr Anlagen und Anlagenteile funktionsmäßig zu benennen. Während die Karteninformation nur eine direkte Identifizierung weniger Kategorien wie Gleisanlagen, Schornsteine, Förder-, Luftschächte und Lagerplätze gestattet, die den Musterblattangaben entsprechen (Abschnitt 5.2.1), ermöglicht das Luftbild, daß zusätzlich zahlreiche für die Altlastensuche wichtige Anlagen exakt nach der Funktion benannt werden können. Dazu gehören u. a. die direkt zu identifizierenden Koksofenbatterien, Tankbehälter, Wäscher/Kühler, Kühlgerüste, Gasometer, Gasbehälter, Schwefelreinigungsanlagen, Holzplätze und Nebengewinnungsanlagen, die in der Regel als Verursacher von Kontaminationen gelten.

Wie die Kartenauswertung zeigt, sind betriebliche Differenzierungen bis auf wenige Ausnahmen nur indirekt bzw. über den Vergleich mit dem Luftbild zu erfassen (vgl. hierzu auch die Kartenbeispiele und Abbildungen in den Tabellen 5.4 und 5.5). Dabei verdeutlicht die Gegenüberstellung von zeitgleichen Karten und Luftbildern, daß nahezu alle Anlagen(teile) von Zechen und Kokereistandorten als Gebäude bzw. Wasserflächen (Klärbecken) in Karten eingezeichnet sind (Bild 5.9). Eine indirekte Identifizierung von unbezeichneten Gebäudedarstellungen in Karten über Grundrisse, Formen und Lage hat sich dagegen als wenig nützlich erwiesen. Da bestimmte Anlagen(teile), insbesondere Maschinenhäuser, Lagerhallen/-schuppen, Kesselhäuser, Tank- und Gasbehälter, eine identische Ausdehnung (Grundrißform) und Lagebeziehung besitzen, sind Verwechslungen bzw. Fehldeutungen der Gebäudefunktion leicht möglich.

Dagegen belegt die Untersuchung, daß im Luftbild selbst Anlagen(teile) direkt und eindeutig zu erkennen sind. Identifizierungsprobleme treten bei Brikettfabriken, Lagerhallen und Teerbassins auf.

Wie die Luftbildanalyse für Kokereistandorte erkennen läßt, können Ammoniak- und Benzolfabriken aufgrund ihres nahezu übereinstimmenden Erscheinungsbildes ebenfalls nicht immer eindeutig unterschieden werden. So erweisen sich die Objektmerkmale «Größe», «Grundrißform» und «Dachform» (u.a. Dachreiter) von Nebengewinnungsanlagen als wenig aussagekräftig. Von den insgesamt 38 erfaßten Nebengewinnungsanlagen konnten nur 6 Anlagen mit kleinflächigem Gebäudegrundriß, angegliederten Hochbehältern und freistehenden Wäschern und Kühlern in der unmittelbaren Nähe als Ammoniakfabrik aus der Frühphase des

Kokereibaus identifiziert werden (Bild 5.9). Zeitgleiche Betriebspläne und Anlagenbeschreibungen aus Firmenchroniken belegen, daß in diesen Gebäuden sowohl eine Ammoniak- als auch eine Benzolgewinnung untergebracht ist. Eine Analyse der Kokereianlagen nach Aufbaumustern zur Funktionsbestimmung zeigt, daß die in Abschnitt 5.2.1 erhobene Annahme zur Differenzierung von Nebengewinnungsanlagen über typische Lage- und Anordnungsbeziehungen lediglich teilweise zutrifft. Nur bei rund 25 % der erfaßten Nebengewinnungsanlagen kann aufgrund der Nähe der Anlagen zur Koksofenbatterie die Vermutung geäußert werden, daß es sich um eine Ammoniakfabrik handelt. Ein Vergleich mit Betriebsplänen bestätigt, daß Anlagen bis zum Ende der 20er Jahre diesem Aufbautyp entsprechen. Neu errichtete Produktionsstätten der Folgezeit jedoch weichen von dieser Regelhaftigkeit ab. Ammoniakfabriken erfahren zudem oftmals einen Funktionswandel, so daß «die Nähe zur Koksofenbatterie» für Anlagen nach 1930 nicht als eindeutiges Unterscheidungsmerkmal zu betrachten ist. Eine Differenzierung von Nebengewinnungsanlagen nach weiteren Produktionsverfahren der Kohlenwertstoffgewinnung (z. B. Naphthalingewinnung) ist auch durch die Luftbildauswertung weder direkt noch indirekt möglich.

In den Kartenwerken ist eine Identifizierung und Funktionsansprache von unbezeichneten Anlageteilen der Nebengewinnung nur indirekt über den Vergleich mit der entsprechenden Luftbildinformation zu erreichen, so daß Gebäude selbst in älteren Karten im nachhinein durch die Luftbildinformation exakt benannt werden können. Eine Gegenüberstellung von Karten und Luftbildern zeigt, daß Nebengewinnungsanlagen und Koksofenbatterien in der DGK 5 und der Übersichtskarte vollständig und in lage- und grundrißtreuer Form eingezeichnet sind (Bild 5.9). In der TK 25 werden trotz Generalisierungsmaßnahmen zumindest Koksofenbatterien und einige großflächige Nebengewinnungsanlagen dargestellt. Über Gleisanlagen und den Typ des Zechenbahnhofs kann eine Analyse von Aufbaumustern zur Funktionsbestimmung durchgeführt werden. Jedoch belegt die Untersuchung der Zechen- und Kokereistandorte, daß Kesselhäuser, Maschinenhallen, Schwefelreinigungsanlagen und Lagerhallen mit identischer Grundrißform oftmals als Koksofenbatterien fehlidentifiziert werden (Bilder 5.4 und 5.5). Die Kartenauswertung zur Erfassung und Differenzierung von Kokereinebengewinnungsanlagen ist daher über Aufbaumuster nur eingeschränkt möglich und mit einer großen Fehlerrate versehen.

In diesem Zusammenhang zeigt der Vergleich von Karten und Luftbildern aus den 20er Jahren mit Karten von 1894 (TK 25) und 1914 (WBK), daß zusätzliche Anlagenteile der Kokerei in den ältesten Kartenausgaben vorhanden sind, die bereits im Luftbildplan von 1925/28 nicht mehr abgebildet wurden. Die Grundrißform von Produktionsanlagen und ihre Lage an Eisenbahnlinien ist vergleichbar mit den Gebäudeteilen, die durch den Luftbildvergleich in den Kartenfortführungen Ende der 20er Jahre als Kokereinebengewinnungsanlagen zu bestimmen sind. So wird zugleich durch Betriebspläne bestätigt, daß auch in den ältesten Kartenausgaben vor den ersten Luftbildern die Nebengewinnungsanlagen der Kohlenwertstoffgewinnung aus der Frühphase des Kokereianlagenbaus aufgenommen sind. Diese sind im Luftbild 1925/28 nur noch als Anlagenreste bzw. als Abrißspuren zu erkennen oder aber nicht mehr zu identifizieren[5.17]. In historischen Schräg-/Geneigtaufnahmen der Jahre 1920 bis 1925 sind diese Anlagen noch vollständig abgebildet. Demzufolge muß in den Kartenausgaben vor dem erstmaligen Aufnahmezeitpunkt des Luftbildes mit weiteren Koksofenbatterien und Nebengewinnungsanlagen gerechnet werden.

In gleicher Weise wie bei der Erfassung von Betriebsanlagen(teilen) ist dem Luftbild auch bei der Identifizierung von Altablagerungen auf Betriebsflächen die größte Bedeutung beizumessen. Sowohl qualitativ als auch quantitativ wird die Karteninformation durch die des Luftbildes übertroffen (Tabelle 5.19). So können durch die Luftbildauswertung ca. 95 % der 268 Altablagerungen erfaßt werden; durch die TK 25 ca. 56 % (151), durch die WBK ca. 51 % (136) und durch die DGK 5 rund 32 % (87).

Wie schon die Musterblattanalyse zeigte (Abschnitt 5.2.1), beschränkt sich die Karteninformation im Untersuchungsgebiet nur auf wenige Kategorien von Ablagerungen (unklassifizierte Aufschüttungen, Halden, verfüllte Klärbecken, verfüllte Wasserflächen). Materialzusammensetzung und -herkunft sind aufgrund fehlender Schriftzusätze nicht direkt zu bestimmen. Die Schriftzusätze «Bergehalden» und «Halde» in der DGK 5, die als Ausnahmen zu betrachten sind, sowie die Lage dieser Aufschüttungen an Gleisanlagen in der Nähe zu Zechenstandorten gestatten eine nähere Kennzeichnung als Zechenhalde. Des weiteren bestehen Unterschiede zwischen den Kartenwerken in der Erfaßbarkeit von Altablagerungen. Wie die Verdachtsflächenerkundung im Untersuchungsraum zeigt, werden in der TK 25 auch kleinflächige, nicht zu klassifizierende Aufschüttungen und Halden wiedergegeben, die in zeitgleichen Ausgaben der WBK-Übersichtskarte nicht verzeichnet sind (Bild 5.9). Umgekehrt werden in der Übersichtskarte der WBK Klärbecken und Wasserflächen wesentlich vollständiger und differenzierter dargestellt. Der DGK 5 kommt zur Erfassung von Altablagerungen nur eine nachgeordnete Bedeutung zu, da sie lediglich die noch ab Ende der 50er bzw. Anfang der 60er Jahre existierenden Aufschüttungen erfaßt. Im Vergleich zu den anderen, weiter in die Vergangenheit zurückreichenden Informationsquellen liegen daher die Erfassungsergebnisse durch die Auswertung der DGK 5 erheblich niedriger. Zudem zeigte sich im Untersuchungsraum, daß Schriftzusätze, die eine Klassifizierung und Materialbestimmung von Aufschüttungen erlauben, nur sehr selten zu finden sind. Die Bezeichnungen «Halde» und «Bergehalden» sind daher nur als Sonderfälle anzusehen.

Wie für Betriebsanlagen(teile) gilt auch für Altablagerungen, daß das Luftbild eine zahlenmäßig höhere und differenziertere Erfassung von Kategorien gestattet. Lediglich die Ablagerungen, die in den Kartenausgaben der TK 25 und der Übersichtskarte der WBK zu erfassen sind und die bis 1925/28 eine Folgenutzung aufweisen, können in den Luftbildern der Jahre 1925/28 nicht mehr als solche identifiziert werden. Grundsätzlich werden seit 1925/28 sämtliche durch Karten ermittelte Ablagerungen, die nur als Aufschüttungen allgemeiner Art bzw. als Halden ohne Hinweis auf den Materialcharakter erfaßt werden konnten, durch das Luftbild differenziert als Bergehalden wiedergegeben. Darüber hinaus lassen sich zahlreiche kleinflächige und kurzlebige Aufschüttungen durch die Luftbilder ermitteln, bei denen es sich entweder um Bergehalden, Koks-/Kohlehalden oder um ungeordnete Ablagerungen/Kippen handelt. Besonderer Wert kommt dem Luftbild in der Erfassung von ungeordneten Ablagerungen/Kippen zu, die als potentielle illegale Werksdeponien in allen anderen Informationsquellen weder als unklassizierte Aufschüttungen noch als Halden eingezeichnet sind (Bild 5.9). Dies bestätigt zugleich die Aussage in Abschnitt 5.2.1, daß kurzlebige Erscheinungen kein Gegenstand einer Kartenaufnahme sind bzw. von den längerfristigen Intervallen einer Kartenfortführung nicht berücksichtigt werden.

Als weiteren Unterschied von Karten- und Luftbildinformation belegt die Untersuchung, daß nur durch das Luftbild der Vorgang der Ablagerung selbst erkennbar ist. So können nicht nur Werksbahnen, Seilbahnen und Rohrleitungen (Bild 5.9), die in Verbindung mit Kokereinebengewinnungsanlagen stehen, sondern auch die Einbringung von Material identifiziert werden. Ferner haben sich die Bildmerkmale «Grautöne» und «Texturunterschiede» bewährt, um unterschiedliche Schüttbereiche zu identifizieren und mögliche Materialzusammensetzungen innerhalb einer Ablagerung grob zu bestimmen.

Am Beispiel des Untersuchungsraumes wird außerdem die Bedeutung des Luftbildes zur Ermittlung von Kriegsschäden deutlich. Nur Luftbilder der Alliierten aus den Jahren 1940 bis 1945 bilden diesen Sachverhalt ab. Allein die Anzahl der erfaßten Kriegszerstörungen auf Zechen- und Kokereistandorten zeigt, daß es sich hier um ein Phänomen handelt, das bei der Verdachtsflächenermittlung nicht vernachlässigt werden darf (Tabelle 5.9). In den bisher zugänglichen Kriegsaufnahmen konnten 264 Bombentreffer und 47 Anlagen- bzw. Gebäudebeschädigungen auf Zechen- und Kokereistandorten direkt identifiziert werden. Davon weisen 11 Anlagen so erhebliche Beschädigungen auf, daß sie als Anlagenzerstörungen anzusprechen sind.

Die Auswertung der Kriegsaufnahmen hat gezeigt, daß Zechenstandorte je nach ihrer Größe und Bedeutung in unterschiedlichem Maße das Ziel von Bombenangriffen waren. Die Mehrzahl der Zechen, die z. T. stillgelegt waren, oder kleine bzw. nur unbedeutende Kokereien, die keine Nebengewinnungsanlagen, Gasanstalten und Kraftwerke besitzen, weisen nur geringe Bombentreffer auf. Diesen Zechen ohne größere wehrwirtschaftliche Bedeutung im Zweiten Weltkrieg stehen die Standorte gegenüber, die sich aus Groß- bzw. Zentralkokereien mit umfangreichen Nebengewinnungsanlagen wie Benzolgewinnung, Leichtölherstellung und Gasversorgung zusammensetzen (im Untersuchungsraum: Zeche Bruchstraße, Carolinenglück, Robert Müser). Hier zeigen die Alliierten-Luftaufnahmen zahlreiche Bombentreffer und Anlagenzerstörungen großen Ausmaßes (Bild 5.9). Besonders die Kokereien, Nebengewinnungsanlagen (Ammoniak-, Benzolfabrik), Gasometer und Tankbehälter weisen erhebliche Beschädigungen auf. Hinzu kommen mögliche Kontaminationen durch Tankzüge (Kesselwagen), die sich während der Angriffe auf dem Zechengelände befanden und beschädigt wurden. Damit verdeutlicht die Untersuchung, daß gerade die Produktionsanlagen von Kokereistandorten das vornehmliche Ziel von Bombenangriffen gewesen sind. Die Vermutung liegt nahe, daß bei beschädigten bzw. zerstörten Anlagen(teilen) Produktions-, Rest- und Abfallstoffe unkontrolliert freigesetzt wurden und zu massiven Bodenverunreinigungen geführt haben müssen.

Zugleich belegen die Untersuchungen, daß sämtliche Kriegsschäden eines Zechen-/Kokereistandortes nur dann erfaßt werden können, wenn alle für den Standort verfügbaren Alliierten-Kriegsaufnahmen chronologisch-lückenlos ausgewertet werden. Dies zeigt sich besonders deutlich am Beispiel der Zeche Robert Müser. Wenn man Aufnahmen nur eines Zeitpunktes auswertet, sind die Kriegsschäden nur unvollständig zu erfassen (Bild 5.9).

Neben den Kriegsschäden an Produktionsanlagen sind Bombentrichter als potentielle Verfüllungsorte von produktionsspezifischen Rest- und Abfallstoffen zu ermitteln. So konnte auf allen Zechen- und Kokereistandorten des Untersuchungsraumes bereits in Aufnahmen unmittelbar nach Bombenangriffen die Verfüllung von Bombentrichtern festgestellt werden. Auch hier besteht die Möglichkeit, über die Nähe von Produktionsanlagen und deren Anbindung an Verkehrsträger eingrenzende Aussagen zur Herkunft des Verfüllungsmaterials von Bombentrichtern zu treffen.

Zusammen mit den Alliierten-Kriegsaufnahmen ermöglichen die Luftbilder der Hochbefliegungen vom Sommer und Herbst 1945, daß sämtliche Kriegsschäden (bis zum 8. Mai 1945) aufgenommen werden. Als einzige Informationsquelle für die Jahre 1945/46 können durch diese Aufnahmen weitere verdachtsflächenrelevante Nutzungsveränderungen erfaßt werden, die durch Demontage und Neubau von Anlagen(teilen) hinzukommen. Selbst kurzlebige Objekte/Sachverhalte lassen sich ermitteln, die in keinem anderen Informationsträger dieser Zeit dokumentiert werden. Besonders deutlich zeigt sich der Wert dieser Aufnahmen am Beispiel der Kokerei Robert Müser. So konnte allein in den Hochbefliegungsaufnahmen der Abriß eines beschädigten Gasometers ermittelt werden und in den Aufnahmen von 1952 leicht versetzt ein neuer Gasometer (Bild 5.9).

Am Beispiel der Zeche Robert Müser (Bild 5.9) werden die Ergebnisse einer Standortanalyse und ihre kartographische Umsetzung aufgezeigt (Karten 5.3, 5.4 und 5.5). In Karten und Luftbildern erfaßte Anlagenteile und Altablagerungen aus der Zeit von 1894 bis 1974 (Stillegung und Abriß der Zeche) sind in Ergebniskarten aufbereitet. Deutlich wird, wie differenziert und räumlich exakt abgegrenzt sowohl Produktionsanlagen als auch Altablagerungen zu unterscheiden sind. Kriegseinwirkungen auf Produktionsanlagen sind ebenfalls ausgewiesen. Auf der Basis dieser Erfassungskarten erfolgt die Abschätzung des Gefährdungspotentials (Abschnitt 5.2.3, Karten 5.6 und 5.7).

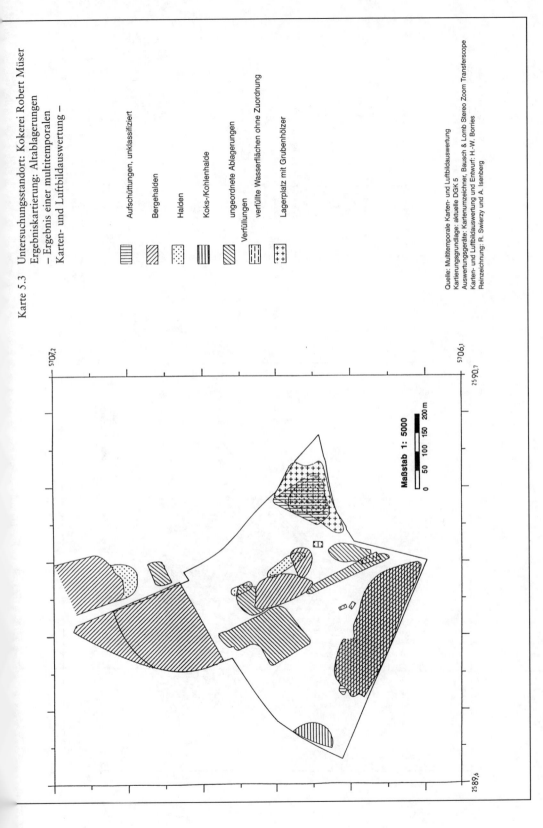

Karte 5.3 Untersuchungsstandort: Kokerei Robert Müser
Ergebniskartierung: Altablagerungen
– Ergebnis einer multitemporalen
Karten- und Luftbildauswertung –

Aufschüttungen, unklassifiziert
Bergehalden
Halden
Koks-/Kohlenhalde
ungeordnete Ablagerungen
Verfüllungen
verfüllte Wasserflächen ohne Zuordnung
Lagerplatz mit Grubenhölzer

Maßstab 1: 5000

Quelle: Multitemporale Karten- und Luftbildauswertung
Kartierungsgrundlage: aktuelle DGK 5
Auswertungsgeräte: Kartenumzeichner, Bausch & Lomb Stereo Zoom Transferscope
Karten- und Luftbildauswertung und Entwurf: H.-W. Borries
Reinzeichnung: R. Swierzy und A. Isenberg

Karte 5.4 Untersuchungsstandort: Kokerei
Robert Müser
Ergebniskartierung: Altstandorte – Ergebnis
einer multitemporalen Karten- und Luftbildauswertung

Erfaßte Altanlagen/Betriebsdifferenzierungen

Fö	Förderschacht
Gasan	Gasanstalt
Gaso	Gasometer
Gla	Gleisanlage
Kt	Kühlturm
Kw	Kohlenwäsche
Kob	Koksofenbatterie
Kg	Kühlgerüst
Klt	Kokslöschturm
Nb	Nebengewinnungsanlage, undifferenziert
S	Schornstein
Sr	Schwefelreinigung
Tb	Tankbehälter
Wk	Wäscher/Kühler

Quelle: Multitemporale Karten- und Luftbildauswertung
Kartierungsgrundlage: aktuelle DGK 5
Auswertungsgeräte: Kartenumzeichner, Bausch & Lomb Stereo Zoom Transferscope
Karten- und Luftbildauswertung und Entwurf: H.-W. Borries
Reinzeichnung: R. Swierzy und A. Isenberg

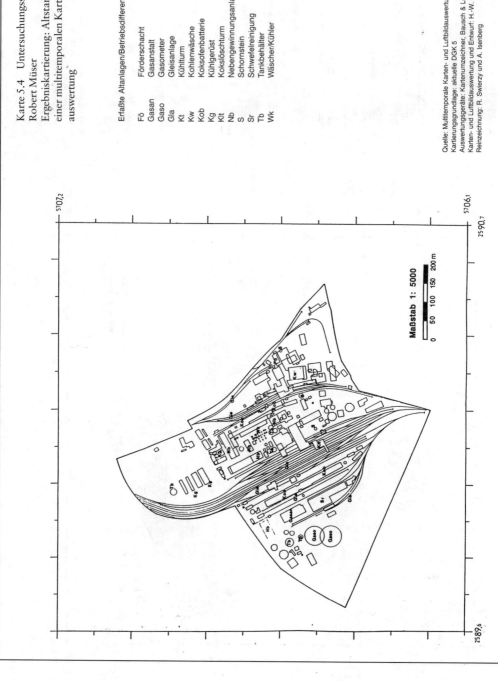

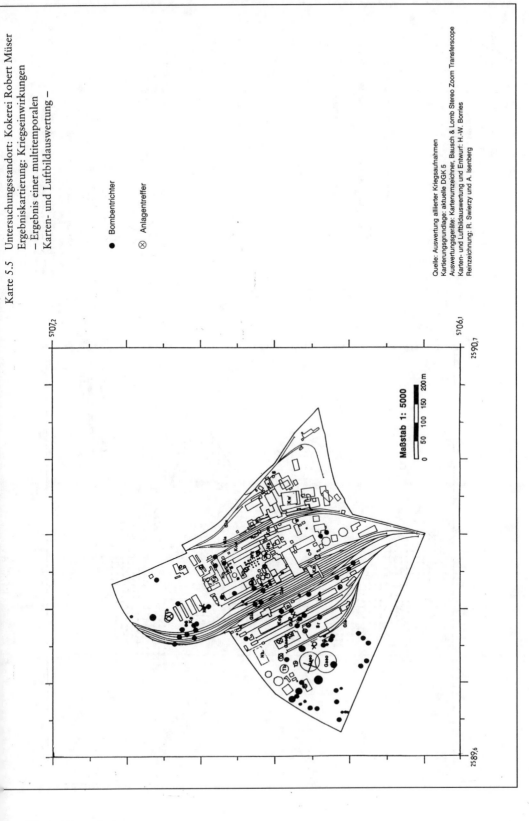

Karte 5.5 Untersuchungsstandort: Kokerei Robert Müser
Ergebniskartierung: Kriegseinwirkungen
– Ergebnis einer multitemporalen
Karten- und Luftbildauswertung –

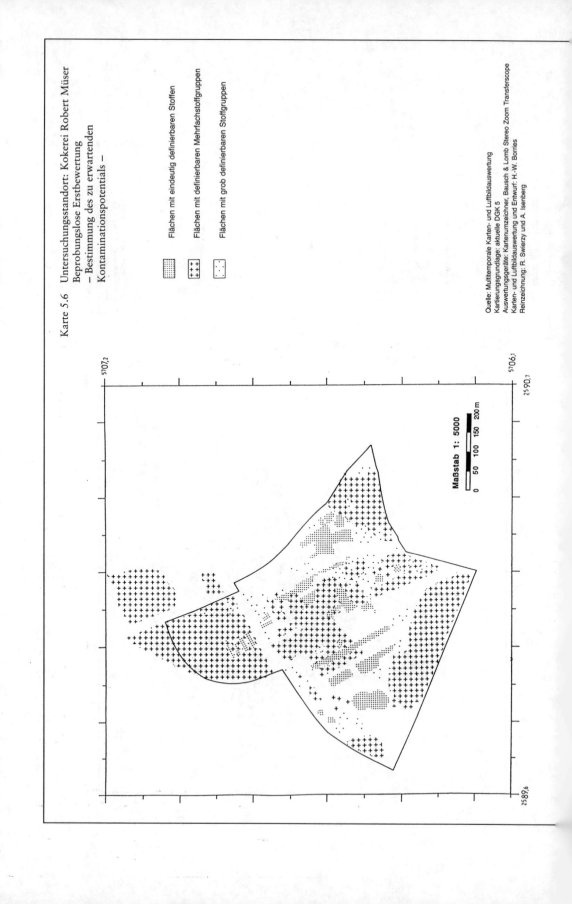

Karte 5.6 Untersuchungsstandort: Kokerei Robert Müser
Beprobungslose Erstbewertung
– Bestimmung des zu erwartenden
Kontaminationspotentials –

Karte 5.7 Untersuchungsstandort: Kokerei Robert Müser
Beprobungslose Erstbewertung
– Altlastgefährdungsstufen –

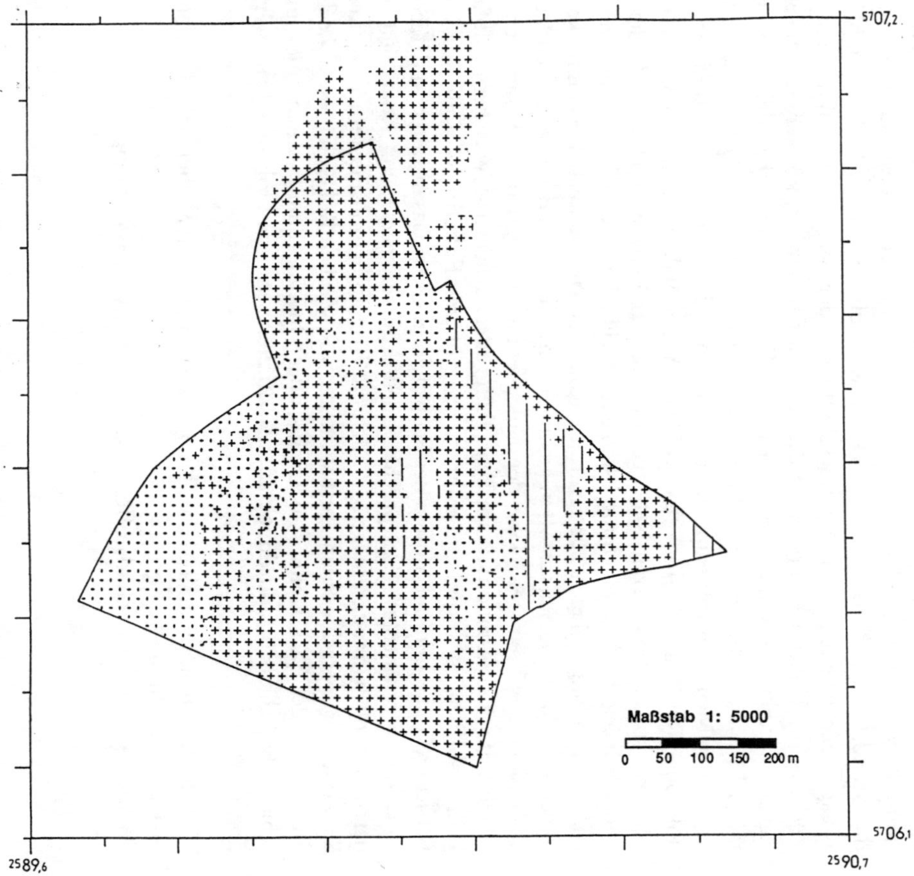

5707,2
5706,1
2589,6
2590,7
Maßstab 1: 5000
0 50 100 150 200 m

4 potentiell höchst gefährdet

3 potentiell sehr gefährdet

2 potentiell gefährdet

Quelle: Multitemporale Karten- und Luftbildauswertung
Kartierungsgrundlage: aktuelle DGK 5
Auswertungsgeräte: Kartenumzeichner, Bausch & Lomb Stereo Zoom Transferscope
Karten- und Luftbildauswertung und Entwurf: H.-W. Borries
Reinzeichnung: R. Swierzy und A. Isenberg

5.2.3 Die Abschätzung des Gefährdungspotentials

Über die reine Lokalisierung und Abgrenzung der Zechen- und Kokereistandorte hinaus ließ sich aufgrund der Ergebnisse ferner eine differenzierte beprobungslose Gefährdungsabschätzung durchführen. Dazu hat sich der produktionsspezifische Ansatz als besonders geeignet erwiesen, da sich aus einer Vielzahl von Fachveröffentlichungen Hinweise zu eingesetzten Produktions- und Abfallstoffen von Zechen/Kokereien zusammenstellen lassen. Die Produktionsstoffe sowie die Rest- und Abfallstoffe können für sämtliche Produktionsanlagen von Zechen und Kokereien zu den einzelnen Produktionsabläufen und -verfahren eindeutig definiert werden (Tabellen 5.20, 5.21 sowie 4.11). Darüber hinaus weisen die erarbeiteten Matrizes zum Kontaminationspotential von Produktionsanlagen alle potentiellen Verlustquellen aus, die als besonders kontaminierte Bereiche in Frage kommen. Eine Verknüpfung dieser Aussagen mit den Erfassungsergebnissen der kombinierten Karten- und Luftbildauswertung führt zu einer Differenzierung des Betriebsgeländes nach mehr oder weniger stark kontaminierten Teilbereichen.

Wie die Erstbewertung von Zechen und Kokereien im Untersuchungsraum am Beispiel der Zeche Robert Müser in den Karten 5.6 und 5.7 verdeutlicht, läßt sich das Kontaminationspotential sehr genau bestimmen. Je differenzierter eine Produktionsanlage oder betriebliche Ablagerung zu identifizieren ist, desto exakter können die Schadstoffe definiert werden. Da sowohl die Funktion der Mehrzahl der Anlagenteile als auch die Materialbeschaffenheit der Ablagerungen innerhalb von Zechen- und Kokereistandorten eindeutig identifizierbar ist, können Stoffzugehörigkeiten exakt bestimmt werden. Ist eine Funktionsansprache nicht eindeutig möglich, wie es z.B. bei den Nebengewinnungsanlagen der Fall ist, so lassen sich zumindest Mehrfachstoffgruppen ausweisen. Auf diesen Standorten sind die Produktions-, Rest- und Abfallstoffe sowohl von Ammoniak- als auch von Benzolfabriken bzw. sonstigen weiteren Nebengewinnungsverfahren anzunehmen. Zugleich – und dies belegt die Untersuchung – sind entsprechend den Anordnungsmustern von Nebengewinnungsanlagen zur zentralen Koksofenbatterie auch Regelhaftigkeiten in der Verteilung von Schadstoffen anzunehmen (Bild 5.9 und Karten 5.6 und 5.7). So sind in unmittelbarer Nähe der Koksofenbatterie und der Gleisanlagen die Schadstoffe von Ammoniakfabriken, Teergruben/-scheidern, Wäschern/Kühlern, Benzolfabriken zu vermuten, während in größerer Entfernung, zum Rand des Betriebsgeländes hin, mit Stoffen der Schwefelreinigung, Gasanstalten und Teerdestillation zu rechnen ist. Entsprechend den Aufbaumustern von Kokereien und deren Nebengewinnungsanlagen ist auch mit Kontaminationsmustern zu rechnen. So weisen die verschiedenen Aufbaumuster von Zechen/Kokereien – wie Zechen mit Kopf- oder Sackbahnhof in Längs- oder Queranordnung – auch eine unterschiedliche Schadstoffanordnung auf. Zu differenzieren sind folgende Kontaminationsmuster:

☐ Abfolge von ammoniak-, benzol- und teerdestillationstypischen Schadstoffen in Längsanordnung,
☐ Abfolge derselben Schadstoffe in Quer- bzw. Parallelanordnung,

Tabelle 5.20 Matrix zur Bestimmung des Kontaminationspotentials von Betriebsdifferenzierungen (Ammoniakfabrik)

Anlage/Anlagenteil	Ammonikafabrik mit Ammoniakwäscher, Abtreiber, Sättiger, Teerscheidegrube/-behälter, Klärbecken
Produktionsprozeß	Reinigung des Kokereigases zur Gewinnung von Ammoniak 1. direktes Verfahren, 2. halb direktes Verfahren, 3. indirektes Verfahren
Eingesetzte Produktionsstoffe	Koksofengas; Schwefelsäure, Kalk
Anfallende Zwischen-/ Rest- und Abfallstoffe	1. Direktes Verfahren: *Sättiger:* Schwefelsäure, Ammoniumsulfat, Ammoniumchiosulfat, Chlorid, Teer, Chlorkohlenwasserstoffrückstände, Sättigerschäume. 2. Halbdirektes Verfahren: *Sättiger:* s. oben, jedoch hier Ammoniakdämpfe teerfrei im Sättiger. *Abtreiber:* Calciumsalze, Schwefelsäure, Salzsäure, Rhodanwasserstoffsäure, sonstige Säuren, Calciumphenolat, Kalkschlamm (Kalciumcarbonat, -sulfat u. -sulfit), verunreinigte Schäume von Arsen, Kupfer, Blei, Eisensulfid, Teer, Sand- u. Kokspulver. *Kühler:* Ammoniakverbindungen, Kalkschlamm. 3. Indirektes Verfahren: *Sättiger:* Kohlendioxid, Salzsäure, Schwefelsäure (78 %), Phenole, Pyridinbasen, Cyan, Rhodan, Schwefelwasserstoff. *Abtreiber:* Destillationsrückstände, Kalkmilch, Sättigerdämpfe mit freiem Ammoniumcyanid, Ammoniakwasser, verunreinigte Schäume (s.o.) *Klärbecken:* Kalkschlamm (Calciumcarbonat, -sulfat, -sulfit). *Ammoniakwäscher/-gewinnungsanlage:* Ammoniakwasser, Anionen (Sulphate, Cyanide, Thicyanat, Thiosulfat, Carbonate, Chloride, Phenole), Rhodancalcium, Blausäure. Teerscheidebehälter/-grube: Teerschlamm, Teer mit Phenol, Ölemulsionen.
Kontaminationsquellen (Leckagen, Handhabungsverluste)	– Verluste beim Verladen/Umfüllen in Tankwagen/Kesselwaggons, – Korrosion der Rohrleitungen, der Abtreiber u. Wäscher durch Wirkung der aggressiven Blausäure, – Leckagen der Teerscheidegruben, die aus Mauerwerk mit Zementputz und Lehm bestehen, – teerverschmutzte Benzollösungen (u. Naphthalin) bei der Reinigung der Kühler u. Vorlagen.
Betriebliche Abfallentsorgung (Hinweise zum Verbleib der Rest- und Abfallstoffe *während* des Betriebes	– Verrieselung bzw. Versickern von Ammoniakwasser auf dem Betriebsgelände. – Verkauf des Ammoniakwassers als Stickstoffdünger für die Landwirtschaft (nur bis 1900 üblich). – Deponierung der oben ausgewiesenen Rest- u. Abfallstoffe innerhalb des Betriebsgeländes in Gruben/Hohlformen, Bergehalde u. ungeordneten Ablagerungen. – Teerverunreinigte Ammoniumsulfatsalze konnten nicht verkauft und mußten abgelagert werden.

Fortsetzung von Tabelle 5.20

Anlage/Anlagenteil	Ammoniakfabrik mit Ammoniakwäscher, Abtreiber, Sättiger, Teerscheidegrube/-behälter, Klärbecken
Verbleibende Anlagenteile *nach* Stillegung/Abriß des Betriebes	– Rohrleitungen, -Ammoniakwasserbehälter, -gefüllte Teer- u. Ammoniakwassergruben, -Tankbehälter, Klärbecken, Teerscheidegruben.
Zurückgelassene Rest- und Abfallstoffe *nach* der Stillegung bzw. bei Produktionsstopp	– *Klärbecken:* Kalkschlamm, schwefelsaurer Kalk. – *Rohrleitungen:* Reste der bei den Rest- u. Abfallstoffen angeführten Substanzen. – *Teerscheidegrube/-behälter:* Teerschlamm, Teeröl mit Phenol, Chloride u. Schwermetalle, Blausäurereste.
Verschleppung von Schadstoffen infolge des Abrisses von Anlagen/Anlagenteilen	Beschädigung der Rohrleitungen und unterirdischen Anlagen, die vom oberflächennahen Anlagenabriß nicht erfaßt werden. Abriß der Ammoniakwäscher und Verteilung der Anlagenteile zusammen mit dem Bauschutt der Ammoniakfabrik.
Bevorzugtes Objekt von Kriegseinwirkungen, wenn ja: typische Schäden	Ja, wenn auch die Ammoniakgewinnung nicht die Bedeutung wie die Gasgewinnung oder Benzinherstellung hatte. Anlagenschäden im Zuge des Angriffes auf die Gesamtanlage einer Kokerei. Schäden: – Gebäudeschäden (Dachbereich), Tankbehälter, Rohrleitungen.
Besonderheiten	Im I. Weltkrieg Herstellung von verdichtetem Ammoniakwasser (Ammoniakbicarbonat u. Kohlensäure). Besonders problematisch sind hierbei: org. u. anorg. Cyan-, Chlor-, Schwefel- u. Schwermetallverbindungen.
Altlastgefährdungsstufe	Gesundheitsgefährdend (u. a. giftige Ferrocyanide, Teerrückstände, Arsen, Blei, organischer u. anorganischer Schwefel, Cyan-, Chlor-, Schwermetallverbindungen usw.), wassergefährdend (Chloride, Säurereste, Teeröle). Altlastgefährdungsstufe 4

☐ Mischtypen, die durch Funktionswandel innerhalb der Zeche durch Abriß oder Neubau von Anlagen entstehen. Nur bei wenigen Gebäuden innerhalb des Zechen- und Kokereibetriebsgeländes erweist sich die Zuordnung von Schadstoffen als schwierig. Bei den Anlagen(teilen), die weder durch die Karten- noch durch die Luftbildanalyse eine Funktionsbestimmung erfahren, ist lediglich eine grobe Zuweisung möglich. Für diese Flächen muß das gesamte Kontaminationspotential von Zechen- und Kokereistandorten angenommen werden, da nicht auszuschließen ist, daß es sich hierbei z. B. um Lagerschuppen/Hallen mit hoch umweltgefährdenden Stoffen handelt (z. B. Pestizide, Herbizide, Vorprodukte, Reinigermassen).

Tabelle 5.21 Matrix zur Bestimmung des Kontaminationspotentials von Betriebsdifferenzierungen (Gasometer)

Anlage/Anlagenteil	Gasbehälter/Gasometer Glockengasbehälter, Scheibengasbehälter
Produktionsprozeß	Speicherung von Gas
Eingesetzte Produktionsstoffe	Gas, Teeröl, Wasser, Rostschutzmittel
Anfallende Zwischen-/ Rest- und Abfallstoffe	Teerölverunreinigtes, übergetretenes Dichtungswasser (bei trockenen Scheibengasbehältern), verunreinigtes Dichtungswasser mit Gasbeimengungen (bei nassen Gasbehältern/Glockengasbehältern), Reste von Rostschutzmitteln (Blei, Cadmium, Chromverbindungen, Zinkacetat).
Kontaminationsquellen (Leckagen, Handhabungsverluste)	Undichter Teerabschluß eines Scheibengasbehälters. Leckagen der Rohrleitungen des Tanks für Teeröl, Schäden an den Teerpumpen, Auffangtassen für Teeröl, Gasometertasse, Rostschäden an der Teertasse, Fundamentrisse durch Hitze im Sommer und Eisbruch im Winter.
Betriebliche Abfallentsorgung (Hinweise zum Verbleib der Rest- und Abfallstoffe *während* des Betriebes	Verunreinigtes Dichtungswasser wurde in der Gasometertasse aufgefangen und gelagert. Austausch von Teeröl (Deponierung innerhalb des Betriebsgeländes).
Verbleibende Anlagenteile *nach* Stillegung/Abriß des Betriebes	Nach Gasbehälter-/Gasometerabriß verbleibt die Gasometertasse im Boden erhalten (bis zu 3/7 m tief). Tankbehälter mit Teer für die Teerpumpen der Teertasse bleiben erhalten sowie die Rohrleitungen.
Zurückgelassene Rest- und Abfallstoffe *nach* der Stillegung bzw. bei Produktionsstopp	Gasometertasse mit Teeröl (Cyanide, phenolhaltiges Wasser), Farb- u. Anstrichreste, Rostschutzmittelreste, Teeröltanks mit Teeröl, Rohrleitungen mit Teeröl, Tanks mit kontaminiertem Dichtungswasser.
Verschleppung von Schadstoffen infolge des Abrisses von Anlagen/Anlagenteilen	Beschädigung der Gasometer-/Teertasse und Tankbehälter im Zuge des oberflächennahen Abrisses.
Bevorzugtes Objekt von Kriegseinwirkungen, wenn ja: typische Schäden	Ja! Eines der wichtigsten Angriffsziele (u. a. auch für Tiefflugangriffe). Schäden am Gasometerdach und der Gasometertasse (bei Zerstörung/Explosion). Im II. Weltkrieg waren die Gasometer vor den nächtlichen Angriffen weitgehend entleert worden.
Besonderheiten	
Altlastgefährdungsstufe	Gesundheitsgefährdend Altlastgefährdungsstufe 4

In ähnlicher Weise läßt sich auch das Kontaminationspotential von Altablagerungen innerhalb bzw. in unmittelbarer Nähe zu Zechen- und Kokereistandorten bestimmen (Tabelle 4.11). Wie am Beispiel der Ablagerungen auf der Zeche Robert Müser deutlich wird, ist zu vermuten, daß die Flächen stärker kontaminiert sind, die über Transportwege und Rohrleitungen mit Produktionsstätten verbunden sind. Hier werden Produktionsstoffe eingebracht, die bei Nebengewinnungsanlagen anfallen und die über Transportwege mit den Ablagerungen in Verbindung stehen. In diesem Zusammenhang sind Bergehalden, ungeordnete Ablagerungen/Kippen und sämtliche Ablagerungen in Hohlformen (Verfüllungsbereiche) hervorzuheben, für die im Untersuchungsraum die Einbringung von Produktionsrest und Abfallstoffen nachgewiesen werden konnte. Außerdem hat sich gezeigt, daß anhand von Grauton- und Texturunterschieden auch unterschiedliche Schüttbereiche und verschiedene Materialien erfaßt werden können, darunter nicht nur Bergematerial.

Festzuhalten ist, daß bei einer Bestimmung des Kontaminationspotentials von Ablagerungen immer sämtliche Schadstoffe der Produktionsanlagen in unmittelbarer Nähe herangezogen werden müssen. Da diese Stoffgruppen exakt zu bestimmen sind, können die Mehrfachstoffgruppen der Ablagerungen eindeutig erfaßt werden.

Neben einer Zuordnung von Schadstoffen von Produktionsanlagen und Ablagerungsflächen können durch die Luftbildinformation auch Verschleppungszonen von Schadstoffen aufgezeigt werden. Die Untersuchungen der Zechen- und Kokereistandorte belegen, daß eine mögliche Kontamination nicht nur auf den Anlagengrundriß und die Ablagerungsgrenzen beschränkt bleibt, sondern daß Schadstoffe infolge des Gebäudeabrisses und der Abtragung von Ablagerungen verschleppt werden. Entsprechend der Ausdehnung der Abriß-/Abtragungsbereiche sind damit Ausbreitungssäume auszuweisen, bei denen ebenfalls die anlagen- bzw. ablagerungsspezifischen Schadstoffe anzunehmen sind. Sowohl am Beispiel Robert Müser als auch an den anderen untersuchten Zechenstandorten konnte belegt werden, daß sich ein Abriß von Produktionsanlagen nur auf die oberflächennahen Tagesanlagen beschränkt, während die eigentlichen altlastrelevanten Anlagen(teile) wie z.B. Tankbehälter, Tiefenlager, Auffangwannen (Gasometertassen) und Rohrleitungen im Untergrund erhalten bleiben. Bei sämtlichen Zechen-/Kokereianlagen, insbesondere den Nebengewinnungsanlagen, ist davon auszugehen, daß in den Keller- bzw. Fundamentresten im Untergrund die Produktions-, Rest- und Abfallstoffe als Langzeitquellen für Bodenkontaminationen zurückbleiben und nur eine oberflächliche Einebnung des Betriebsgeländes stattfindet.

Ferner bestätigt die Auswertung, daß Mehrfachnutzungen für Teilbereiche von Zechen- und Kokereibetriebsgeländen auftreten. Betriebserweiterungen bzw. Anlagenneubauten (Nebengewinnungsanlagen und Holzplätze) wurden auf jenen Betriebsgeländeteilen errichtet, die vorher als ungeordnete Ablagerungen/Kippen und Halden genutzt und eingeebnet wurden. Zum Teil sind Produktionsanlagen in den Folgezeiten (z.B. nach Zechen-/Kokereistillegungen) wieder abgerissen und wiederum als neue Ablagerungsflächen genutzt worden. Für Flächen dieser Art gilt, daß sämtliche nutzungsspezifischen Stoffe bei der Gefährdungsabschätzung berücksichtigt werden müssen.

Nachdem das Kontaminationspotential bestimmt wurde, können gesundheits- und wassergefährdende Eigenschaften der ausgewiesenen Stoffgruppen herangezogen werden, um die jeweilige Altlastgefährdungsstufe von Zechenstandorten festzustellen. Wie die Untersuchung der Zechen- und Kokereistandorte deutlich macht, weisen Zechen, Kleinzechen und Stollenmundlöcher gegenüber den Zechen mit Kokereien ein wesentlich geringeres Kontaminationspotential und damit eine niedrigere Altlastgefährdungsstufe auf (Tabelle 4.3). Innerhalb dieser Betriebe fallen nur wenige umweltgefährdende Stoffe an. Neben den spezifischen Stoffen der Produktionsabläufe von Kohlenförderung, Wäschen, Separation und Verladung ist mit «unspezifischen» Stoffen wie Reinigungs-, Rostschutz-, Korrosionsschutzmitteln, Anstrich- und Bindemitteln zu rechnen. Diese sind vergleichsweise weniger umweltgefährdend als die Stoffe der nachfolgend beschriebenen Kokereianlagen und Ablagerungen.

Einzelne Betriebsdifferenzierungen bzw. Anlagenteile, wie z.B. Holz- und Lagerplätze, sind dagegen höher altlastgefährdet (Stufe 4), da hier mit Stoffen zur Holzkonservierung, u.a. Pech und Teer, umgegangen wurde, die in stärkerem Maße gesundheits- und grundwassergefährdend sind. Ebenso sind sämtliche Gleisanlagen innerhalb des Betriebsgeländes als höchst altlastgefährdet einzustufen, weil nicht auszuschließen ist, daß im Laufe der Nutzungsgeschichte hier umweltgefährdende Stoffe transportiert bzw. die Gleiskörper selbst mit hochgiftigen Holzkonservierungs- und Unkrautvernichtungsmitteln behandelt worden sind.

Demgegenüber weisen die Standorte von Kokereien innerhalb des Betriebsgeländes von Zechen entsprechend den Ausführungen zum Kontaminationspotential die Gefährdungsstufe 3 bzw. 4 auf (Tabelle 4.3 und Karten 5.6 und 5.7). In besonderem Maße sind die Standorte ehemaliger Nebengewinnungsanlagen und deren benachbarten Anlagenteile wie Wäscher/Kühler, Tankbehälter und Gasometer/Gasbehälter als höchst altlastgefährdet einzustufen, da hier mit umweltgefährdenden Stoffen (u.a. den zahlreichen Teerverbindungen, Waschölen, Benzolen, Cyaniden und Reinigersubstanzen usw.) umgegangen wurde bzw. diese als Rest- und Abfallstoffe anfielen.

In gleicher Weise müssen sämtliche Ablagerungsstellen mit der Altlastgefährdungsstufe 4 eingestuft werden, die als Deponierungsbereiche von hoch umweltgefährdenden Produktions-, Rest- und Abfallstoffen von Nebengewinnungsanlagen in Frage kommen.

Insgesamt wird deutlich, daß trotz der Vielzahl von Stoffen, mit denen auf Zechen und Kokereistandorten umgegangen wird, nicht das gesamte Betriebsgelände als hoch altlastgefährdet einzustufen ist. Vielmehr lassen sich durch die Karten-, aber besonders durch die Luftbildinformation, Bereiche unterschiedlichen Kontaminationspotentials und damit mehr oder weniger hoher Altlastgefährdung differenzieren (vgl. dazu die Darstellung der Altlastgefährdung in Karte 5.7).

Am Beispiel der Zeche Robert Müser sind auf der Grundlage der Erfassungsergebnisse (Abschnitt 5.2.1, Karten 5.3, 5.4 und 5.5) die Ergebnisse der Erstbewertung in Kartenform aufbereitet. Deutlich wird, daß nicht das gesamte Betriebsgelände einheitlich hoch altlastgefährdet ist. Vielmehr lassen sich Bereiche mit hoher

Gefährdung von Bereichen mit geringerer Gefährdung unterscheiden. Auf dieser Basis müssen – unter Beachtung von weiteren beprobungsfreien Informationsquellen wie geo-/hydrogeologische Karten – beprobte Untersuchungsverfahren (Bohrungen) gezielter eingesetzt werden.

Abschließend ist für die Gefährdungsabschätzung von Zechen- und Kokereistandorten die Bedeutung von erfaßten Kriegseinwirkungen hervorzuheben. Auch im Untersuchungsraum konnte festgestellt werden, daß Kokereien mit Nebengewinnungsanlagen das bevorzugte Ziel von Bombenangriffen waren. Diese Tatsache ist als Beleg dafür anzusehen, daß es an den entsprechenden Standorten nachweislich zu Bodenkontaminationen gekommen sein muß. Verdachtsflächen mit einem bestimmten Kontaminationspotential, bei denen zusätzlich Kriegszerstörungen erfaßt werden konnten, müssen daher als höher altlastgefährdet eingestuft werden als entsprechende Flächen ohne Kriegseinwirkungen.

5.3 Erfassung und Erstbewertung von Industrie-/ Gewerbestandorten

5.3.1 Identifizierungsmöglichkeiten

Betriebsstandorte
Industrie-/Gewerbestandorte als Verdachtsflächen können durch Karten- und Luftbildauswertung gemäß der Klassifikation der Erfassungsbögen (Tabellen 5.22 und 5.23) zum einen als Standorte allgemeiner Art, ohne daß der Produktionszweig benannt wird, zum anderen detailliert nach dem Wirtschaftszweig identifiziert werden.

Zwischen den Kartenwerken und dem Luftbild bestehen deutliche Unterschiede bei der Identifizierung und Klassifizierung bestimmter Industriezweige (Tabellen 5.22 und 5.23). Wie die Analyse der Zeichenvorschriften und Kartenerlasse der amtlichen topographischen Kartenwerke zeigt, sind Hinweise auf Industrie-/ Gewerbestandorte über die Darstellungskategorien «Wohnen» (Wohnplätze, Industrieanlagen), «Topographische Einzelzeichen» und «Abkürzungen» zu erhalten. Die Identifizierbarkeit ist allerdings – wie im folgenden verdeutlicht wird – auch zwischen den einzelnen Kartenwerken recht unterschiedlich.

In den ältesten Kartenausgaben der TK 25 wie auch in den entsprechenden Musterblättern (von 1818 bis 1865) läßt sich eine Vielzahl unterschiedlicher Hinweise zu Industrie-/Gewerbeanlagen entnehmen (Tabelle 5.4). Schriftzusätze und Signaturen sind die primären Identifizierungsmerkmale von Industrie-/Gewerbestandorten in Karten. Eine exakte Kennzeichnung der Branche und Produktionsart ist über Abkürzungen (z.B. T.O. für Teerofen) und symbolartige Gebäudedarstellungen möglich. In Ausnahmefällen können diese Sachverhalte in den Vorausgaben der Urmeßtischblätter über Schriftzusätze (ausgeschriebene Branchenbezeichnungen) und Symbolzeichen (z.B. schwarz ausgefülltes Wasserrad für Mühlen) direkt identifiziert werden. Ein Vergleich der Musterblätter und -ergänzungen aus

Tabelle 5.22 Möglichkeiten der Identifizierung von Industrie-/Gewerbestandorten ohne Erkennung des Produktionszweiges in Karten und Luftbildern

Altlastverdachtsflächen-Kategorien	Luftbild	TK 25	DGK 5	WBK
II. INDUSTRIE/GEWERBE (allgemein, ohne Erkennung des Produktionszweiges) ALTANLAGEN				
Industrie-/Gewerbebetriebe	3 – 4	1 – 4	1 – 4	1 – 4
Betriebsdifferenzierungen				
Gasbehälter	1	3 – 4	3 – 4	3 – 4
Gasometer	1	3 – 4	3 – 4	3 – 4
Gleisanlagen	1	1	1	1
Lagerhäuser/-hallen	3 – 4	4 – *	4 – *	4 – *
Lagerplatz	1	1 – *	1 – *	1 – *
– Fässer	1	*	*	*
– Holzlager	1	*	*	*
– Lockermaterial	1	*	*	1 – *
– Stückgut	1	*	*	*
Schornstein	1	1	1	1
Schrottplatz	1	*	*	*
Tankbehälter	1	*	*	*
Umladestation	3 – 4	*	*	*
Entsorgungsanlagen (innerbetrieblich)				
Entwässerungskanal	1	*	1	1
Kläranlage	1	1 – 4	1 – 4	1 – 4
Klärbecken-/teich	1	3 – 4	1 – 4	1 – 4
Schlammteich/Absetzbecken	3	4 – *	1 – 4	1 – 4
Wasserflächen ohne Zuordnung	3 – 4	4	4	4
Versorgungsanlagen (innerbetrieblich)				
Gasanstalt	1	4	1 – 4	1 – 4
Kraftwerk	1	4	1 – 4	1 – 4
Tankstelle	1	*	*	*
ALTABLAGERUNGEN (auf/an Betriebsflächen *immer* mit Verdacht auf Produktionsrückstände)				
Aufschüttungen				
unklassifiziert	1	2	2	2 – *
klassifiziert:				
– Halden	1	2	1 – 2	1
– Schutthalden	3 – 4	4 – *	3 – *	3 – *
– Industriemülldeponie (geordnet)	1	*	1 – *	1 – *
– ungeordnete Ablagerungen, Kippe	3	4 – *	4 – *	4 – *
– Damm, wallartige Erhebung	1	1	1	1
Verfüllungen				
verfüllte ehemalige Abgrabungen	2	2	2	2
– Gruben, unklassifiziert	3	2	2	2
– Gruben, klassifiziert				
a) Sandgrube	3	2	2	2
b) Lehmgrube	3	2	2	2

Fortsetzung von Tabelle 5.22

c) Tongrube	3 – 4	2	2	2
d) Mergelgrube	3 – 4	2	2	2
– Brüche/Tagesbrüche	2	2	2	2
– Steinbrüche	2	2	2	2
Verfüllungen innerbetrieblicher Hohlformen				
– Entwässerungskanal	2	*	2	2
– Kläranlage	2	2 – 4	2 – 4	2 – 4
– Klärbecken	2	3 – 4	2 – 4	2 – 4
– Schlammteich/Absetzbecken	3	4	2 – 4	2 – 4
– Wasserflächen ohne Zuordnung	2	4	4	4
Verfüllungen von Bombentrichtern	2	*	*	*
KRIEGSBEDINGTE EINWIRKUNGEN				
Anlagenbeschädigungen	1	*	*	*
Anlagenzerstörungen	1 – 3	*	*	*

Legende: siehe S. 137, Tabelle 5.14

dieser Zeit zeigt zudem eine deutliche Zunahme von Objektgruppen dieser Kategorie (Tabelle 5.4).

Seit 1876 hat in den Musterblättern ein deutlicher Wandel hinsichtlich der Anzahl und Art der Inhaltskategorien stattgefunden. Dieser Wandel führt zu einem zunehmenden Verlust an detailliert dargestellten Objektgruppen. An die Stelle der genauen Branchenbezeichnung durch symbolhafte Gebäudedarstellungen und Schriftzusätze tritt nunmehr eine Klassifikation und Generalisierung von Industrie-/Gewerbebetrieben, die in der Abkürzung «Fbr» zusammengefaßt werden. Der Informationswandel beeinflußt demzufolge eine Verdachtsflächenerfassung, indem die nach diesen Musterblattvorgaben durchgeführten Neuaufnahmen der TK 25 seit 1892 Industrie-/Gewerbestandorte nur noch klassifizierend ausweisen, d.h. ohne näher auf die Branchenzugehörigkeit einzugehen. Außerdem werden nicht mehr alle Betriebe mit einer Abkürzung versehen; innerhalb dicht bebauter Stadtgebiete erhalten nur großflächige und bedeutende Standorte eine Kennzeichnung, während kleinere Unternehmen nicht erläutert werden. Hier ist eine Identifizierung nur auf indirektem Wege möglich, indem die großflächigen Gebäudedarstellungen, teilweise mit Schornsteinen versehen, und die Lage zu Verkehrsträgern als sekundäre Identifizierungsmerkmale auf einen Industrie-/Gewerbebetrieb hinweisen. Allerdings ist zu beachten, daß bei fehlenden Schornsteinen eine Verwechslung mit großflächigen Wohn- und Verwaltungsgebäuden möglich ist.

Die Analyse der Kartenblätter seit der Neuaufnahme der TK 25 von 1892 bis zu Beginn der 20er Jahre zeigt jedoch, daß zusätzliche, nicht in den Musterblättern aufgeführte Schriftzusätze den Wirtschaftszweig zahlreicher Industrie-/Gewerbestandorte näher kennzeichnen (Tabelle 5.16)[5.18].

Eine weitere Möglichkeit zur direkten Identifizierung des Produktionszweiges ergibt sich durch den Betriebsnamen bzw. den Namen des Eigentümers in Kartenblättern (z.B. Borsigwerke, Kruppwerke usw.). In den Musterblättern sind hierzu

Tabelle 5.23 Möglichkeiten der Identifizierung von Industrie-/Gewerbestandorten ohne Erkennung des Produktionszweiges in Karten und Luftbildern

Altlastverdachtsflächen-Kategorien	Luftbild	TK 25	DGK 5	WBK
II. *INDUSTRIE/GEWERBE* (mit detailliertem Hinweis des Produktionszweiges) ALTANLAGEN				
Industrie-/Gewerbebetriebe				
davon erfaßt als:				
Chem. Fabrik (Ind.)	1 – 3	1 – *	1 – *	1 – *
Eisen- u. Stahlerzeug. Ind.	1 – 3	1 – *	1 – *	1 – *
Metallverarbeitende Ind.	3 – 4	1 – *	1 – *	1 – *
Ziegelei	1	1	1	1
Betriebsdifferenzierungen				
Gasbehälter	1	3 – 4	3 – 4	3 – 4
Gasometer	1	3 – 4	3 – 4	3 – 4
Gleisanlagen	1	1	1	1
Hochofen	1	1 – 4	1 – 4	1 – 4
Lagerhäuser/-hallen	3 – 4	4 – *	4 – *	4 – *
Lagerplatz	1	1 – *	1 – *	1 – *
– Fässer	1	*	*	*
– Holzlager	1	*	*	*
– Lockermaterial	1	*	*	*
– Stückgut	1	*	*	*
Schornstein	1	1	1	1
Schrottplatz	1	*	*	*
Tankbehälter	1	*	*	*
Umladestation	3 – 4	*	*	*
Entsorgungsanlagen (innerbetrieblich)				
Entwässerungskanal	1	*	1	1
Kläranlage	1	1 – 4	1 – 4	1 – 4
Klärbecken-/teich	1	3 – 4	1 – 4	1 – 4
Schlammteich/Absetzbecken	3	4 – *	1 – 4	1 – 4
Wasserflächen ohne Zuordnung	3 – 4	4	4	4
Versorgungsanlagen (innerbetrieblich)				
Gasanstalt	1	4	1 – 4	1 – 4
Kraftwerk	1	4	1 – 4	1 – 4
Tankstelle	1	*	*	*
ALTABLAGERUNGEN (auf/an Betriebsflächen *immer* mit Verdacht auf Produktionsrückstände)				
Aufschüttungen				
unklassifiziert	1	2	2	2 – *
klassifiziert:				
– Halden	1	2	1 – 2	1 – 2
– Schutthalden	3 – 4	4 – *	3 – *	3 – *
– Industriemülldeponie (geordnet)	1	*	1 – *	1 – *
– ungeordnete Ablagerungen, Kippe	3	4 – *	4 – *	4 – *
– Damm, wallartige Erhebung	1	1	1	1

Fortsetzung von Tabelle 5.23

Verfüllungen				
verfüllte ehemalige Abgrabungen	2	2	2	2
– Gruben, unklassifiziert	3	2	2	2
– Gruben, klassifiziert:				
a) Sandgrube	3	2	2	2
b) Lehmgrube	3	2	2	2
c) Tongrube	3 – 4	2	2	2
d) Mergelgrube	3 – 4	2	2	2
– Brüche/Tagesbrüche	2	2	2	2
– Steinbrüche	2	2	2	2
Verfüllungen innerbetrieblicher Hohlformen				
– Entwässerungskanal	2	*	2	2
– Kläranlage	2	2 – 4	2 – 4	2 – 4
– Klärbecken	2	3 – 4	2 – 4	2 – 4
– Schlammteich/Absetzbecken	3	4	2 – 4	2 – 4
– Wasserflächen ohne Zuordnung	2	4	4	4
Verfüllungen von Bombentrichtern	2	*	*	*
KRIEGSBEDINGTE EINWIRKUNGEN				
Anlagenbeschädigungen	1	*	*	*
Anlagenzerstörungen	1 – 3	*	*	*

Legende: siehe S. 137, Tabelle 5.14

erstmalig 1939 Aussagen zu finden[5.19]. Ebenfalls seit 1939 wirken sich verstärkt Geheimhaltungsvorschriften negativ auf die Darstellung von Industrie-/Gewerbeanlagen aus, indem Betriebe nur noch durch den Schriftzusatz «Fbr» klassifiziert bzw. generalisiert wiedergegeben werden. Schriftzusätze, die einen Hinweis auf die Art des Industriezweiges geben, fehlen (Tabelle 5.18).

Wie allerdings Untersuchungen von Kartenblättern aus NRW belegen, haben sich diese Geheimhaltungsvorschriften nicht in allen Kartenblättern gleichermaßen durchgesetzt, so daß auch in der Zeit nach 1939 oft zahlreiche detaillierte Hinweise zu Industrie-/Gewerbebetrieben der TK 25 zu entnehmen sind.

Nach dem Zweiten Weltkrieg dominiert mit leicht geändertem Wortlaut weiterhin eine nur allgemeine Darstellungsweise für die betreffenden Kategorien[5.20]. In der Musterblattausgabe von 1962 fehlt eine Vielzahl von früher detailliert bezeichneten Darstellungskategorien (z. B. Ziegelei, Teerofen), so daß eine direkte Identifizierung von Wirtschaftszweigen weiter eingeschränkt wird. Gegenüber den ältesten Ausgaben der TK 25 ist daher ein deutlicher quantitativer und qualitativer Informationsverlust festzuhalten (Tabelle 5.7).

Für die DGK 5 gilt in ähnlicher Weise wie für die TK 25, daß nicht alle Branchen detailliert durch einen Schriftzusatz bezeichnet werden und daher auch nicht direkt zu identifizieren sind (Tabellen 5.22 und 5.23). Auch hier ist ein Informationswandel in den verschiedenen Musterblättern festzustellen, der allerdings weniger ausgeprägt ist (Tabellen 5.9 und 5.10). Wie die Musterblätter von 1937 und 1942 bis 1952 zeigen, fehlen eindeutige Hinweise zur Bezeichnung der Industriezweige.

Sämtliche Betriebe werden unter der Abkürzung «Fbr» einheitlich zusammengefaßt. Dies erlaubt lediglich, daß nur Industriebetriebe ohne Hinweis auf den Produktionszweig erfaßt werden können. Hinzu kommt, daß alle für die damalige Reichsverteidigung wichtigen Anlagen nicht ausgewiesen werden[5.21], so daß eine vollständige Erfassung dieser Kategorie in der DGK 5 nicht gegeben ist (Tabelle 5.18).

Des weiteren ist eine Ermittlung von Wirtschafts- und Industriegebäuden über die Schraffurart (Parallelschraffur zur kürzeren Seite in Strichstärke 1) möglich. Allerdings ist durch die Schraffur nur eine Unterscheidung von Wohngebäuden und öffentlichen Gebäuden gewährleistet. Laut Musterblatt werden jedoch auch Verwaltungsgebäude der im öffentlichen Dienst stehenden Industrien in gleicher Weise dargestellt und sind dementsprechend nicht eindeutig von Schulen, Museen und Verwaltungsgebäuden zu unterscheiden[5.22].

Seit den Musterblattausgaben von 1952 bis 1980 nimmt die Anzahl der Bezeichnungen für Industrie-/Gewerbebetriebe zu. Mit dem jüngsten Musterblatt jedoch hat erneut ein Wandel stattgefunden. Zahlreiche Kategorien werden nicht mehr durch Schriftzusätze bezeichnet und sind damit auch nicht direkt zu erkennen (Tabelle 5.9). Seit 1983 werden erstmals Wohnplätze und Industriezweige getrennt dargestellt, so daß letztere nunmehr direkt zu identifizieren sind. Zugleich wird darauf hingewiesen, daß «Schriftzusätze (...) lediglich die Art der Nutzung kennzeichnen (sollen), z.B. «Glasfabrik». Sie werden nur in Auswahl und bei bedeutenden Anlagen hinzugefügt. Firmenbezeichnungen dürfen nicht verwendet werden» (Musterblatt der DGK 5, 1983, Kap. 6.3).

Wie zuvor bei den Kartenblättern der TK 25 hervorgehoben, macht ein Vergleich der DGK-5-Kartenblätter deutlich, daß entgegen den Musterblattvorschriften dennoch erläuternde Schriftzusätze zu Branchen und in einigen Fällen sogar Firmennamen in den ersten Ausgaben Anfang der 50er Jahre auftauchen (Tabelle 5.17). Die Identifizierung einiger Wirtschaftszweige ist damit auf direktem Wege möglich.

Die Kartenwerke der WBK, mit Ausnahme der topographischen Karte des Rheinisch-Westfälischen Steinkohlenbezirks, gestatten generell die direkte Erfassung von Industrie-/Gewerbeanlagen mit detaillierter Bezeichnung des Betriebszweiges (Tabellen 5.22 und 5.23). Schriftzusätze zur Branchenzugehörigkeit, Firmennamen und Namen von Eigentümern geben in der Übersichtskarte des Rheinisch-Westfälischen Steinkohlenbezirks Auskunft über die betreffenden Altstandorte. Jedoch fehlen in diesem Kartenwerk Hinweise zur Identifizierung von Industrie-/Gewerbebetrieben allgemeiner Art.

Wie schon zuvor für die amtlichen Kartenwerke aufgezeigt, ist auch für die WBK-Übersichtskarte ein Darstellungswandel zwischen der 1. und 3. Auflage festzustellen. Detaillierte Hinweise zu Branchenbezeichnungen verändern sich (Tabelle 5.13).

Da mit den Musterblättern der TK 25 und DGK 5 vergleichbare spezielle Zeichenvorschriften für das Kartenwerk fehlen, sind die Darstellungsbedingungen der als Basiskarte zugrundeliegenden DGK 5 ausschlaggebend. Zugleich muß davon ausgegangen werden, daß auch dieses bergmännische Kartenwerk (speziell die 3. Auflage) seit 1937 durch die Runderlasse zur Geheimhaltung und Darstellung von wehrwirtschaftlich wichtigen Betrieben beeinflußt worden ist. Bestimmte Inhaltskategorien, die bereits bei der TK 25 und DGK 5 aufgezeigt wurden, sind auch in diesem Kartenwerk nicht mehr dargestellt (Tabelle 5.18).

So können Industrie-/Gewerbeanlagen in Luftbildern über ihr typisches Erscheinungsbild und spezifische Anordnungsmuster direkt identifiziert werden (Tabellen 5.22 und 5.23). Sowohl kleinere als auch größere Betriebsflächen sind zu unterscheiden. In den meisten Fällen können nur das Betriebsgelände und größere Gebäude erfaßt werden. Eine exakte Benennung des Wirtschaftszweiges ist nicht möglich, da typische Anlagenteile in Werkshallen untergebracht sind (Bild 5.10). Form, Lage und Aufbau sind als primäre Identifizierungsmerkmale nicht geeignet. Nur in Ausnahmefällen können Industrie-/Gewerbezweige aufgrund typischer Objektmerkmale, offenliegender Produktionsanlagen und einer typischen Anordnung von Anlagenteilen grob eingegrenzt werden. So läßt sich anhand von direkt identifizierbaren, typischen Produktionsanlagen und der Anlagenbeschaffenheit die Funktion ansprechen. Dies gilt bei chemischer Industrie und eisen- und stahlerzeugenden Industrien. Außerdem sind Hochöfen und Walzwerke der Stahlindustrie eindeutig zu identifizieren (Bild 5.11). In diesem Zusammenhang ist auf die Kategorie der Ziegeleien hinzuweisen, die über ihr meist einheitliches Erscheinungsbild (typische Anordnung von Ringofen und Trockenschuppen) immer direkt zu erkennen sind.

Betriebsanlagen(teile)

Für die Erfassungskategorie «Industrie-/Gewerbebetriebe» finden sich in den Kartenwerken nur wenige Darstellungskategorien, die auf Betriebsanlagen hinweisen. Auch den Musterblättern der TK 25 und DGK 5 können hierzu nur wenige Hinweise entnommen werden (vgl. Tabellen 5.4, 5.5, 5.7, 5.9, 5.10 und 5.11). Dies liegt daran, daß aus Gründen der Geheimhaltung und des betrieblichen Werkschutzes einzelne Produktionsanlagen(teile) nicht immer detailliert wiedergegeben werden.

In den ältesten Ausgaben der TK 25, den Urmeßtischblättern, und den Musterblättern bis 1880 finden sich keinerlei Hinweise, daß Betriebsanlagen gesondert berücksichtigt werden. Die zwar recht detaillierten Schrifthinweise und topographischen Zeichen für Gesamtbetriebe werden nicht weiter nach einzelnen Gebäuden oder Produktionsanlagen differenziert. Erst mit der Ausgabe des Musterblattes von 1885 werden Schornsteine auf Industrie-/Gewerbebetrieben, meist sogenannten «Fbr»-Flächen, dargestellt. Dabei bezieht sich die Darstellung zunächst nur auf weithin sichtbare, hohe Schornsteine. Sie erhalten eine offene Kreisdarstellung und den Buchstaben «S»[5.23]. Davon zu unterscheiden sind Schornsteine, die sich innerhalb von Bauten befinden und ohne den Schriftzusatz «S» nur durch einen schwarzen Punkt in einem weißen Kreis identifiziert werden können[5.24].

In den Kartenblättern der Königlich Preußischen Landesaufnahme und deren Fortführungsständen sind Gleisanlagen, Werksbahnen direkt zu ermitteln (Tabel-

Kombinierter Karten-/Fotoschlüssel (Identifizierungsmerkmale)

Bild 5.10 Industrie allgemein (Industrie/Gewerbe ohne Erkennung des Produktionszweiges)

A. Luftbild (direkt, über Indikatoren):

Primäre Merkmale

 Gebäude und Sheddächer, Betriebsgelände mit wenig Freiflächen

 Gebäude mit Oberlichtern und Dachreitern

 Werkshallen und Schornstein(e)

Sekundäre Merkmale

 Lagerplatz (vereinzelt)

 Gleisanschluß/Werksbahnen

 Lkw, Werkskräne sind vereinzelt erkennbar

B. DGK 5 (direkt, über Indikatoren)

Primäre Merkmale

 Schriftzusatz: Fbr. = Fabrik vereinzelt nur bei bedeutenden Objekten

 Schraffur für Wirtschafts- und Industriegebäude; weithin sichtbare Schornsteine werden dargestellt ○

Sekundäre Merkmale

 Verkehrsanschluß an großflächigen Gebäuden mit typischer Schraffur

 Schriftzusatz: Lg. Pl. = Lagerplatz und Drahtzaunsignatur v v

 Werkskräne

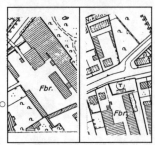

C. TK 25 (direkt, über Indikatoren)

Primäre Merkmale

 Schriftzusatz: Fbr. = Fabrik

 großflächige Einzelgebäude in Schwarz mit Schornsteinsignatur

Sekundäre Merkmale

 großflächige Einzelgebäude in Schwarz mit Verkehrsanbindung, Gleise

 großflächige Einzelgebäude auf Betriebsgelände ohne Höhenliniendarstellung

Wehrwirtschaftliche Anlagen erhielten in den 1930er bis 50er Jahren keinen Schriftzusatz bzw. wurden nicht dargestellt.

D. WBK-Karte (direkt)

Primäre Merkmale

 i. d. R. nur rot Firmenname und Branchentypisierung

 Farbandruck in Rot mit typischen Schraffen eines Industriegewerbebetriebes

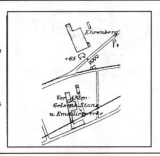

Sekundäre Merkmale

keine

Meßdaten

■ Lage: an Verkehrsträger, i. d. R. Hauptverkehrsstraßen, vereinzelt an Gleisen

■ Objektgröße: L: 100–300 m B: 60–150 m H: –   Stereo: ja ■ nein ☐   Gebäude/Werkshallen: L: 50–120 m; B: 20–80 m

■ Objektform: in der Mehrzahl kleinflächige, viereckig-längliche Objekte

■ Farbe/Grauton: Gebäude/Werkshallen: hell- bis dunkelgrau

■ Textur: Gebäude/Werkshallen: heterogen; Oberlichter, Dachreiter und Sheddächer mit linienhafter, paralleler Textur

■ Besonderheiten: Halden, größere Deponien und Kläranlagen fehlen

deutung der Identifizierungsmerkmale für eine Erfassung
■ hoch   ■ mäßig   ☐ gering/unbedeutend

Kombinierter Karten-/Fotoschlüssel (Identifizierungsmerkmale)

Bild 5.11 Stahlwerk mit Halde

A. Luftbild (direkt, über Indikatoren)

Primäre Merkmale

 Tiegelhalle: Gebäudeform und Dachform

 Schrottlager und Anlagen mit Schornsteinen sowie Siemens-Martin-Werk

 Schlackenhalde: Form: i. d. R. kreisrund, großflächig, hellgrau (Farbe: Rötlich-braun)

Sekundäre Merkmale

 Lage: in unmittelbarer Nachbarschaft zum Hochofen

 Anordung und Form der Gebäude und Gleisanlagen zueinander

 Gleisanschluß und Verladekräne, Lagerplätze

B. DGK 5 (direkt, über Indikatoren)

Primäre Merkmale

 Schriftzusatz: Gußstahl-W. oder Stahlwerk und Firmenname

 objekttypische Grundrißform von Hochöfen

 Schriftzusatz und Gebäudeform sowie Gleisanschluß

Sekundäre Merkmale

 Anordnung und Form der Gebäude und Gleisanschluß

 Haldensignatur und Schriftzusatz, Gleisanschluß

 großer Lageplatz und Ladekräne an großflächigen Gebäuden

C. TK 25 (direkt, über Indikatoren)

Primäre Merkmale

 Firmenname, Schriftzusatz (Stahlwerk)

 Firmenname, Gebäudegröße und -form, Schornsteinsignaturen

Sekundäre Merkmale

 großflächige, objekttypische Gebäudeform mit Gleisanschluß

 4–6 Einzelgrundrisse, Hochöfen und benachbartes Stahlwerksgebäude

 Haldensignatur und Seilbahn von Hochofen oder Stahlwerk

D. WBK-Karte (direkt, über Indikatoren)

Primäre Merkmale

 Schriftzusatz: Stahlwerk

 Schriftzusatz: Hochofen-Anlage

 Schriftzusatz und Firmenname, Gebäudeform und Gleisanschluß

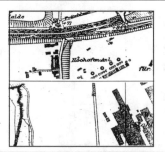

Sekundäre Merkmale

 Schriftzusatz und Haldensignatur, i. d. R. rundliche Form und Seilbahnanschluß zu Stahlwerk

Meßdaten

- ■ Lage: in unmittelbarer Nähe zu einem Walzwerk bzw. zu einem Hüttenwerk
- ■ Objektgröße: L: 225–800 m B: 200–400 m H: 15–18 m   Stereo: ja ■ nein ☐
- ■ Objektform: i. d. R. viereckig; Ofen- und Gießhalle mit Oberlichtern
- ■ Farbe/Grauton: Gebäude: mittelgrau; Schornstein: dunkelgrau; Halden: hell- bis dunkelgrau (rötlich-braun)
- ■ Textur: Gebäude: homogen; Schrottplätze: heterogen, grobkörnig
- ■ Besonderheiten: im Bildplanwerk des Dt. Reiches und in den TK-25-Ausgaben der 1930/40er Jahre z. T. ausgespart bzw. ohne Schriftzusatz

Bedeutung der Identifizierungsmerkmale für eine Erfassung
■ hoch   ▣ mäßig   ☐ gering/unbedeutend

len 5.22 und 5.23). Die in Schwarz gehaltenen Gebäudedarstellungen (teilweise größere Einzelgebäude) können aufgrund fehlender Schriftzusätze und topographischer Einzelzeichen nur über die Größe, Anordnung und Lage der Gebäude zueinander Hinweise auf mögliche Produktionsanlagen geben (Bild 5.10). Wie bereits aufgezeigt, erschweren auch hier die generalisierungsbedingte Veränderung der Grundrißform, die Abkehr von dem objekttypischen Erscheinungsbild und die Veränderung der Lagebeziehungen der Gebäude untereinander die Identifizierung. Probleme treten auf, da vom Grundriß ähnliche Gebäude in gleicher Weise dargestellt und zudem durch Generalisierungseinflüsse die objekttypische Grundrißform und Gebäudeanzahl verändert werden. Eine Identifizierung fällt dadurch in den Bereich der Vermutung. Des weiteren beeinflussen gerade die Geheimhaltungsvorschriften (Runderlasse von 1937 bis 1944 und des Musterblattes von 1939) die Darstellung wichtiger industrieller Betriebsanlagen wie Gasometer, Gasanstalt (betrieblich), Kraftwerk (betrieblich) und Tankanlagen. Sie werden z.T. bewußt falsch bzw. gar nicht dargestellt (Tabelle 5.18). Insgesamt ist die Identifizierbarkeit von Produktionsanlagen(teilen) in der TK 25 weitgehend eingeschränkt bzw. für die meisten Inhaltsgruppen nicht möglich; eine Tatsache, die auch bei den neueren Musterblättern bestehen bleibt. Lediglich bei «sonstigen Abkürzungen» sind einzelne Schriftzusätze (Gasometer, Gasbehälter) im Kartenwerk aufgeführt worden.

Obwohl vom Maßstab und demzufolge vom Darstellungsraum in der DGK 5 eine Differenzierung von Betriebsanlagen möglich wäre, werden die fast vollständig wiedergegebenen Wirtschaftsgebäude nicht näher über Schriftzusätze oder topographische Einzelzeichen erläutert. Wie die Musterblattanalyse zeigt, ist in den ältesten Ausgaben nur eine direkte Identifizierung von Schornsteinen und Gleisanlagen als Betriebsdifferenzierungen möglich (Tabellen 5.22, 5.23 und Bild 5.10). Insbesondere die Geheimhaltungsvorschriften (Tabelle 5.18) haben auch hier dazu geführt, daß altlastrelevante Produktionsanlagen nicht direkt, sondern nur indirekt über die Grundrißform, Lage und Anordnung von Anlagen zueinander zu ermitteln sind. Daß die Funktion eines Gebäudes nicht immer über Objektmerkmale bestimmt werden kann, verdeutlichen schon die Ausführungen in Abschnitt 5.2.1 zu Betriebsanlagen von Zechen/Kokereien, insbesondere von Koksofenbatterien. Auch innerhalb der Kategorie Industrie-/Gewerbebetriebe lassen sich runde wie auch eckige Gebäudedarstellungen nicht immer als Gasometer oder Tanks bzw. Kühltürme identifizieren, da es zahlreiche andere Produktionsanlagen mit gleichem Grundrißbild gibt.

Seit der Musterblattausgabe von 1955 ist ein Informationswandel festzustellen, der sich anfangs nur auf die Neuaufnahme der Darstellungskategorie «Lagerplatz» beschränkt (Tabelle 5.9). Seit den 70er und 80er Jahren führt dies zu einer detaillierten Funktionsbezeichnung von Gebäuden (z.B. Gasometer, Kühlturm, betriebliche Gasanstalt. Auf diese Weise wird eine direkte Identifizierung von Produktionsanlagen(teilen) erleichtert und die Anlagenfunktion zumindest eingegrenzt.

Den WBK-Kartenwerken sind mit Ausnahme der Darstellung von Gleisanlagen und Wasserflächen (Blauton) sowie einiger Bezeichnungen wie Holzplatz, Ladestation, Kläranlage, Klärbassin, Klärteich und Gasometer keine Betriebsdifferenzierungen direkt zu entnehmen (Tabellen 5.13, 5.22 und 5.23). Die weitgehend ungeneralisierte, parzellenscharfe und – wie im Vergleich mit dem Luftbild zu erkennen ist – vollständige Wiedergabe selbst kleinflächiger Betriebsgebäude erlaubt in Ausnahmefällen über Grundrißform, Lage und Anordnung, daß die Funktion der Betriebsanlage bestimmt werden kann. Ähnlich wie bei der DGK 5 fällt dies aber in den Bereich der Vermutung (Bild 5.10). Zur Identifizierung von Inhaltskategorien in der topographischen Karte des Rheinisch-Westfälischen Steinkohlenbezirks gelten die Aussagen, die in den Ausgaben der DGK 5 und ihren Musterblättern seit 1964 zu finden sind.

In Luftbildern lassen sich betriebliche Differenzierungen nur für wenige Industrie-/Gewerbeflächen direkt erfassen und exakt benennen (Tabelle 5.22). Dies ist bei Produktionsanlagen der Fall, die über typische Objektmerkmale zu identifizieren sind (Tabelle 5.23). Zu dieser Kategorie gehören Tank- und Gasbehälter, Gasometer, Schornsteine, Gleisanlagen und betriebliche Ver- und Entsorgungsanlagen. Für die Mehrzahl der Industriebetriebe ist eine Identifikation von einzelnen Anlagen – außer der allgemeinen Erfassung von überdachten Gebäuden – jedoch nicht möglich. In diesen Fällen kann der Versuch unternommen werden, über Gleisanbindung, Höhe und Gestaltung der Gebäudedächer und mögliche Oberlichter/Dachreiter die Funktion der Produktionsanlagen näher zu bestimmen. In diesem Zusammenhang können Lagerplätze mit identifizierbarem Lagerungsgut, die sich in der Nähe von Werkshallen befinden, einen Hinweis auf die Gebäudefunktion bzw. den Industriezweig liefern. In der Regel werden bei Industrie-/Gewerbestandorten, deren Wirtschaftszweig nicht näher zu bestimmen ist, nur Anlagen(teile) wie Gleisanlagen, Schornsteine, Lagerplätze und Tankbehälter zu identifizieren sein.

Altablagerungen
Entsprechend den Aussagen zu betrieblichen Ablagerungen von Zechen und Kokereien geben die Themengruppen «Geländeformen» und «topographische Einzelzeichen» der Musterblätter der TK 25 und DGK 5 Hinweise auf Ablagerungen (Tabellen 5.6 und 5.11). Zusätzlich findet man in einem Kartenbeispiel der DGK-5-Musterblätter von 1937 bis 1955 einen Hinweis auf eine Schlackenhalde. Fehlen Bezeichnungen dieser Art, so besteht die Möglichkeit, Aufschüttungen aufgrund von Objektmerkmalen zu erfassen (Bild 5.7).

In der Übersichtskarte des Rheinisch-Westfälischen Steinkohlenbezirks werden Aufschüttungen innerhalb von Industrie-/Gewerbestandorten nicht dargestellt. Erst mit der topographischen Karte des Rheinisch-Westfälischen Steinkohlenbezirks ist eine Erfassung von Aufschüttungen gemäß den Identifizierungsgrundsätzen der DGK 5 möglich.

In Luftbildern lassen sich innerhalb von Industrie-/Gewerbestandorten, deren Produktionszweige nicht identifiziert werden können, nur unklassifizierte Aufschüttungen ohne Hinweis auf die Materialbeschaffenheit ermitteln. Auf klassifizierten Industrie-/Gewerbestandorten (z.B. bei eisen- und stahlerzeugenden Betrieben) ist durch eine Analyse der Objekt-/Bildmerkmale «Form», «Aufbau» und «Höhe» (Bild 5.11) eine Identifizierung von Halden bzw. von Schlackenhalden möglich. Daneben lassen sich bei allen Altstandorten Aufschüttungen identifizieren, die aufgrund der Anlage und ihrer meist großen Flächenausdehnung als geordnete Industriemülldeponie auszuweisen sind. Demgegenüber können – ähnlich wie bei Zechen-/Kokereistandorten – alle Bereiche in der Nähe von Verkehrsträgern und Produktionsanlagen nach ihrer Form (unregelmäßig), dem Grauton (hellgrau) und der Textur (fleckig) als ungeordnete Ablagerungsflächen von Industriemüll (ungeordnete Ablagerungen) angesprochen werden.

Verfüllungen sind in gleicher Weise wie bei Zechen- und Kokereistandorten auch innerhalb von Industrie-/Gewerbestandorten zu identifizieren (Abschnitt 5.2.1).

Kriegsschäden

Kriegsschäden sind generell, wie bereits bei Zechen/Kokereien erläutert, auch auf Industrie-/Gewerbeflächen zu erfassen. Im Gegensatz zu den wenig überdachten, offenstehenden Produktionsanlagen von Zechen (Kokereien) wird eine Unterscheidung zwischen Beschädigung und Zerstörung hier erschwert, da bei den überdachten Anlagen der Industrie-/Gewerbebetriebe das Schadensausmaß nur dann zu definieren ist, wenn das Dach weitgehend zerstört ist.

5.3.2 Erfassungsergebnisse der multitemporalen Karten- und Luftbildauswertung

Durch die multitemporale Karten- und Luftbildauswertung lassen sich in beiden Untersuchungsräumen insgesamt 58 Standorte der Verdachtskategorie «Industrie-/Gewerbeanlagen» erfassen. Von 46 Standorten kann der Industrie- bzw. Produktionszweig durch den kombinierten Vergleich aller Informationsquellen näher (detailliert) bestimmt werden (Kategorie I det), während bei 12 Standorten dies nicht möglich ist, so daß diese Standorte lediglich als allgemeine Industrie-/ Gewerbestandorte (Kategorie I all) einzustufen sind (vgl. Tabelle 5.24).

Vergleicht man die Erfaßbarkeit von Industrie-/Gewerbestandorten in den einzelnen Informationsträgern, so bestätigen die Erfassungsergebnisse der Untersuchungen die Aussagen in Abschnitt 5.3.1, nach denen die Mehrzahl der Verdachtsflächen direkt zu erfassen ist (Tabellen 5.22 und 5.23). Sie werden in den Kartenwerken in der Regel über Schriftzusätze bzw. bildhafte Signaturen wiedergegeben. Entgegen den Aussagen in Abschnitt 5.3.1 belegen die Untersuchungsergebnisse, daß Industrie-/Gewerbestandorte auch in den Kartenausgaben gegen Ende der 1930er Jahre bzw. zu Anfang des Zweiten Weltkrieges mit Schriftzusätzen aufgenommen wurden. Damit zeigt sich, daß die Geheimhaltungsvorschriften nicht in allen Blättern einheitlich angewandt wurden. Dagegen ist eine Identifizierung auf indirektem Wege nur in Ausnahmefällen möglich. So hat sich sowohl bei den amtlichen topographischen Kartenwerken als auch bei den WBK-Kartenwerken gezeigt, daß Industrie-/Gewerbebetriebe über die Grundstücks- (Betriebsgelände-)

Tabelle 5.24 Übersicht der erfaßten Industrie-/Gewerbestandorte durch Karten- und Luftbildauswertung

	TK 25	DGK 5	WBK	Luftbild	Ergebnis Kombination Kart./Lb.
Industrie, ohne Erkennung des Produktionszweiges	11	6	5	16	12
Industrie, mit Erkennung des Produktionszweiges	37	9	35	27	46
davon					
Ziegelei	34	5	28	24	36
SW	1		1		2
Stahlwerke	1	1	1	1	1
Dampfsägemühle	1				1
Chem. Fabrik		1	1	1	1
Brauerei		1	1		1
Gußstahlwerk		1	1	1	1
Stanz- und Emaillierwerk			1		1
Metallverarbeit.				1	1
Bürstenfabrik			1		1
Insgesamt	48	15	40	43	58

und Gebäudegröße sowie die Form nicht eindeutig bestimmt werden können. Die identische Darstellungsweise von Wohngebäuden bzw. öffentlichen Gebäuden und Industriekomplexen in der TK 25 und der WBK-Übersichtskarte verhindert, daß Industriegebäude innerhalb von dichtbebauten Stadtgebieten zu erfassen sind. Nur in einzelnen Fällen, in denen bei großflächigen Gebäudedarstellungen gleichzeitig Schornsteine oder Gleisanlagen mit eingezeichnet oder einzelne Anlagenteile zu erkennen sind, können auf indirektem Wege Industrie-/Gewerbestandorte identifiziert werden (Bild 5.10). Nur in der DGK 5 sind entsprechende Standorte anhand der Schraffur für Wirtschaftsgebäude direkt zu ermitteln.

Das Luftbild ermöglicht, wie im Untersuchungsraum deutlich wird, daß Industrie-/Gewerbestandorte durch anlagentypische Objektmerkmale (u.a. Gleisanlagen, Schornsteine und Produktionshallen) direkt identifiziert werden können (Bild 5.11). Schwierigkeiten ergeben sich allerdings, wie bereits in Abschnitt 5.3.1 angeführt, bei einigen Wirtschaftszweigen, die keine typischen Unterscheidungsmerkmale aufweisen. Sie sind nur auf indirektem Wege zu identifizieren (eisen- und stahlverarbeitende Industrie, metallverarbeitende Industrie).

Betrachtet man die Gesamtzahl der 58 Verdachtsflächen nach den einzelnen Industrie-/Gewerbezweigen und ihrer Erfaßbarkeit in den einzelnen Informationsträgern (Tabellen 5.24 bis 5.26), so zeigt sich, daß größtenteils Ziegeleien (36) ermittelt werden können, die in allen Informationsträgern eindeutig zu identifizieren sind. Außerdem kann der Industriezweig von zehn weiteren Standorten bestimmt werden. Dagegen ist bei 12 Industrie-/Gewerbebetrieben der Produktionszweig durch die kombinierte Karten- und Luftbildauswertung nicht einzugrenzen.

Vergleicht man die Gesamtzahl mit der Anzahl der in den einzelnen Informationsträgern erfaßten Standorte (Tabellen 5.24 und 5.27), so wird deutlich, daß diese durch keinen Informationsträger vollständig ermittelt werden kann. Die Ergebnisse (Tabellen 5.27 bis 5.30) weisen darauf hin, daß bei den vier Informationsquellen z. T. erhebliche Unterschiede in der Bestimmung des Wirtschaftszweiges festzustellen sind.

Mit 48 Standorten (rund 83 % aller Industriestandorte) weist die TK 25 von allen 4 Informationsträgern die höchste Erfassungsanzahl aus. Demgegenüber lassen sich in den anderen Informationsquellen z. T. wesentlich weniger Industrie-/Gewerbestandorte ermitteln. Während der Luftbildinformation 44 Verdachtsflächen (rund 74%) und den WBK-Kartenwerken 40 Verdachtsflächen (rund 69%) zu entnehmen sind, fällt das Erfassungsergebnis der DGK 5 mit nur 15 Verdachtsflächen (rund 26%) vergleichsweise sehr niedrig aus.

Analysiert man die erfaßten Verdachtsflächen, so liegt ein Grund für die differierenden Erfassungsergebnisse darin, daß die Informationsquellen unterschiedlich weit in die Vergangenheit zurückreichen und daß sie wegen der Fortführungszeiträume unterschiedliche Zeitlücken aufweisen. Die Untersuchung belegt, daß gerade die TK 25, die WBK und das Luftbild, die weit in die Vergangenheit zurückreichen, zahlreiche Industrie-/Gewerbestandorte erfassen, die beim erstmaligen Erscheinen der DGK 5 bereits eine Folgenutzung aufweisen. Darüber hinaus zeigt die Untersuchung, daß zur Gegenwart hin mit der Ausgabe der DGK 5 (seit Anfang der 60er Jahre) wie im Luftbild sämtliche Industrie-/Gewerbestandorte erfaßt werden können. Wie wichtig es gerade für eine vollständige Erfassung ist, daß die Informationsquellen möglichst weit in die Vergangenheit zurückreichen, verdeutlicht die Tatsache, daß einige Verdachtsflächen nur in den TK-25-Ausgaben von 1892 bis 1913/14 ermittelt werden können, die bereits 1914/19 in der Übersichtskarte bzw. 1925/28 im Luftbild nicht mehr zu identifizieren sind. Dabei handelt es sich um Ziegeleien und um einen Industrie-/Gewerbestandort, dessen Produktionszweig nicht näher zu ermitteln ist.

Als ein weiteres Ergebnis der Untersuchung ist festzuhalten, daß kleinflächige Industrie-/Gewerbestandorte, die in unmittelbarer Nähe zu großflächigen Standorten liegen, nur im Luftbild differenziert erfaßt werden können. Diese Standorte sind in der TK 25 nicht durch Schriftzusätze bezeichnet und heben sich daher auch nicht von den benachbarten (großflächigen) Industrie-/Gewerbestandorten ab. Ferner haben sich auch im Untersuchungsgebiet die engen Zeitschnitte des Luftbildes als wichtig erwiesen, um selbst kurzlebige Flächennutzungen zu erfassen.

Tabelle 5.25 Erfaßte Verdachtsflächen der Kategorie «Industrie-/Gewerbestandorte, ohne Erkennung des Produktionszweiges»

Altlastverdachtsflächen-Kategorien II. INDUSTRIE-/GEWERBE (allgemein, ohne Erkennung des Produktionszweiges)	Vermutete Anzahl gesamt	Luft-bild	TK 25	DGK 5	WBK 1:10000
ALTANLAGEN					
Industrie-/Gewerbebetriebe	12	16	11	6	5
Betriebsdifferenzierungen	17	11	8	7	6
Gasbehälter					
Gasometer					
Gleisanlagen	2*	1	4		
Lagerhäuser/-hallen					
Lagerplatz	5			7	6
– Fässer					
– Holzlager					
– Lockermaterial	1	1			
– Stückgut	2	2			
Schornstein	7	7	4		
Schrottplatz					
Tankbehälter					
Umladestation					
Entsorgungsanlagen (innerbetrieblich)					
Entwässerungskanal					
Kläranlage					
Klärbecken/-teich					
Schlammteich/Absetzbecken					
Wasserflächen ohne Zuordnung					
Versorgungsanlagen (innerbetrieblich)					
Gasanstalt					
Kraftwerk					
Tankstelle					
ALTABLAGERUNGEN (auf/an Betriebsflächen *immer* mit Verdacht auf Produktionsrückstände)	15	11	4	1	4
Aufschüttungen	14	11	3		2
unklassifiziert	2		2		2
klassifiziert:					
– Halden	1		1		
– Schutthalden	1	1			
– Industriemülldeponie (geordnet)					
– ungeordnete Ablagerungen, Kippe	10	10			
– Damm, wallartige Erhebung					
Verfüllungen	1		1	1	2
verfüllte ehemalige Abgrabungen					
– Gruben, unklassifiziert					
– Gruben, klassifiziert:					
a) Sandgrube					
b) Lehmgrube					

Fortsetzung von Tabelle 5.25

	Vermutete Anzahl gesamt	Luftbild	TK 25	DGK 5	WBK 1 : 10 000
c) Tongrube					
d) Mergelgrube					
– Brüche, Tagesbrüche					
– Steinbrüche					
Verfüllungen innerbetrieblicher Hohlformen					
– Entwässerungskanal					
– Kläranlage					
– Klärbecken					
– Schlammteiche/Absetzbecken					
– Wasserflächen ohne Zuordnung	1		1	1	2
Verfüllungen von Bombentrichter	12	12			
KRIEGSBEDINGTE EINWIRKUNGEN	1	1			
Anlagenbeschädigungen	1	1			
Anlagenzerstörungen					
ausgelaufene Produktionsstoffe					

Betrachtet man die einzelnen Wirtschaftszweige, die durch die Informationsträger zu identifizieren sind, so enthalten die Kartenwerke mit Ausnahme der Ziegeleien recht unterschiedliche Hinweise dazu. Die Untersuchung bestätigt die Musterblattbestimmungen der TK 25, nach denen nur wenige Wirtschaftszweige durch Schriftzusätze näher erläutert werden, wie Sägewerke und Dampfsägemühlen (DSM). Wie Tabelle 5.27 zu entnehmen ist, werden andere Industrie-/Gewerbezweige nur als «Fbr.»-Flächen bezeichnet. Detaillierte Bezeichnungen, die Auskunft über den Produktionszweig geben, stellen auch im Untersuchungsraum einen Sonderfall dar.

Demgegenüber werden der Produktionszweig und der Eigentümer sämtlicher Betriebe in der Übersichtskarte der WBK ausgewiesen, die zwischen 1914 und 1929/36 existiert haben (Tabellen 5.27 bis 5.29). So können nicht nur Ziegeleien (ausgewiesen über die Abkürzung «Zgl», die objekttypische Anordnung von Ringofen und Trockenschuppen sowie Symbolzeichen), sondern auch ein Stanz- und Emaillierwerk, Sägewerk, Stahl- und Röhrenwalzwerk, eine Brauerei und ein Gußstahlwerk identifiziert werden. Verdachtsflächen mit allgemeiner Bezeichnung sind in diesem Kartenwerk mit einer Ausnahme nicht zu erfassen. So läßt sich lediglich ein Standort durch die allgemeine Bezeichnung «Rixenburg» und die typische Gebäudeform, Größe und Lage als Industrie-/Gewerbebetrieb einstufen, dessen Produktionszweig nicht zu bestimmen ist. Hervorzuheben ist, daß durch die WBK-Übersichtskarte selbst solche Standorte differenziert zu ermitteln sind, die in den anderen Informationsquellen nur allgemein als «Fbr.»-Flächen auftauchen und auch durch die Luftbildinformation nicht näher zu benennen sind. Für die

Tabelle 5.26 Erfaßte Verdachtsflächen der Kategorie «Industrie-/Gewerbestandorte, mit Erkennung des Produktionszweiges»

Altlastverdachtsflächen-Kategorien II. INDUSTRIE-/GEWERBE (mit detaillierten Hinweis des Produktionszweiges) ALTANLAGEN	Vermutete Anzahl gesamt	Luft-bild	TK 25	DGK 5	WBK 1:10000
Industrie-/Gewerbebetriebe	46	28	37	9	35
davon erfaßt als:					
Chem. Fabrik (Ind.)	1	1		1	1
Eisen- u. Stahlerzeug. Ind.	1	1		1	1
Metallverarbeitend. Ind.	2	1			1
Ziegelei	36	24	34	5	28
Betriebsdifferenzierungen	42	40	9	11	6
Gasbehälter					
Gasometer	2	2	2	1	2
Gleisanlagen	12	12	6	8	2
Hochofen					
Lagerhäuser/-hallen					
Lagerplatz					
– Fässer					
– Holzlager					
– Lockermaterial	2	1			1
– Stückgut	1	1			1
Schornstein	11	11		2	1
Schrottplatz					
Tankbehälter	12	12			
Umladestation					
Entsorgungsanlagen (innerbetrieblich)	1				1
Entwässerungskanal					
Kläranlage					
Klärbecken/-teich					
Schlammteich/Absetzbecken	1				1
Wasserflächen ohne Zuordnung					
Versorgungsanlagen (innerbetrieblich)					
Gasanstalt					
Kraftwerk					
Tankstelle					
ALTABLAGERUNGEN (auf/an Betriebsflächen *immer* mit Verdacht auf Produktionsrückstände)	50	45	9	14	9
Aufschüttungen	39	37	4	8	7
unklassifiziert	4	2	4	6	5
klassifiziert:					
– Halden	5	5		1	1
– Schutthalden					1
– Industriemülldeponie (geordnet)	1	1			
– ungeordnete Ablagerungen, Kippe	29	29			
– Damm, wallartige Erhebung				1	

Fortsetzung von Tabelle 5.26

	Vermutete Anzahl gesamt	Luft-bild	TK 25	DGK 5	WBK 1 : 10000
Verfüllungen	11	8	5	6	2
verfüllte ehemalige Abgrabungen					
– Gruben, unklassifiziert	3	3	3		
– Gruben, klassifiziert					
a) Sandgrube					
b) Lehmgrube	1	1	1		
c) Tongrube					
d) Mergelgrube					
– Brüche, Tagesbrüche					
– Steinbrüche					
Verfüllungen innerbetrieblicher Hohlformen					
– Entwässerungskanal	1	1			
– Kläranlage	1	1			
– Klärbecken	3	3			
– Schlammteich/Absetzbecken	1			1	
– Wasserflächen ohne Zuordnung	1		1	5	2
Verfüllungen von Bombentrichtern	57	57			
KRIEGSBEDINGTE EINWIRKUNGEN	10	10			
Anlagenbeschädigungen	5	5			
Anlagenzerstörungen	5	5			
ausgelaufene Produktionsstoffe					

Tabelle 5.27 Vergleich der Gesamtzahl der erfaßten Industrie-/Gewerbestandorte mit Erkennung des Produktionszweiges in den einzelnen Informationsquellen

Industrie-Gewerbeanlagen mit Erkennung des Produktionszweiges Gesamtzahl: 46				
	Gesamt-zahl: 46	Differenz zur Gesamt-zahl	davon als In-dustrie, allge-mein erfaßt	nicht erfaßt
TK 25	37	9	7	2
DGK 5	9	37	2	35
WBK	35	11	–	11
Luftbild	28	18	5	13

Tabelle 5.28 Vergleich der erfaßten Ziegeleien in den einzelnen Informationsquellen

Ziegeleien	Gesamtzahl: 36			
	Gesamtzahl: 36	Differenz zur Gesamtzahl	davon als Industrie, allgemein erfaßt	nicht erfaßt
TK 25	34	2	2	–
DGK 5	5	31	1	30
WBK	28	8	–	8
Luftbild	24	12	1	11

Tabelle 5.29 Vergleich der erfaßten sonstigen Industrie-/Gewerbestandorte

Sonstige Industrie-/Gewerbeanlagen	Gesamtzahl: 10			
	Gesamtzahl: 10	Differenz zur Gesamtzahl	davon als Industrie, allgemein erfaßt	nicht erfaßt
TK 25	3	7	4	3
DGK 5	4	6	1	5
WBK	7	3	–	3
Luftbild	4	6	4	2

Tabelle 5.30 Vergleich der erfaßten Industrie-/Gewerbestandorte, ohne Erkennung des Produktionszweiges in den einzelnen Informationsquellen

Informationsträger	erfaßt	nicht erfaßt
TK 25	4	8
DGK 5	4	8
WBK	5	7
Luftbild	10	2
Gesamtzahl: 12		

Folgekarte der WBK-Übersichtskarte, die topographische Karte, ist festzuhalten, daß diese genauen Bezeichnungen nicht übernommen worden sind. Industrie-/Gewerbestandorte werden damit entsprechend der DGK 5 nur als «Fbr.»-Flächen ausgewiesen.

Wie die Untersuchung belegt, gibt die DGK 5 sämtliche nach 1960 vorhandenen Industrie-/Gewerbestandorte vollständig wieder. Neben allgemein bezeichneten, meist kleinflächigen Industriebetrieben werden – außer den in den Musterblättern genannten Ziegeleien – weitere Betriebe wie eine Brauerei, ein Gußstahlwerk und ein Stahlwerk mit Schriftzusätzen versehen (Tabellen 5.24 und 5.26). Damit wird deutlich, daß entgegen den Musterblattbestimmungen besonders großflächige Standorte von überregionaler wirtschaftlicher Bedeutung exakt benannt werden.

Betrachtet man das Luftbild, den Informationsträger mit der zweithöchsten Erfassungsrate (Tabellen 5.27 bis 5.30), so ist festzustellen, daß sämtliche seit 1925/28 vorhandenen Industrie-/Gewerbestandorte vollständig wiedergegeben werden[5.25]. Nicht alle Flächen lassen sich jedoch exakt bezeichnen. Aber bei der Mehrzahl der Standorte läßt sich der Produktionszweig bestimmen, wobei die Ziegeleien deutlich überwiegen.

Zur Identifizierung von weiteren Wirtschaftszweigen, die direkt über anlagentypische Objektmerkmale zu ermitteln sind, hat sich im Untersuchungsraum die Analyse von Objekt-/Bildmerkmalen wie die Größe des Betriebsgeländes und der Gebäude, die Dachhöhe und die Anbindung an Eisenbahnlinien bewährt. So können zwei Standorte als Schwerindustrien, d.h. Stahlwerk und metallverarbeitende Industrie, eingestuft werden. Außerdem hat die Untersuchung gezeigt, daß es möglich ist, den Wirtschaftszweig über identifizierte Produktionsgüter (hier: Röhren) auf werkseigenen Lagerplätzen zu ermitteln. So konnte ein Röhrenwalzwerk näher bestimmt und das benachbarte große Gebäude als Siemens-Martin-Stahlwerk identifiziert werden. In einem anderen Untersuchungsfall konnte ein anfangs nur grob als chemisches Werk eingestufter Standort näher als Benzolfabrik mit einer Vorproduktenaufbereitung klassifiziert werden. Als primäres Identifizierungsmerkmal hat sich die Anlagenform (rechteckige, liegende und zahlreiche runde Tankbehälter in längsparalleler Anordnung, Rohrleitungen und großflächige Gebäude mit Dachreitern) und die Lage an Gleiskörpern erwiesen.

Eine Differenzierung der Betriebsgelände von Industrie-/Gewerbestandorten nach einzelnen Anlagen ist, wie die Erfassungsergebnisse der Informationsquellen zeigen, im Vergleich zu Zechen- und Kokereistandorten nur in wenigen Fällen und für bestimmte Anlagen-/Gebäudeteile möglich (Bild 5.10). Zwar wird in den einzelnen Informationsträgern eine große Anzahl von Gebäuden ausgewiesen, aber eine exakte Funktionszuweisung ist nur in wenigen Fällen möglich. Die Analyse der 58 Verdachtsflächen verdeutlicht, daß die Mehrzahl der Produktionsanlagen in überdachten Hallen untergebracht ist, so daß typische Objektmerkmale nicht sichtbar sind (Tabellen 5.24 und 5.25). Lediglich chemische Werke und Stahlwerke, deren Produktionsanlagen nicht in Werkshallen liegen, werden näher differenziert.

Insgesamt zeigt die Untersuchung, daß sich Industrie-/Gewerbestandorte in den drei verschiedenen Kartenwerken unterschiedlich identifizieren und klassifizieren lassen. Dies führt zu z.T. recht stark differierenden Erfassungsergebnissen. So bestätigt sich auch im Untersuchungsraum, daß nur wenige Anlagen(teile) von Industrie-/Gewerbebetrieben durch Schriftzusätze direkt zu identifizieren sind. In der TK 25 und DGK 5 werden Schornsteine und Gleisanlagen auf Verdachtsflächen ausgewiesen, die durch Schriftzusätze als «Fbr.»-Flächen zu kennzeichnen sind. Weitere Bezeichnungen von Anlagen findet man nur in Ausnahmefällen. Es ist auf die TK 25 hinzuweisen, die in der Ausgabe von 1926 zwei Gasbehälter innerhalb eines Stahl- und Röhrenwalzwerkes durch Schriftzusatz wiedergibt.

In der Übersichtskarte der WBK werden ebenfalls nur Gleisanlagen und Schornsteine bezeichnet. Der Hinweis auf einen Lagerplatz für Lockermaterial durch die Bezeichnung «Erzlager» ist als Ausnahme zu betrachten.

Das Luftbild enthält mit 51 der insgesamt 53 Betriebsanlagen(teilen) im Vergleich zu den Kartenwerken wesentlich mehr Anlagen (Tabellen 5.25 und 5.26). Außer Gleisanlagen und Schornsteinen lassen sich auch Lagerplätze von Lockermaterial und Stückgütern ermitteln. Darüber hinaus ermöglicht die Luftbildauswertung eine Identifizierung von Gasometern und Tankbehältern, die – mit Ausnahme des Anlagengrundrisses in der DGK 5 – in den Kartenwerken nicht zu ermitteln sind.

Zur Erfassung von Altablagerungen innerhalb von Industrie-/Gewerbestandorten hat sich, ähnlich wie bei den oben angesprochenen Betriebsanlagen, das Luftbild als die effizientere und aussagekräftigere Informationsquelle erwiesen. Vergleicht man die Anzahl und die Differenzierbarkeit der Verdachtsflächen in den einzelnen Informationsquellen, so zeigt die Untersuchung, daß mit 56 der insgesamt 65 Altablagerungen durch das Luftbild rund dreimal so viele Verdachtsflächen erfaßt werden können wie durch die Kartenwerke (Tabellen 5.25 und 5.26).

Weiterhin zeigt die Untersuchung, daß Industrie-/Gewerbestandorte, deren Produktionszweig näher zu bestimmen ist (chemische Industrie und eisen- und stahlverarbeitende Industrie) eine größere Anzahl von Ablagerungen aufweisen als Industriestandorte, die nicht näher zu benennen sind (Tabellen 5.25 und 5.26).

Wie schon im vorhergehenden Abschnitt 5.3.1 bei der Musterblattanalyse aufgezeigt wurde, so belegen auch die Untersuchungsergebnisse der einzelnen Kartenwerke, daß nur wenige Kategorien von Altablagerungen in den Karten identifiziert werden können. Finden sich dennoch Hinweise auf Ablagerungen, so beschränken sie sich auf unklassifizierte Aufschüttungen, Halden (vorwiegend DGK-5- und WBK-Karten) sowie Wasserflächen und Kanäle (Tabellen 5.6, 5.11 und 5.13). Hinweise zur Materialbeschaffenheit und Herkunft in Form von Schriftzusätzen fehlen bzw. stellen lediglich Ausnahmefälle dar, wie eine Schutthalde in der Übersichtskarte der WBK und eine Deponie in der DGK 5 zeigen. So ist eine Bestimmung der Materialbeschaffenheit nur auf indirektem Wege möglich und zudem auf bezeichnete Industrie-/Gewerbestandorte beschränkt.

Durch das Luftbild können, wie der Vergleich der Erfassungsergebnisse erkennen läßt, nahezu sämtliche Altablagerungen seit 1925/28 nahezu vollständig erfaßt werden (Tabellen 5.25 und 5.26). Von besonderem Wert ist das Luftbild für ungeordnete Ablagerungen, die durch keinen anderen Informationsträger zu erfassen sind. Mit 29 ungeordneten Ablagerungen auf den Industrie-/Gewerbestandorten, für die der Produktionszweig ermittelt werden konnte, und 10 auf nicht näher bezeichneten Standorten macht diese Kategorie rund ⅔ aller erfaßten Aufschüttungen aus. Daneben ermöglicht die Luftbildauswertung die Erfassung und Differenzierung von Halden, die – wenn es sich um großflächige Objekte langfristiger Art handelt – in den Kartenwerken nur als unklassifizierte Aufschüttungen zu ermitteln sind. Des weiteren verdeutlichen die Untersuchungsergebnisse, daß neben den ungeordneten auch geordnete Industriemülldeponien durch das Luftbild eindeutig zu identifizieren sind.

Im Luftbild sind Verfüllungen größtenteils auf bezeichneten Industrie-/Gewerbebetrieben zu ermitteln. Eine Ausnahme stellen ehemalige Klärbecken und Kläranlagen als Verfüllungsbereiche dar, die auch innerhalb von Industrie-/Gewerbebetrieben erfaßbar sind, deren Produktionszweig nicht zu benennen ist. Auch lassen sich, wie in der TK 25, unklassifizierte Gruben als Verfüllungsbereiche innerhalb eines Röhrenwalzwerkes erkennen. Der Vorgang der Ablagerung, bei dem Eisenbahnwaggons und Lastkraftwagen zum Transport verwendet werden, kann auf einigen Industrie-/Gewerbestandorten direkt identifiziert werden. So sind in großmaßstäbigen Aufnahmen innerhalb des Betriebsgeländes eines Stahl- und Röhrenwalzwerkes Transportfahrzeuge zu erkennen, die Material ablagern. Um unterschiedliche Schüttbereiche zu differenzieren, eignen sich als Identifizierungsmerkmale Grauton-, Textur- und Farbunterschiede. So können innerhalb von Schutthalden hellgraue, fleckige Bereiche mit heterogener Textur von dunkelgrauen, homogenen Flächen unterschieden werden. In Farbaufnahmen sind Schlackenhalden, Bauxit- und Erzlager aufgrund ihres roten Farbtons zu erkennen.

Ähnlich wie für Kokereistandorte bestätigt die Untersuchung von Industrie-/Gewerbestandorten den Wert des Luftbildes zur Erfassung von Kriegsschäden. Auch Industrie-/Gewerbezweige weisen zahlreiche Bombentreffer auf. Allerdings bestehen Unterschiede in der Anzahl und im Ausmaß der Beschädigungen. Auf kleinflächigen Verdachtsflächen, deren Produktionszweig nicht zu ermitteln ist, lassen sich keine oder nur wenige Bombentreffer (12) feststellen (Tabellen 5.25 und 5.26). Demgegenüber weisen Industrie-/Gewerbestandorte, für die der Produktionszweig bestimmt werden kann, meist erhebliche Kriegsschäden auf (57 Bombentreffer und jeweils 5 Anlagenzerstörungen und Beschädigungen). Allerdings belegen die Untersuchungsergebnisse, daß nicht alle Produktionszweige gleichermaßen das Ziel von Luftangriffen gewesen sind und daß sie einen unterschiedlichen Zerstörungsgrad aufweisen. Vorwiegend Standorte, die als wehrwirtschaftlich wichtige Anlagen von den Alliierten eingestuft wurden, zeigen im Vergleich zu anderen, wie z.B. Ziegeleien, massive Kriegsschäden. Zu den wehrwirtschaftlich wichtigen Wirtschaftszweigen gehören im Untersuchungsraum die Chemischen Werke Amalia mit der Benzolaufbereitung und das Stahl- und Röhrenwalzwerk[5.26]. Besonders Tankbehälter, Gasometer und Gleisanlagen mit Tankzügen zeigen deutliche Trefferspuren. Mit hoher Wahrscheinlichkeit ist anzunehmen, daß die Bombentreffer zu erheblichen Schadstoffanreicherungen im Boden geführt haben. In diesem Zusammenhang ist zu vermuten, daß Bombentrichter innerhalb von Betriebsgeländen als Ablagerungsbereiche von umweltgefährdenden Produktionsrückständen genutzt werden. Die Materialzusammensetzung läßt sich, wie in Abschnitt 5.2.2 ausgeführt, nur indirekt über die Nähe zu Produktionsanlagen und die Anbindung an Verkehrsträger bestimmen.

5.3.3 Abschätzung des Gefährdungspotentials

Auch bei Industrie-/Gewerbestandorten können über den produktionsspezifischen Ansatz eine erste beprobungslose Abschätzung des Kontaminationspotentials durchgeführt und die Altlastgefährdungsstufen bestimmt werden. Wie die Untersuchung gezeigt hat, wird die Gefährdungsabschätzung grundsätzlich von zwei Gesichtspunkten beeinflußt. Zum einen wirkt sich negativ auf die Qualität der Erstbewertung aus, daß für Industrie-/Gewerbestandorte im Gegensatz zu Zechen- und Kokereistandorten nur wenige Veröffentlichungen zu finden sind, die eine detaillierte Rekonstruktion von Produktionsprozessen und -abläufen sowie der Art der eingesetzten bzw. anfallenden Stoffe von Wirtschaftszweigen gestatten[5.27]. So differieren die erarbeiteten Matrizes zum Kontaminationspotential der Industrie-/Gewerbestandorte erheblich (Bilder 4.2 und 5.12 sowie Tabellen 4.9 und 4.10). Während Produktionsverfahren von Röhrenwalzwerken, Stahl- und Sägewerken detailliert zusammenzustellen sind und sich die dort eingesetzten Stoffe und anfallenden Rest- und Abfallstoffe exakt definieren lassen, konnten aus arbeitsökonomischen Gründen (z.T. wären Verfahrens- bzw. Prozeßrecherchen in bestehenden Betrieben notwendig) für die übrigen Wirtschaftszweige nur weniger detaillierte Informationen zu Verfahren/Produktionsabläufen erarbeitet werden (Bilder 4.2 und 5.12). Die Schadstoffe sind dementsprechend nur unspezifisch und allgemein zuzuordnen.

Als zweiter bestimmender Faktor für die Qualität der Gefährdungsabschätzung sind die Erfassungsergebnisse zu nennen. Je differenzierter der Industriezweig einer Verdachtsfläche zu identifizieren ist, desto genauer ist das Kontaminationspotential zu bestimmen. So zeigt die Untersuchung, daß die Stoffzugehörigkeit von Industrie-/Gewerbestandorten, deren Produktionszweig nicht näher zu bestimmen ist, weder über die branchentypische Inventarisierung des Umweltbundesamtes (KINNER/KÖTTER/NICLAUSS 1986) noch über den herstellerspezifischen Abfallkatalog eingegrenzt werden kann (Tabelle 4.2). Bei Industrie-/Gewerbestandorten, für die der Produktionszweig nicht zu ermitteln ist, müssen letztlich die Abfallstoffe sämtlicher Wirtschaftszweige angenommen werden. Nur Schadstoffe wie Reinigungs-, Korrosionsschutz-, Rostschutz-, Imprägnier-, Dichtungs-, Anstrich- und Bindemittel, die bei nahezu allen Industrie-/Gewerbezweigen verwendet werden, lassen sich eindeutig definieren.

Entsprechend den Erfassungsergebnissen ist es auf Industrie-/Gewerbestandorten dieser Art nicht möglich, die Stoffzugehörigkeit von einzelnen Anlagen(teilen) zusammenzustellen. So sind lediglich erfaßte Gebäude, Gleisanlagen und Tanks als hoch altlastgefährdete Bereiche mit der Gefährdungsstufe 4 auszuweisen, da hier die Wahrscheinlichkeit besonders groß ist, daß umweltgefährdende Schadstoffe in den Boden gelangt sind (Tabelle 4.4). Das Betriebsgelände selbst erhält die Stufe 3.

Bei Ablagerungen innerhalb nicht näher identifizierter Industrie-/Gewerbestandorte ist grundsätzlich davon auszugehen, daß Produktions-, Rest- und Abfallstoffe des Betriebes, möglicherweise auch benachbarter Betriebe, eingelagert wurden. Die Untersuchung hat gezeigt, daß im Luftbild allein über Grauton-, Textur- sowie Farbunterschiede auf unterschiedliche Ablagerungsbereiche zu schließen ist. Eine

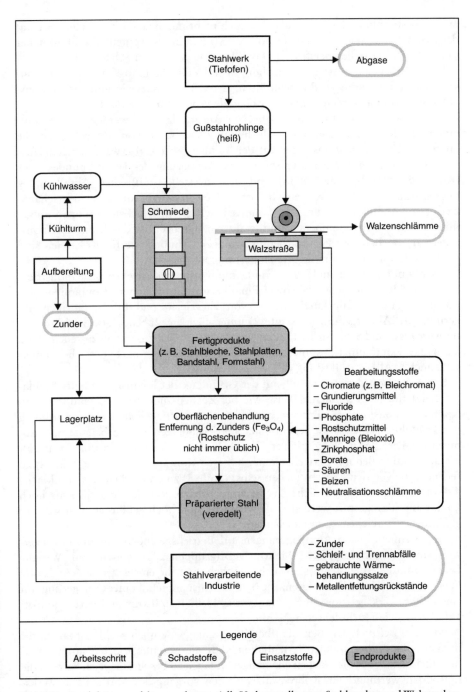

Bild 5.12 Produktionsverfahren und potentielle Verlustquellen von Stahlwerken und Walzwerken

exakte Bestimmung des Materials ist jedoch nicht möglich, da keine Hinweise auf den Wirtschaftszweig vorhanden sind. Das Kontaminationspotential umfaßt daher sämtliche im herstellerspezifischen Abfallkatalog genannten Schadstoffe.

Wesentlich genauer ist die beprobungslose Gefährdungsabschätzung bei Industrie-/Gewerbestandorten durchzuführen, deren Industriezweig und Produktionsabläufe bestimmt werden können. Anfallende Produktions-, Rest- und Abfallstoffe können über den produktionsspezifischen Ansatz definiert werden. Die Bestimmung des Kontaminationspotentials hängt allerdings davon ab, inwieweit die Hinweise der Informationsträger auf den Industrie-/Gewerbezweig mit den Wirtschaftszweigen der branchentypischen Inventarisierung des Umweltbundesamtes (KINNER/KÖTTER/NICLAUSS 1986) und dem herstellerspezifischen Abfallkatalog übereinstimmen. Dort, wo ein Industrie-/Gewerbezweig mehrere Wirtschaftszweige im Abfallkatalog umfaßt, können lediglich Mehrfachstoffgruppen aufgeführt werden. Relativ eindeutig und exakt einzugrenzen ist das Kontaminationspotential von Benzolweiterverarbeitungsanlagen. Ähnlich wie für Kokereien sind die Produktions- und Abfallstoffe zu bestimmen.

Insgesamt lassen sich im Untersuchungsraum insbesondere chemische Industrien, Stahl- und Röhrenwalzwerke sowie Emaillierwerke mit hohem Kontaminationspotential (Altlastgefährdungsstufe 4) von Ziegeleien und Bürstenfabriken mit geringerem (Altlastgefährdungsstufe 2) unterscheiden (Tabelle 4.4). Sind Produktionsprozesse und Schadstoffe für einzelne Anlagen(teile) zusammenzustellen, dann kann das Kontaminationspotential einer Verdachtsfläche nach Bereichen unterschiedlicher Altlastgefährdung differenziert werden.

Eine Schadstoffdifferenzierung auf der Grundlage der lokalisierten Betriebsanlagen(teile) führt – in ähnlicher Weise wie bei Zechen- und Kokereistandorten – zu Kontaminationsmustern. Entsprechend den Regelhaftigkeiten in der Anordnung von Produktionsanlagen ist bei einzelnen Betriebsanlagen wie Gasbehältern, Gasometern, Gleisanlagen, Lagerplätzen, Tankbehältern, Umladestationen, Gasanstalten und Tankstellen mit Bereichen einer höheren Kontaminationsstufe (Stufe 4) zu rechnen, die von den Betriebsflächen selbst (Stufe 3) zu unterscheiden sind (Tabelle 4.4). Deutlich wird, daß nicht das gesamte Betriebsgelände einheitlich als hoch kontaminiert eingestuft werden muß. Vielmehr sind hoch gefährdete von weniger gefährdeten Bereichen zu unterscheiden.

Hervorzuheben sind Altablagerungen auf Betriebsgeländen, für die normalerweise immer betriebstypische Mehrfachstoffgruppen auszuweisen sind. Wie die Untersuchung verdeutlicht, ist es nicht möglich, hier die eingelagerten Schadstoffe über Objektmerkmale einzugrenzen. Nur im Ausnahmefall einer Ablagerung auf einem Stahlwerksgelände deuten Hangform, Helligkeit/Textur und Farbtöne (rot) auf abgelagerte Hochofenschlacke hin.

Wie am Beispiel der Benzolaufbereitungsanlage deutlich wird, ist auch für Industrie-/Gewerbestandorte festzuhalten, daß die potentielle Schadstoffausbreitung nicht exakt auf die Flächen ehemaliger Anlagen zu beschränken ist. So zeigt die Luftbildauswertung beim Röhrenwalzwerk den Vorgang des Abrisses von Werksteilen und der Gasgewinnungsanlage und Abrißsäume, die als Verschleppungszonen von Schadstoffen zu betrachten sind. Außerdem läßt sich eine Einplanierung von Anlagen(teilen) erkennen, die lediglich im oberflächennahen Bereich abgerissen wurden. Ähnlich wie bei Kokereien zeigt das Beispiel der Benzolaufbereitungsanlage, daß Tankbehälter, Auffangwannen und Rohrleitungen mit Schadstoffen als Langzeitquellen von Bodenverunreinigungen im Boden verbleiben.

Die Benzolaufbereitung zeigt in typischer Weise auf, welche massiven Kriegseinwirkungen ein wehrwirtschaftlich höchst wichtiger Betrieb aufweisen kann. Die großen Schäden an Tankbehältern (Totalzerstörung), Destillationsanlagen und Tankwaggons sind ein Indiz für freigesetzte Produktions-, Rest- und Abfallstoffe. So müssen bei der Gefährdungsabschätzung von Industrie-/Gewerbestandorten Kriegsschäden immer berücksichtigt werden und Anlagen(teile), bei denen Kriegsschäden zu ermitteln sind, eine höhere Gefährdungsstufe erhalten als Anlagen ohne nachweisbare Zerstörungen.

5.4 Erfassung und Erstbewertung der Standorte von Ver- und Entsorgungsanlagen

5.4.1 Identifizierungsmöglichkeiten

Betriebsstandorte
Altstandorte der Kategorie «Ver- und Entsorgungsanlagen» (öffentlich-kommunaler, privater Nutzer) können in allen Informationsträgern direkt ermittelt werden (Tabelle 5.31). In den Musterblättern der amtlichen Karten findet man Hinweise dazu unter den Darstellungskategorien «Verkehrsnetz», «Gewässer», «Wohnen und Industrieanlagen» sowie «Topographische Einzelzeichen».

Der TK 25 sind bereits in den ältesten Musterblattausgaben von 1818 bzw. 1848 Hinweise zur Darstellung von altlastrelevanten Nutzungen, wie z. B. Bahnhöfe, zu entnehmen (Tabellen 5.4 und 5.5). Weitere Altlastkategorien der Gruppe «Ver- und Entsorgungsanlagen» werden dagegen erst in späteren Ausgaben über Schriftzusätze ausgewiesen, wie Elektrizitätswerke, Güterbahnhöfe und Tankstellen (alle 1953 erstmalig aufgenommen). Hinzu treten seit 1962 erstmalig Kläranlagen und 1967 Rangierbahnhöfe. Gasanstalten werden, wie den Musterblättern der Jahre 1939 bis 1958 zu entnehmen ist, aus Geheimhaltungsgründen nicht dargestellt (Tabelle 5.18)[5.28]. Darüber hinaus lassen sich zahlreiche altlastrelevante Nutzungen, die laut den Musterblättern nicht bzw. erst seit 1962/67 Gegenstand einer Kartenaufnahme und -darstellung sind, in den Kartenblättern der TK 25 bereits seit 1892 über Schriftzusätze identifizieren. So finden sich in den Kartenblättern der Neuaufnahme von 1892 Hinweise auf Gasanstalten (Tabelle 5.16). Gleiches gilt für Elektrizitätswerke (Bezeichnung u. a. Elektr. Zentrale), Güterbahnhöfe (Bezeichnung u. a. Sammelbahnhof, Verschiebebahnhof usw.) und Kläranlagen (Bilder 5.13 und 5.14). Deutlich wird, daß Schriftzusätze auch hier das wichtigste Identifizierungsmerkmal sind. Zusätzlich können Kläranlagen in einigen Fällen über das Erscheinungsbild von abgebildeten (aber nicht erläuterten) Klärbecken, ihrer

Tabelle 5.31 Möglichkeiten der Identifizierung von Ver- und Entsorgungsanlagen in Karten und Luftbildern

Altlastverdachtsflächen-Kategorien	Luftbild	TK 25	DGK 5	WBK
III. VER- u. ENTSORGUNGSANLAGEN (kommunal, öffentlich, privat)				
1. *Versorgungsanlagen*				
Bahnhof	1	1	1	1
Gasanstalt	1	1–4	1–4	1–4
Güterbahnhof	1	1	1	1
Kraftwerk	1	1–4	1–4	1–4
Tankstelle	1	1	1	1
Betriebsdifferenzierungen				
Gasbehälter	1	3–4	3–4	3–4
Gasometer	1	3–4	3–4	3–4
Gleisanlagen	1	1	1	1
Kühlturm	1	3–4	3–4	3–4
Lagerplatz	1	1–*	1–*	1–*
– Fässer	1	*	*	*
– Lockermaterial	1	*	*	*
– Stückgut	1	*	*	*
Lokschuppen	1	3–4	1–4	–4
Schornstein	1	1	1	1
Tankbehälter	1	4–*	4–*	4–*
Umladestation	3–4	*	*	*
Entsorgungsanlagen				
Entwässerungskanal	1	1	1	1
Kläranlage	1	1–4	1–4	1–4
Klärbecken/Teich	1	3–4	1–4	1–4
Wasserflächen ohne Zuordnung	3–4	4	4	4
Aufschüttungen				
unklassifiziert	1	2–*	2–*	2–*
klassifiziert:				
– Kohleaufhaldungen	3	3–4	1–4	1–4
– Schutthalden	3	4	4	4
– ungeordnete Ablagerung, Kippe	3	4–*	4–*	4–*
Verfüllungen				
verfüllte, ehemalige Abgrabungen	2	2	2	2
– Gruben, unklassifiziert	3	2	2	2
– Gruben, klassifiziert				
a) Sandgrube	3	2	2	2
b) Lehmgrube	3	2	2	2
c) Tongrube	3–4	2	2	2
d) Mergelgrube	3–4	2	2	2
– Brüche, Tagesbrüche	2	2	2	2
– Steinbrüche	2	2	2	2
Verfüllungen innerbetrieblicher Hohlformen				
– Entwässerungskanal	2	*	2	2
– Kläranlage	2	2–4	2–4	2–4
– Klärbecken	2	3–4	2–4	2–4

Fortsetzung von Tabelle 5.31

– Wasserflächen ohne Zuordnung	2	4	4	4
Verfüllungen von Bombentrichtern	2	*	*	*
KRIEGSBEDINGTE EINWIRKUNGEN				
Anlagenbeschädigungen	1	*	*	*
Anlagenzerstörungen	1 – 3	*	*	*
2. Entsorgungsanlagen				
Kläranlagen	1	1 – 4	1 – 4	1 – 4
Schrottplatz	1	*	1 – *	1 – *
Betriebsdifferenzierungen				
Entwässerungskanal	1	1	1	1
Klärbecken/Teich	1	3 – 4	1 – 4	1 – 4
Aufschüttungen				
unklassifiziert	1	2 – *	2 – *	2 – *
klassifiziert:				
– ungeordnete Ablagerung, Kippe	3	4 – *	4 – *	4 – *
Verfüllungen				
verfüllte ehemalige Abgrabungen	2	2	2	2
– Gruben, unklassifiziert	3	2	2	2
– Gruben, klassifiziert:				
a) Sandgrube	3	2	2	2
b) Lehmgrube	3	2	2	2
c) Tongrube	3 – 4	2	2	2
d) Mergelgrube	3 – 4	2	2	2
– Brüche/Tagesbrüche	2	2	2	2
– Steinbrüche	2	2	2	2
Verfüllungen innerbetrieblicher Hohlformen				
– Entwässerungskanal	2	2	2	2
– Kläranlage	2	2 – 4	2 – 4	2 – 4
– Klärbecken	2	3 – 4	2 – 4	2 – 4
Verfüllungen von Bombentrichtern	2	*	*	*
KRIEGSBEDINGTE EINWIRKUNGEN				
Anlagenbeschädigungen	1	*	*	*
Anlagenzerstörungen	1 – 3	*	*	*

Legende: siehe S. 137, Tabelle 5.14

Anordnung und Lage an Entwässerungskanälen und Flüssen identifiziert werden. Ebenso lassen sich Gasanstalten indirekt über die Analyse von typischen Gebäudeteilen (z.B. runde Objektdarstellung für Gasometer) und Grundrißformen erkennen. So besteht bei großen Gasanstalten mit Koksofen und Nebengewinnungsanlagen in gleicher Weise wie bei Kokereien (Abschnitt 5.2.1) die Tendenz zur

Kombinierter Karten-/Fotoschlüssel (Identifizierungsmerkmale)

Bild 5.13 Gasanstalt

A. Luftbild (direkt, über Indikatoren)

Primäre Merkmale

 Anzahl, Form, Größe und Höhe von Gasometer

 Gasometer, Abriß, Form der Gasometertassen

 Benachbarte Anlagenteile Schornsteine, Retortenhaus, Nebengewinnungsanlagen

Sekundäre Merkmale

 Aufbaumuster, Anordnung des Gasometers zu Anlagenteilen

Lage:
kleine Gasanstalten innerhalb von Wohnbebauung ohne Gleisanschluß
großflächige Gasanstalten mit Nebengewinnung i. d. R. mit Gleisanschluß

B. DGK 5 (direkt, über Indikatoren)

Primäre Merkmale

 Schriftensatz (z. T. fehlend): Gasanstalt

 Betreiber/Eigentümer: Namen und Gebäude

 Schriftzusatz: Gasometer. Anzahl, Form, Größe, Schraffur für Wirtschaftsgebäude

Sekundäre Merkmale

 kreisrunde Form, offen, ohne Schraffen (= Gasometertassen)

 Lage der Gebäude zueinander

Lage: siehe Text Luftbild (oben)

C. TK 25 (direkt, über Indikatoren)

Primäre Merkmale

 Schriftzusatz: Gasanstalt (z. T. fehlend)

 Form, Durchmesser, schwarze Signatur und Anzahl (Gasometer)

Sekundäre Merkmale

 Aufbaumuster: Lage der Gebäude zueinander

 Lage an Gleisanlagen; Schornsteinsignaturen

 Lage innerhalb von Wohngebieten, schwarze Signatur und Form

D. WBK-Karte (direkt, über Indikatoren)

Primäre Merkmale

 Schriftzusatz

 Betreiber/Eigentümer, Name: z. B. Städt. Beleuchtungsanstalt

 Form, Durchmesser und Anzahl der Gasometer

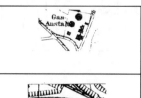

Sekundäre Merkmale

 Lage der Gebäude/Anlagen

 Lage: siehe TK 25 u. Luftbild

Meßdaten

- ■ Lage: 1. innerhalb von dichtbebauten Wohngebieten; 2. am Stadtrand
- ■ Objektgröße: L: 50–500 m B: 15–100 m H: bis 25 m   Stereo: ja ■ nein ☐ Glockengasbehälter, Retortenhaus
- ■ Objektform: Typische Aufbaumuster von Retortenhaus, Nebengewinnung und Gasometer
- ■ Farbe/Grauton: Gasometeroberseiten hellgrau, Seitenteile dunkelgrau, Gebäude mittel- bis dunkelgrau
- ☐ Textur: heterogen, fleckig
- ■ Besonderheiten: Geheimhaltung in den 1930er/40er Jahren (ohne Schriftzusatz; z. T. ausgespart)

Bedeutung der Identifizierungsmerkmale für eine Erfassung
■ hoch   ▣ mäßig   ☐ gering/unbedeutend

Kombinierter Karten-/Fotoschlüssel (Identifizierungsmerkmale)

Bild 5.14 Kläranlage

A. Luftbild (direkt, über Indikatoren):

Primäre Merkmale

 Lage an Entwässerungskanal

 Anzahl der Klärbecken und regelhafte Form

 Aufbereitungsanlage

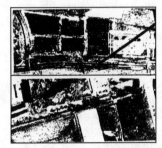

Sekundäre Merkmale

 Ablagerungen

 Verfüllungen der Klärbecken

B. DGK 5 (direkt, über Indikatoren)

Primäre Merkmale

 Schriftzusatz: Kläranlage

 Schriftzusatz und Form

 Schriftzusatz »Klärbecken« und Form

Sekundäre Merkmale

 Signatur, gegebenenfalls Name des Entwässerungskanals und Form des Klärbeckens

 regelmäßige Form, Lage am Entwässerungskanal

C. TK 25 (direkt, über Indikatoren)

Primäre Merkmale

 Schriftzusatz: Kläranlage, Kläranl., Klärbecken

 Schriftzusatz: Kläranlage, Kläranl., Klärbecken

Sekundäre Merkmale

 Lage an Entwässerungskanal und Form

 regelmäßige, viereckige bzw. rechteckige Form der Klärbecken

D. WBK-Karte (direkt, über Indikatoren)

Primäre Merkmale

 Schriftzusatz und Name der Kläranlage

 Schriftzusatz: Klär-Anl.

 Farbe (Blau) und Form der Klärbecken

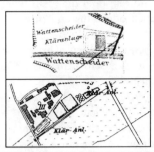

Sekundäre Merkmale

 Lage an Entwässerungskanal und Form der Klärbecken; außerhalb dichtbesiedelter Wohngebiete, i. d. R. in der Nähe zu Industrie-/Gewerbebetrieben

Meßdaten

■ Lage: an Entwässerungskanal, außerhalb von dichtbebauten Wohngebieten, i. d. R. nahe bei Industrie-Gewerbestandorten

◨ Objektgröße: L: 10–50 m B: 10–20 m H: –   Stereo: ja ☐ nein ■ gering

■ Objektform: viereckige, rechteckige, z. T. runde Klärbecken paarweise bis zu 8 Stück

◨ Farbe/Grauton: Wasserflächen dunkel (im Luftbild), in Karten blau gezeichnet

◨ Textur: homogen; Ablagerungen (Verfüllungen) heterogen

☐ Besonderheiten: nur im Luftbild Verfüllungsgrad der Klärbecken erkennbar

deutung der Identifizierungsmerkmale für eine Erfassung
  hoch ■   mäßig ◨   gering/unbedeutend ☐

Regelhaftigkeit in der Anordnung von Gebäuden. Vielfach handelt es sich jedoch um kleinflächige Anlagen, die zudem innerhalb von Wohngebieten liegen, so daß eine Unterscheidung von Wohngebäuden und demzufolge eine Identifizierung nicht möglich ist oder zu Fehldeutungen führt. Lediglich Kraftwerke und Schrottplätze können weder durch die Analyse der Musterblattausgaben noch durch die Auswertung der einzelnen Kartenblätter ermittelt werden. Eine Identifizierung ist nur auf indirektem Wege möglich. So können Kraftwerke durch großflächige Gebäude, typische Grundrißmuster und Anlagenanordnung sowie der Lage an Kanälen und Verkehrsträgern erfaßt werden. Schrottplätze sind in manchen Fällen unter dem Schriftzusatz «Lagerplatz» zu vermuten.

Seit den Musterblattausgaben von 1937 in der DGK 5 werden wie bei der TK 25 Häfen, Bahnhöfe, Flughäfen als Objekte/Sachverhalte wiedergegeben (Tabellen 5.9 und 5.10). Sie sind durch Schriftzusätze direkt zu identifizieren. Für die übrigen Kategorien von Ver- und Entsorgungsanlagen bewirken Geheimhaltungsvorschriften, daß auf eine Beschriftung verzichtet wird (Tabelle 5.18). Aus gleichen Gründen erhalten Gas- und Elektrizitätswerke keine erläuternden Schriftzusätze und sind demzufolge nicht direkt zu identifizieren. Die Kartenbeispiele im Musterblatt zeigen allerdings, daß diese Darstellungskategorien als unbezeichnete Objekte wiedergegeben werden. Eine Identifikation ist daher nur über die typische Objektform und Lage möglich (Tabelle 5.13). Seit der Fortführung der Musterblattausgabe von 1952 belegen Kartenbeispiele, daß Elektrizitätswerke und Tankstellen durch Schriftzusätze ausgewiesen werden (Tabellen 5.9 und 5.10). Allerdings ergeben sich gewisse Einschränkungen in der Vollständigkeit von aufgenommenen Tankstellen, da nur große, freistehende abgebildet werden[5.29]. Durch die Neugestaltung des Musterblattes 1955 fallen sämtliche Beschränkungen der Darstellung und Bezeichnung von Güterbahnhöfen, Verschiebebahnhöfen und Gaswerken/Gasanstalten fort, so daß diese Darstellungskategorien durch Schriftzusätze bezeichnet werden und nunmehr direkt zu erkennen sind. Des weiteren werden in der Musterblattausgabe von 1964 erstmalig größere Kläranlagen aufgenommen und mit einem Schriftzusatz versehen. Vor 1964 lassen sich Klärbecken, in gleicher Weise wie bei der TK 25 beschrieben, nur indirekt über die Identifizierung von einzelnen Klärbecken und ihre Lage an Kanälen oder Flüssen erfassen. Hinweise auf Schrottplätze sind der DGK 5 nicht zu entnehmen, jedoch sind seit 1955 Lagerplätze außerhalb von Industrie-/Gewerbeflächen über einen Schriftzusatz (Lgpl.) aufgenommen. Es besteht daher die Möglichkeit, daß Schrottplätze z.T. unter dieser Darstellungskategorie zu finden sind. Zusätzlich finden sich in Kartenblättern der DGK 5 Schriftzusätze wie «Kraftwerk», «Städtische Desinfektionsanstalt», «Städtischer Fuhrpark» und «Klärbecken» (Tabelle 5.17).

Die Übersichtskarte des Rheinisch-Westfälischen Steinkohlenbezirks enthält neun Hinweise zu Altstandorten der Kategorie «Ver- und Entsorgungsanlagen», die durch Schrifthinweise erläutert sind und daher direkt identifiziert werden können (Tabelle 5.31). So werden in der 1. Auflage dieses Kartenwerkes Bahnhöfe, Güterbahnhöfe (u.a. Bezeichnung Sammelbahnhof), Gasanstalten, Elektrizitätswerke und Kläranlagen aufgeführt. Eine Analyse einzelner Blätter zeigt, daß darüber hinaus direkte Hinweise auf städtische Beleuchtungsanstalten und Wasserwerke, städtische Fuhrparks und Standorte der Müllverwertung zu entnehmen sind (Tabelle 5.13). Ebenso wie bei den Altlastkategorien «Zechen/Kokereien» und «Industrie-/Gewerbeanlagen» kann auch für Ver- und Entsorgungsanlagen vermutet werden, daß in den wenigen Karten aufgrund von Geheimhaltungsvorschriften eine Darstellung unterbleibt. Die Identifizierung ist auf die Analyse von typischen Gebäuden, Grundrißmustern und Lagebeziehungen angewiesen. Im Gegensatz zu den aufgezählten Ver- und Entsorgungsanlagen finden sich in den Kartenblättern der WBK keine Tankstellen und Schrottplätze.

Durch die Luftbildauswertung lassen sich sämtliche Ver- und Entsorgungsanlagen direkt erfassen (Tabelle 5.31). Bahnhöfe, Güterbahnhöfe, Gasanstalten, Kraftwerke, Tankstellen, Kläranlagen und Schrottplätze sind durch typische Objektmerkmale von Gebäuden und Anlagen(teilen) zu identifizieren (Bilder 5.13 und 5.14) und eindeutig von anderen Flächennutzungen zu unterscheiden. Zusätzlich ist es möglich, Gasanstalten über die Analyse von Größe und Anordnung der Gebäudeteile und identifizierten Nebengewinnungsanlagen Gasanstalten nach der Leistungsfähigkeit als Klein-, Mittel- und Großbetriebe zu unterscheiden. In diesem Zusammenhang lassen sich Nebengewinnungsanlagen – entsprechend den Ausführungen der Zechen- und Hüttenkokereien – näher differenzieren (Abschnitt 5.2.2). Lediglich bei Tankstellen kann es zu Identifizierungsproblemen kommen, wenn sie in Hauseinfahrten liegen bzw. nicht durch typische Anlagen- und Aufbaumuster (insbesondere Dachformen in den 40er und 50er Jahren) von Wohngebäuden zu unterscheiden sind.

Betriebsanlagen(teile)
Die Betriebsgelände von Ver- und Entsorgungsanlagen lassen sich in allen Informationsträgern nach Produktionsanlagen(teilen) differenzieren, wie es auch bei Zechen, Kokereien und Industrie-/Gewerbestandorten möglich ist (z.B. Gasbehälter, Gasometer, Gleisanlagen, Klärbecken und Tankbehälter). Hinsichtlich der Darstellung und Identifizierung dieser Objekte/Sachverhalte in Zeichenvorschriften, Kartenblättern und in Luftbildern gelten daher die Ausführungen zu Zechen/Kokereien und Industriebetrieben (Tabelle 5.31).

Generell werden in den Kartenwerken nur wenige Kategorien aufgenommen, differenziert und erläutert (Gleisanlagen, Schornsteine und Klärbecken). Die Mehrzahl der Betriebsdifferenzierungen ist in allen drei Kartenwerken zwar als unbezeichnete Gebäude(teile) bzw. Anlagen(teile) weitgehend vollständig und grundrißgetreu bzw. -ähnlich eingezeichnet. Da allerdings Schrifthinweise fehlen, sind sie nicht direkt zu identifizieren (Tabelle 5.31). Lediglich über den Vergleich der Kartendarstellung mit dem Luftbild und Aufbauplänen/Anordnungsmustern können innerhalb von Bahnhofsanlagen und Güterbahnhöfen Lokschuppen und bei Gasanstalten Gasbehälter identifiziert werden.

Demgegenüber sind im Luftbild alle Betriebsanlagen zu erfassen und funktionsmäßig zu bestimmen (Tabelle 5.31). In einigen Fällen lassen sich sogar Nebengewinnungsanlagen von größeren Gaswerken über die Objekt-/Bildmerkmale erkennen, die auch zur Identifikation von Kokereinebengewinnungsanlagen verwendet werden (Abschnitte 5.2.1 und 5.2.2).

Betriebliche Altablagerungen
Den Kartenwerken sind nur wenige Hinweise auf Altablagerungen innerhalb von Ver- und Entsorgungsanlagen zu entnehmen (Tabellen 5.6, 5.11, 5.13 und 5.31). Auch hier sind die gleichen Aussagen wie bei Zechen/Kokereien und Industriebetrieben zu treffen. Aufschüttungen lassen sich lediglich in der TK 25 und DGK 5 als unbezeichnete Halden bzw. unklassifizierte Aufschüttungen erfassen, deren Materialbeschaffenheit nicht näher zu stimmen ist. Demgegenüber ermöglicht die Luftbildauswertung die direkte Identifikation von Aufschüttungen und über Objekt- und Bildmerkmale (u. a. Grauton, Textur) eine erste Differenzierung nach Kohleaufhaldungen, ungeordneten Ablagerungen/Kippen und Schutthalden (Tabelle 5.31). Als Ausnahme sind bei der Kategorie Verfüllungen die Bereiche ehemaliger Klärbecken zu nennen, die in Kartenwerken häufig durch Schriftzusätze erläutert werden und direkt zu erfassen sind. Fehlen diese jedoch, ermöglichen allein die Grundrißform, das Anordnungsgefüge und die Lage an Flüssen oder Kanälen, daß Klärbecken indirekt zu identifizieren und in Folgeausgaben als Verfüllungen zu ermitteln sind (Tabelle 5.31 und Bild 5.14).

Kriegsschäden
Kriegseinwirkungen auf Ver- und Entsorgungsanlagen sind entsprechend den Ausführungen zu Altstandorten der Gruppe «Industrie/Gewerbe» (Abschnitt 5.3.1) allein über die Luftbildauswertung ermittelbar. Auf Versorgungsanlagen können je nach Ausmaß der Beschädigungen von Gebäuden Anlagenbeschädigungen von Anlagenzerstörungen unterschieden werden. Bei den kleinflächigen Entsorgungsanlagen sind Bombentreffer als Anlagenzerstörungen zu deuten.

5.4.2 Erfassungsergebnisse der multitemporalen Karten- und Luftbildauswertung

Im Untersuchungsraum konnten durch die multitemporale Karten- und Luftbildauswertung insgesamt 37 Altstandorte der Kategorie «Ver- und Entsorgungsanlagen» erfaßt werden (12 Ver- und 25 Entsorgungsanlagen; Tabelle 5.32). Die Untersuchung bestätigt die allgemeinen Aussagen zur Erfaßbarkeit und Differenzierung des vorangegangenen Abschnittes. So sind diese Verdachtskategorien sowohl im Luftbild als auch in den Karten direkt und eindeutig zu identifizieren. Allerdings ergeben sich zwischen den Informationsträgern Unterschiede hinsichtlich der Vollständigkeit, d.h. Anzahl, und der Zuverlässigkeit, mit der die Verdachtsflächen zu identifizieren sind.

In den Kartenwerken lassen sich die Versorgungsanlagen meist direkt durch Schriftzusätze und topographische Zeichen erfassen. So können durch die TK 25 und WBK-Übersichtskarte Gasanstalten, Bahnhofsanlagen und Tankstellen identifiziert werden. Entsorgungsanlagen sind dagegen nur in wenigen Fällen über

Tabelle 5.32 Erfaßte Verdachtsflächen der Kategorie «Ver- und Entsorgungsanlagen»

Altlastverdachtsflächen-Kategorien III. VER- u. ENTSORGUNGSANLAGEN (kommunal, öffentlich, privat)	Vermutete Anzahl gesamt	Luft-bild	TK 25	DGK 5	WBK 1 : 10000
1. *Versorgungsanlagen*	12	12	7	11	11
Bahnhof					
Gasanstalt	2	2	2	2	2
Güterbahnhof	1	1	1		1
Kraftwerk					
Tankstelle	9	9	4	9	8
Betriebsdifferenzierung	15	14	9	5	10
Gasbehälter	5	5	5	3	4
Gasometer					
Gleisanlagen	6	5	2		4
Kühlturm					
Lagerplatz					
– Fässer					
– Lockermaterial					
– Stückgut					
Lokschuppen	4	4	2	2	2
Schornstein					
Tankbehälter					
Umladestation					
Entsorgungsanlagen					
Entwässerungskanal					
Kläranlage					
Klärbecken/Teich					
Wasserflächen ohne Zuordnung					
Aufschüttungen	1				1
unklassifiziert	1				1
klassifiziert:					
– Kohleaufhaldungen					
– Schutthalden					
– ungeordnete Ablagerungen, Kippe					
Verfüllungen					
verfüllte ehemalige Abgrabungen					
– Gruben, unklassifiziert					
– Gruben, klassifiziert:					
a) Sandgrube					
b) Lehmgrube					
c) Tongrube					
d) Mergelgrube					
– Brüche, Tagesbrüche					
– Steinbrüche					
Verfüllungen innerbetrieblicher Hohlformen					
– Entwässerungskanal					
– Kläranlage					
– Klärbecken					

Fortsetzung von Tabelle 5.32

	Vermutete Anzahl gesamt	Luft-bild	TK 25	DGK 5	WBK 1 : 10000
– Wasserflächen ohne Zuordnung Verfüllungen von Bombentrichtern	6	6			
KRIEGSBEDINGTE EINWIRKUNGEN	2	2			
Anlagenbeschädigungen	1	1			
Anlagenzerstörungen	1	1			
ausgelaufene Produktionsstoffe					
2. *Entsorgungsanlagen*	25	16	7	10	17
Kläranlagen					
Schrottplatz	12	9		7	6
Betriebsdifferenzierung	1			1	
Entwässerungskanal					
Klärbecken/Teich	1			1	
Aufschüttungen	3	3			
unklassifiziert					
klassifiziert:					
– ungeordnete Ablagerung, Kippe	3	3			
Verfüllungen/Altablagerungen insgesamt	41	21	19	4	29
verfüllte ehemalige Abgrabungen					
– Gruben, unklassifiziert					
– Gruben, klassifiziert:					
a) Sandgrube					
b) Lehmgrube					
c) Tongrube					
d) Mergelgrube					
– Brüche, Tagesbrüche					
– Steinbrüche					
Verfüllungen innerbetrieblicher Hohlformen					
– Entwässerungskanal					
– Kläranlage	12	7	7	3	11
– Klärbecken	38	18	19	4	29
Verfüllungen von Bombentrichtern	3	3			
KRIEGSBEDINGTE EINWIRKUNGEN					
Anlagenbeschädigungen					
Anlagenzerstörungen					

Schriftzusätze zu ermitteln. So zeigt die Kartenanalyse, daß Kläranlagen/-becken in den ältesten Ausgaben abweichend von den Musterblattbestimmungen aufgenommen wurden. Sie sind lediglich in Ausnahmefällen durch Schriftzusätze bezeichnet, so daß eine Identifizierung nur auf indirektem Wege möglich ist. Dabei haben sich die Form der Klärbecken (viereckig) und eine gewisse Regelhaftigkeit in der Anordnung (Bild 5.14) als wichtige Erkennungs- und Unterscheidungsmerkmale gegenüber Teichen oder Seen erwiesen.

Wie die Untersuchung von Kartenblättern der 1930er/40er Jahre verdeutlicht, werden Ver- und Entsorgungsanlagen entgegen den Musterblattanweisungen und Kartenerlassen nicht durch Geheimhaltungsvorschriften beeinflußt. So sind im Untersuchungsraum Gasanstalten und Bahnhöfe anhand von Schriftzusätzen und ihrer objekttypischen Darstellungsweise eindeutig zu identifizieren.

Schrottplätze als Altlastverdachtsflächen sind dagegen in der TK 25 und WBK-Übersichtskarte nicht zu erfassen. Im Unterschied zu diesen Kartenwerken lassen sich Schrottplätze in der DGK 5 z. T. auf indirektem Wege identifizieren. Vergleicht man die in der DGK 5 mit dem Schriftzusatz «Lgpl» bezeichneten Areale mit den entsprechenden Flächen im Luftbild, so handelt es sich dort oftmals um Schrottplätze. Damit verdeutlichen die Untersuchungsergebnisse, daß diese Darstellungskategorie entgegen den Musterblattbestimmungen (Abschnitt 5.4.1) in der DGK 5 aufgenommen sein kann, wenn auch unter einer anderen Bezeichnung[5.30].

Auch im Luftbild können sämtliche Ver- und Entsorgungsanlagen durch ihr objekttypisches Erscheinungsbild (Bilder 5.13 und 5.14) eindeutig identifiziert und funktionsmäßig bestimmt werden. Im Untersuchungsraum sind Tankstellen anhand von Gebäude- und Dachform eindeutig zu identifizieren. Gleiches gilt für Gasanstalten. Selbst kleine Gasanstalten in dichtbebauten Wohngebieten können erfaßt werden, wenn Gasbehälter als Identifizierungsmerkmale zu erkennen sind. Ebenso ermöglicht die Luftbildauswertung, daß Gasanstalten mit und ohne Nebengewinnungsanlagen zu unterscheiden sind. Als wichtige Identifizierungsmerkmale haben sich – entsprechend den Kokereistandorten (Abschnitt 5.2.1) – die Gebäudegröße, -form und die Lage zur Koksofenbatterie bzw. zum Retortenhaus erwiesen. Da bei den beiden Gasanstalten im Untersuchungsraum typische Gebäude-/Anlagenteile nicht zu erkennen waren, müssen diese als Betriebe ohne Nebengewinnungsanlagen klassifiziert werden.

Bezüglich der Art und Zuverlässigkeit der Identifizierung von Ver- und Entsorgungsanlagen unterscheiden sich die Informationsquellen nur unwesentlich. Anders verhält es sich mit den Erfassungsergebnissen. Hier zeigt der Vergleich erhebliche Unterschiede (Tabelle 5.32). Durch keinen Informationsträger sind sämtliche Altstandorte dieser Kategorie vollständig zu erfassen. Lediglich der kombinierte Vergleich aller vier Informationsträger ermöglicht dies. So sind dem Luftbild und den WBK-Karten mit jeweils 28 von insgesamt 34 die meisten Verdachtsflächen dieser Kategorie zu entnehmen. In der DGK 5 sind 21 und in der TK 25 nur 13 Standorte zu erfassen. Die Ursachen für die unterschiedlich hohe Anzahl von erfaßten Verdachtsflächen liegen in der unterschiedlichen Nutzungsgeschichte. Die Gasanstalten und Kläranlagen, die bereits seit der Mitte des 19. Jahrhunderts und vor 1925/28 abgerissen bzw. verfüllt worden sind, können nur in den ältesten Ausgaben der TK 25 und WBK-Karten und nicht im Luftbild erfaßt werden, da letzteres zu dieser Zeit noch nicht vorhanden war. Ebenso zeigt ein Vergleich der ältesten TK-25-Ausgaben von 1894 bis 1913/14 mit WBK-Karten ab 1914/19, daß bereits bis zur Aufnahme der WBK-Übersichtskarte 1914/19 Klärbecken einen Nutzungswandel erfahren haben und demzufolge in der Übersichtskarte nicht mehr zu identifizieren sind. Tankstellen sind dagegen erst seit der Mitte der 40er Jahre im Luftbild zu erfassen bzw. werden erst seit den 50er Jahren in Karten dargestellt. Als kurzlebige und kleinflächige Objekte sind sie in der TK 25 mit einer geringeren Anzahl als in der DGK 5 und im Luftbild zu ermitteln. Die topographische Karte der WBK erfaßt dagegen nur noch die Tankstellen, die 1966/70 erhalten sind. Zahlenmäßige Unterschiede zeigt auch die Erfassung von Schrottplätzen. Sie sind in der Regel nur im Luftbild zu ermitteln, wie die Analyse der Informationsquellen zeigt. Eine Ausnahme stellen die obengenannten Lagerplätze in der DGK 5 dar. Festzuhalten ist, daß Verdachtsflächen dieser Kategorien selbst durch das Luftbild nur dann zu erfassen sind, wenn es sich um Verwertungsanlagen von Altreifen und Kraftfahrzeugen handelt.

Ferner bestehen Unterschiede zwischen den Informationsquellen in der Differenzierung von Ver- und Entsorgungsstandorten nach einzelnen Betriebsanlagen(teilen) und Ablagerungen (Tabelle 5.32). Ähnlich wie bei Industrie-/Gewerbestandorten sind nur wenige Anlagen(teile) zu unterscheiden. Innerhalb des Betriebsgeländes von Gaswerken können Gasbehälter/Gasometer in den Kartenwerken auf indirektem Wege relativ eindeutig identifiziert werden, obwohl Schriftzusätze fehlen. Der Vergleich mit zeitgleichen Luftbildern bestätigt, daß im Untersuchungsraum die kreisrunde Grundrißform als eindeutiges Identifizierungsmerkmal anzusehen ist[5.31]. Im Luftbild können Gasbehälter/Gasometer immer direkt und eindeutig erfaßt werden, selbst dann, wenn sie bereits abgerissen wurden und nur noch Reste, sog. Gasbehältertassen, zu ermitteln sind. In ähnlicher Weise können auch Lokschuppen identifiziert werden. Als anlagentypische Gebäude, die am Endpunkt von Gleisanlagen zu finden sind, sind sie in den Kartenwerken und im Luftbild erfaßbar.

Betriebsanlagen(teile) von Entsorgungsstandorten sind im Gegensatz zu denjenigen von Versorgungsstandorten wesentlich häufiger in den Informationsquellen zu ermitteln. Es handelt sich in der Regel um Klärbecken innerhalb von Kläranlagen. Da sie nach der Stillegung meist zugeschüttet wurden, werden sie als Verfüllungen unter betrieblichen Altablagerungen beschrieben. So zeigt die Untersuchung, daß die Anzahl der erfaßten Klärbecken davon abhängig ist, wie weit der Informationsträger in die Vergangenheit zurückreicht. Kurzlebige Anlagen, die bereits bis 1925/28 weggefallen sind, kann man nur in den ältesten Kartenausgaben der TK 25 und der Übersichtskarte der WBK-Karte erfassen. Aus diesem Grund sind durch das Luftbild und die DGK 5 weniger Anlagen zu ermitteln; jedoch werden die Anlagen seit 1925/28 bzw. seit Ende der 50er Jahre vollständig wiedergegeben.

Für Altablagerungen innerhalb des Betriebsgeländes von Versorgungsanlagen zeigt die Untersuchung, daß nur das Luftbild in Ausnahmefällen über diese Verdachtskategorie Auskunft gibt (Tabelle 5.32). Die geringe Anzahl von Hinweisen auf Altablagerungen ist möglicherweise darauf zurückzuführen, daß die Gasanstalten und Kraftwerke in dichtbebauten Wohngebieten nur eine begrenzte Grundstücksgröße aufweisen, die eine Ablagerung von Material verhindert. Halden, Zechengelände und Abgrabungsflächen, die in unmittelbarer Nähe liegen, sind demzufolge als potentielle Ablagerungsflächen für eine Rest-/Abfallstoffentsorgung zu betrachten.

Demgegenüber lassen sich zahlreiche Altablagerungen innerhalb von Entsorgungsanlagen erfassen (Tabelle 5.32). Hierunter fallen in erster Linie die Verfüllungsbereiche ehemaliger Klärbecken. Die multitemporale Karten- und Luftbildauswertung verdeutlicht, daß die meisten Klärbecken in der WBK-Übersichtskarte zu ermitteln sind. Insgesamt ist auch hier festzuhalten, daß die Informationsquellen, die am weitesten in die Vergangenheit zurückreichen, diese Verdachtskategorie vollständiger erfassen als jüngere Informationsquellen, wie z.B. die DGK 5. Durch das Luftbild werden seit 1925/28 nicht nur Klärbecken, sondern auch ungeordnete Ablagerungen/Kippen als kurzlebige Erscheinungen auf dem Betriebsgelände von Kläranlagen erfaßbar.

Ebenso sind allein durch die Luftbildauswertung Kriegsschäden auf Ver- und Entsorgungsanlagen zu erfassen, allerdings im Vergleich zu Zechen- und Industrie-/Gewerbestandorten in weit geringerem Ausmaß (Tabelle 5.32). Ver- und Entsorgungsanlagen sind, wie die Analyse der Alliierten-Kriegsaufnahmen zeigt, aufgrund ihrer geringen Größe und wehrwirtschaftlichen Bedeutung kein vornehmliches Angriffsziel gewesen. Sechs verfüllte Bombentrichter und jeweils eine Anlagenbeschädigung und -zerstörung einer Gasanstalt müssen daher eher als zufallsbedingte Treffer bei Flächenangriffen angesehen werden.

5.4.3   Abschätzung des Gefährdungspotentials

Die Abschätzung des Gefährdungspotentials von Ver- und Entsorgungsanlagen ist in ähnlicher Weise wie bei Industrie-/Gewerbebetrieben und Zechen-/Kokereistandorten über das beprobungslose Verfahren des produktionsspezifischen Ansatzes durchzuführen. So belegt die Untersuchung, daß mit Ausnahme der Klärbecken, Bahnhöfe und Güterbahnhöfe generell das Kontaminationspotential dieser Verdachtskategorie eindeutig zu definieren ist. Produktionsverfahren und -prozesse sowie eingesetzte Ausgangs- und anfallende Rest- und Abfallstoffe von Gasanstalten, Kraftwerken, Schrottplätzen und Tankstellen sind exakt zu bestimmen (Bilder 5.15 und 5.33). Außerdem zeigt die Untersuchung, daß die Produktionsprozesse und Schadstoffe von Gasanstalten mit denjenigen von Kokereien vergleichbar sind.

Probleme bereitet jedoch die Gefährdungsabschätzung von Bahnhöfen und Güterbahnhöfen, da das Kontaminationspotential nicht exakt auf die Stoffgruppen eines Wirtschaftszweiges zu begrenzen ist. Hier handelt es sich um Flächen, auf denen die unterschiedlichsten Materialien transportiert und gelagert wurden. Die Stoffzugehörigkeit ist weder über die branchentypische Inventarisierung des Umweltbundesamtes (KINNER/KÖTTER/NICLAUSS 1986) noch über den herstellerspezifischen Abfallkatalog eindeutig zu bestimmen (Tabelle 4.2). Lediglich Stoffe,

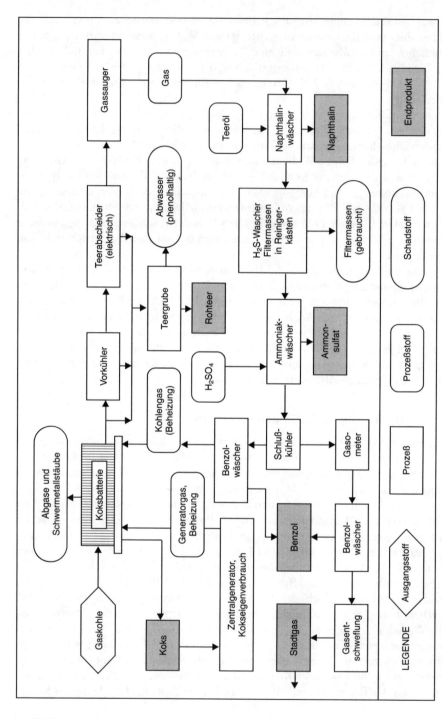

Bild 5.15 Produktionsverfahren und potentielle Verlustquellen von Gasanstalten

Tabelle 5.33 Matrix zur Bestimmung des Kontaminationspotentials von
Ver- und Entsorgungsanlagen (Öffentliche Kläranlage, Klärbecken)

Anlage/Anlagenteil	Öffentliche Kläranlagen/Klärbecken
Produktionsprozeß	Filterung von Abwässern aus Haushalten und Industrie/Gewerbe, Wasseraufbereitung
Eingesetzte Produktionsstoffe	Sand/Kiesgemisch
Anfallende Zwischen-/Rest- und Abfallstoffe	Ionenaustauschharze mit prod.-spez. Beimengungen benachbarter (angeschlossener) Industrie-/Gewerbebetriebe, Rohschlamm (Frischschlamm), Faulschlamm, Rohschlamm, Schlamm aus Phosphatfällung, Rechengut, Rückstände aus Siel-, Kanalisations- u. Gullyreinigung, Fäkalschlämme, sonstige Schlämme aus Fäll- u. Löseprozessen mit produktionsspezifischen Beimengungen von benachbarten Industrie-/Gewerbebetrieben. Kläranlagen in unmittelbarer Nähe zu Kokereien mit Nebengewinnung (vor 1930): Wasser u. Schlämme aus Wäschen/Kühlern (Abtreibern), verunreinigt mit Sulfid, Sulfit, Chlorid, Sulfaten, Cyaniden/Ferrocyanid), Rhodanid, Phenolen, Pyridin, Anilin u. Teerabfälle
Kontaminationsquellen (Leckagen, Handhabungsverluste)	Ungeordnete Ablagerungen neben den Klärbecken, Leckagen in Klärbecken/Wannen und Rohrleitungen, Klärbecken/Wannen als Hohlformen mit natürlicher Basisabdichtung bieten sich bei Stillegung der Kläranlage als Ablagerungsstätte für betriebliche Rest- u. Abfallstoffe an.
Betriebliche Abfallentsorgung (Hinweise zum Verbleib der Rest- und Abfallstoffe *während* des Betriebes)	Lagerung der Klärschlämme in unmittelbarer Nähe der Klärbecken (innerhalb des Betriebsgeländes), Ungeordnete Ablagerungen in direkter Nachbarschaft zum Betriebsgelände. Nach Betriebsstillegung: Verfüllung der Klärbecken/Wannen mit Rest- u. Abfallstoffen benachbarter Industrie-/Gewerbebetriebe anzunehmen. Rest- u. Abfallstoffe der Kläranlage verbleiben in den Klärbecken.
Verbleibende Anlagenteile *nach* Stillegung/Abriß des Betriebes	Klärbecken/Wannen bleiben erhalten, sie werden jedoch verfüllt. Betriebsgebäude/Schuppen werden abgerissen.
Zurückgelassene Rest- und Abfallstoffe *nach* der Stillegung bzw. bei Produktionsstopp	Klärschlämme (teerabfallhaltiger Schlamm u. a.), Salzlösungen, Phenole (s. anfallende Zwischen-/Rest- u. Abfallstoffe)
Verschleppung von Schadstoffen infolge des Abrisses von Anlagen/Anlagenteilen	Rest-/Abfallstoffe der Kläranlage sowie mögliche eingelagerte Produktionsrest- u. Abfallstoffe von benachbarten Industrie-/Gewerbebetrieben verbleiben in den Klärbecken/Wannen. Eventuell werden die Klärbecken/Wannen im Zuge der Zeit undicht (Bergsenkungen! usw.).
Bevorzugtes Objekt von Kriegseinwirkungen, wenn ja: typische Schäden	Nein!

Fortsetzung von Tabelle 5.33

Besonderheiten	Kläranlagen/-becken in unmittelbarer Nähe zu Betriebsstandorten können primär als Kläranlagen für betriebliche Abwässer genutzt worden sein. Eine Deponierung von Rest- u. Abfallstoffen des Industrie-/Gewerbebetriebes bei Stillegung der Kläranlage ist nicht auszuschließen.
Altlastgefährdungsstufe	Grundwassergefährdend (Phenolreste, Salzlösungen), gesundheitsgefährdend (u. a. Schwermetalle im Klärschlamm, Cyanide, Teerabfälle). Altlastgefährdungsstufe: 2

mit denen typischerweise auf Bahnanlagen umgegangen wird und die dem herstellerspezifischen Abfallkatalog zu entnehmen sind, können bestimmt werden (z. B. teerölimprägnierte Eisenbahnschwellen, Bleiakkumulatoren, Pflanzenschutzmittel u. a.). Ebenso schwierig sind Schadstoffe von Kläranlagen zu bestimmen. Zwar gibt der herstellerspezifische Abfallkatalog Auskunft über typische Schadstoffe; es ist jedoch nicht auszuschließen, daß Klärbecken nach der Betriebsstillegung zur Schadstoffeinbringung genutzt wurden. Dies ist um so eher anzunehmen, wenn sich in unmittelbarer Nähe ein Industrie-/Gewerbebetrieb, eine Zeche oder Kokerei befindet. In solchen Fällen ist das Kontaminationspotential entsprechend der Lagebeziehungen und identifizierten Transportanbindungen zu Produktionsstätten abzuschätzen. Das Ablagerungsmaterial dieser Standorte läßt sich nur grob nach Mehrfachstoffgruppen aller in Frage kommenden Produzenten bestimmen.

Eine Differenzierung der Betriebsflächen von Ver- und Entsorgungsanlagen nach mehr oder weniger kontaminierten Bereichen ist nur bei wenigen Verdachtskategorien durchzuführen. Im Gegensatz zu Zechen- und Kokereigeländen zeigen die Erfassungsergebnisse der meist kleinflächigen Ver- und Entsorgungsanlagen, daß einzelne Anlagen(teile) nur in Ausnahmefällen ermittelt werden können. Demzufolge sind bei der Mehrzahl der Verdachtskategorien, die keinerlei Regelhaftigkeiten im Aufbau und in der Anordnung der Anlagen aufweisen, auch keine typischen Kontaminationsmuster und Flächen unterschiedlicher Altlastgefährdungsstufen festzustellen. Eine Ausnahme bilden die Betriebsgelände von Gasanstalten. Hier lassen sich Gasbehälter, Retortenhäuser, Nebengewinnungsanlagen, Gleisanlagen, Tankbehälter und Lagerplätze unterscheiden, deren eingesetzte Ausgangs- und anfallenden Rest- und Abfallstoffe zu bestimmen sind. Des weiteren sind bei Kraftwerksstandorten die Schadstoffe von Kesselhäusern, Kraftwerkszentralen und Lagerplätzen ebenfalls eindeutig zu bestimmen. Bei den übrigen Anlagen, die nicht eindeutig identifiziert werden können, muß davon ausgegangen werden, daß es sich möglicherweise um Lagerhallen handelt, in denen mit einer breiten Palette von umweltgefährdenden Stoffen umgegangen wurde. Demzufolge sind hier sämtliche eingesetzten Produktions- sowie anfallenden Rest- und Abfallstoffe des betreffenden Wirtschaftszweiges als Schadstoffe anzunehmen.

Demgegenüber läßt sich das Kontaminationspotential der wenigen Altablagerungen auf dem Betriebsgelände von Ver- und Entsorgungsanlagen nur in Einzelfällen über den produktionsspezifischen Ansatz bestimmen. So zeigt die Untersuchung, daß die Schadstoffe von Ablagerungen auf dem Gelände eines Güterbahnhofs und einer Kläranlage nicht näher einzugrenzen sind. Lediglich Grauton- und Texturunterschiede sowie unterschiedliche Schüttbereiche deuten darauf hin, daß verschiedene Materialien abgelagert wurden. Für Ablagerungen auf Kläranlagen kann zusätzlich vermutet werden, daß Klärrückstände (Schlämme) deponiert worden sind. Die Herkunft und Materialbeschaffenheit des Ablagerungs- bzw. Verfüllungsmaterials von Klärbecken lassen sich nur über die Lage zu benachbarten Industrie-/Gewerbebetrieben vermuten. Da in der Regel Eisenbahnanschlüsse fehlen, hat sich das Kriterium der Transportanbindung hier als wenig aussagekräftig erwiesen. Wahrscheinlich wurden die Abfallstoffe durch Lastkraftwagen herantransportiert, so daß davon auszugehen ist, daß nicht nur Betriebe in der unmittelbaren Umgebung, sondern auch weiter entfernte Betriebe als potentielle Verursacher in Frage kommen können.

Insgesamt weisen Ver- und Entsorgungsanlagen eine hohe Gefährdungsstufe auf, die mit Kokereistandorten vergleichbar ist (Tabelle 4.5). Auch hier sind auf der Grundlage von Anlagendifferenzierungen einzelne Bereiche, wie z.B. Gasometer/Gasbehälter, Lagerplätze von Fässern, Lokschuppen und Tanklager, mit einer höheren Altlastgefährdungsstufe (4) auszuweisen als das Gesamtgelände. Gleiches gilt für Altablagerungen innerhalb der Betriebsgelände von Ver- und Entsorgungsanlagen. Als Ablagerungsbereiche von höchst umweltgefährdenden Produktionsrest-/-abfallstoffen erhalten sie, mit Ausnahme von Kohlehalden, die höchste Gefährdungsstufe. In ähnlicher Weise müssen darüber hinaus auch solche Anlagen(teile) bewertet werden, zu denen in den Alliierten-Kriegsaufnahmen Beschädigungen ermittelt werden konnten.

5.5 Erfassung und Erstbewertung von militärisch relevanten Anlagen und Schießständen

5.5.1 Identifizierungsmöglichkeiten

Die Altlastkategorien «kriegsbedingte, militärische Anlagen und Schießstände» sind aus militärischen und staatlichen Geheimhaltungsgründen in amtlichen topographischen und privatbergbaulichen Karten kein Gegenstand einer Geländeaufnahme und kartographischen Darstellung. Dennoch zeigt die Analyse der Kartenwerke und ihrer Zeichenvorschriften, daß einige Darstellungskategorien aufgenommen und sogar durch Schriftzusätze erläutert wiedergegeben werden (Tabellen 5.5 und 5.10). Dabei handelt es sich allerdings ausschließlich um militärische Anlagen und Schießstände, die als langfristig genutzte Objekte/Sachverhalte in Karten eingezeichnet sind, während kriegsbedingte Anlagen im Sinne von militärischen Operationsanlagen als kurzlebige Erscheinungen nicht dargestellt werden (Tabelle 5.34).

Tabelle 5.34 Möglichkeiten der Identifizierung von militärisch relevanten Anlagen sowie Altablagerungen im städtischen/ländlichen Raum in Karten und Luftbildern

Altlastverdachtsflächen-Kategorien	Luftbild	TK 25	DGK 5	WBK
IV. MILITÄRISCH RELEVANTE ANLAGEN				
1. Kriegsbedingte Anlagen				
Flakstellungen	1	*	4 – *	*
– Geschützstellung	1	*	4 – *	*
– Munitionsbunker	1	*	*	*
– Feldunterkünfte	1	*	*	*
– Laufgraben, Stellungsgraben	1	*	*	*
– Scheinwerferstellungen	3 – 4	*	*	*
– Sperrballonhalterungen	3 – 4	*	*	*
– Versorgungspunkte	1 – 3	*	*	*
Artillerie	2	*	*	*
– Geschützstellung	1	*	*	*
– Munitionsbunker	1	*	*	*
– Feldunterkünfte	1	*	*	*
– Laufgraben	1	*	*	*
– Versorgungspunkte	1 – 3	*	*	*
Panzergraben	1	*	*	*
Laufgraben	1	*	*	*
Bunkeranlagen	1	*	1 – *	1 – *
Feuerlöschteiche	1	*	3 – *	3 – *
Versorgungspunkt	1	*	*	*
Flugplatz	1	1 – 4	1 – 4	1 – 4
Kasernen	1	1 – 4	1 – 4	1 – 4
Truppenübungsplatz	1	1	1	1
2. Schießstände	1 – *	1	1	1
V. ALTABLAGERUNGEN IM STÄDTISCHEN/ LÄNDLICHEN RAUM (außerhalb von Betriebsgeländen)				
1. Ohne Hinweis auf Verdacht von abgelagerten Produktionsrückständen)				
Aufschüttungen				
unklassifiziert	1	2	2	2 – *
klassifiziert:				
– Schutthalden (Trümmer, Bauschutt)	3 – 4	3 – 4	1 – 4	1 – 4
– Deponie (Hausmüll)	1	1 – 4	1 – 4	1 – 4
– ungeordnete Ablagerung, Kippe	3	4 – *	4 – *	4 – *
– Damm/wallartige Erhebung	1	1	1	1
– Lärmschutzwall	1	3 – 4	3 – 4	3 – 4
Verfüllungen				
verfüllte ehemalige Abgrabungen				
– Gruben, unklassifiziert	2	2	2	2
– Gruben, klassifiziert				
a) Sandgrube	3	2	2	2
b) Lehmgrube	3	2	2	2
c) Tongrube	3 – 4	2	2	2

Fortsetzung von Tabelle 5.34

d) Mergelgrube	3 – 4	2	2	2
– Brüche/Tagesbrüche	2	2	2	2
– Steinbrüche	2	2	2	2
Verfüllungen natürlicher Hohlformen				
– Talbereiche	2	2	2	2
– Mulden/Senken (einschl. wassergefüllt)	2	2	2	2
Entwässerungskanal	2	2	2	2
Bomben-/Granattrichter	2	*	*	*
2. Mit Hinweis auf Verdacht von abgelagerten Produktionsrückständen				
Aufschüttungen				
unklassifiziert	3 – 4	3 – 4	3 – 4	3 – 4
klassifiziert:				
– Schutthalden (Trümmer, Bauschutt)	3 – 4	3 – 4	3 – 4	3 – 4
– Deponie	3 – 4	3 – 4	3 – 4	3 – 4
– Industriemülldeponie	3 – 4	3 – 4	3 – 4	3 – 4
– ungeordnete Ablagerungen/Kippe	3 – 4	4 – *	4 – *	4 – *
– Damm/wallartige Erhebung	3 – 4	3 – 4	3 – 4	3 – 4
Verfüllungen				
verfüllte ehemalige Abgrabungen				
– Gruben, unklassifiziert	3 – 4	3 – 4	3 – 4	3 – 4
– Gruben, klassifiziert:	3 – 4	3 – 4	3 – 4	3 – 4
a) Sandgrube	3 – 4	3 – 4	3 – 4	3 – 4
b) Lehmgrube	3 – 4	3 – 4	3 – 4	3 – 4
c) Tongrube	3 – 4	3 – 4	3 – 4	3 – 4
d) Mergelgrube	3 – 4	3 – 4	3 – 4	3 – 4
– Brüche/Tagesbrüche	3 – 4	3 – 4	3 – 4	3 – 4
– Steinbrüche	3 – 4	3 – 4	3 – 4	3 – 4
Verfüllungen natürlicher Hohlformen				
– Talbereiche	3 – 4	3 – 4	3 – 4	3 – 4
– Mulden/Senken (einschl. wassergefüllt)	3 – 4	3 – 4	3 – 4	3 – 4
Entwässerungskanal	3 – 4	3 – 4	3 – 4	3 – 4
Bomben-/Granattrichter	3 – 4	*	*	*

Legende: siehe S. 137, Tabelle 5.14

Der Vergleich der Kartenwerke verdeutlicht, daß diese Kategorien eher in den amtlichen als in den Kartenwerken der WBK wiedergegeben werden.

Die TK 25 als ein ehemals vom Militär für eigene Zwecke konzipiertes Kartenwerk weist militärische Anlagen am zahlreichsten aus. Bereits in den frühen, noch für die Urmeßtischblätter als Grundlage benutzten Musterblattausgaben von 1848 werden die Standorte/Anlagen von Friedenspulver-, Kriegspulvermagazinen und Schießständen aufgeführt (Tabelle 5.5). Darüber hinaus können Schießstände auch durch die typische Anordnung und Darstellung der Schießbahnen und Böschungswälle auf indirektem Wege identifiziert werden.

Allerdings ist auch bei diesen Karteninhalten im Laufe der Fortführung der Zeichenvorschriften ein Informationswandel festzustellen. Anstelle der beiden Differenzierungen von Pulvermagazinen wird seit den Ausgaben von 1910 die allgemeine Bezeichnung «Pulvermagazin» verwendet (Tabelle 5.5). Zusätzlich zu diesen Kategorien finden sich in den Musterblattausgaben von 1930 Hinweise zur Darstellung von Truppenübungsplätzen und seit 1939 Hinweise zu Standortübungsplätzen, die beide durch Schriftzusätze zu identifizieren sind. Eine direkte bzw. indirekte Identifikation von weiteren Karteninhalten dieser Thematik wird durch Geheimhaltungsvorschriften und daraus resultierende Verordnungen in der Musterblattausgabe von 1939 verhindert, indem sämtliche «Festungswerke mit allen dazugehörenden Anlagen wie Gebäuden, Gräben, Mauern und Wällen» (Musterblatt der TK 25 1939, S. 17) nicht aufgenommen und bestehende Schriftzusätze der bisher dargestellten Objekte/Sachverhalte weggelassen werden (Tabelle 5.18). Als einzige direkt zu identifizierende Karteninhalte dieser Altlastkategorie sind bis heute die Schießstände und Truppen-/Standortübungsplätze erhalten geblieben.

Der Musterblattausgabe der DGK 5 von 1937 sind nur wenige Hinweise zur Darstellung von Objekten/Sachverhalten dieser Thematik zu entnehmen (Tabelle 5.10). Es zeigt sich, daß von Anfang an die damaligen Geheimhaltungsvorschriften eine eindeutige Identifizierung sämtlicher militärischer Anlagen verhindert haben (Tabelle 5.18). So werden wie in der TK 25 von 1939 «Festungswerke mit allen Anlagen (Gebäude, Schuppen, Stauwerke, Zäune u. dgl.)... und alle sonstigen für die Reichsverteidigung wichtigen Anlagen» (Musterblatt der DGK 5 1937, S. 11) nicht dargestellt. Des weiteren erhalten Pulverhäuser, Munitionsanstalten und dergleichen keine erläuternden Schriftzusätze. Lediglich unter der Rubrik «Abkürzungen» finden sich die Hinweise, daß die beiden Kategorien «Schießstände» und «Truppenübungsplätze» erläutert eingezeichnet werden. Sie sind die einzigen Hinweise auf militärische Anlagen, die direkt zu identifizieren sind (Tabelle 5.34). Allerdings zeigt ein Vergleich von DGK-5-Blättern mit Luftbildaufnahmen, daß Bunker, größere Erdwälle von Flakstellungen und Feuerlöschteiche als Oberflächenformen bzw. Einzelgrundrisse ohne Schriftzusätze eingezeichnet sind. Über den Vergleich mit Luftbildern und einer Analyse der Lage, Größe und Form ist eine Identifikation dieser Karteninhalte in manchen Fällen möglich.

In der Übersichtskarte des Rheinisch-Westfälischen Steinkohlenbezirks der WBK werden nur Schießstände und keine weiteren militärischen Anlagen dargestellt. Für die topographische Karte des Rheinisch-Westfälischen Steinkohlenbezirks gelten die entsprechenden Ausführungen wie für die DGK 5.

Dagegen erlaubt die Luftbildauswertung die direkte Erfassung sämtlicher militärisch relevanter Anlagen, insbesondere solcher, die als kriegsbedingte Anlagen nur über eine relativ kurze Zeit existiert haben (Tabelle 5.34). Zusätzlich gibt das Luftbild Auskunft über den Zustand von militärischen Anlagen, d.h. ob eine kriegsbedingte Anlage zum Aufnahmezeitpunkt als solche genutzt oder schon verlassen und ohne Gerätschaften ist und ob die Anlage Kriegsschäden aufweist (z. B. Bombentreffer und andere Kampfspuren).

Aus der Gruppe der kriegsbedingten Anlagen sind Flakstellungen in Luftbildern grundsätzlich immer direkt zu identifizieren. So unterscheiden sich die einzelnen Geschützstellungen als anlagentypische Objekte von anderen Kriegsanlagen, wie

Kombinierter Karten-/Fotoschlüssel (Identifizierungsmerkmale)

Bild 5.16   Militärisch relevante Anlagen (Flakstellungen)

A. Luftbild (direkt):
Primäre Merkmale

 schwere Flakstellung, 4 bis 6 Geschütze, kreisrunder Aufbau

 Flakgeschütz (8,8 cm), Splitterschutzwall ⌀ 12 bis 14 m

 leichte Flak, 2 bis 4 Geschütze mit niedrigem Splitterschutzwall ⌀ 6 bis 8 m

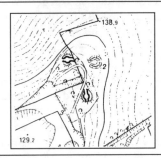

Sekundäre Merkmale

 Kommandozentrale Gefechtsstand

 Munitionsbunker

 Laufgraben

B. DGK 5 (nur zu vermuten)
Primäre Merkmale

kein Gegenstand einer Kartenaufnahme. In Karten nicht dargestellt

Sekundäre Merkmale

 Ausnahme: Erdhügel des Splitterschutzwalls. Soweit bis 1950er Jahre erhalten, vereinzelt aufgenommen

 Hier: Form und Höhe

C. TK 25
Primäre Merkmale

kein Gegenstand einer Kartenaufnahme. In Karten nicht dargestellt

in Karten nicht dargestellt

Sekundäre Merkmale

kein Gegenstand einer Kartenaufnahme. In Karten nicht dargestellt

D. WBK-Karte
Primäre Merkmale

kein Gegenstand einer Kartenaufnahme. In Karten nicht dargestellt

in Karten nicht dargestellt

Sekundäre Merkmale

kein Gegenstand einer Kartenaufnahme. In Karten nicht dargestellt

Meßdaten

- ■ Lage: außerhalb von dichtbebauten Wohngebieten, im näheren Umkreis von wehrwirtschaftlich wichtigen Anlagen
- ■ Objektgröße: L: 20–120 m B: 20–120 m H: 1–2,5 m   Stereo: ja ■ nein ☐
- ■ Objektform: leichte Flak: kreisrund, sternförmig oder linienhaft; schwere Flak: kreisrund
- ■ Farbe/Grauton: Erdwälle: hellgrau; vorhandene Geschütze: mit dunkelgrauen Schatten; Laufgräben: dunkelgraue Schatten
- ■ Textur: heterogen: Fahrspuren mit Streifen, Linsen, Bändern
- ■ Besonderheiten: Munitionsbunker als größere, rechteckige Bauten (verstärkt bei schweren Flakbatterien)

...deutung der Identifizierungsmerkmale für eine Erfassung

◀ hoch   ■ mäßig   ☐ gering/unbedeutend

z. B. Artilleriestellungen, indem hier die Waffensysteme von aufgeschütteten Erdwällen oder Splitterschutzwällen umgeben sind. Des weiteren ist es möglich, die Flakstellungen indirekt über die Anzahl und Anordnung der Geschütze sowie durch die Höhe der Erdwallkronen und deren Basisdurchmesser näher zu klassifizieren. Auch für diese kriegsbedingten Anlagen gilt der Grundsatz, daß entsprechend deren Leistungsfähigkeit und der Aufgabe der Waffensysteme eine Aufstellung nach bestimmten Aufbauschemata bzw. Aufbaumustern erfolgt, die eine Tendenz zur Regelhaftigkeit aufweisen. So belegen Literaturhinweise und vergleichende Untersuchungen zahlreicher Flakstellungen, daß schwere Flakbatterien (8,8 bis 10,5 cm) in der Regel eine kreisrunde Anordnung von 4 bis 6 Geschützen aufweisen. Gegen Ende des Zweiten Weltkrieges werden sie auch abweichend davon in Riegelform mit bis zu 18 Geschützen angeordnet (Bild 5.16). Demgegenüber unterscheiden sich leichte Flakbatterien nicht nur aufgrund einer geringeren Höhe der Erdwälle (max. 1 bis 1,25 m) und einem Durchmesser von 4 bis 6 m, sondern hauptsächlich aufgrund der geringeren Anzahl von 2 bis 3 Geschützen. Auch hier zeigt sich, daß eine kreisrunde Anordnung generell der linienhaften vorgezogen wurde. Die Luftbildauswertung bietet darüber hinaus die Möglichkeit, auf der Grundlage der Sachklassifikation von militärischen Anlagen (Abschnitt 2.2) Geschützstellungen, Munitionsbunker, Laufgräben usw. zu differenzieren.

Sämtliche Anlagenteile lassen sich durch objekttypische Merkmale, die in Tabelle 5.34 zusammengestellt sind, direkt identifizieren. In gleicher Weise sind Artilleriestellungen, Panzergräben, Bunkeranlagen und alle weiteren Kategorien direkt zu ermitteln. Eine Erfassung dieser Kategorie kann allerdings durch Tarnmaßnahmen erschwert werden. In diesem Falle muß über die Analyse der sichtbaren Objekt-/Bildmerkmale wie Ausdehnung, Größe, Lage usw. der Versuch unternommen werden, die Anlagen im nachhinein zu rekonstruieren. Identifizierungsprobleme, die nicht auf Tarnmaßnahmen zurückzuführen sind, betreffen lediglich Scheinwerferstellungen und Sperrballonhalterungen. Da sie von der Größe der Erdwälle und der Anzahl der Gerätschaften ein nahezu identisches Erscheinungsbild wie leichte Flakstellungen aufweisen, ist eine Identifizierung nur auf indirektem Wege möglich und mit einer Fehlerrate verbunden (Bild 5.16).

Ebenso wie militärische Anlagen können Schießstände direkt identifiziert werden (Tabelle 5.34). Hierbei sind es die parallelen Schießbahnbegrenzungen bzw. Schutzwälle, die als eindeutige Identifizierungsmerkmale für Schießstände zu betrachten sind. Sind Schießstände nur provisorisch in Gruben oder an Halden ohne die obengenannten Merkmale errichtet, so ist eine Identifizierung eingeschränkt.

5.5.2 Erfassungsergebnisse der multitemporalen Karten- und Luftbildauswertung

Wie die Karten- und Luftbildanalyse gezeigt hat, lassen sich militärische Anlagen nur im Luftbild (Kriegsaufnahmen) direkt und eindeutig identifizieren. Die Untersuchungsergebnisse bestätigen die Aussagen im vorangehenden, die besagen, daß diese Verdachtskategorie immer anhand ihres objekttypischen Erscheinungsbildes zu ermitteln ist. Dagegen können Schießstände auch in den 3 Kartenwerken direkt erfaßt werden. Sie lassen sich im Untersuchungsraum durch Schriftzusätze («Schießst.», «Schießstand») direkt identifizieren (Tabelle 5.34).

Analysiert man die Gesamtzahl der erfaßten militärischen Anlagen (307) und Schießstände (4), so wird deutlich, daß die Flakstellungen mit 19 Standorten – einschließlich ihrer Anlagen (Laufgräben, Geschützstellungen, Munitionsbunker und Feldunterkünften) – einen bedeutenden altlastrelevanten Sachverhalt im Untersuchungsraum darstellen (Tabelle 5.36). Besonders die Stellungs-/Laufgräben müssen beachtet werden, da sie in gleicher Weise wie Feuerlöschteiche als Ablagerungs-/Verfüllungsbereiche für Produktionsrückstände und Abfallstoffe, aber auch für Bombenblindgänger und Waffen in Frage kommen. Sie sind, wie die Untersuchung zeigt, in den frühen Nachkriegsaufnahmen (Herbst 1945 bis 1952) nicht mehr zu erfassen, da sie verfüllt wurden. Der Verlauf von Gräben ist auch noch in den Luftaufnahmen der 60er Jahre zu identifizieren. Insbesondere dann, wenn sie innerhalb landwirtschaftlich genutzter Flächen liegen, heben sie sich je nach Sonnenstand und Bodenfeuchtigkeit durch Grautonunterschiede und linienhafte Textur mit Regelhaftigkeiten von der Umgebung ab.

Militärische Anlagen sind als relativ kurzlebige Sachverhalte anzusprechen, da nahezu sämtliche Anlagen bereits Ende 1945, spätestens aber 1952, verschwunden sind. Ein Vergleich von Luftbildern mit zeitgleichen Kartenausgaben der DGK 5, der Katasterplankarte, bestätigt die Aussage in Abschnitt 5.5.1, daß militärische Anlagen keine Darstellungskategorie der Geländeaufnahme sind und daher in den Kartenblättern nicht aufgenommen werden. Nur in den Fällen, wo schwere Flakstellungen großflächige Erdwälle hinterlassen haben, wird durch die Analyse deutlich, daß diese in den DGK-5-Ausgaben der 60er Jahre als kreisrunde Vollformen mit Böschungsschraffen eingezeichnet sind.

Vergleicht man dagegen die Anzahl der erfaßten Schießstände, so wird deutlich, daß sie nur unvollständig durch das Luftbild zu ermitteln ist (Tabelle 5.35). Während durch diesen Informationsträger 2 der 4 Schießstände erfaßt werden können, weist die TK 25 als einziger Informationsträger diese Verdachtskategorie vollständig aus. Gleichzeitig belegen die Untersuchungsergebnisse, daß Schießstände im Luftbild nur dann zu erkennen sind, wenn es sich um freistehende Anlagen mit objekttypischen ausgebauten Schießbahnen und Erdwällen handelt. Werden Schießstände innerhalb von Gruben bzw. am Rande von Halden angelegt, ohne daß typische Objektmerkmale oder im Luftbildplan des Deutschen Reiches auch Schriftzusätze eine Identifizierung erlauben, ist die Karteninformation für diese Kategorie aufschlußreicher. Die deutlich geringere Anzahl von erfaßten

Tabelle 5.35 Erfaßte Verdachtsflächen der Kategorie «Militärisch relevante Anlagen» und «Altablagerungen im städtischen/ländlichen Raum»

Altlastverdachtsflächen-Kategorien	Vermutete Anzahl gesamt	Luft-bild	TK 25	DGK 5	WBK 1 : 10000
IV. MILITÄRISCH RELEVANTE ANLAGEN	311	309	4		1
1. *Kriegsbedingte Anlagen*	307	307	4		1
Flakstellungen	19	19			
– Geschützstellung	84	84			
– Munitionsbunker	137	137			
– Feldunterkünfte	12	12			
– Laufgraben, Stellungsgraben	11	11			
– Scheinwerferstellungen	11	11			
– Sperrballonhalterungen	7	7			
– Versorgungspunkte	3	3			
Artillerie					
– Geschützstellung					
– Munitionsbunker					
– Feldunterkünfte					
– Laufgraben					
– Versorgungspunkte					
Panzergraben					
Laufgraben					
Bunkeranlagen	12	12			
Feuerlöschteiche	11	11			
Versorgungspunkt					
Flugplatz					
Kasernen					
Truppenübungsplatz					
2. *Schießstände*	4	2	4		1
V. ALTABLAGERUNGEN IM STÄDTISCHEN/LÄNDLICHEN RAUM (außerhalb von Betriebsgeländen)	286	256	176	139	129
1. Ohne Hinweis auf Verdacht von abgelagerten Produktionsrückständen)	222	194	158	116	125
Aufschüttungen	105	105	25	60	43
unklassifiziert	15	15	25	41	23
klassifiziert:					
– Schutthalden (Trümmer, Bauschutt)	31	31		4	
– Deponie (Hausmüll)	14	14		3	
– ungeordnete Ablagerung, Kippe	33	33		5	8
– Damm/wallartige Erhebung	9	9		7	6
– Lärmschutzwall	3	3			
Verfüllungen verfüllte ehemalige Abgrabungen	117	89	133	56	82
– Gruben, unklassifiziert	16	14	46	11	5
– Gruben, klassifiziert					8

Fortsetzung von Tabelle 5.35

	Vermutete Anzahl gesamt	Luft-bild	TK 25	DGK 5	WBK 1 : 10000
a) Sandgrube	14	14	2	5	
b) Lehmgrube	1	1		1	
c) Tongrube					
d) Mergelgrube					
– Brüche/Tagesbrüche	18	14	14		14
– Steinbrüche	1	1	1	1	1
Verfüllungen natürlicher Hohlformen					
– Talbereiche	2	1	9		3
– Mulden/Senken (einschl. wassergefüllt)	50	35	54	32	36
Entwässerungskanal	15	9	7	6	15
Bomben-/Granattrichter	2533	2533			
2. Mit Hinweis auf Verdacht von abgelagerten Produktionsrückständen	64	62	18	23	4
Aufschüttungen	47	47	7	20	2
unklassifiziert	3	3	5	10	
klassifiziert:					
– Schutthalden (Trümmer, Bauschutt)	8	8			
– Deponie					
– Industriemülldeponie					
– ungeordnete Ablagerungen/Kippe	21	21		3	
– Damm/wallartige Erhebung	15	15	2	7	2
Verfüllungen	17	15	11	3	2
verfüllte ehemalige Abgrabungen					
– Gruben, unklassifiziert	3	2	3		
– Gruben, klassifiziert:					
a) Sandgrube					
b) Lehmgrube					
c) Tongrube					
d) Mergelgrube					
– Brüche/Tagesbrüche					
– Steinbrüche					
Verfüllungen innerbetrieblicher Hohlformen					
– Talbereiche	3	3	3		
– Mulden/Senken (einschl. wassergefüllt)	10	9	5	2	1
Entwässerungskanal	1	1		1	1
Bomben-/Granattrichter	165	165			

Schießständen in den WBK-Karten und in der DGK 5 belegt, daß Informationsträger mit großen Zeitlücken in den Fortführungsständen und relativ geringem zeitlichen Zurückreichen diese Kategorie nur unvollständig wiedergeben.

5.5.3 Abschätzung des Gefährdungspotentials

Die Abschätzung des Kontaminationspotentials von militärischen Anlagen und Schießständen hat sich ungleich schwieriger als bei allen zuvor behandelten Altstandorten erwiesen, da zu diesen Altlastkategorien keine Aussagen zu Stoffgruppen in der branchentypischen Inventarisierung (KINNER/KÖTTER/NICLAUSS 1986) und dem herstellerspezifischen Abfallkatalog zu ermitteln sind (Tabelle 4.2). Zur Zusammenstellung der Stoffe wurden Fachgespräche mit Feuerwerkern und Chemieverfahrenstechnikern geführt. Als Ergebnis, das Tabelle 5.36 zu entnehmen ist, kann festgehalten werden, daß die Schadstoffzugehörigkeit auch hier einzugrenzen ist. Hauptsächlich handelt es sich um Treibstoffe, Schmieröle, Reinigungs-, Korrosions-, Rostschutz- und Anstrichmittel. Bombenangriffe oder Stellungswechsel können zu erheblichen Bodenverunreinigungen geführt haben. Bei sämtlichen schießenen Waffensystemen kommen zusätzlich Pulver- und Sprengmittel hinzu, deren stoffliche Bestandteile z. T. als hoch umweltgefährdend zu kennzeichnen sind. Außerdem ist hier mit Munitionsversagern und Blindgängern zu rechnen, die in Gräben oder anlagenbedingten Hohlformen eingelagert wurden. So lassen sich innerhalb einzelner militärischer Standorte mehr oder weniger hoch altlastgefährdete Bereiche abgrenzen (Tabelle 4.5). Die Anlagen von Waffensystemen, z.B. Geschützstellungen von Flakbatterien, sind als potentiell altlastgefährdet einzustufen (Stufe 2), während solche Anlagenteile, die als Hohlform zur Ablagerung von umweltgefährdenden Stoffen in Frage kommen, der Gefährdungsstufe 3 zuzuordnen sind. Mit der höchsten Stufe (4) werden Versorgungspunkte (Nachschublager, Tankdepots usw.) aller Waffensysteme versehen, da dort mit gesundheitsgefährdenden Schadstoffen zu rechnen ist. Schießstände weisen ebenfalls ein hohes Kontaminationspotential auf, da neben Blei- und Pulverresten in der Regel Imprägnierstoffe und Unkrautvernichtungsmittel auf den Rasenbahnen und den Begrenzungswällen sowie Reinigungsöle verwendet wurden (Tabelle 5.36). Sie erhalten die Gefährdungsstufe 3.

Tabelle 5.36 Matrix zur Bestimmung des Kontaminationspotentials von militärisch relevanten Anlagen (Schießstände)

Anlage/Anlagenteil	Schießstand
Verwendete umweltgefährdende Materialien	Holzimprägniermittel, Unkrautvernichtungsmittel, Waffenreinigungs-/Schmieröle, Insektenvernichtungsmittel, Phosphor/Magnesium für Handflammpatronen u. Leuchtspurmunition, Schwarzpulver, Sprengstoff, Zünder.
Anfallende Rest- und Abfallstoffe	Blei (insbesondere aus alten Vorderladerwaffen), Phosphor- u. Magnesiumrückstände, Schwarzpulverreste (aromatische Nitroverbindungen, z. B. Nitroglycerin u. Nitroglykol, anorganische Nitrate), Schmiermittelreste, Munitionsversager.
Kontaminationsquellen	Mit Unkrautvernichtungsmittel behandelte *Schießbahnen* u. *Schießbahnwälle, Trefferanzeigen* und *Schießbahnen:* Holzschutzmitte, Blei, Phosphor, Magnesium. *Lagerhäuser/Schuppen* mit Fässern/Tanks für Schmiermittel u. Öle, Holzimprägnier- u. Unkrautvernichtungsmittel (Leckagen).
Lagerung von Einsatzstoffen	In *Lagerhäusern/Schuppen* u. Bunker: Munition, Schmiermittel, Holzimprägnier- u. Unkrautvernichtungsmittel.
Verbleib der Stoffe bei Abriß/Stellungswechsel	*Schießbahnwälle:* Munitionsreste (Patronen: Blei), Pulverreste. *Lagerschuppen:* In Kellerräumen können Tanks/Fässer u. Rohrleitungen teilweise noch gefüllt erhalten geblieben sein (Reste von den obengenannten Stoffen).
Bevorzugtes Objekt von Kriegseinwirkungen? Welche typischen Schäden?	Nein!
Besonderheiten	Schießbahnen und Trefferanzeigen als anthropogene Hohlformen eignen sich für eine Deponierung von Produktionsrest- u. Abfallstoffen benachbarter Industrie-/Gewerbezweige. Eventuell sind in der Zeit bis zum Ende des I. Weltkrieges Kampfstoffe (z. B. CS-Gas usw.) auf Schießständen eingesetzt worden.
Altlastgefährdungsstufe	Gesundheitsgefährdend (Bleikonzentrationen, hochgiftige Holzimprägnier- u. Unkrautvernichtungsmittel). Altlastgefährdungsstufe 3

5.6 Erfassung und Erstbewertung von Altablagerungen außerhalb von Betriebsgeländen

5.6.1 Identifizierungsmöglichkeiten

Altablagerungen im städtischen/ländlichen Raum, d. h. außerhalb von Altstandorten, sind in den Informationsträgern in gleicher Weise zu identifizieren wie betriebliche Altablagerungen (Abschnitte 5.3 und 5.4 sowie Tabelle 5.34). In den Musterblättern der amtlichen topographischen Kartenwerke finden sich Hinweise auf Altablagerungen unter den Darstellungkategorien «Geländeformen» und «Gewässer». Zugleich ist damit zu rechnen, daß fehlende Zugangsbeschränkungen und Werksschutzerlasse dazu führen, daß Ablagerungen außerhalb von Altstandorten weitaus zahlreicher und differenzierter aufgenommen wurden.

Aufschüttungen
In der TK 25 können Aufschüttungen als Vollformen über Höhenlinien, Keilschraffen und Signaturen/Symbolzeichen sowie Schriftzusätze identifiziert werden. Wie die Musterblatthinweise zeigen, lassen sich anthropogene Aufschüttungen von natürlichen meist nur indirekt unterscheiden, da erläuternde Schriftzusätze fehlen. Auch den Kartenblättern der TK 25 sind nur wenige Hinweise zur Klassifikation von Aufschüttungen zu entnehmen (Tabelle 5.6).

Eine Identifikation von Aufschüttungen ist mit der Reliefdarstellung über Höhenlinien erst seit der Neuaufnahme des Kartenwerkes 1892 (gilt nur für NRW) möglich. In den ältesten Ausgaben der TK 25, den Urmeßtischblättern und deren Vorausgaben, wird dagegen das Relief nicht über Höhenlinien, sondern über sogenannte Geländeschraffen in Schraffenmanier dargestellt. Ein Vergleich mit den Höhenlinienausgaben von 1892 belegt, daß nur große Talformen und Höhenzüge mit ausgeprägter Hangneigung über kräftige und dichtgedrängte Bergstriche hervortreten.

Erst durch die in der Neuaufnahme des Kartenwerks seit 1892 eingeführte Wiedergabe des Geländes durch Höhenlinien ergibt sich bis zur Gegenwart hin die Möglichkeit, Aufschüttungen über Verlauf, Hangform, Ausdehnung und Lage zu erfassen. So ist in Abhängigkeit vom Relieftyp und Ausmaß der Generalisierung eine künstliche Aufschüttung von einer natürlichen Vollform durch einen gleichmäßigen Höhenlinienverlauf und eine regelmäßige Hangform zu unterscheiden. Eine nähere Kennzeichnung nach der Art der Aufschüttung (gemäß Sachklassifikation, Abschnitt 2.2) und nach der Materialbeschaffenheit ist nicht durchzuführen. Einschränkungen in der Identifizierung ergeben sich zudem durch den Kartenmaßstab, der eine vollständige Wiedergabe von Aufschüttungen erst ab einer Mindestgröße und -höhe gewährleistet, die in Abhängigkeit von der Kartiergenauigkeit bei ca. 5 × 5 m bzw. 10 × 10 m, einer Mindestflächengröße von ca. 25 bis 100 m² und einer Mindesthöhe von 1 m liegt (siehe Tabelle 2.2). Allerdings ist nicht auszuschließen, daß kleinflächige, aber markante und weithin sichtbare Geländeformen mit einer Flächenausdehnung unter 100 m² über den elementaren Generalisierungsvorgang des Betonens bzw. Vergrößerns dennoch dargestellt werden. Des weiteren wirkt sich die Tatsache einschränkend aus, daß in Wohn- und Waldgebieten oftmals die Geländedarstellung über Höhenlinien vernachlässigt wird und Aufschüttungen hier nicht vollständig zu identifizieren sind. Erschwerend kommt hinzu, daß die Höhenliniendarstellung nicht immer dem aktuellsten Stand entspricht und nur unvollständig im Zuge von Arbeiten zur Kartenfortführung berichtigt wird. Es ist daher davon auszugehen, daß in den älteren Kartenausgaben, insbesondere aus der Zeit vor 1924, die Geländeaufnahme nur unvollständig Veränderungen im Höhenlinienbild von großflächigen Aufschüttungen zeigt; kleinflächige, niedrige und kurzlebige Aufschüttungen werden dagegen gar nicht oder nur unvollständig vermerkt. Den Musterblattausgaben vor 1926 sind keine direkten Aussagen zur Darstellung von Aufschüttungen zu entnehmen. Erst 1926 werden Schutthalden namentlich erwähnt. Da sie aber in gleicher Weise wie Bergehalden über Keilschraffen (Bergstriche) und ohne Schriftzusätze dargestellt werden, wird eine Unterscheidung von Bergehalden nicht ermöglicht. Wie allerdings die Analyse der Kartenblätter zeigt, sind dennoch seit 1892 Aufschüttungen über Keilschraffen aufgenommen, wenn es sich um markante Erscheinungen im Gelände handelt. Mit der Neufassung der Musterblätter von 1939 wird eine direkte Unterscheidung von künstlichen und natürlichen Vollformen auch über das Höhenlinienbild möglich (Tabelle 5.6). Erstere werden in Schwarz wiedergegeben. Da aber weiterhin erläuternde Schriftzusätze über die Art und die Materialbeschaffenheit von Aufschüttungen fehlen, können die Aufschüttungen in der TK 25 nur über die Analyse von Objektmerkmalen wie Lage, Anordnung und Höhenlinienverlauf näher bestimmt werden (Bilder 5.17 und 5.18). Erst mit dem Musterblatt von 1981 wird die Darstellungskategorie «Mülldeponie» durch einen Schriftzusatz aufgeführt und ist damit direkt zu identifizieren.

In den Vorausgaben der DGK 5 (Katasterplankarten) sind Dämme die einzigen Kategorien, die auf Aufschüttungen hinweisen. Höhenlinienbild und Böschungsschraffen zur Geländedarstellung fehlen. Ähnliches gilt für die DGK 5 G (Grundriß), die ebenfalls ohne Höhenlinien erstellt wird. Lediglich Dämme und Böschungen (Böschungsschraffen) sind direkt zu erkennen (Tabelle 5.34). Mit der Höhenliniendarstellung in der DGK 5 N (Normalausgabe) können über den Vergleich des Isohypsenbildes Aufschüttungen als geordnete Deponien und Lärmschutzwälle ausgewiesen werden, indem Objektmerkmale wie eine regelmäßige Hangform und ein regelmäßiger Höhenlinienverlauf wie bei der TK 25 beachtet werden (Bild 5.17). Da auf Schriftzusätze zur Art bzw. zur Materialbeschaffenheit in der Mehrzahl der identifizierten Aufschüttungen verzichtet wurde, sind lediglich unklassifizierte Aufschüttungen zu erfassen. Erst im Musterblatt von 1984 wird die Kategorie «Mülldeponie» über einen Schriftzusatz ausgewiesen (Tabelle 5.11). Darüber hinaus zeigt die Analyse von Kartenblättern, daß eine Reihe von zusätzlichen, nicht in den Musterblättern aufgeführten Schriftzusätzen auf weitere Kategorien von Aufschüttungen und z.T. auf deren Materialbeschaffenheit hinweisen, z.B. Kippe, Erdkippe, Schuttplatz, Deponie, Ablage (Tabelle 5.17). Auf diese Weise ist zumindest ein kleiner Teil der für die Altlastensuche wichtigen ungeordneten Deponien

Kombinierter Karten-/Fotoschlüssel (Identifizierungsmerkmale)

Bild 5.17 Hausmülldeponie

A. Luftbild (direkt):

Primäre Merkmale

 Terrassierter Aufbau in Rotten/Becken, die von Erdwällen umgeben sind.

 Grauton hell, symmetrische Hangform, gleichmäßige Böschung

 Schüttungen von Bauschutt oder Abdeckmaterial. Regelmäßig

Sekundäre Merkmale

 Lage an Entwässerungskanal bzw. von diesem umgeben

 Vegetation breitet sich von den Rändern zur Mitte hin aus

 Terrassenaufbau trotz Begrünung gut erkennbar

B. DGK 5 (direkt, über Indikatoren nur zu vermuten)

Primäre Merkmale

i. d. R. vor 1970/80 nicht dargestellt

 Schriftzusatz: Mülldeponie (laut Musterblatt 1983)

 vereinzelt große Flächen ohne Höhenlinien in der Nähe von Gleisen

Sekundäre Merkmale

 Lage: entlang von Entwässerungskanal

 Böschungsstriche und gleichmäßiger Verlauf der Böschung, jedoch ohne Schriftzusatz Verwechselung mit Halden möglich.

C. TK 25 (direkt)

Primäre Merkmale

i. d. R. vor 1970/80 nicht dargestellt

 Schriftzusatz (laut Musterblatt 1981)

 vereinzelt große Flächen ohne Höhenlinien an Gleisanlagen oder Straßen außerhalb von Wohngebieten

Sekundäre Merkmale

 ohne Schriftzusatz Verwechselung mit Halden möglich

 Seiten-/Stichstraßen führen von Hauptverkehrswegen zur Annahmestation

 entlang von Entwässerungskanal bzw. von diesem umgeben

D. WBK-Karte

Primäre Merkmale

kein Gegenstand der Kartenaufnahme

in Karten nicht aufgenommen bzw. nicht dargestellt

Sekundäre Merkmale

kein Gegenstand der Kartenaufnahme

Meßdaten

■ Lage: außerhalb von Betriebsgeländen, bevorzugt in Anlehnung an Talzüge, Bachverläufe, Mulden und Senken

□ Objektgröße: L: 100–800 m B: 50–500 m H: 10–50 m   Stereo: ja ■ nein □

■ Objektform: geordneter Aufbau und Anlage von Ablagerungsbereichen, viereckig bis langgestreckt rechteckig

■ Farbe/Grauton: hellgrau/weiß bzw. weiß-gelb bis rötlich/dunkelgrau

■ Textur: Hausmüll: homogen, feinkörnig; Bauschutt: heterogen, fein- bis grobkörnig; Sperrmüll: heterogen grobkörnig; Erdmaterial: homogen, feinkörnig

□ Besonderheiten: Im Luftbild sind unterschiedliche Zustandsphasen zu erkennen:
1. beginnende Schüttung, 2. eigentliche Schüttphase, 3. Stillegungsphase, 4. Folgenutzungsphase

Bedeutung der Identifizierungsmerkmale für eine Erfassung
■ hoch   □ mäßig   □ gering/unbedeutend

Kombinierter Karten-/Fotoschlüssel (Identifizierungsmerkmale)

Bild 5.18 Ungeordnete Ablagerungen

A. Luftbild (direkt und Indikatoren):

Primäre Merkmale

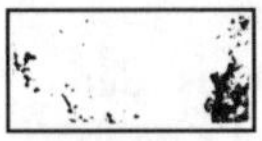

- Grauton: hellgrau bis weiß mit vereinzelten mittelgrauen Flächen 
- Textur: fleckig verwaschen, heterogen 
- Hangform: keine ausgeprägten Böschungen (max. 30°)

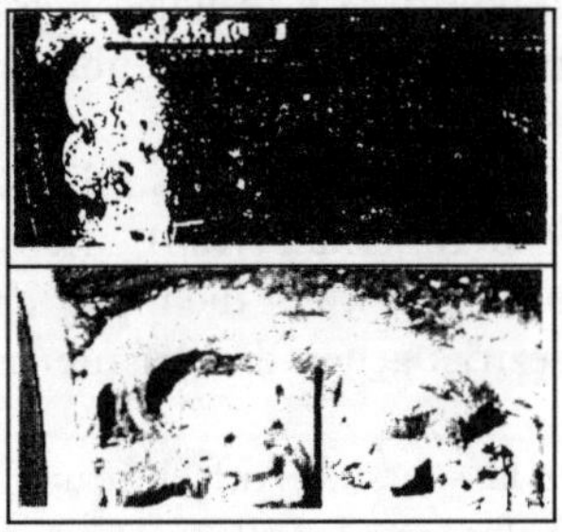

Sekundäre Merkmale

- Größe: i. d. R. kleinflächig
- Hangform: kein terrassenartiger oder kegelartiger Aufbau der Ablagerungen
- Ausgebaute Werksbahnen, Zufahrtsstraßen, Entwässerungskanäle fehlen

B. DGK 5 (direkt bzw. nicht zu erfassen)

Primäre Merkmale

- i. d. R. kein Gegenstand einer Kartenaufnahme 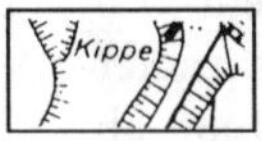
- Nur in Ausnahmen Schriftzusatz, u. a. auch »Erdkippe«

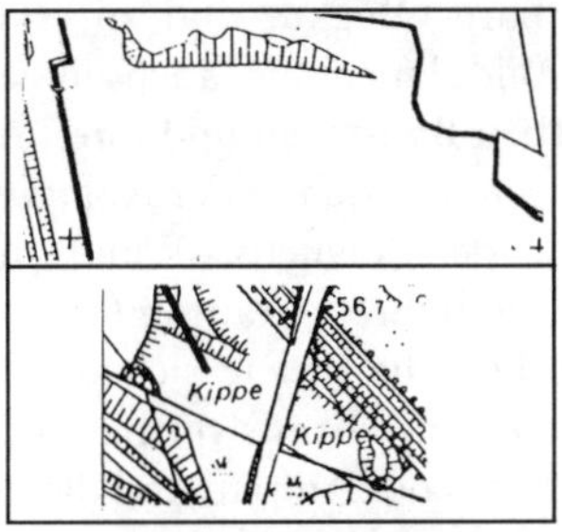

Sekundäre Merkmale

- keine

C. TK 25

Primäre Merkmale

- keine

in Karten nicht aufgenommen bzw. nicht dargestellt

Sekundäre Merkmale

- keine

D. WBK-Karte

Primäre Merkmale

- keine

in Karten nicht aufgenommen bzw. nicht dargestellt

Sekundäre Merkmale

- keine

Meßdaten

- ■ Lage: innerhalb und außerhalb von Betriebsgeländen
- ■ Objektgröße: L: 10–400 m B: 10–200 m H: 1–4 m   Stereo: ja ■ nein ☐ wenig ausgeprägt
- ■ Objektform: Grundriß: unregelmäßige Form, z. T. länglich, vereinzelt auch breitflächig
- ■ Farbe/Grauton: hellgrau
- ■ Textur: heterogen, fleckig
- ■ Besonderheiten: Sind Werksbahnen, Förderbänder, Rohrleitungen zu erkennen, ist davon auszugehen, daß Produktionsrückstände mit eingelagert worden sind

Bedeutung der Identifizierungsmerkmale für eine Erfassung

hoch ■   mäßig ■   gering/unbedeutend ☐

und Ablagerungen zu ermitteln. Weitere Aufschüttungskategorien, deren Materialbeschaffenheit und die Herkunft von Ablagerungsstoffen sind nur durch die Analyse von Hinweisen zur Lage und Verkehrsanbindung an Abfallerzeugerstätten zu ermitteln (Abschnitt 4.2).

In der Übersichtskarte des Rheinisch-Westfälischen Steinkohlenbezirkes der WBK können Aufschüttungen außerhalb von Betriebsgeländen weder direkt noch indirekt erfaßt werden (Tabelle 5.34). Für die topographische Karte des Rheinisch-Westfälischen Steinkohlenbezirks gelten die Ausführungen, wie sie für die DGK 5 aufgezeigt wurden.

Wesentlich differenzierter lassen sich Aufschüttungen im städtischen/ländlichen Raum durch das Luftbild erfassen (Tabelle 5.34). Selbst kleinflächige, zum Zeitpunkt der Aufnahme sichtbare Objekte sind zu erkennen. Sowohl in einzelnen Senkrechtbildern bzw. in Bildplänen als auch in stereoskopisch auswertbaren Reihenmeßbildern fallen neben Baustellen und ihren Ablagerungen (Materiallager, Bodenaushub) Aufschüttungen, die sich in der Ablagerungsphase bzw. unmittelbar danach befinden, durch fehlenden Bewuchs auf und sind daher direkt zu identifizieren (Bilder 5.17 und 5.18). Durch ihren Grauton (hell) und auffallende Texturunterschiede (fleckig bis verwaschen) heben sie sich deutlich von der Umgebung ab. Zusätzlich können in stereoskopisch auswertbaren Reihenmeßbildern über das dreidimensionale Geländemodell der Aufbau und die Hangform zur Identifizierung herangezogen werden. So kann der Versuch unternommen werden, über Regelhaftigkeiten im Aufbau und im Verlauf der Vollform sowie in der Steilheit der Hänge natürliche von anthropogenen Aufschüttungen zu unterscheiden. Geordnete und geplante Deponien (für Hausmüll) beispielsweise heben sich durch ihre symmetrische Hangform, Entwässerungskanäle, Fangzäune und ausgebaute Zugangsstraßen mit Materialannahme- und Wiegestellen deutlich gegenüber ungeordneten Ablagerungen bzw. wilden Kippen ab (Bild 5.17). Hangform und -neigung sind auch dann noch als Unterscheidungsmerkmale zwischen natürlichen und anthropogenen Aufschüttungen anzusehen, wenn bei anthropogenen Aufschüttungen die Phase der Ablagerung beendet und eine erste Folgenutzung (Begrünung) festzustellen ist. Ebenso kann man über die Objekt-/Bildmerkmale wie den Verlauf und die Lage von schmalen, langgestreckten Vollformen parallel zu Verkehrswegen an Wohngebieten auf Lärmschutzwälle/Dämme schließen. Selbst ungeordnete Ablagerungen bzw. wilde Kippen aus der Zeit vor dem Abfallbeseitigungsgesetz (1972) sind über Helligkeits- bzw. Grauton- und Texturunterschiede zu ermitteln. In einigen Fällen lassen sich auch in zweidimensional verebneten Abbildungen der Luftbildpläne Geländekanten durch Schlagschatten identifizieren, deren Verlauf durch die «Pseudoplastizität» eingesüdeter Luftbilder Rückschlüsse auf anthropogene Aufschüttungen zuläßt.

Direkte Hinweise zum Ablagerungsmaterial finden sich dagegen auch im Luftbild nur in Ausnahmefällen (Tabelle 5.34). So können in großmaßstäbigen Aufnahmen (ab M. 1 : 4000) und in stereoskopisch auswertbaren Reihenmeßbildern mit guter Bildqualität größere Einzelobjekte wie z. B. Fässer und Tankbehälter sowie Lastkraftwagen identifiziert werden. Darüber hinaus sind heterogene Strukturen der

Ablagerungsflächen und Schüttbereiche (u. a. unregelmäßige Textur), wie sie für Haus- und Sperrmüllablagerungen typisch sind, von homogenen Ablagerungen zu unterscheiden, die auf Lockermaterial einheitlicher Art hindeuten (Bild 5.17). Ebenso kann der Versuch unternommen werden, über die Hangform und Steilheit von Böschungswinkeln einzelne Ablagerungsstoffe auf Deponien zu differenzieren. So lassen sich Bereiche von Hausmüllablagerungen mit weniger steilen Hängen von Sperrmüllablagerungen unterscheiden. In diesem Zusammenhang ist auf kleinere Aufschüttungen in Luftbildern von 1940/45 bis 1959 aufmerksam zu machen, die innerhalb bzw. am Rande von Wohngebieten liegen. Sie sind als Trümmer-/ Bauschuttablagerungen eines beginnenden Wiederaufbaus zu deuten.

Verfüllungen
Im Unterschied zu betrieblichen Verfüllungen treten im städtischen/ländlichen Raum neben natürlichen Hohlformen – wie Talformen, Mulden (einschließlich wassergefüllter Teiche bzw. Seen) – Gruben und Steinbrüche anthropogenen Ursprungs auf, die auf Ablagerungsvorgänge hin zu untersuchen sind (Tabellen 5.6, 5.11 und 5.13).

In der TK 25 findet man bereits in den ältesten Ausgaben der Zeichenvorschriften von 1818 eine Vielzahl von Darstellungskategorien, die auf Hohlformen (Tabelle 5.6) hindeuten und als mögliche Verfüllungsbereiche für eine Ablagerung von Abfall-/Reststoffen in Frage kommen. Neben Teichen, Gräben und Hohlwegen sind es besonders die detaillierten Hinweise auf anthropogene Hohlformen wie Gruben und Steinbrüche, die nach Abbau- bzw. Untergrundmaterial über Symbolzeichen (Signaturen) und Schriftzusätze (Abkürzungen) wiedergegeben werden (Bild 5.19). In den Urmeßtischblattausgaben können größere Talzüge und Mulden durch die Verlaufsrichtung und Dichte der Bergstriche identifiziert werden. Weitere in den Musterblättern genannte Hinweise auf Hohlformen, die als Verfüllungsbereiche in Frage kommen, sind Böschungen, Steilränder und Kanten. Sie werden über Böschungsstriche und Keilschraffen aufgenommen und sind dort zu finden, wo Höhenlinien zur Wiedergabe wichtiger, aber sehr kleiner oder besonders steiler Geländeformen und Böschungen nicht ausreichen[5.32]. Zugleich werden über Keilschraffen Geländekanten dargestellt, die gleichfalls zur Kartierung von Verfüllungen von Interesse sind. Ein Fortfall dieser Geländeformen in einer Folgeausgabe ist in ähnlicher Weise wie veränderte Höhenliniendarstellungen als eine mögliche Verfüllung zu deuten.

Da Schriftzusätze zur Kennzeichnung von Verfüllungen fehlen, ist die Art des Ablagerungsmaterials nicht näher zu bestimmen. Allenfalls kann dies über Indikatoren, wie die Nähe zu Produktionsstätten oder Verkehrswegen, erfolgen.

In den Musterblättern der DGK 5 finden sich erst 1937 ähnlich wie in der TK 25 nur wenige Darstellungskategorien, die Auskunft über Hohlformen geben (Tabelle 5.34). In den Ausgaben der Katasterplan- und der DGK-5-Grundrißkarte fehlen außerdem Geländeformen, die durch Höhenlinien dargestellt werden, so daß Talformen und Mulden nicht zu erfassen sind. Lediglich in der DGK 5 Grundriß sind Böschungen, Einschnitte, Gruben, Pingen und Steinbrüche über Böschungsstri-

Kombinierter Karten-/Fotoschlüssel (Identifizierungsmerkmale)

Bild 5.19 Verfüllte Grube

A. Luftbild (direkt, über Indikatoren):

Primäre Merkmale

 Hohlformen mit ausgeprägtem regelmäßigen Böschungsverlauf

 heller Untergrund

 Abgrabungsbereich

Sekundäre Merkmale

 Fahrspuren

 Betriebliche Bauten/Hallen

 Verfüllungen, Schüttbereiche

B. DGK 5 (direkt, über Indikatoren)

Primäre Merkmale

 Schriftzusatz

 Schriftzusatz

 Böschungslinien über 1 m Höhe

Sekundäre Merkmale

 Künstliche Böschung schwarz, Böschungen mit veränderlicher Ober- und Unterkante mit durchgehender Linie

 fehlende Höhenlinien, vereinzelt Tiefenangaben

 gelegentlich werden Aufschüttungsbereiche so bezeichnet

C. TK 25 (direkt, über Indikatoren)

Primäre Merkmale

 Schriftzusatz

 Böschung mit Bergschraffen und Sandpunkten

Regelhafter Verlauf von Bergschraffen und Schriftzusatz

Sekundäre Merkmale

 Bergschraffen und gleichmäßiger Verlauf von Höhenlinien

 Zufahrtswege in die Grube, z. B. Werksbahnen

D. WBK-Karte (direkt)

Primäre Merkmale

 Schriftzusatz und Keilschraffenlinien

 Schriftzusatz

 Keilschraffenlinien

Sekundäre Merkmale

keine

Meßdaten

■ Lage: i. d. R. außerhalb von Betriebsgeländen

■ Objektgröße: L: 30–400 m B: 25–250 m H: 3–10 m   Stereo: ja ■ nein ☐ unterschiedlich tiefe Abgrabungsebenen

■ Objektform: kreisrund bis rechteckig, der Grundriß richtet sich nach der Morphologie, Böschungen relativ steil (45–70°)

■ Farbe/Grauton: hellgrau bis weiß (hellocker-gelb), Verfüllungen hellgrau bis mittelgrau; in Farbaufnahmen grau/braun bis ocker

■ Textur: heterogen

■ Besonderheiten: Ehem. Gruben können im Luftbild bei landwirtschaftlicher Folgenutzung in Aufnahmen mit unbewachsenen Äckern anhand von Feuchtigkeitsunterschieden im Boden, die sich als dunklere Stellen äußern, in ihrer ungefähren Ausdehnung zurückverfolgt werden

Bedeutung der Identifizierungsmerkmale für eine Erfassung

■ hoch   ▌ mäßig   ☐ gering/unbedeutend

che und bei Gruben und Steinbrüchen durch Schriftzusätze zu ermitteln. Darüber hinaus werden seit der Musterblattausgabe von 1964 Steilränder durch Keilschraffen (in Braun) dargestellt[5.33]. In diesem Zusammenhang ist auf wassergefüllte Flächen hinzuweisen, die durch Umrißlinien und Schriftzusätze (z. B. T. = Teich) direkt zu identifizieren sind.

Mit der Höhenliniendarstellung in der DGK-5-Normalausgabe ist auch in diesem Kartenwerk über den mehrzeitlichen Vergleich der Kartenblätter eine indirekte Erfassung von Verfüllungen möglich. Zu beachten ist, daß Schüttbereiche in Gruben ohne Höhenlinien dargestellt sind. Eine Identifizierung des Geländebildes ist hier erschwert.

Die Übersichtskarte des Rheinisch-Westfälischen Steinkohlenbezirks gestattet trotz einer fehlenden Höhenliniendarstellung die Erfassung von Verfüllungen im städtischen/ländlichen Raum (Tabelle 5.34). Neben den über Farbe bzw. Signaturen und Schriftzusätzen ausgewiesenen Teichen, Gruben, Steinbrüchen und Tagesbruchfeldern können im Unterschied zu Betriebsgeländen in einigen wenigen Fällen sogar Mulden und großflächige Täler identifiziert werden. Sie lassen sich indirekt über die Darstellung von Keilschraffen, Wiesen-/Weidensignaturen und über das Vorhandensein eines Gewässers erfassen. Schriftzusätze zur näheren Kennzeichnung beschränken sich in diesem Kartenwerk auf das Abbaumaterial bzw. den Untergrund. Hinweise zum Ablagerungsmaterial hingegen können allein über Indikatoren ermittelt werden. Aussagen zur Erfassung von Verfüllungen in der topographischen Karte des Rheinisch-Westfälischen Steinkohlenbezirks entsprechen denjenigen der DGK 5.

In Luftbildern sind Verfüllungen im städtischen/ländlichen Raum ebenfalls in indirekter Weise über den mehrzeitlichen Vergleich von Hohlformen zu erfassen (Tabelle 5.34). Durch das dreidimensionale Geländemodell der stereoskopisch auswertbaren Reihenmeßbilder lassen sich Talzüge, Mulden und wassergefüllte Hohlformen, aber auch anthropogene Hohlformen wie Gruben, Steinbrüche und Tagesfeldbrüche direkt identifizieren (Bild 5.19). Ebenso können durch die Luftbildauswertung einzelne Vertiefungen und Abgrabungsbereiche innerhalb einer Hohlform differenziert werden.

Ein Vergleich der Hohlformausdehnungen und der Tiefenangaben in zeitlich unterschiedlichen Aufnahmen verdeutlicht Veränderungen der Verfüllung und damit unterschiedliche Schüttphasen und Aufschüttungs- und Verfüllungsbereiche.

In der zweidimensionalen Abbildung von Bildplänen beschränkt sich dagegen die Erfassung von Hohlformen auf Wasserflächen und Abgrabungen. In Ausnahmefällen lassen sich durch die «Pseudoplastizität» eingesüdeter Luftbilder Hohlformen vermuten. Ebenso wie in den stereoskopisch auswertbaren Reihenmeßbildern können auch in den Bildplänen indirekte Hinweise zum Abbaumaterial von Gruben durch Helligkeitsunterschiede des Grautons bzw. der Farbe entnommen werden. So unterscheiden sich Sandgruben von Lehmgruben durch einen helleren Grauton bzw. weisen Lehmgruben in Farbaufnahmen eine rötlich-braune Farbgebung auf.

Kriegseinwirkungen
In gleicher Weise wie innerhalb der Betriebsgelände sind Bomben-/Granattrichter im städtischen/ländlichen Raum zu identifizieren (Tabelle 5.34). Allein das Luftbild ermöglicht eine direkte Erkennung dieser Hohlformen, deren Wegfall in mehrzeitlichen Aufnahmen auf eine Verfüllung hindeutet. Darüber hinaus zeigt die Analyse zahlreicher Kartenblätter der DGK 5 von NRW, daß vereinzelt Bombentrichter als Hohlformen mit aufgenommen werden. Eine Identifizierung und Unterscheidung von Tagesbrüchen bzw. natürlichen Hohlformen ist nur durch den Vergleich mit Luftaufnahmen durchzuführen. Hinweise zum Ablagerungsmaterial von verfüllten Bomben-/Granattrichtern sind in gleicher Weise wie bei den zuvor erwähnten Altlastkategorien weder im Luftbild noch in der DGK 5 direkt zu erkennen. Lediglich über Objektmerkmale sind die Herkunft und die Materialbeschaffenheit des Verfüllungsmaterials einzugrenzen.

5.6.2 Erfassungsergebnisse der multitemporalen Karten- und Luftbildauswertung

Die Erfassungsergebnisse von Altablagerungen außerhalb von Betriebsgeländen bestätigen die im vorangegangenen Abschnitt getroffenen Aussagen zur Identifikation dieser Verdachtskategorie in Karten und Luftbildern. So bestehen deutliche Unterschiede zwischen den Informationsquellen, sollen Ablagerungen nach der Art und Materialbeschaffenheit gekennzeichnet und klassifiziert werden.

In den Kartenwerken fehlen bis auf wenige Ausnahmen Schriftzusätze, die eine direkte Identifizierung von Aufschüttungen und Verfüllungen ermöglichen. Unklassifizierte Aufschüttungen sind entweder nur über Keilschraffen oder Böschungsschraffen und dem typischen Verlauf von natürlichen Vollformen zu unterscheiden. Die wenigen Schriftzusätze, die in der DGK 5 zu finden sind, bestätigen des weiteren die Aussagen im vorangegangenen Abschnitt, daß eine erläuternde Kennzeichnung von Aufschüttungen letztlich einen Sonderfall darstellt. Auch das Ablagerungsmaterial ist nur allgemein zu bestimmen. Ähnliches gilt für Verfüllungen. So lassen sich zwar Hohlformen direkt identifizieren und aufgrund von Schriftzusätzen, topographischen Einzelzeichen oder bildhaften Signaturen benennen. Hinweise zum Ablagerungsmaterial sind dagegen nicht oder nur indirekt zu erfassen.

Demgegenüber können im Luftbild Aufschüttungen direkt und Verfüllungen indirekt erfaßt werden, das Ablagerungsmaterial fast immer indirekt. Die Untersuchungsergebnisse bestätigen auch hier die Aussagen des vorangegangenen Abschnitts. Als besonders gut zur Identifizierung von Deponien und ungeordneten Ablagerungen hat sich der Grauton (hell) erwiesen. Darüber hinaus sind Deponien über geordnete, regelmäßige Grundrißformen und gleichmäßige Hangneigung (z. T. terrassiert) und ungeordnete Ablagerungen über eine unregelmäßige Form mit heterogener Textur zu ermitteln.

Die unterschiedliche Erfaßbarkeit von Ablagerungen ist als Grund dafür anzusehen, daß die Ergebnisse in den einzelnen Informationsträgern deutlich differieren. Wie der Vergleich der erfaßten Altablagerungen in den einzelnen Informationsträ-

Tabelle 5.37 Übersicht der erfaßten Altablagerungen außerhalb von Betriebsgeländen durch die multitemporale Karten- und Luftbildauswertung

Informations-träger	Kombi-niert	Luftbild	TK 25	DGK 5	WBK Üb.karte	WBK Top. Karte	WBK Summe
Aufschüttungen ohne Verdacht auf abgelagerte Produktionsreststoffe	105	105	25	60	–	43	43
mit Verdacht auf abgelagerte Produktionsreststoffe	47	47	7	20	–	2	2
Insgesamt	152	152	32	80	–	45	45
Verfüllungen ohne Verdacht auf abgelagerte Produktionsreststoffe	117	89	133	56	64	37	82
mit Verdacht auf abgelagerte Produktionsreststoffe	17	15	11	3	2	–	2
Insgesamt	134	104	144	59	66	37	84
Aufschüttungen/Verfüllungen gesamt	286	256	176	139	66	82	129

gern zeigt (Tabellen 5.35 und 5.37), können von den insgesamt 286 durch die kombinierte Karten- und Luftbildauswertung erfaßten Verdachtsflächen im Luftbild mit rund 89% die meisten Altablagerungen ermittelt werden. Deutlich wird, daß es sich hier hauptsächlich um Aufschüttungen handelt, die keine direkte Verkehrsanbindung aufweisen und nicht in unmittelbarer Nähe zu Betriebsanlagen zu finden sind. Bei der Verdachtskategorie «Verfüllungen» ermöglicht das Luftbild allerdings eine nur unvollständige Erfassung. Betrachtet man die nicht durch das Luftbild erfaßten Flächen, so handelt es sich um ehemalige Hohlformen wie Gruben, Täler, Mulden und Entwässerungskanäle, die bis zum Zeitpunkt der ersten Luftbildaufnahme 1925/28 eine Nutzungsänderung aufweisen und somit als verfüllt anzusehen sind. Sämtliche seit 1925/28 noch vorhandenen bzw. neu hinzukommenden Verdachtsflächen sind im Luftbild vollständig und weitgehend differenziert nach der Ablagerungsart bzw. der Materialbeschaffenheit erfaßbar. Bild 5.20 veranschaulicht die Erfassung von einer Verfüllung (ehemalige Sandgrube) durch die multitemporale Karten- und Luftbildauswertung. Die Ergebnisse sind in einer Erfassungskarte (Karte 5.8) dargestellt.

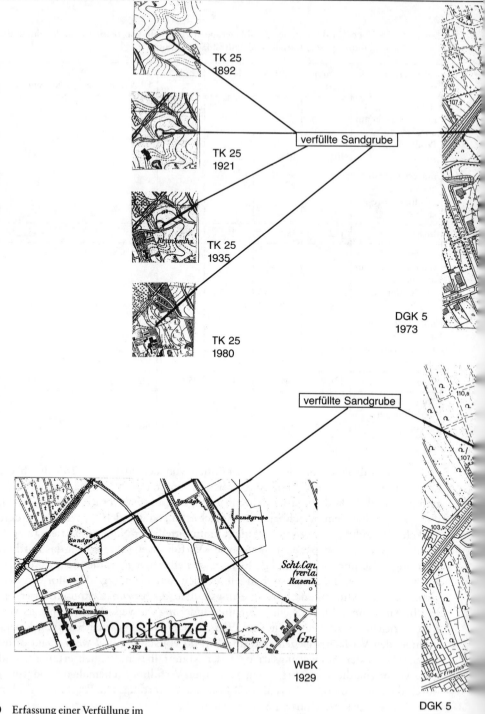

Bild 5.20 Erfassung einer Verfüllung im städtischen/ländlichen Raum durch multitemporale Karten- und Luftbildauswertung, dargestellt am Beispiel einer verfüllten Sandgrube

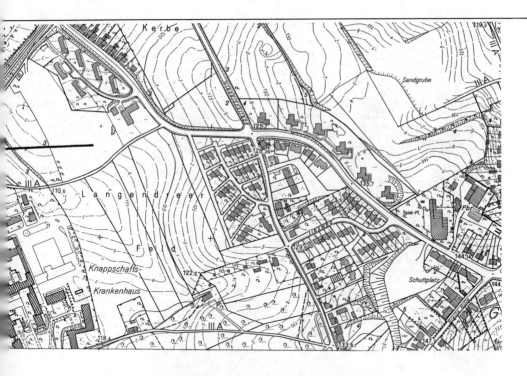

Bild 5.20 Fortsetzung Luftbildplan 1926

Luftbild 1952

Bild 5.20 Fortsetzung

Luftbild 1959

Luftbild 1959

Vergrößerung 1:2500

Bild 5.20 Fortsetzung

Luftbild 1963

Luftbild 1966

Luftbild
1969

Bild 5.20 Fortsetzung

Luftbild
1978

Bild 5.20 Fortsetzung

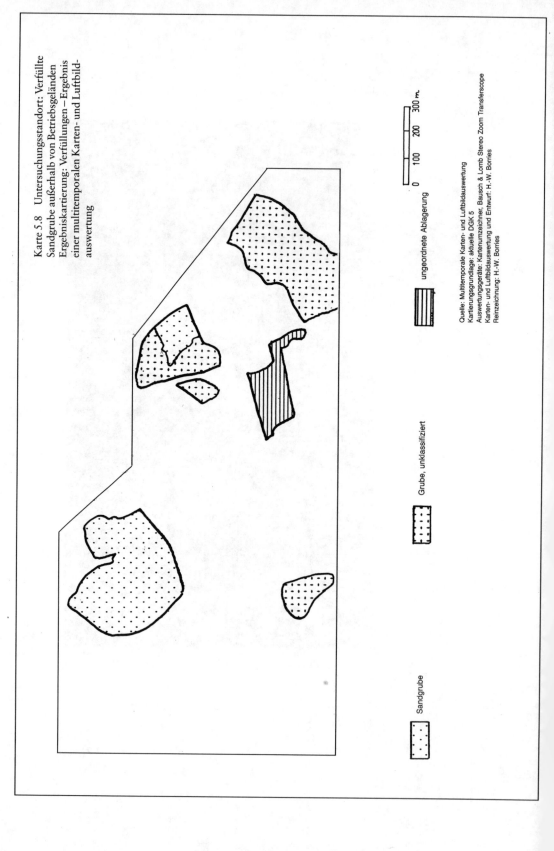

Karte 5.8 Untersuchungsstandort: Verfüllte Sandgrube außerhalb von Betriebsgeländen Ergebniskartierung: Verfüllungen – Ergebnis einer multitemporalen Karten- und Luftbildauswertung

Die Untersuchungsergebnisse bestätigen damit, daß die Mehrzahl der Verdachtskategorien durch die Luftbildanalyse zu ermitteln ist. Die übrigen Kategorien werden in den TK-25-Ausgaben von 1840 bis 1927 und durch die WBK-Übersichtskarte von 1914 bis 1919/29 wiedergegeben. Durch die TK 25, die Informationsquelle mit der zweithöchsten Anzahl (176 = 61,5 %), sind Altablagerungen im Vergleich zum Luftbild weniger vollständig zu ermitteln (Tabellen 5.35 und 5.37). Betrachtet man die Anzahl der erfaßten Altablagerungen näher, so zeigt sich, daß die TK 25 nur eine geringe Anzahl von Aufschüttungen enthält. Im Vergleich zum Luftbild werden nur die wenigen großflächigen und langlebigen Aufschüttungen wiedergegeben (32 von 152). Dabei handelt es sich ausschließlich um unklassifizierte Aufschüttungen, die im Luftbild wesentlich detaillierter als ungeordnete Ablagerungen oder Schuttplätze zu klassifizieren sind.

Dagegen werden verfüllte Hohlformen in der TK 25 im Vergleich zum Luftbild wesentlich zahlreicher erfaßt. Der Vergleich mit den übrigen Kartenwerken und dem Luftbild zeigt, daß es sich bei 30 Verfüllungen der TK 25 um ungeordnete Ablagerungen handelt, die damit zu den Aufschüttungen gerechnet werden. Der Wert der TK 25 ist somit darin zu sehen, daß insbesondere Hohlformen aus der Zeit von 1840 bis 1925/28 wiedergegeben werden, die auch der WBK-Übersichtskarte nicht zu entnehmen sind.

In der jüngsten Informationsquelle, der DGK 5, sind nur noch rund 49 % aller Altablagerungen zu ermitteln (Tabellen 5.35 und 5.37). Im Gegensatz zu den Aussagen im vorangegangenen Abschnitt belegen die Auswertungsergebnisse, daß Altablagerungen dennoch relativ zahlreich aufgenommen werden. Zurückführen läßt sich diese Tatsache darauf, daß viele Aufschüttungen seit den 60er Jahren aufgrund der fotogrammetrischen Auswertung des Grundrisses mit aufgenommen wurden. Über Böschungsschraffen sowie die Form bzw. den Verlauf von Höhenlinien lassen sich zahlreiche Aufschüttungen auch dann noch ermitteln, wenn der Ablagerungsvorgang längst beendet und eine Rekultivierung und Folgenutzung eingesetzt hat. Von den untersuchten Kartenwerken werden allein in der DGK 5 zahlreiche kleinflächige Aufschüttungen aufgenommen, die sonst nur im Luftbild zu erkennen sind. Im Vergleich zu den Luftbildern von 1957 bis 1985 werden Altablagerungen mit Ausnahme von ungeordneten Ablagerungen und Schuttplätzen vollständig in der DGK 5 wiedergegeben. Der Vergleich mit dem Luftbild hat außerdem gezeigt, daß auch einige ungeordnete Ablagerungen/Kippen und Schuttplätze eingezeichnet sind. Hierbei handelt es sich um großflächige Ablagerungen, die in mehreren Kartenfortführungszeiten bestehen. Dagegen lassen sich in der DGK 5 im Vergleich zu den übrigen Informationsquellen wesentlich weniger Informationen über Verfüllungen finden. So zeigt sich, daß durch die DGK 5 zahlreiche Hohlformen, die bis 1960 nicht mehr vorhanden sind (und daher als verfüllt anzusehen sind), nicht erfaßt werden können. Dagegen werden Hohlformen, insbesondere Gruben, Steinbrüche und Mulden, die für eine Ablagerung von Stoffen in Frage kommen, in den Kartenausgaben der DGK 5 N und G seit den 1960er Jahren vollständig aufgenommen. Die DGK 5 bietet sich daher für die Erfassung von Verfüllungen an, die nach 1960 entstanden sind.

Als Informationsträger mit der geringsten Anzahl von Altablagerungen haben sich die WBK-Karten erwiesen (Tabellen 5.35 und 5.37). Mit 129 ermittelten Verdachtsflächen werden lediglich rund 45% aller Altablagerungen wiedergegeben. Differenziert man die Untersuchungsergebnisse nach der Übersichtskarte und der topographischen Karte, so sind in der Übersichtskarte Aufschüttungen nicht zu erfassen (Tabelle 5.37). Der Wert dieses Kartenwerks zur Erfassung von Altablagerungen liegt darin, daß Hohlformen, insbesondere Gruben, aus den Jahren 1914 bis 1936 erfaßt werden können, deren Abbaumaterial über Schriftzusätze aufgenommen wird. Im Vergleich zu den zeitgleichen Ausgabeständen der TK 25 und den Luftaufnahmen zeigt die Übersichtskarte Verfüllungen weitgehend vollständig.

Besonders erwähnenswert sind im Zusammenhang mit Ablagerungen die 2691 Bombentrichter, die allein in den verfügbaren Alliierten-Kriegsaufnahmen der Jahre 1940/45 im städtischen/ländlichen Raum zu erfassen sind (Tabellen 5.35 und 5.37). Wie die Untersuchung zeigt, handelt es sich bei Bombentrichtern um kurzlebige Erscheinungen, die größtenteils bereits Anfang 1945, spätestens aber 1959/63 verfüllt sind.

5.6.3 Abschätzung des Gefährdungspotentials

Im Vergleich zu Altablagerungen auf Betriebsgeländen ist eine Gefährdungsabschätzung von Ablagerungen außerhalb von Betriebsflächen ungleich problematischer. Wie die Untersuchung zeigt, sind in den Informationsquellen gewöhnlich keinerlei direkte Informationen über Altlastverursacher zu finden, so daß sich das Schadstoffpotential nicht eindeutig definieren läßt. Die Untersuchung bestätigt, daß nur auf indirektem Wege über die Karten-/Bildmerkmale «Lage» und «Verkehrsanbindung» einer Ablagerung zu Produktionsstätten (aller Wirtschaftszweige) eine grobe Abschätzung des Gefährdungspotentials möglich ist. Allerdings können für 224 der erfaßten 286 Altablagerungen keine Verkehrsanbindungen nachgewiesen werden (Tabellen 5.35 und 5.37). Außerdem befinden sich die betreffenden Areale nicht in unmittelbarer Nähe zu Betriebsanlagen. Dennoch kann auch bei diesen Verdachtsflächen nicht ausgeschlossen werden, daß Produktionsrest- und Abfallstoffe deponiert wurden. Bei 54 Altablagerungen haben sich Verkehrsträger als ein wichtiges Hilfsmittel erwiesen, auf dessen Grundlage auch im außerbtrieblichen Raum die Schadstoffe von Ablagerungen über den herstellerspezifischen Abfallkatalog näher einzugrenzen sind. So können in allen Kartenwerken Gleisanlagen und Straßen, in einigen Fällen aber auch Werks-, Seil- und Förderbahnen erfaßt werden, die zu Hohlformen oder Aufschüttungen hinführen. Im Luftbild lassen sich diese Transportmittel ebenfalls identifizieren. Darüber hinaus zeigen einige Aufnahmen sogar den Vorgang der Materialeinbringung und einzelne Fahrzeuge, die Material abkippen. Diese deuten darauf hin, daß nicht nur Hausmüll oder Bauschutt abgelagert wurde. In diesen Fällen ist das Schadstoffpotential nach Betriebsanlagen grob zu bestimmen.

Des weiteren bestätigt die Untersuchung, daß im Untersuchungsraum in den Informationsquellen nur wenige indirekte Hinweise zu finden sind, die zumeist auch keine detaillierte Auskunft über die Materialbeschaffenheit von Altablagerungen geben. In den Kartenwerken ermöglichen Schriftzusätze wie «Kippe», «Erdkippe» und «Ablage», daß das Ablagerungsmaterial nur recht grob bestimmt werden kann. Als unwesentlich aussagekräftiger sind in diesem Zusammenhang die Schriftzusätze «Deponie» und «Mülldeponie» zu bezeichnen. Findet man sie in Kartenausgaben nach dem Abfallbeseitigungsgesetz von 1972, so kann mit einer hohen Wahrscheinlichkeit davon ausgegangen werden, daß es sich um reine Hausmülldeponien handelt, auf denen keine industriellen Produktions-, Rest- und Abfallstoffe abgelagert wurden. Dagegen muß bei sämtlichen Ablagerungen – unabhängig davon, ob es sich um kleinflächige, ungeordnete Ablagerungen oder Aufschüttungen wie Bahnkörper, Dämme oder um verfüllte ehemalige Gruben und Mulden handelt – berücksichtigt werden, daß vor Inkrafttreten des Abfallbeseitigungsgesetzes Produktions-, Rest- und Abfallstoffe industriegewerblicher Art mit eingelagert worden sind. Eine eingrenzende Definition der Ablagerungsmaterialien ist, mit Ausnahme der oben beschriebenen indirekten Möglichkeiten, jedoch nicht möglich.

Standorte von Industriemülldeponien mit einem hohen Kontaminationspotential und hoher Altlastgefährdungsstufe (4) können von Hausmülldeponien (Gefährdungsstufe 2) unterschieden werden (Tabelle 4.5). Schwierig gestaltet sich dagegen die Abschätzung der Schadstoffe in ungeordneten Ablagerungen und Schuttplätzen. In ähnlicher Weise wie bereits bei den Kartenwerken erwähnt, ist die Ablagerung von industriespezifischen Rest- und Abfallstoffen nicht auszuschließen, wenn die Verdachtsflächen an Bahnlinien oder Straßen liegen.

Im Luftbild lassen sich inhomogene Strukturen innerhalb von Ablagerungsbereichen unterscheiden. Diese deuten auf Materialunterschiede hin (Bild 5.20, Karten 5.8 bis 5.10). Schadstoffe sind jedoch nicht exakt zu bestimmen. Doch lassen sich Bereiche ausweisen, die nicht als Hausmüllablagerungen zu identifizieren sind und die dementsprechend ein höheres Kontaminationspotential aufweisen.

Beispielhaft sind für eine Sandgrube mit benachbarten Ablagerungen die Ergebnisse der Erstbewertung kartographisch aufbereitet worden. Es lassen sich auf der Grundlage der detaillierten Erfassungsergebnisse Bereiche mit unterschiedlichem Kontaminationspotential unterscheiden. Dort, wo die Ablagerung von Industrieabfällen vermutet werden konnte, sind höchst gefährdete von weniger gefährdeten Bereichen zu unterscheiden.

Als ein wenig aussagekräftiges Merkmal zur Bestimmung von Schadstoffen hat sich bei Ablagerungen die Steilheit von Böschungswinkeln erwiesen. Vielfach sind die Begrenzungen von Ablagerungsarealen, hauptsächlich bei Ablagerungen in Hohlformen, durch die ehemaligen Gruben- oder Steinbruchränder vorgegeben. Lediglich bei den Verdachtsflächen, wie z. B. Aufschüttungen, deren Böschungswinkel der Schüttfront nicht bis an den Grubenrand reicht, kann über die Steilheit des Böschungswinkels zumindest Lockermaterial von Sperrmüll und Hausmüllmaterial unterschieden werden. Damit stehen die Analyseergebnisse teilweise im Gegensatz zu den Aussagen von HUBER und VOLK (1986), die dieses Kriterium nicht nur für Aufschüttungen, sondern allgemein für Ablagerungen (u. a. in begrenzten Hohlformen) benutzen, um das Kontaminationspotential abzuschätzen.

Karte 5.9 Untersuchungsstandort: Verfüllte Sandgrube außerhalb von Betriebsgeländen Beprobungslose Erstbewertung – Bestimmung des zu erwartenden Kontaminationspotentials

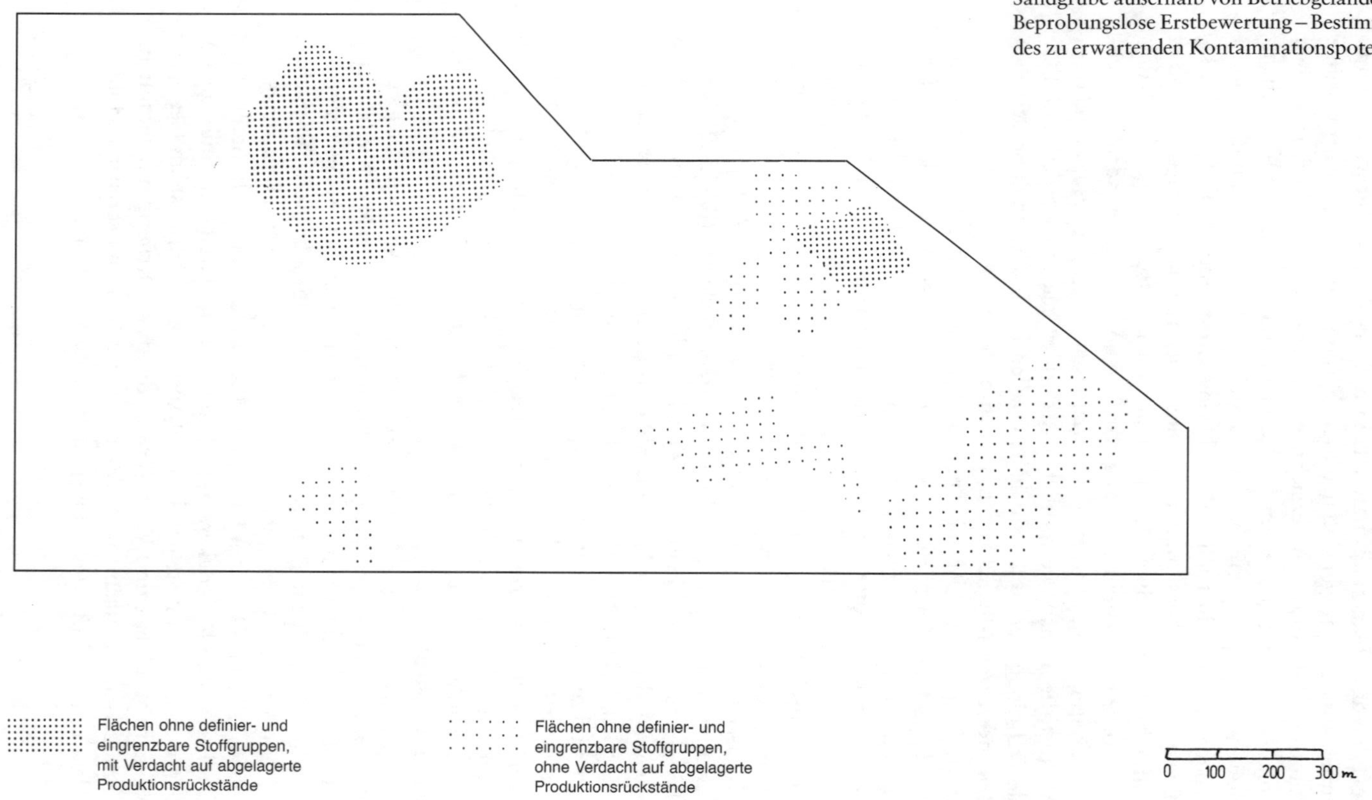

0   100   200   300 m

Flächen ohne definier- und eingrenzbare Stoffgruppen, mit Verdacht auf abgelagerte Produktionsrückstände

Flächen ohne definier- und eingrenzbare Stoffgruppen, ohne Verdacht auf abgelagerte Produktionsrückstände

Quelle: Multitemporale Karten- und Luftbildauswertung
Kartierungsgrundlage: aktuelle DGK 5
Auswertungsgeräte: Kartenumzeichner, Bausch & Lomb Stereo Zoom Transferscope
Karten- und Luftbildauswertung und Entwurf: H.-W. Borries
Reinzeichnung: H.-W. Borries

Karte 5.10 Untersuchungsstandort: Verfüllte Sandgrube außerhalb von Betriebsgeländen Beprobungslose Erstbewertung – Altlastgefährdungsstufen

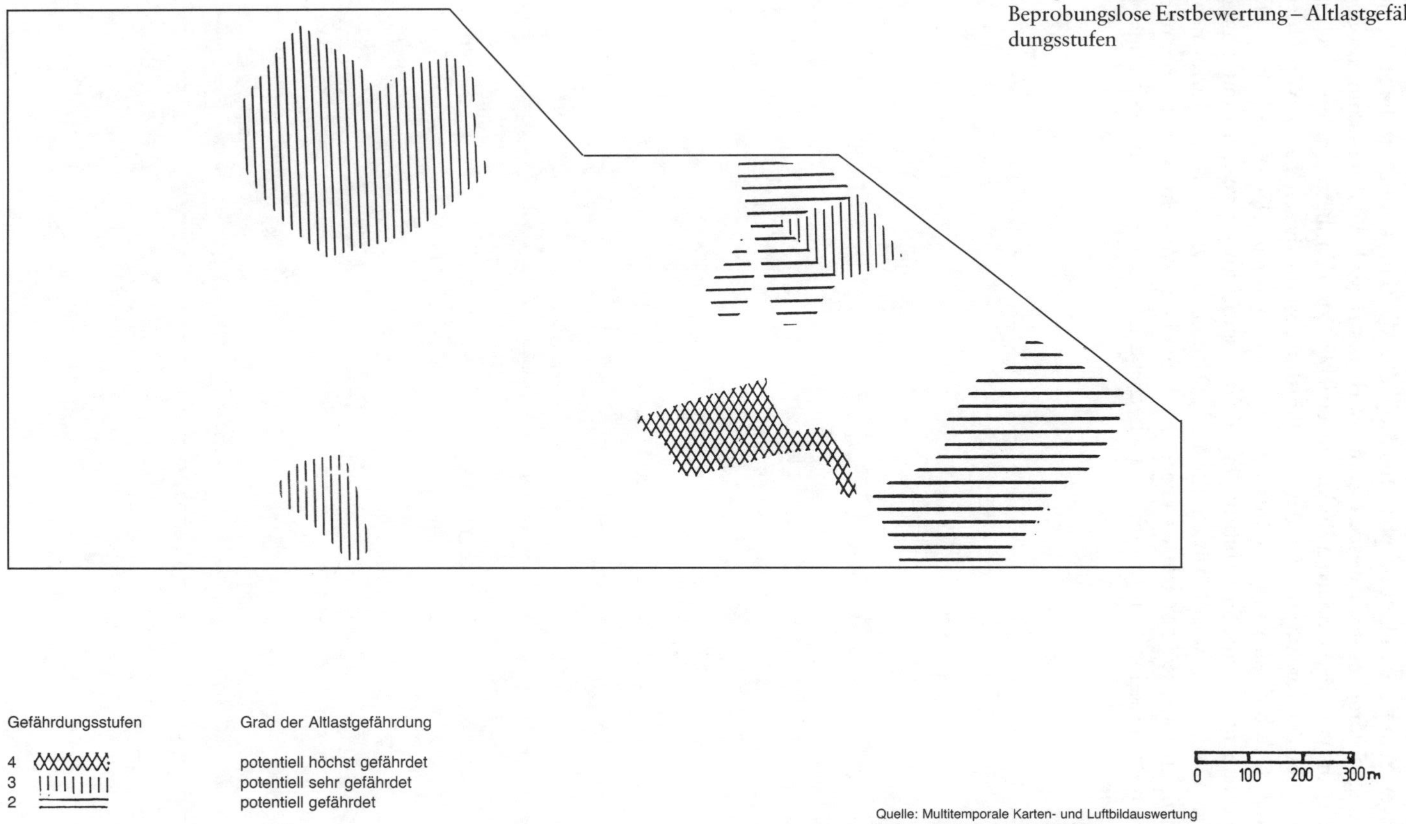

Gefährdungsstufen | Grad der Altlastgefährdung
4 — potentiell höchst gefährdet
3 — potentiell sehr gefährdet
2 — potentiell gefährdet

0 100 200 300 m

Quelle: Multitemporale Karten- und Luftbildauswertung
Kartierungsgrundlage: aktuelle DGK 5
Auswertungsgeräte: Kartenumzeichner, Bausch & Lomb Stereo Zoom Transferscope
Karten- und Luftbildauswertung und Entwurf: H.-W. Borries
Reinzeichnung: H.-W. Borries

Insgesamt sind bei Ablagerungen außerhalb von Betriebsgeländen meist keine Aussagen zum Kontaminationspotential möglich. Allenfalls können grobe Stoffeingrenzungen vorgenommen werden, wenn Verkehrsträger bzw. Rohrleitungen oder Seilbahnen von benachbarten Industriebetrieben zu den betreffenden Flächen führen. Bei der Einstufung der Altlastgefährdung ist in diesen Fällen von einer höheren Gefährdungsstufe (3) auszugehen. Alle übrigen Flächen erhalten die Stufe 2, da letztlich eine Stoffeinbringung nicht ausgeschlossen werden kann. Einige wenige Kategorien wie Lärmschutzwälle, Dämme sowie verfüllte Talformen/Mulden, die nach 1972 angelegt wurden, zu denen keine Verkehrswege führen und in deren Nähe keine Industrie-/Gewerbebetriebe liegen, werden mit der Stufe 1 ausgewiesen.

6 Gesamtergebnis der systematischen multitemporalen Verdachtsflächenermittlung für den Bochumer Untersuchungsraum

Über einen Zeitraum von 145 bzw. 61 Jahren (beim Luftbild) konnten durch die multitemporale Karten- und Luftbildauswertung insgesamt 1110 bzw. – zählt man die einzelnen Betriebsanlagen von Altstandorten hinzu – 1649 Altlastverdachtsflächen ermittelt werden (Tabelle 6.1).

Darunter befinden sich insgesamt 138 Altstandorte, 661 Altablagerungen, 307 militärische Anlagen und 4 Schießstände (Tabellen 6.1 bis 6.6). Addiert man zu diesen 1110 Verdachtsflächen noch die 539 Betriebsanlagen(teile) und die 3040 Bombentrichter und stellt die Gesamtzahl der Größe des Untersuchungsraumes von 46 km² gegenüber, so lassen sich Aussagen über die Dichte bzw. Intensität von Altlastverdachtsflächen pro km² treffen. Für Altstandorte liegt diese bei rund 3, bei Altablagerungen bei rund 14 und für militärische Anlagen bei rund 6 je km².

Ein Vergleich der erfaßten Verdachtsflächen nach den Hauptkategorien der Altlastendefinition zeigt, daß weitaus weniger Altstandorte im Vergleich zu Altablagerungen ermittelt werden können (Tabelle 6.1). Es handelt sich hauptsächlich um Industrie-/Gewerbebetriebe, die mit 58 Standorten den größten Anteil an dieser Verdachtskategorie haben, während 43 Zechen- und Kokereistandorte zu ermitteln sind. Weitere Altstandorte, wie z.B. Gasanstalten, Güterbahnhöfe und Kraftwerke,

Tabelle 6.1 Gesamtergebnisse der durch multitemporale Karten- und Luftbildauswertung erfaßten Altlastverdachtsflächen im Untersuchungsraum Bochum-Ost und -West

	Luftbild	TK 25	DGK 5	WBK	durch kombinierte Karten- und Luftbildauswertung
Altstandorte	113	86	59	92	138
Betriebsdifferenzierungen	500	191	130	150	539
Altablagerungen	588	359	245	307	661
Militärische Anlagen	307	–	–	–	307
Schießstände	2	4	–	1	4
ohne Betriebsdifferenzierungen	1007	449	304	400	1110
In Prozent	90,07	40,45	27,39	36,04	100
mit Betriebsdifferenzierungen	1510	640	434	550	1649
In Prozent	91,57	38,81	26,32	33,35	100

Tabelle 6.2   Altstandorte im Untersuchungsraum Bochum-Ost und -West, erfaßt durch die multitemporale Karten- und Luftbildauswertung

Altstandorte:	insgesamt	Luftbild	TK 25	DGK	WBK
Zechen	26	25	23	23	23
Kokereien	17	17	1	–	1
Industrie-/Gewerbebetriebe	58	43	48	15	40
Versorgungsanlagen	12	12	7	11	11
Entsorgungsanlagen	25	16	7	10	17
Altstandorte insgesamt	138	113	86	59	92

Tabelle 6.3   Betriebsdifferenzierungen innerhalb von Altstandorten im Untersuchungsraum Bochum-Ost und -West, erfaßt durch die multitemporale Karten- und Luftbildauswertung

	insgesamt	Luftbild	TK 25	DGK	WBK
Zechen/Kokereien	470	435	168	114	132
Industrie-/Gewerbebetriebe mit Erkennung des Produktionszweiges	42	40	9	11	8
Industrie-/Gewerbebetriebe ohne Erkennung des Produktionszweiges	12	11	5	–	–
Versorgungsanlagen	15	14	9	5	10
Entsorgungsanlagen	–	–	–	–	–
insgesamt	539	500	191	130	150

sind nur in Einzelfällen zu erfassen. Anders verhält es sich mit Tankstellen, Schrottplätzen und Kläranlagen.

Ferner bestätigt die Untersuchung, daß nicht nur die Standorte in ihrer Gesamtheit, sondern vielmehr auch einzelne Anlagen(teile) differenziert zu ermitteln sind. Allerdings bestehen zwischen den einzelnen Wirtschaftszweigen deutliche Unterschiede hinsichtlich der Differenzierung und der Funktionsbestimmung von Anlagenteilen (Tabelle 6.3). Von den 539 Betriebsanlagen(teilen) ist der größte Teil auf Zechen- und Kokereistandorten zu identifizieren. Die für die Altlastensuche besonders wichtigen Gasometer/Gasbehälter, Tankbehälter und Lagerplätze sind auf Zechen-/Kokereistandorten und auch auf Industrie-/Gewerbestandorten und Gaswerksgeländen zahlreich zu erfassen (Tabellen 5.19, 5.25, 5.26 und 5.32).

Die Analyse von Alliierten-Kriegsaufnahmen von 1940 bis 45 verdeutlicht, daß Kriegsschäden auf Altstandorten einen wichtigen Sachverhalt bei der Altlastensuche ausmachen (Tabellen 6.5 und 6.6). Besonders wehrwirtschaftlich bedeutsame Anlagen, wie z. B. Kokereien, chemische Fabriken und Stahlwerke, weisen massive Beschädigungen und Bombentreffer auf.

Analysiert man die Erfaßbarkeit der einzelnen Altstandorte in den Informationsquellen, so zeigt sich, daß Zechen/Kokereien und Versorgungsanlagen im Luftbild zahlreicher zu identifizieren sind als in Karten (Tabellen 5.19, 5.25, 5.26, 5.32 und 6.2). Die höhere Anzahl von Zechenstandorten im Luftbild resultiert daraus, daß kurzlebige Kleinzechen aus den frühen Nachkriegsjahren in Kartenwerken nicht vollständig aufgenommen wurden und ein Zechenstandort in Karten nicht immer

Tabelle 6.4 Altablagerungen im Untersuchungsraum Bochum-Ost und -West, erfaßt durch die multitemporale Karten- und Luftbildauswertung

	insgesamt	Luftbild	TK 25	DGK 5	WBK
auf: Zechen/Kokereien	268	254	151	87	136
Industrie-/Gewerbebetriebe ohne Erkennung des Produktionszweiges	15	11	4	1	4
Industrie-/Gewerbebetriebe mit Erkennung des Produktionszweiges	50	45	9	14	9
Versorgungsanlagen	1	1	–	–	–
Entsorgungsanlagen	41	21	19	4	29
Innerhalb von Betriebsgeländen	375	332	183	106	178
In Prozent	100	88,53	48,80	28,27	47,47
Außerhalb von Betriebsgeländen	286	256	176	139	129
In Prozent	100	89,51	61,38	48,60	45,10
Altablagerungen insgesamt	661	588	359	245	307
Anteil an Gesamtzahl in Prozent	100	88,96	54,31	37,07	46,44

Tabelle 6.5 Bombentrichter im Untersuchungsraum Bochum-Ost und -West

	insgesamt	Luftbild	TK 25	DGK 5	WBK
Zechen/Kokereien	264	264	–	–	–
Industrie-/Gewerbebetriebe ohne Erkennung des Produktionszweiges	12	12	–	–	–
Industrie-/Gewerbebetriebe mit Erkennung des Produktionszweiges	57	57	–	–	–
Versorgungsanlagen	6	6	–	–	–
Entsorgungsanlagen	3	3	–	–	–
Innerhalb von Altstandorten	342	342	–	–	–
Außerhalb von Altstandorten	2698	2698	–	–	–
Summe	3040	3040	–	–	–
In Prozent	100	100	–	–	–

Tabelle 6.6 Anlagentreffer und Anlagenzerstörungen im Untersuchungsraum Bochum-Ost und -West

Anlagentreffer	insgesamt	Luftbild	TK 25	DGK 5	WBK
Zechen/Kokereien	47	47	–	–	–
Industrie-/Gewerbebetriebe ohne Erkennung des Produktionszweiges	1	1	–	–	–
Industrie-/Gewerbebetriebe mit Erkennung des Produktionszweiges	5	5	–	–	–
Versorgungsanlagen	1	1	–	–	–
Entsorgungsanlagen	–	–	–	–	–
Innerhalb von Altstandorten	54	54	–	–	–
In Prozent	100	100	–	–	–

Anlagenzerstörungen	insgesamt	Luftbild	TK 25	DGK 5	WBK
Zechen/Kokereien	11	11	–	–	–
Industrie-/Gewerbebetriebe ohne Erkennung des Produktionszweiges	–	–	–	–	–
Industrie-/Gewerbebetriebe mit Erkennung des Produktionszweiges	5	5	–	–	–
Versorgungsanlagen	1	1	–	–	–
Entsorgungsanlagen	–	–	–	–	–
Innerhalb von Altstandorten	17	17	–	–	–
In Prozent	100	100	–	–	–

nach einzelnen Schachtanlagen zu differenzieren ist. Demgegenüber können Industrie-/Gewerbebetriebe und Entsorgungsanlagen in Kartenwerken zahlreicher ermittelt werden. Der Grund dafür ist in der Entstehungszeit der altlastrelevanten Nutzungen selbst zu suchen. So belegt die Untersuchung, daß bis zum erstmaligen Aufnahmezeitpunkt des Luftbildes zahlreiche Industrie-/Gewerbeflächen und Entsorgungsanlagen eine Nutzungsveränderung aufweisen und demzufolge im Luftbild nicht mehr zu erfassen sind.

Ebenso deutlich ist der Unterschied zwischen Luftbild und Kartenwerken bezüglich der Erfaßbarkeit von einzelnen Betriebsanlagen. Während rund 93 % aller Flächen durch das Luftbild ermittelt werden können, liegt die Anzahl der durch Kartenwerke ausgewiesenen Anlagen nur bei rund einem Drittel. Außerdem bestätigt die Untersuchung, daß man in Karten Anlagenteile zwar als Flächengrundrisse dargestellt hat, aber nur wenige durch Schriftzusätze bezeichnet werden. Eine Identifizierung in diesen Informationsträgern über die Form und Anordnung ist außerdem durch generalisierungsbedingte Einflüsse (TK 25) und einheitliche Darstellungsweise verschiedener Anlagengrundrisse eingeschränkt. Nur in wenigen

Fällen ist es möglich, den Anlagentyp und die dort stattfindenden Produktionsprozesse zu bestimmen (z.B. Schornsteine, Gleisanlagen und in einigen Fällen auch Gasometer/Gasbehälter).

Die Mehrzahl der 661 Altablagerungen ist innerhalb von Betriebsgeländen zu erfassen (Tabelle 6.5). Nach einzelnen Altstandorten differenziert, überwiegen Ablagerungen auf Zechen- und Kokereistandorten (Tabellen 5.19, 5.25, 5.26, 5.32 und 5.35). Es handelt sich größtenteils um Bergehalden und ungeordnete Ablagerungen. Demgegenüber sind nur wenige Ablagerungen auf Industrie-/Gewerbestandorten (Ausnahme: Stahl- und Röhrenwalzwerk) zu identifizieren. Auch außerhalb von Betriebsgeländen ist eine vergleichsweise hohe Anzahl (286) von Altablagerungen zu ermitteln. Diese setzen sich ebenfalls aus ungeordneten Ablagerungen und Schutthalden zusammen. Hinzu kommen hier jedoch auch zahlreiche Verfüllungsbereiche, insbesondere ehemalige Gruben, Talzüge und Mulden.

Die große Anzahl erfaßter Altablagerungen außerhalb von Betriebsgeländen verdeutlicht des weiteren, daß dem außerbetrieblichen Raum ein ebenso großer Stellenwert innerhalb der Altlastensuche zukommen muß, soll diese umfassend und vollständig sein. Da Altlasten nicht nur auf die Standorte ehemaliger Betriebe zu beschränken sind, ergibt sich daraus für die Auswahl der Informationsquellen zur Erfassung, daß nur solche heranzuziehen sind, die in gleicher Weise wie für Betriebsgelände auch für den außerbetrieblichen Raum flächenhaft existieren.

Untersucht man die Altablagerungen nach ihrer Erfaßbarkeit in den Informationsquellen, so kommt dem Luftbild die größte Bedeutung zu, da insgesamt rund 89 % zu ermitteln sind. Dagegen fallen die Erfassungsergebnisse der Kartenauswertung deutlich geringer aus (Tabelle 6.4). Es zeigt sich, daß das Luftbild als objektive Informationsquelle Altablagerungen – ohne zu selektieren – unabhängig von ihrer Größe und Existenzdauer wiedergibt, d.h. auch kleinflächige und kurzlebige. Demgegenüber bestätigt die Untersuchung, daß in Karten diesbezüglich eine Auswahl getroffen wird. Hier werden nur großflächige und persistente Aufschüttungs- und Verfüllungsbereiche aufgenommen. So ist die Differenz zwischen den Erfassungsergebnissen der Karten- und Luftbildauswertung für Altablagerungen darauf zurückzuführen, daß die zahlenmäßig bedeutende Verdachtskategorie der ungeordneten Ablagerungen und Schutthalden als kurzlebige und kleinflächige Sachverhalte nicht in Karten aufgenommen ist.

Die von herkömmlichen Altlastuntersuchungen unberücksichtigten militärischen Anlagen stellen mit einer Anzahl von 307 im Untersuchungsraum eine beachtenswerte Erfassungskategorie dar (Tabellen 5.35 und 6.1). Es zeigt sich, daß dieser Sachverhalt wie die übrigen altlastrelevanten Flächennutzungen bei der Altlastenerfassung nicht vernachlässigt werden darf. Außerdem sind die 3040 erfaßten Bombentrichter im Untersuchungsraum von besonderem Interesse, da sie nicht nur für Bomben- und Munitionsreste, sondern auch für Produktionsrückstände als Ablagerungs- bzw. Verfüllungsbereiche in Frage kommen.

Neben diesem rein quantitativen Vergleich der erfaßten Verdachtsflächen stellt sich die Frage nach ihrem Flächenanteil. Einerseits kann damit der Flächenverbrauch von altlastverdächtigen Arealen ermittelt werden. Andererseits lassen sich

Aussagen zur Wiedernutzung von ehemaligen Betriebsgeländen und Brachflächen treffen. Um den Flächenanteil von altlastverdächtigen Arealen zu ermitteln, wurde am Beispiel des Untersuchungsgebietes Bochum-West eine rechnergestützte Flächenberechnung durchgeführt. Von einer ebenfalls möglichen Flächenberechnung mittels Planimeter wurde abgesehen, da durch ein geographisches Informationssystem wie ARC/INFO neben der Flächengröße auch weitere Attribute wie Art der altlastrelevanten Flächennutzung, Kontaminationspotential, Altlastgefährdungsstufe und heutige Flächennutzung zugeordnet werden können. Die Verdachtsflächen der Erfassungskarten einzelner Informationsträger wurden dazu in ihrer maximalen Arealausdehnung und Differenzierung nach einzelnen Anlagen(teilen) über das geographische Informationssystem ARC/INFO digitalisiert und ihr Flächenanteil sowohl insgesamt als auch nach einzelnen Verdachtskategorien berechnet[6.1].

Die ermittelten Ergebnisse verdeutlichen, daß altlastrelevante Flächennutzungen mit einem durchschnittlichen Flächenanteil von rund 26 % je DGK-5-Untersuchungsblatt einen bedeutenden Anteil an der Gesamtfläche des Untersuchungsraumes einnehmen. Je nach der Anzahl von Zechen und Industrie-/Gewerbestandorten in einem DGK-5-Untersuchungsblatt kann der Anteil der Altlastverdachtsflächen zwischen rund 9 % und 41 % der Gesamtfläche liegen (Tabelle 6.7).

Betrachtet man die Kategorien Altstandorte, Altablagerungen und militärisch relevante Anlagen (Tabelle 6.8), so bestehen z.T. wesentliche Unterschiede im Flächenanteil.

Die Untersuchung belegt, daß von Altstandorten die Zechen/Kokereien und Industrie-/Gewerbebetriebe die altlastrelevanten Nutzungen mit den größten Flächenanteilen sind (7,16 % bzw. 6,15 % am gesamten Untersuchungsraum und bis zu 12 % bzw. ca. 21 % am Blattgebiet einer DGK 5; Tabellen 6.7, 6.8 bis 6.15). Die übrigen Verdachtsflächen weisen wesentlich kleinflächigere Areale auf mit einem Flächenwert von rund 0,17 bis 3,8 %.

Tabelle 6.7 Flächenanteil von Altlastverdachtsflächen in den einzelnen DGK-5-Blättern des Untersuchungsraumes Bochum-West

Untersuchungsblatt der DGK 5 Nr.	Flächenanteil von Altlastverdachtsflächen	
	absolut (in m²)	% Anteil an der Fläche der DGK 5
31	1 334 133	33,35
32	762 520	19,06
33	1 659 226	41,48
42	587 771	14,69
43	1 602 978	40,07
52	382 890	9,57
U-Raum gesamt	6 329 518	
⌀ pro DGK 5	1 054 920	26,37

Das Ergebnis beruht auf einer digitalen Auswertung aller Erfassungskarten des Untersuchungsraumes. Geographisches Informationssystem ARC/INFO.

Tabelle 6.8 Flächenanteil der Altlastkategorien am Untersuchungsraum Bochum-West

Altlastkategorie	Ausdehnung in m^2	% Anteil an der Gesamtfläche des Untersuchungsraumes Bochum-West (24 km^2)	% Anteil an der Gesamtfläche aller Altlastverdachtsflächen
ALTSTANDORTE davon:	3 353 312	13,97	45,04
Zechen/Kokereien	1 717 907	7,16	23,08
Industrie/Gewerbe	1 476 666	6,15	19,83
Ver-/Entsorgungsanlagen	158 739	0,66	2,13
MILITÄRISCHE ANLAGEN und SCHIESSSTÄNDE	371 504	1,55	4,99
ALTABLAGERUNGEN davon:	3 719 870	15,50	49,97
innerbetrieblich	1 739 006	7,25	23,36
– von Zechen/Kokereien	1 168 445	4,87	15,70
– von Industrie/Gewerbe	564 562	2,35	7,58
– von Ver-/Entsorgungsanlagen	5 999	0,02	0,08
außerbetrieblich	1 980 864	8,25	26,61
INSGESAMT	7 444 686	31,02	
Nutzungsüberlagerungen	1 115 168		
GESAMTFLÄCHE	6 329 518	26,37	

Bei Altablagerungen dominieren diejenigen, die außerhalb des Betriebsgeländes liegen (8,25 % am Untersuchungsraum). Sie übertreffen damit den Flächenanteil von innerbetrieblichen Ablagerungen (7,25 %). Berge- und Schutthalden haben daran den größten Anteil. Von großer Bedeutung sind auch ungeordnete Ablagerungen innerhalb des Betriebsgeländes, die zwar als Einzelflächen klein sind, aufgrund ihrer hohen Anzahl jedoch einen großen Flächenanteil einnehmen. Außerhalb von Betriebsgeländen weisen Aufschüttungen den bedeutenderen Flächenanteil auf. Hier handelt es sich hauptsächlich um Deponien, ungeordnete Ablagerungen und damm-/wallartige Erhebungen.

Bei den militärischen Anlagen nehmen die Flakstellungen einen Anteil von ca. 1,5 % des Untersuchungsraumes ein.

Um die Vielzahl unterschiedlicher und flächenintensiver Verdachtsflächen möglichst rasch einer beprobten Untersuchung zu unterziehen, um über das tatsächliche Gefährdungsausmaß Auskunft zu erhalten, haben sich die beprobungslose Gefährdungsabschätzung und die Prioritätenermittlung mit Ausnahme von Altablagerungen außerhalb von Betriebsgeländen als ein geeignetes Verfahren erwiesen (Abschnitt 4.1). Die hohe Anzahl erfaßter Verdachtsflächen verdeutlicht, daß nicht alle Verdachtsflächen in gleicher Weise durch Bohrungen untersucht werden können, da der Einsatz solcher Verfahren zeit- und kostenintensiv ist. Vielmehr ist es notwendig, eine Auswahl der vorrangig zu beprobenden Flächen zu treffen.

Tabelle 6.9 Flächenanteil von Altstandorten in den einzelnen DGK-5-Kartenblättern des Untersuchungsraumes Bochum-West

Untersuchungsblatt	31		32		33		42		43		52		Bo-West	
Flächenanteil	abs. m²	%	abs. m²	%	abs. m²	%	abs. m²	%	abs. m²	%	abs. m²	%	Gesamt	Ø in m²	%
Verdachtskategorie ALTSTANDORTE														
Zechen	357144	8,13	319968	8,00	489408	12,24	286962	7,17	167657	4,19	96768	2,42	1717907	286318	7,16
Industrie/Gewerbe ohne Hinweis auf den Produktionszweig	—	—	27543	0,69	23341	0,58	14095	0,35	7260	0,18	11469	0,29	83708	16742	0,42
Industrie/Gewerbe mit Hinweis auf den Produktionszweig															
Brauerei	7232	0,18	—	—	—	—	—	—	—	—	—	—	7232	7232	0,18
Bürstenfabrik	—	—	6971	0,17	—	—	—	—	—	—	—	—	6971	6971	0,17
Gußstahlwerk	25573	0,69	—	—	—	—	—	—	—	—	—	—	25573	25573	0,69
Sägewerk	—	—	9090	0,23	—	—	—	—	19827	0,50	—	—	28917	14459	0,37
Stahlwerk	—	—	—	—	—	—	—	—	837689	20,94	—	—	837689	837689	20,94
Stanz-Emaillierwerk	—	—	15928	0,40	—	—	—	—	—	—	—	—	15928	15928	0,40
Ziegelei	101718	2,55	153633	3,84	114838	2,87	20954	0,52	54237	1,36	25268	0,63	470648	78441	1,96
Öffentl. Gasanstalt	36617	0,92	—	—	—	—	—	—	—	—	—	—	36617	36617	0,92
Güterbahnhof	—	—	32743	0,82	—	—	—	—	—	—	—	—	32743	32743	0,82
Tankstelle	—	—	6049	0,15	—	—	7240	0,18	—	—	—	—	13289	6644	0,17
Öffentl. Kläranlage	37037	0,93	1865	0,05	—	—	—	—	31329	0,78	—	—	70231	23410	0,58
Schrotplatz	—	—	—	—	1871	0,05	—	—	3988	0,10	—	—	5859	2930	0,08
Altstandorte insgesamt	565321	14,13	573790	14,34	629458	15,74	329251	8,23	1121987	28,05	133505	3,34	3353312		

Tabelle 6.10 Flächenanteil von Zechen- und Kokereigeländen und ihren Betriebsdifferenzierungen in den einzelnen DGK-5-Kartenblättern des Untersuchungsraumes Bochum-West

Untersuchungsblatt	31		32		33		42		43		52		Bo-West		
Flächenanteil	abs. m²	%	abs. m²	%	abs. m²	%	abs. m²	%	abs. m²	%	abs. m²	%	Gesamt	Ø in m²	%
Verdachtskategorie															
Zechengelände	357144	8,93	319968	8,00	489408	12,24	286962	7,17	167657	4,19	96768	2,42	1717907	286318	7,16
davon: Kokereigelände	45905	1,15	155215	3,88	346254	8,66	58436	1,46	26935	0,67	—	—	632744	126549	3,16
Einzelne Anlagen(teile) v. Zechen u. Kokereien:															
Förderschacht	6163	0,15	5659	0,14	3033	0,88	2436	0,06	1516	0,04	857	0,02	19664	3277	0,08
Gasanstalt	2309	0,06	—	—	1750	0,04	—	—	1526	0,04	—	—	5585	1861	0,05
Gasbehälter/Gasometer	1838	0,05	516	0,01	295	0,01	—	—	—	—	—	—	2649	833	0,02
Gleisanlagen	27541	0,69	39017	0,98	48283	1,21	25375	0,63	24487	0,61	11087	0,28	175790	29298	0,73
Kohlenwäsche	946	0,02	1240	0,03	3865	0,10	—	—	840	0,02	—	—	6891	1723	0,04
Kokslöschturm	—	—	—	—	1364	0,03	—	—	—	—	—	—	1364	1364	0,03
Koksöfen	3136	0,08	6019	0,15	12973	0,32	836	0,02	1816	0,05	—	—	24780	4956	0,12
Kühlgerüst	207	0,01	110	0,00	668	0,02	1048	0,03	—	—	—	—	2033	508	0,01
Kühlturm	3263	0,08	856	0,02	1080	0,03	860	0,02	1297	0,03	—	—	7356	1471	0,04
Lagerplatz für Grubenhölzer	4481	0,11	—	—	17137	0,43	12325	0,31	2062	0,05	3984	0,10	33989	7998	0,20
Lagerplatz für Stückgüter	1266	0,03	880	0,02	—	—	—	—	—	—	—	—	2146	1073	0,03
Lokschuppen	—	—	—	—	1260	0,03	2932	0,07	—	—	—	—	4192	2096	0,05
Luftschacht	943	0,02	—	—	—	—	163	0,00	—	—	—	—	1106	533	0,01
Nebengewinnungs-anlage	6913	0,17	5092	0,13	24184	0,60	—	—	—	—	—	—	36189	12063	0,30
Schornstein	726	0,02	61	0,00	426	0,01	438	0,01	78	0,00	—	—	1729	346	0,01
Tankbehälter	387	0,01	3516	0,09	6890	0,17	—	—	152	0,00	—	—	10945	2736	0,07
Teerdestillation	254	0,01	1596	0,04	2433	0,06	—	—	—	—	—	—	4283	1428	0,04
Umladestation	—	—	1280	0,03	—	—	—	—	—	—	—	—	1280	1280	0,03
Wäscher/Kühler	495	0,01	625	0,02	4077	0,10	—	—	—	—	—	—	5197	1732	0,04
Gebäude ohne Funktionszuweisung	19190	0,48	17556	0,44	16399	0,41	12767	0,32	6988	0,17	528	0,01	73428	12238	0,31
Gesamtsumme Anlagen(teile)	80058	2,00	84023	2,10	146177	3,65	59180	1,48	40762	1,02	16456	0,41	426596		

Tabelle 6.11 Flächenanteil von Industrie-/Gewerbestandorten und Versorgungsanlagen und ihren Betriebsdifferenzierungen in den einzelnen DGK-5-Kartenblättern des Untersuchungsraumes Bochum-West

Untersuchungsblatt	31		32		33		42		43		52		Bo-West		
Flächenanteil	abs. m²	%	abs. m²	%	abs. m²	%	abs. m²	%	abs. m²	%	abs. m²	%	Gesamt	⌀ in m²	%
Verdachtskategorie															
Industrie/Gewerbe ohne nähere Kennzeichnung des Produktionszweiges															
Anlagendifferenzierungen															
Lagerplatz für Stückgüter	—	—	—	0,00	1888	0,05	—	—	1862	0,05	—	—	3750	1875	0,05
Schornstein	—	—	100		—	—	—	—	—	—	304	0,01	404	202	0,01
Industrie-Gewerbe mit Hinweis auf den Produktionszweig															
Gußstahlwerk															
Anlagendifferenzierungen															
Schornstein	638	0,02	—	—	—	—	—	—	—	—	—	—	638	638	0,02
Tankbehälter	497	0,01	—	—	—	—	—	—	—	—	—	—	497	497	0,01
Stahlwerk															
Anlagendifferenzierungen															
Siemens-Martinwerk	—	—	—	—	—	—	—	—	9381	0,23	—	—	9381	9381	0,23
Röhrenwalzwerk	—	—	—	—	—	—	—	—	98580	2,46	—	—	98580	98580	2,46
Gasometer	—	—	—	—	—	—	—	—	3961	0,10	—	—	3961	3961	0,10
Kühlturm	—	—	—	—	—	—	—	—	651	0,02	—	—	651	651	0,02
Lagerplatz	—	—	—	—	—	—	—	—	304	0,01	—	—	304	304	0,01
Schornstein	—	—	—	—	—	—	—	—	134	0,00	—	—	134	134	0,00
Stanz- und Emaillierwerk															
Anlagendifferenzierungen	—	—	82	0,00	—	—	—	—	—	—	—	—	82	82	0,00
Gasanstalten															
Anlagendifferenzierungen															
Gasbehälter/Gasometer	—	—	902	0,02	—	—	—	—	—	—	—	—	902	902	0,02

Tabelle 6.12 Flächenanteil von militärischen Anlagen und Schießständen und ihren Differenzierungen in den einzelnen DGK-5-Kartenblättern des Untersuchungsraumes Bochum-West

Untersuchungsblatt	31		32		33		42		43		52		Bo-West		
Flächenanteil	abs. m²	%	abs. m²	%	abs. m²	%	abs. m²	%	abs. m²	%	abs. m²	%	Gesamt	⌀ in m²	%
Verdachtskategorie															
Militärische Anlagen Flakstellungen	—	—	19 572	0,49	55 892	1,40	44 741	1,12	122 012	3,05	129 287	3,23	371 504	74 301	1,86
davon:															
Geschützstellung	—	—	840	0,02	2 783	0,07	4 363	0,11	2 384	0,06	5 851	0,15	16 221	3 244	0,08
Feldunterkunft	—	—	275	0,01	796	0,02	420	0,01	1 670	0,04	145	0,00	3 306	661	0,02
Munitionsbunker	—	—	397	0,01	716	0,02	1 423	0,04	4 130	0,10	673	0,02	7 339	1 468	0,04
Versorgungspunkt	—	—	—	—	—	—	794	0,02	—	—	—	—	794	794	0,02
Scheinwerferstellung	—	—	795	0,02	—	—	—	—	570	0,01	—	—	1 365	683	0,02
Anlagenteile insgesamt	—	—	2 307	0,06	4 295	0,11	7 000	0,18	8 754	0,22	6 669	0,17	29 025		
Bunkeranlagen	—	—	—	—	1 089	0,03	727	0,02	—	—	—	—	1 816	908	0,02
Feuerlöschteiche	862	0,02	847	0,02	1 705	0,04	1 020	0,03	398	0,01	—	—	4 832	966	0,02
Schießstände	—	—	—	—	—	—	2 459	0,06	—	—	—	—	2 459	2 459	0,06
Militärische Anlagen und Schießstände insgesamt	862	0,02	20 419	0,51	58 686	1,47	48 947	1,22	122 410	3,06	129 287	3,23	380 611	63 435	1,59

Tabelle 6.13 Flächenanteil von Altablagerungen innerhalb von Zechen- und Kokereigeländen in den einzelnen DGK-5-Kartenblättern des Untersuchungsraumes Bochum-West

Untersuchungsblatt	31		32		33		42		43		52		Bo-West		
Flächenanteil	abs. m²	%	abs. m²	%	abs. m²	%	abs. m²	%	abs. m²	%	abs. m²	%	Gesamt	⌀ in m²	%
Verdachtskategorie															
Altablagerungen von Zechen/Kokereien															
Aufschüttungen unklassifizierte	317460	7,94	152229	3,81	335557	8,39	117121	2,93	98410	2,46	80799	2,02	1101576		
Aufschüttungen	10693	0,27	—	—	—	—	—	—	—	—	—	—	10693	10693	0,27
Bergehalden	275631	6,89	148339	3,71	293331	7,33	116337	2,91	94479	2,36	71330	1,78	999447	166575	4,16
Koks-/Kohlenhalde	—	—	2410	0,06	1272	0,03	—	—	—	—	—	—	3682	1841	0,05
Ungeordnete Ablagerungen	31136	0,78	1480	0,04	40954	1,03	784	0,02	3931	0,10	9469	0,24	87754	14626	0,37
Verfüllungen	4373	0,11	13934	0,35	37252	0,93	10580	0,26	730	0,02	—	—	66869	541	0,01
Entwässerungskanal	458	0,01	—	—	624	0,02	—	—	—	—	—	—	1082		
Kläranlagen	1930	0,05	4103	0,10	16155	0,40	5210	0,13	—	—	—	—	27398	6850	0,17
Klärbecken	1985	0,05	8941	0,22	19838	0,50	5370	0,13	—	—	—	—	36134	9034	0,23
Wasserfläche ohne Zuordnung	—	—	890	0,03	635	0,02	—	—	730	0,02	—	—	2255	752	0,02
Altablagerungen insgesamt	321833	8,05	166163	4,15	372809	9,32	127701	3,19	99140	2,48	80799	2,02	1168445		

Tabelle 6.14 Flächenanteil von Altablagerungen innerhalb von Industrie-/Gewerbestandorten und Entsorgungsanlagen in den einzelnen DGK-5-Kartenblättern des Untersuchungsraumes Bochum-West

Untersuchungsblatt	31		32		33		42		43		52		Bo-West		
Flächenanteil	abs. m²	%	abs. m²	%	abs. m²	%	abs. m²	%	abs. m²	%	abs. m²	%	Gesamt	Ø in m²	%
Verdachtskategorie															
Altablagerungen von Industrie-/Gewerbebetrieben ohne nähere Kennzeichnung des Produktionszweiges	5403	0,14	30931	0,77	6870	0,17	—	—	527357	13,18	—	—	570561		
Aufschüttungen																
Ungeordnete Ablagerungen	—	—	740	0,02	870	0,02	—	—	960	0,02	—	—	2570	857	0,02
Verfüllungen																
von Industrie-/Gewerbebetrieben ohne nähere Kennzeichnung des Produktionszweiges	—	—	—	—	—	—	—	—	—	—	—	—	—	—	—
Stahlwerke																
Aufschüttungen																
Schutthalden	—	—	—	—	—	—	—	—	242468	6,06	—	—	242468	242468	6,06
Ungeordnete Ablagerungen	—	—	—	—	—	—	—	—	282519	7,06	—	—	282519	282519	7,06
Verfüllungen																
Entwässerungskanal	—	—	—	—	—	—	—	—	980	0,02	—	—	980	980	0,02
Schlammteich	—	—	—	—	—	—	—	—	420	0,01	—	—	430	430	0,01
Stanz- und Emaillierwerk																
Aufschüttungen																
Ungeordnete Ablagerungen	—	—	1740	0,04	—	—	—	—	—	—	—	—	1740	1740	0,04

Fortsetzung von Tabelle 6.14

Untersuchungsblatt	31		32		33		42		43		52		Bo-West		
Flächenanteil	abs. m²	%	abs. m²	%	abs. m²	%	abs. m²	%	abs. m²	%	abs. m²	%	Gesamt	Ø in m²	%
Verfüllungen															
Ziegeleien	—	—	—	—	—	—	—	—	—	—	—	—	—	—	—
Aufschüttungen															
Ungeordnete Ablagerungen	—	—	17191	0,43	—	—	—	—	—	—	—	—	17191	17191	0,43
Verfüllungen															
Gruben unklassifiziert	2124	0,05	11260	0,28	—	—	—	—	—	—	—	—	13384	6692	0,17
Lehmgruben	—	—	—	—	3280	0,08	—	—	—	—	—	—	3280	3280	0,08
von Entsorgungsanlagen															
Aufschüttungen															
Ungeordnete Ablagerungen	3279	0,08	—	—	2720	0,07	—	—	—	—	—	—	5999	3000	0,08
Verfüllungen	—	—	—	—	—	—	—	—	—	—	—	—	—	—	—

Tabelle 6.15 Flächenanteil von Altablagerungen außerhalb von Betriebsgeländen in den einzelnen DGK-5-Kartenblättern des Untersuchungsraumes Bochum-West

Untersuchungsblatt	31		32		33		42		43		52		Bo-West	
Flächenanteil	abs. m²	%	abs. m²	%	abs. m²	%	abs. m²	%	abs. m²	%	abs. m²	%	Gesamt	Ø in m²	%
Verdachtskategorie															
Altablagerungen außerhalb von Betriebsgeländen	608 671	15,22	49 034	1,23	871 950	21,80	253 327	6,33	132 480	3,31	65 402	1,64	1 980 864		
ohne Verdacht auf abgelagerte Produktionsrückstände	507 899	12,69	41 197	1,03	606 747	15,17	204 159	5,10	46 573	1,16	49 292	1,23	1 455 867		
Aufschüttungen	429 750	10,74	8 797	0,22	551 372	13,79	148 507	3,71	21 715	0,54	24 068	0,60	1 184 209		
unklassifizierte Aufschüttungen	6 996	0,17	—	—	14 789	0,37	—	—	—	—	17 031	0,42	38 816	12 939	0,32
Schutthalden	—	—	5 725	0,14	19 085	0,48	34 886	0,87	8 991	0,22	—	—	68 687	17 172	0,43
Deponie (Hausmüll)	399 899	10,00	—	—	227 250	5,68	63 518	1,59	—	—	—	—	690 667	230 222	5,76
Ungeordnete Ablagerungen	22 855	0,57	3 072	0,08	73 228	1,83	50 103	1,25	12 724	0,32	6 396	0,16	168 378	28 063	0,70
Damm/wallartige Erhebung	—	—	—	—	217 020	5,43	—	—	—	—	641	0,02	217 661	108 831	2,72
Verfüllungen	78 149	1,95	32 400	0,81	55 375	1,38	55 652	1,39	24 858	0,62	25 224	0,63	271 658		
Gruben unklassifiziert	20 880	0,52	—	—	—	—	—	—	—	—	—	—	20 880	20 880	0,52
Lehmgrube	—	—	—	—	—	—	3 642	0,09	—	—	—	—	3 642	3 642	0,09
Brüche/Tagesbrüche	—	—	—	—	—	—	10 897	0,27	6 870	0,17	—	—	17 767	8 884	0,22
Steinbrüche	—	—	—	—	—	—	—	—	—	—	7 714	0,19	7 714	7 714	0,20
Talbereiche	—	—	13 863	0,35	3 872	0,10	—	—	8 774	0,22	—	—	26 509	8 836	0,22
Mulden/Senken	10 211	0,25	16 939	0,42	48 715	1,22	25 129	0,63	9 214	0,23	17 510	0,44	127 718	21 286	0,53
Entwässerungskanäle	47 058	1,18	1 598	0,04	2 788	0,07	15 984	0,40	—	—	—	—	67 428	16 857	0,42
Altablagerungen außerhalb von Betriebsgeländen															

Fortsetzung von Tabelle 6.15

Untersuchungsblatt	31		32		33		42		43		52		Bo-West		
Flächenanteil	abs. m²	%	abs. m²	%	abs. m²	%	abs. m²	%	abs. m²	%	abs. m²	%	Gesamt	⌀ in m²	%
mit Verdacht auf abgelagerte Produktionsrückstände	100772	2,52	7837	0,20	265203	6,63	49168	1,23	85907	2,15	16110	0,41	524997		
Aufschüttungen	100772	2,52	7837	0,20	256698	6,42	49168	1,23	43939	1,10	10238	0,26	468652		
unklassifizierte Aufschüttungen	—	—	1781	0,05	—	—	—	—	7232	0,18	—	—	9013	4507	0,11
Schutthalden	—	—	—	—	5447	0,14	—	—	2635	0,07	—	—	8082	4041	0,10
Industriemülldeponien	—	—	—	—	81117	2,03	—	—	—	—	—	—	81117	81117	2,03
Ungeordnete Ablagerungen	—	—	—	—	170134	4,25	6334	0,16	19003	0,47	10238	0,26	205709	51427	1,29
Damm/wallartige Erhebung	100772	2,52	6056	0,15	—	—	42834	1,07	15069	0,38	—	—	164731	41183	1,03
Verfüllungen	—	—	—	—	8505	0,21	—	—	41968	1,05	5872	0,15	56345		
Gruben unklassifiziert	—	—	—	—	—	—	—	—	7176	0,18	—	—	7176	7176	0,18
Brüche/Tagesbrüche	—	—	—	—	—	—	—	—	3706	0,09	—	—	3706	3706	0,09
Talbereiche	—	—	—	—	—	—	—	—	17926	0,45	—	—	17926	17926	0,45
Mulden/Senken	—	—	—	—	8505	0,21	—	—	13160	0,33	5872	0,15	27537	9179	0,23

Wie die Gefährdungsabschätzung der erfaßten Verdachtsflächen im Untersuchungsraum zeigt, hat die Vielzahl verschiedenartiger Verdachtskategorien insgesamt ein hohes Gefährdungspotential (Tabellen 6.16 bis 6.18). So sind rund 92 % aller Verdachtsflächen der Gefährdungsstufen 2 bis 4 zuzuordnen. Davon weisen allein 37 % die Stufe 4 auf, da das Kontaminationspotential im hohen Maß gesundheits- und grundwassergefährdend ist. Eine beprobte Untersuchung dieser Flächen wäre schon aufgrund der hohen Anzahl ebenfalls wenig praktikabel. Als Auswahlkriterium wird im Untersuchungsraum die aktuelle reale Flächennutzung herangezogen, wie sie in Abschnitt 4.3 erläutert wird. So ist die aktuelle Nutzung einer Verdachtsfläche ausschlaggebend für die Rangfolge, mit der die betreffende Fläche weiterführend zu untersuchen ist.

Weitere zur Gefährdungsabschätzung wichtige Kriterien, wie z.B. geo-/hydrologische Daten (Richtung des Grundwasserstroms) und tatsächliches Ausmaß der Kontamination (quantifizierbare und qualifizierbare Stoffbestimmung durch chemische Analysen) werden hier nicht berücksichtigt, da in den untersuchten Informationsquellen keine Hinweise zu finden sind.

Im Untersuchungsraum konnte festgestellt werden, daß heute die verschiedensten Flächennutzungen auf den verdächtigen Arealen zu finden sind (Tabellen 6.16 bis 6.18). Anteilsmäßig dominieren Grünflächen, neue Industrie-/Gewerbeflächen, Brachen und Forsten sowie Wohnflächen. Zählt man zu den 176 Wohnflächen noch die Verdachtsflächen hinzu, die als Kleingärten (45), Kinderspielplätze (12) und Freizeitanlagen (31) genutzt werden, so besteht immerhin bei rund 17 % aller Verdachtsflächen eine äußerst risikoreiche Folgenutzung für die Sicherheit und Gesundheit des Menschen (Tabellen 6.19 und 6.20). Über die unterschiedlichen Belastungspfade Boden, Luft und Wasser ist der Mensch hier intensiv und langfristig den umweltgefährdenden Einflüssen ausgesetzt.

Eine Zuordnung beider Auswahlkriterien, wie sie in Abschnitt 4.2 erläutert und in den Tabellen 6.19 und 6.20 festgehalten wird – d.h. die Zuordnung der Gefährdungsstufe und der aktuellen Flächennutzung –, zeigt, daß rund 17 % der gefährdeten Areale die Dringlichkeitsstufe 1 erhalten. Mit den Verdachtsflächen der Dringlichkeitsstufe 2 ist die Mehrzahl (60,5 %) der betreffenden Areale kurz- bis mittelfristig weiterführend zu untersuchen.

Der Tabelle 6.20 ist die Rangfolge für beprobte Untersuchungen zu entnehmen. Die Mehrzahl der 1649 Verdachtsflächen kann sowohl einer hohen Altlastgefährdungsstufe (3 und 4) als auch einer hohen Dringlichkeitsstufe (1 und 2) zugeordnet werden. Wohnflächen sind grundsätzlich vorrangig zu behandeln. Bei den 38 Wohnflächen der Altlastgefährdungsstufe 4 handelt es sich u.a. um Standorte ehemaliger Gasometer/Gasbehälter mit relativ geringer Flächenausdehnung von 120 m^2 bis 400 m^2 und um kleinflächige betriebliche Ablagerungen von Kokereien (200 bis 600 m^2). Bei den 55 Arealen der Altlastgefährdungsstufe 3 und den 65 der Stufe 2, die heute durch Wohnbebauung genutzt werden, dominieren ehemalige militärische Anlagen, ungeordnete Ablagerungen und Produktionsanlagen.

Tabelle 6.16 Gesamttabelle der Altlastverdachtsflächen einschließlich ihrer heutigen Flächennutzung im Untersuchungsraum Bochum-Ost und -West

Erfassungs-kategorien	Reale Flächennutzung (Stand 1985/86)																
	gb	W	Kl	Sp	F	G	Fo	LW	Wa	IG neu	Ö	B	IG B	H	Dep	St
Gesamtzahl der Altlast-verdachtsflächen	15	160	41	12	22	21	112	204	4	126	12	32	73	27	49	13
davon: Altanlagen (ohne Betriebs-differenzierung)	5	36	6	1	5	19	14	4		15	3	1	21	3	4	1
Altablagerungen (ohne verfüllte Bombentrichter)	9	64	23	6	16	152	86	62	2	107	5	11	52	22	33	11
Militärisch relevante Anlagen	1	60	12	5	1	39	12	138		4	4	20		2	12	1
Betriebs-differenzierungen	17	16	4		9	101	72	9	1	160	1	11	128	7		3
Gesamtzahl (einschließlich Betriebs-differenzierungen)	32	176	45	12	31	311	184	286	3	286	13	43	201	34	49	16
% Anteil an der Gesamtfläche	1,94	10,67	2,73	0,73	1,88	18,86	11,16	12,92	0,18	17,34	0,79	2,61	12,19	2,06	2,98	0,97

Legende:

gb = geblieben
W = Wohnen
Kl = Kleingärten
Sp = Spielplätze
F = Freizeitanlagen
G = Grünflächen

Fo = Forst, Wald
LW = Landwirtschaftliche Flächen
Wa = Wasserflächen
IG neu = Industrie/Gewerbe neu angesiedelt
Ö = öffentliche Gebäude, Einrichtungen

B = Brache
IG B = Industrie-/Gewerbebrache
H = Halden
Dep = Deponien
St = versiegelte Flächen (z. B. Straßen, Parkplätze)

Tabelle 6.17 Die heutige (reale) Flächennutzung von Altstandorten im Untersuchungsraum Bochum-Ost und -West

Erfassungskategorie: ALTSTANDORTE	Reale Flächennutzung (Stand 1985/86)															
	gb	W	Kl	Sp	F	G	Fo	LW	Wa	IG neu	Ö	B	IG B	H	Dep	St
Zechen		3				6	5			5			6		1	
Kokereien		1				3	3			5			5			
Industrie-/Gewerbest. ohne Erkennung des Produktionszweiges		3				3	2	1					3			
Industrie-/Gewerbest. mit Erkennung des Produktionszweiges		18	5		5	2	3	1		3	2		5	1	1	
Versorgungsanlagen		8				1		1				1	1			
Entsorgungsanlagen	5	3	1	1		4	1	1		2	1		1	2	2	1
Gesamtzahl	5	36	6	1	5	19	14	4		15	3	1	21	3	4	1
BETRIEBS-DIFFERENZIERUNGEN																
von Zechen	6	10	3		8	88	67	5	1	155	1	5	113	7		1
von Industrie-/Gewerbest. ohne Erkennung des Produktionszweiges		3			1	2	1	2		1		1				
von Industrie-/Gewerbest. mit Erkennung des Produktionszweiges	11	2				7	2	2				5	13			1
von Versorgungsanlagen		1	1			4	2			4			2			1
von Entsorgungsanlagen																
Gesamtzahl	17	16	4		9	101	72	9	1	160	1	11	128	7		3

Legende: siehe Tabelle 6.16

Tabelle 6.18 Die heutige (reale) Flächennutzung von Altablagerungen im Untersuchungsraum Bochum-Ost und -West

Erfassungskategorien	Reale Flächennutzung (Stand 1985/86)															
	gb	W	Kl	Sp	F	G	Fo	Lw	Wa	IG neu	Ö	B	IB B	H	Dep	St
Altablagerungen insgesamt*	9	64	23	6	15	152	86	62	2	107	5	11	52	22	33	11
Verfüllungen		25	17		2	75	42	27	1	48	1	4	24	4	11	9
außerhalb von Betriebsgel. *ohne* Hinweis auf Verdacht von abgelagerten Prod.st.		19	1		2	27	13	20		8	1	4	11	1	4	6
mit Hinweis auf Verdacht von abgelagerten Prod.st.		1				4	5	2		4					1	
auf/an Betriebsflächen von Bergwerken und Kokereien			7			36	14	3		31			12	2	1	
auf Betriebsgeländen von Industrie/Gewerbe ohne Erkennung des Produktionszweiges						1										
auf Betriebsgeländen von Industrie/Gewerbe mit Erkennung des Produktionszweiges		1	1			3	2	1	1	1			1			
auf Betriebsgeländen von Ver- und Entsorgungsanlagen		4	8			4	8	1		4				1	5	3
Aufschüttungen	9	39	6	6	14	77	44	35	1	59	4	7	28	18	22	2
außerhalb von Betriebsgel. *ohne* Hinweis auf Verdacht von abgelagerten Prod.st.	8	15	2	4	5	21	9	19		5		4		3	9	1
mit Hinweis auf Verdacht von abgelagerten Prod.st.	1	7	1			15	7	7	1	1		2	1		3	
auf/an Betriebsflächen von Bergwerken und Kokereien		12	3	1	6	32	20	6		33	3	1	26	12	7	1
auf Betriebsgeländen von Industrie/Gewerbe ohne Erkennung des Produktionszweiges		4				2	2	3			1			1	1	
auf Betriebsgeländen von Industrie/Gewerbe mit Erkennung des Produktionszweiges		1		1		5	6			20			1	1	2	
auf Betriebsgeländen von Ver- und Entsorgungsanlagen					1	2								1		

* Ohne verfüllte Bombentrichter

Legende: siehe Tabelle 6.16

Tabelle 6.19 Gegenüberstellung der Altlastgefährdungsstufen und Dringlichkeitsstufen aller im Untersuchungsraum Bochum-Ost und -West erfaßten Altlastverdachtsflächen

Dringlichkeitsstufe	1	2	3	Σ 1–3	%
Altlastgefährdungsstufe					
4	76	387	149	612	37,11
3	78	337	111	526	31,89
2	96	200	81	377	22,86
1	27	73	34	134	8,13
Σ 4–1	277	997	375	1649	
%	16,80	60,46	22,74	100	

Tabelle 6.20 Die Einstufung der erfaßten Altlastverdachtsflächen im Rahmen der Prioritätenermittlung

Dringlichkeitsstufe:	1					2					3						
Altlastgefährdungsstufe:	W	KL	Sp.	Frei	Ö	G	Fo	Lw	Wa	IG neu	B	IG B	H	Dep	St	geblieben	
4	38	21	3	9	5	114	88	15	2	168	5	84	23	16	4	17	612
3	55	11	1	10	1	104	51	100	1	81	15	72	6	11	4	3	526
2	65	10	7	7	7	67	25	81	–	27	17	38	2	18	2	4	377
1	18	3	1	5	–	26	20	17	–	10	6	7	3	4	6	8	134
Σ 1–4	176	45	12	31	13	311	184	213	3	286	43	201	34	49	16	32	1649

Legende: siehe Tabelle 6.16

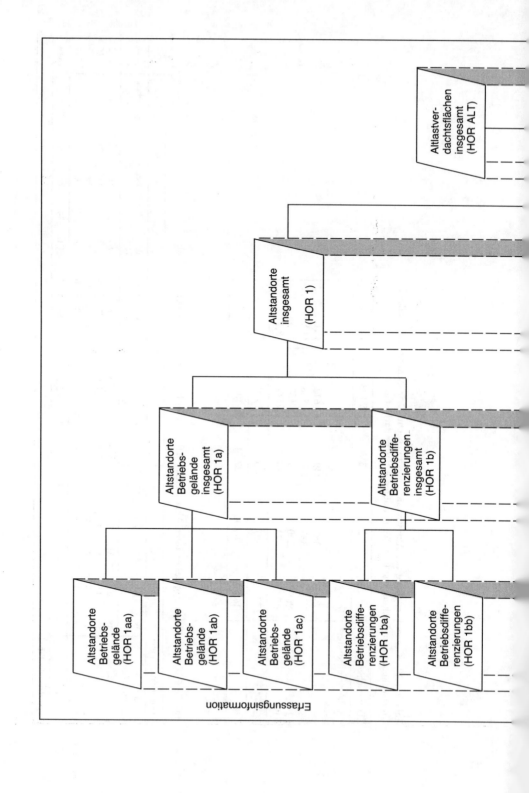

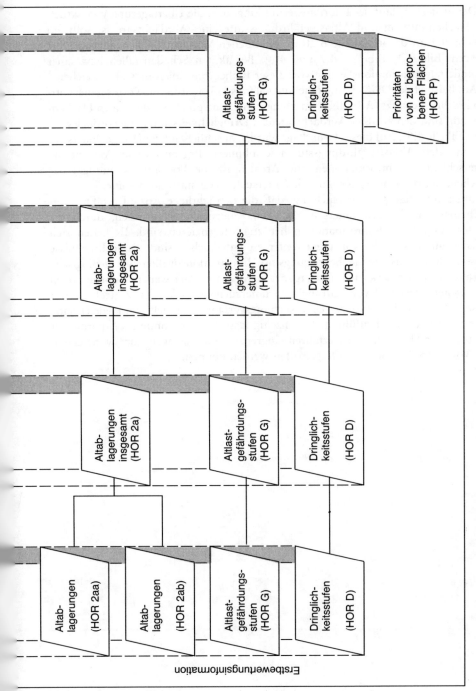

Bild 6.1 Schematische Übersicht der rechnergestützten Datenverarbeitung von Altlastverdachtsflächen und Informationen der Erstbewertung durch das Geographische Informationssystem ARC/INFO

Der weitere Ablauf der Prioritätenermittlung, d. h. die Überlagerung von aktueller Flächennutzung und Altlastgefährdungsstufe eines Verdachtsareals, sollte in Anlehnung an die in Tabelle 6.20 ausgewiesenen Verdachtsflächen durchgeführt werden (Bild 6.1, Tabellen 4.7 und 4.8). Bei akuten Schadensfällen bzw. einer veränderten Informationslage ist von dieser Reihenfolge allerdings abzuweichen.

Am Beispiel des DGK-5-Untersuchungsblattes (33) wurde eine Prioritätenermittlung rechnergestützt (ARC/INFO) durchgeführt. Entsprechend der realen Flächennutzung sind den erfaßten Verdachtsarealen Dringlichkeitsstufen zugeordnet worden (Tabelle 4.8). Auf dieser Grundlage wurden anschließend die Dringlichkeitsstufen mit den Altlastgefährdungsstufen kombiniert. Ergebnis dieser Verbindung unterschiedlicher Informationen und Arealen ist die Priorität (Rangfolge) der Flächen, mit der eine weiterführende Untersuchungen stattfinden sollte.

Insgesamt zeigt die Untersuchung, daß die beträchtliche Anzahl erfaßter Verdachtsflächen, die den unterschiedlichsten Kategorien entsprechen, durch die Karten- und Luftbildinformation näher zu differenzieren sind. Es lassen sich Flächen ausweisen, die vorrangig weiter zu untersuchen sind. Diese Ergebnisse müssen durch zusätzliche beprobungslose Informationsquellen wie geologische Karten, Grundwasserkarten usw. ergänzt werden, um über weitere Informationen eine weitere Auswahl von vorrangig zu untersuchenden Arealen zu treffen. Auf diese Weise sind beprobte Untersuchungsverfahren gezielt und gleichzeitig kostengünstiger durchzuführen. Gleichzeitig lassen sich bestimmte Leitparameter für beprobte Untersuchungsverfahren eingrenzen, da Aussagen über wahrscheinlich vorkommende Schadstoffe getroffen werden können.

7 Erfassungsergebnisse der multitemporalen Karten- und Luftbildauswertung im Vergleich mit den Ergebnissen kommunaler Verdachtsflächenerfassungen

Um die Ergebnisse der multitemporalen Karten- und Luftbildauswertung zu kontrollieren und ihre Zuverlässigkeit und Aussagekraft zu bewerten, sollten alle erfaßten Verdachtsflächen grundsätzlich durch beprobte Untersuchungsverfahren analysiert werden. Auf diese Weise kann überprüft werden, bei welchen Flächen es sich tatsächlich um Altlasten handelt und welche keinen Sanierungsmaßnahmen zu unterziehen sind. Im konkreten Fall bedeutet dies, daß Bohrungen (u.a. Rammkernsondierungen) oder Schürfen gezielt an den Standorten niederzubringen sind, die als altlastverdächtige Areale in der Erfassungskarte lokalisiert und abgegrenzt wurden. Um die beprobten Untersuchungsverfahren für alle 1110 bzw. 1649 erfaßten Verdachtsflächen durchzuführen, sind je Standort im Durchschnitt wenigstens 10 bis 50 Bohrungen notwendig, bei großflächigen Standorten von 100 000 m^2 und mehr kann sich die Anzahl auf über 200 erhöhen. Sowohl aus Zeit- als auch aus Kostengründen muß daher im Rahmen der Arbeit auf diese Art der Ergebnisüberprüfung verzichtet werden. Eine weitere Möglichkeit zur Überprüfung der Untersuchungsergebnisse besteht darin, auf bereits vorhandene beprobte Analyseergebnisse zurückzugreifen. Für den Untersuchungsraum können diese jedoch nicht herangezogen werden, da die Mehrzahl der Verdachtsflächen bislang unbekannt war und nicht einer beprobten Untersuchung unterzogen wurde. Lediglich für den Zechenstandort Robert Müser sind Analyseergebnisse dieser Art verfügbar, was jedoch keine ausreichend große Vergleichsbasis darstellt[7.1].

Um dennoch eine Überprüfung und Bewertung der Erfassungsergebnisse aus der multitemporalen Karten- und Luftbildauswertung durchzuführen, bieten sich die Ergebnisse kommunaler Untersuchungen von Altlastverdachtsflächen an. Hier stehen veröffentlichte und zugängliche Verdachtsflächenkarten zur Verfügung, die seit 1985 von den für Altlastfragen zuständigen Behörden wie Tiefbau-, Vermessungs- und Katasterämtern oder Ordnungsämtern erarbeitet werden. Diese Karten stellen eine unmittelbare Vergleichsbasis dar, da sie den Untersuchungsraum flächendeckend wiedergeben. Außerdem eignen sich die kommunalen Verdachtsflächenkarten für einen Vergleich, da sie in Anlehnung an die Empfehlungen des MELF NRW (1985c) zur Altlastenermittlung erstellt wurden[7.2]. Schwerpunktmäßig liegen den kommunalen Untersuchungen «klassische» Informationsquellen zugrunde, wie behördliche Unterlagen (Bau- und Verwaltungsakten, Betriebspläne, Unterlagen von Genehmigungsverfahren) und Befragungen von ehemaligen kommunalen Bediensteten, Privatpersonen und Firmenmitarbeitern. Nur vereinzelt sind Karten und Luftbilder ausgewertet worden.

Ein Vergleich der Erfassungsergebnisse der multitemporalen Karten- und Luftbildauswertung wird damit zu einem Vergleich des Aussagewertes und der Leistungsfähigkeit von Karten und Luftbildern einerseits und den klassischen Informationsquellen andererseits.

Als unerläßliche Voraussetzung einer Gegenüberstellung von kommunalen Altlastenkarten und Ergebnissen der multitemporalen Karten- und Luftbildauswertung ist zu überprüfen, inwieweit Definitionsansätze von Altlasten und Verdachtskategorien als Suchinhalte des Erfassungsvorganges identisch sind. Hier zeigen sich erhebliche Unterschiede, die sowohl zwischen den kommunalen Karten und Ergebnissen der multitemporalen Verdachtsflächenerfassung bestehen als auch von Kommune zu Kommune (Tabelle 7.1).

So verdeutlicht die Analyse dieser Karten, daß Hauptgruppen und im besonderen Maße auch Untergruppen der Erfassungskategorien nicht einheitlich bezeichnet und in unterschiedlicher Weise aufgeführt werden. Zudem ist festzuhalten, daß einige Kommunen auch solche Industrie-/Gewerbebetriebe als Verdachtsflächen aufgenommen haben, die heute noch in Betrieb sind. Da solche Standorte nach der Altlastendefinition des MELF NRW (1985 c) nicht als Verdachtsflächen zu bezeichnen sind, werden sie bei dem Vergleich der Erfassungsergebnisse nicht berücksichtigt.

Altstandorte als eine Verdachtskategorie bestehen aus den Obergruppen Zechen und Industrie-/Gewerbestandorte, während die zweite Verdachtskategorie, die Altablagerungen, nach Verfüllungen und Aufschüttungen differenziert werden.

Eine weitere Unterteilung der Altstandorte nach einzelnen Branchen bzw. Produktionszweigen findet sich nur in der Karte der Stadt Dortmund. Man unterscheidet hier zusätzlich nach Brikettfabriken, Gasanstalten und Kokereien. Einzelne Betriebsanlagen bleiben meist unberücksichtigt. Lediglich die Karte der Stadt Bochum gibt Auskunft über Standorte von Gasometern und Klärbecken.

Betrachtet man die Verdachtskategorie «Altablagerungen», so ist festzuhalten, daß die Karten von Witten, Dortmund, Gelsenkirchen und Essen eine Unterscheidung nach einzelnen Abfallarten gestatten (z.B. Hausmüll, Bergehalden). Darüber hinaus erschwert eine Kategorie wie «Sonstiges» den Vergleich mit den Ergebnissen der multitemporalen Karten- und Luftbildauswertung. Hier sind sowohl Altablagerungen als auch Altstandorte subsumiert.

Um diese uneinheitlichen Erfassungskarten mit den Erfassungsergebnissen der multitemporalen Untersuchung vergleichen zu können, wurden die differenzierten Kategorien der Untersuchung zu allgemeineren zusammengefaßt. Innerhalb der Altstandorte lassen sich auf diese Weise Zechen, Industrie-/Gewerbebetriebe und bedingt auch einzelne Betriebsanlagen (Kläranlagen, Gasometer) vergleichen. Bei Altablagerungen beschränkt sich ein Vergleich auf Verfüllungen und Aufschüttungen. Daneben können zahlreiche Erfassungskategorien der multitemporalen Analyse nicht gegenübergestellt werden, da auf kommunaler Seite keine entsprechenden Inhalte ausgewiesen sind. Es handelt sich um Betriebsanlagen, Differenzierungen der Altablagerungen, militärische Anlagen, Schießstände und Kriegsschäden.

Tabelle 7.1 Gegenüberstellung ausgewiesener Altlastkategorien in kommunalen Altlastverdachtsflächenkarten

Altlastkategorie gemäß eigener Sachklassifikation	Altlastkategorien in kommunalen Altlastverdachtsflächenkarten					Vergleichbarkeit der Sachkategorien	
	Bochum (BO)	Dortmund (DO)	Essen (E)	Gelsenkirchen (GE)	Witten (WIT)	von Kommune zu Kommune	von Kommune zu eigener Sachklassifikation
Steinkohlenbergwerke Zechen	ehemalige Bergbauanlagen	Zechen	–	–	–	eingeschränkt	eingeschränkt nur mit BO u. DO
Schachtanlagen	–²	–²	–	–	–	nicht möglich	nicht möglich, nur über die Kategorie Zechen für BO u. DO
Kleinzechen	–²	–²	–	–	–	nicht möglich	nicht möglich, nur über die Kategorie Zechen für BO u. DO
Stollenmundloch	–²	–²	–	–	–	nicht möglich	nicht möglich
Kokereien	–	Kokerei	Kokereibetriebsgelände	–	–	nicht möglich	nicht möglich, nur über die Kategorie Kokerei für DO u. E
Kokereien mit Hinweis auf Nebengewinnung	–	–²	–²	–	–	nicht möglich	nicht möglich
ohne Hinweis auf Nebengewinnung	–	–²	–²	–	–	nicht möglich	nicht möglich
Industrie/Gewerbe	Industriebetriebe	Industrie	Industriebranchen	–	ehemalige Industriegelände/ -standorte	möglich	möglich, jedoch weisen BO u. DO auch bestehende Betriebe mit aus
Industrie/Gewerbe ohne Erkennung des Produktionszweiges	–²	–²	–²	–	–²	nicht möglich	nicht möglich, nur allgemein
mit Erkennung des Produktionszweiges	–²	–²	–²	–	–²	nicht möglich	nicht möglich, nur allgemein
Versorgungsanlagen Gasanstalt	–	Gasanstalt	–	–	–	nicht möglich	nicht möglich, nur mit DO
Güterbahnhof	–	–	–	–	–	nicht möglich	nicht möglich
Tankstellen	–	–	–	–	–	nicht möglich	nicht möglich
Entsorgungsanlagen Schrottplätze	–	–	–	–	–	nicht möglich	nicht möglich

Fortsetzung von Tabelle 7.1

Altlastkategorie gemäß eigener Sachklassifikation	Altlastkategorien in kommunalen Altlastverdachtsflächenkarten						Vergleichbarkeit der Sachkategorien	
	Bochum (BO)	Dortmund (DO)	Essen (E)	Gelsenkirchen (GE)	Witten (WIT)		von Kommune zu Kommune	von Kommune zu eigener Sachklassifikation
verfüllte öffentliche Kläranlagen	Kläranlagen	–	–	–	–		nicht möglich	nicht möglich, eingeschränkt nur mit BO
Betriebs-differenzierungen nach Anlagen(-teilen) Gasometer/Gasbehälter	Gasometer	–	–	–	–		nicht möglich	nicht möglich, eingeschränkt mit BO
Brikettfabrik	–	Brikettfabrik	–	–	–		nicht möglich	nicht möglich, eingeschränkt mit DO
weitere Differenzierungen	–	–	–	–	–		nicht möglich	nicht möglich
Militärische Anlagen	–	–	–	–	–		nicht möglich	nicht möglich
Schießstände	–	–	–	–	–²		nicht möglich	nicht möglich
–	Sonstiges	–	–	–	–		nicht möglich	nicht möglich
Aufschüttungen (insgesamt)	Ablagerungen Aufhaldungen	Schüttung mit Hausmüll, Industriemüll, Mineralböden, Bergehalden	Aufhaldungen mit Hausmüll, Industriemüll, Bergematerial, Asche, Schlacke, Trümmer, Klärschlamm, Schacht, unbekannter Art, Ölunfälle, Chemieunfälle	Differenzierungen nach der Abfallart gemäß Abfallkatalog	Differenzierungen nach der Abfallart gemäß Abfallkatalog		eingeschränkt möglich, nur nach dieser Obergruppe	eingeschränkt möglich, nur nach dieser Obergruppe
unklassifizierte Aufschüttungen	–²	–²	Aufhaldungen unbekannter Art	s.o.	s.o.		nicht möglich	nicht möglich

Halden, unklassifiziert	-²	-²	-²	–	–	nicht möglich	nicht möglich, da in kommunalen Altlastenkarten die Ablagerung gemäß Abfallkatalog ausgewiesen wird
Bergehalden	-²	Schüttung, Bergematerial	Aufhaldung, Bergematerial	s.o.	s.o.	eingeschränkt, Ausnahme BO	eingeschränkt, gilt nur für die Bergehalden, die als solche vom Aussehen her erfaßt werden
Koks-/Kohlehalden	-²	–	eventuell über Aufhaldung unbekannter Art	s.o.	s.o.	nicht möglich, eventuell möglich für E, GE u. WIT	nicht möglich
Ungeordnete Ablagerungen	-²	eventuell über Schüttung mit Hausmüll, Industriemüll, Mineralboden oder Bergehalde	eventuell über die ausgewiesene Abfallart, z.B. Aufhaldung unbekannter Art	–	–	nicht möglich, nur zu vermuten	nicht möglich, nur zu vermuten
Deponie Hausmüll	-²	Schüttung Hausmüll	Aufhaldung Hausmüll	s.o.	s.o.	nicht möglich, eingeschränkt möglich nur für DO, E, GE u. WIT	nicht möglich, eingeschränkt möglich nur für DO, E, GE u. WIT
Industriemülldeponie	-²	Schüttung Industriemüll	Aufhaldung Industriemüll	s.o.	s.o.	nicht möglich, eingeschränkt möglich nur für DO, E, GE u. WIT	nicht möglich, eingeschränkt möglich nur für DO, E, GE u. WIT
Schlackenhalde	-²	eventuell über Schüttung mit Industriemüll	Aufhaldung Asche, Schlacke	s.o.	s.o.	nicht möglich, eingeschränkt möglich für E, GE u. WIT	nicht möglich, eingeschränkt möglich für E, GE u. WIT

Fortsetzung von Tabelle 7.1

Altlastkategorie gemäß eigener Sachklassifikation	Altlastkategorien in kommunalen Altlastverdachtsflächenkarten					Vergleichbarkeit der Sachkategorien	
	Bochum (BO)	Dortmund (DO)	Essen (E)	Gelsenkirchen (GE)	Witten (WIT)	von Kommune zu Kommune	von Kommune zu eigener Sachklassifikation
Damm/wallartige Aufschüttung	$-^2$	eventuell ausgewiesen nach der Materialart	eventuell als Aufschüttung Asche, Schlacke, Hausmüll oder unbekannter Art	–	–	nicht möglich	nicht möglich
Schutthalde/Trümmer	$-^2$	–	Aufhaldung Trümmer	–	–	nicht möglich, eingeschränkt nur mit E	nicht möglich, eingeschränkt nur mit E
Lärmschutzwall	$-^2$	–	–	–	–	nicht möglich	nicht möglich
–	Sonstiges	–	–	–	–	nicht möglich	nicht möglich
Verfüllungen insgesamt	Ablagerungen Verfüllungen	Abgrabungen mit Hausmüll, Industriemüll, Mineralboden und Bergehalde	Verfüllungen mit Hausmüll, Industriemüll, Bergematerial, Asche, Schlacke, Trümmer, Klärschlamm, Schacht und unbekannter Art, Öl- u. Chemieunfälle	Differenzierung nach der Abfallart gemäß Abfallkatalog	Differenzierung nach der Abfallart gemäß Abfallkatalog	eingeschränkt, nur nach dieser Obergruppe	eingeschränkt, nur nach dieser Obergruppe, Differenzierungen der Kommunen nach Abfallart und nicht nach Ablagerungsort und Beschaffenheit

Verfüllte ehemalige Abgrabungen: Gruben unklassifiziert	–	–	–	–	nicht möglich	nicht möglich
Lehmgruben	–	–	–	–	nicht möglich	nicht möglich
Mergelgruben	–	–	–	–	nicht möglich	nicht möglich
Sandgruben	–	–	–	–	nicht möglich	nicht möglich
Tongruben	–	–	–	–	nicht möglich	nicht möglich
Brüche/Tagesbrüche	–	–	–	–	nicht möglich	nicht möglich
Steinbrüche	–	–	–	–	nicht möglich	nicht möglich
Verfüllte Anlagen: Entwässerungskanal	–	–	–	–	nicht möglich	nicht möglich
Kläranlagen, Klärbecken	teilweise ausgewiesen	–	–	–	nicht möglich, eingeschränkt	nicht möglich, eingeschränkt
	als Airstandort Kläranlagen				möglich für BO	möglich für BO
Schlammteiche	–	–	–	–	nicht möglich	nicht möglich
Teerbassin	–	–	–	–	nicht möglich	nicht möglich
Wasserflächen unklassifizierter Art	eventuell wie bei Kläranlagen	–	–	–	nicht möglich	nicht möglich
Verfüllte natürliche Hohlformen: Mulden/Senken	–	–	–	–	nicht möglich	nicht möglich
Talbereiche	–	–	–	–	nicht möglich	nicht möglich
Verfüllte Bombentrichter	–	–	–	–	nicht möglich	nicht möglich
–	Sonstiges	–	–	–	nicht möglich	nicht möglich

Quelle: Analyse der kommunalen Altlastenkarten der Städte Bochum, Dortmund, Essen, Gelsenkirchen und Witten.

^{2} nicht differenziert, nur in der Obergruppe ausgewiesen
– nicht aufgenommen

Bereits ein erster Vergleich der identischen Verdachtskategorien zeigt, daß durch die multitemporale Karten- und Luftbildauswertung sämtliche Verdachtsflächen der kommunalen Altlastenuntersuchung erfaßt werden (Tabelle 7.2). Hierbei handelt es sich um 25 Altstandorte und 50 Altablagerungen, die 7,5 % (Altablagerungen) und 17 % (Altstandorte) der multitemporalen Ergebnisse ausmachen. Darüber hinaus wird deutlich, daß zahlreiche zusätzliche Verdachtsflächen (611 Altablagerungen, 121 Altstandorte) durch die multitemporale Karten- und Luftbildanalyse zu ermitteln sind. Innerhalb der Altstandorte umfaßt dies Industrie-/Gewerbebetriebe und bei Altablagerungen vornehmlich ungeordnete Ablagerungen und Verfüllungen.

Die Erfassungsergebnisse in Tabelle 7.2 hinsichtlich der verschiedenen Altlastkategorien zeigen, daß Zechenstandorte vergleichsweise zahlreich durch die klassischen Informationsquellen zu ermitteln sind (ca. 56 %), Industrie-/Gewerbebetriebe dagegen nur zu ca. 5 %. Einen geringen Anteil an den multitemporalen Erfassungsergebnissen haben auch die Betriebsdifferenzierungen (Kläranlagen, Gasometer). Hier sind nur 18 % bzw. 21 % der Standorte durch die klassischen Informationsquellen zu erfassen. Im Gegensatz zu Altstandorten werden Altablagerungen in herkömmlichen Verdachtsflächenkarten wesentlich unvollständiger, nämlich zu nur 7,6 %, wiedergegeben. Hier überwiegen Aufschüttungen (ca. 9 %). Vergleicht man die in kommunalen Altlastenkarten ausgewiesenen Verdachtsflächen mit den Ergebnissen der multitemporalen Karten- und Luftbildauswertung, so handelt es sich in den meisten Fällen um großflächige Bergehalden und Deponien, die bis zur Gegenwart als solche bestehen. Kleinflächige, kurzlebige und ungeordnete Ablagerungen/Kippen sowohl im innerbetrieblichen als auch im außerbetrieblichen Raum sind durch klassische Informationsquellen nicht zu erfassen. Verfüllungen werden nur in Ausnahmefällen, und zwar außerhalb von Betriebsgeländen, erfaßt, wie z. B. einige verfüllte Gruben im Untersuchungsraum Bochum-Ost.

Insgesamt wird deutlich, daß Verdachtsflächen aller Altlastkategorien durch herkömmliche, klassische Informationsquellen nur unvollständig erfaßt werden können. Nicht nur die meisten kleinflächigen und kurzlebigen Flächennutzungen (ungeordnete Ablagerungen), sondern auch großflächige und persistente Altstandorte und Altablagerungen bleiben unerkannt.

Fragt man nach den Ursachen dieser lückenhaften Ergebnisse der kommunalen Untersuchungen, so liegt dies darin begründet, daß die von den Kommunen ausgewerteten Informationsquellen nur eine begrenzte Eignung für die Altlastenerkundung besitzen. Drei Gründe lassen sich aufführen:

Der erste Grund ist in der zeitlichen Verfügbarkeit der Informationsquellen und deren Zeitlücken zu suchen. Viele Verwaltungsunterlagen, u. a. Genehmigungsunterlagen und Betriebspläne, sind erst im Zuge einer veränderten Gewerbeaufsicht und staatlichen Kontrolle gegen Ende der 1880/90er Jahre erstellt worden. Allerdings existieren sie für den Zeitraum vor dem Ersten und Zweiten Weltkrieg nicht (mehr) vollständig, da diese Informationsquellen z. T. verlorengegangen sind oder vernichtet wurden. Auch Hinweise aus Befragungen von Zeitzeugen lassen sich für die letzten 60 bis 80 Jahre nur mit Vorsicht heranziehen. So bleiben besonders solche Verdachtsflächen unerkannt, die bereits früh (vor 1925) eine Folgenutzung erfahren haben.

Eine weitere Ursache liegt darin, daß klassische Informationsquellen nur flächenhaft für einen Betriebsstandort existieren und damit über altlastrelevante Flächennutzungen und -änderungen des Umlandes keine Auskunft geben. Diese Tatsache wirkt sich besonders auf Altablagerungen außerhalb von Betriebsgeländen aus, die damit durch Betriebspläne und Akten als standortbezogene Informationsquellen nicht wiedergegeben werden.

Darüber hinaus ist hervorzuheben, daß zahlreiche Objekte/Sachverhalte nicht in den klassischen Informationsquellen aufgenommen werden. Hierzu zählen ungeordnete Ablagerungen, Kippen und Schuttplätze sowie Verfüllungsbereiche, die als werksinterne Deponien genutzt wurden. Selbst in Betriebsplänen, die bei einzelnen Anlagenteilen z. T. differenzierter Auskunft über die Funktion geben als Karten und Luftbilder, werden diese Nutzungskategorien nicht aufgenommen.

Weitere inhaltliche Einschränkungen resultieren möglicherweise aus Geheimhaltungsvorschriften in den Kriegs- und Vorkriegsjahren, die dazu geführt haben, daß wehrwirtschaftlich wichtige Industrie-/Gewerbestandorte und einzelne Anlagenteile nicht oder nur unvollständig aufgenommen wurden. Dies kann als Erklärung herangezogen werden, warum nur eine geringe Anzahl von Industrie-/Gewerbestandorten und Gasometern in den kommunalen Altlastenkarten enthalten ist, die durch klassische Informationsquellen erarbeitet wurden. Außerdem ist auf Kriegsschäden von Produktionsstandorten hinzuweisen, die in Akten und Schadensplänen nur unvollständig eingezeichnet sind. So belegt eine Gegenüberstellung von Alliierten-Luftbildern und einem betriebsinternen Schadensplan der chemischen Werke Amalia in Bochum von 1945, daß Anlagentreffer und -beschädigungen nur lückenhaft festgehalten wurden und so das tatsächliche Ausmaß der Schäden nicht dokumentiert wird.

Zusammenfassend ist festzuhalten, daß die multitemporale Karten- und Luftbildauswertung zur Erfassung von Altlastverdachtsflächen weitaus geeigneter als die Auswertung von klassischen Informationsquellen ist. Aufgrund des zeitlich weiten Zurückreichens von Karten und Luftbildern lassen sich selbst solche altlastrelevanten Nutzungen erfassen, die seit Beginn der Industrialisierung im vorigen Jahrhundert und in den Zwischenkriegsjahren existieren. Darüber hinaus werden auch solche Flächen aufgenommen, die kurzlebig und kleinflächig sind. Gerade für eine systematisch-flächendeckende Untersuchung eines ganzen Stadtgebietes, die über einzelne Betriebsstandorte hinausgehen soll, sind Karten und Luftbilder als Informationsquellen von besonderer Bedeutung, da sie für den gesamten Raum flächendeckend vorliegen.

Inwieweit sich die große Anzahl erfaßter Verdachtsflächen im Rahmen von beprobten Untersuchungsverfahren als wirkliche Altlasten erweisen, kann bisher noch nicht beantwortet werden, da Untersuchungen dieser Art fehlen. Allerdings geben auch die kommunalen Untersuchungen darüber keine Auskunft.

Bezieht man abschließend die Erfassungsergebnisse der multitemporalen Karten- und Luftbildauswertung des 46 km² großen Untersuchungsraumes auf die 12 448

Tabelle 7.2 Vergleich der Erfassungsergebnisse kommunaler Altlastverdachtsflächenkarten mit den Ergebnissen der multitemporalen Karten- und Luftbildauswertung des Untersuchungsraumes Bochum-Ost und -West

Erfassungskategorie Kommunen	Altstandort Eigene	Erfaßte Altlastverdachtsflächen (absolut)					Kommunen gesamt	Eigene Erfassung	%-Anteil der Verdachtsflächen der Kommunen an der eigenen Erfassung
		Bochum	Dortmund	Essen	Gelsenkirchen	Witten			
Ehemalige Bergbauanlagen/Zechen	Steinkohlebergwerke davon:	19	–	–	–	–	19	34[1]	55,88
keine weiteren Differenzierungen!	– Zechen	13	–	–	–	–	13	19	68,42
	– Schachtanlagen	2	–	–	–	–	2	2	100
	– Kleinzechen	2	–	–	–	–	2	5	40
	– Stollenmundloch	1	–	–	–	–	1	1	100
	Kokereien davon:	–	–	–	–	–	–	17	–
	– mit Hinweis auf Nebengewinnung	–	–	–	–	–	–	4	–
	– ohne Hinweis auf Nebengewinnung	–	–	–	–	–	–	13	–
Industriebetriebe	Industrie/Gewerbe davon:	2	1	–	–	–	3	58	5,17
keine weiteren Differenzierungen!	– ohne Erkennung des Produktionszweiges	–	–	–	–	–	–	12	–
	– mit Erkennung des Produktionszweiges	2	1	–	–	–	3	46	6,52
	Brauerei	–	–	–	–	–	–	1	–
	Bürstenfabrik	–	–	–	–	–	–	1	–
	Chemische Fabrik	1	–	–	–	–	1	1	100
	Dampfsägemühle	–	–	–	–	–	–	1	–
	Gußstahlwerk	–	–	–	–	–	–	1	–
	Metallverarb. Industrie	–	–	–	–	–	–	1	–

Röhrenwalzwerk	1	–	–	–	–	1	1	100
Sägewerk	–	–	–	–	–	–	2	–
Stanz- u. Emaillierwerk	–	–	–	–	–	–	1	–
Ziegelei	–	1	–	–	–	1	36	2,78
(Gasometer) Versorgungsanlagen: Gasanstalt	(1)	–	–	–	–	(1)	2	50
Güterbahnhof	–	–	–	–	–	–	1	–
Tankstellen	–	–	–	–	–	–	9	–
Entsorgungsanlagen: Schrottplätze	–	–	–	–	–	–	13	–
Kläranlagen verfüllte öffentliche Kläranlagen	2	–	–	–	–	2	12	16,66
Betriebsdifferenzierungen	7	–	–	–	–	7	538	1,30
von Steinkohlebergwerken	–	–	–	–	–	–	470	–
von Industrie/Gewerbe ohne Erkennung des Prod.	–	–	–	–	–	–	12	–
von Industrie/Gewerbe ohne Erkennung des Prod.	–	–	–	–	–	–	42	–
von Ver- und Entsorgungsanlagen davon:	–	–	–	–	–	–	15	–
Gasometer Gasbehälter/Gasometer	4	–	–	–	–	4	19	21,05
Kläranlagen auf Zechen	3	–	–	–	–	3	16	18,75
Altstandorte gesamt (ohne Betriebsdifferenzierungen)	24	1	–	–	–	25	146	17,12

Quelle: Analyse der kommunalen Altlastenkarten der Städte Bochum, Dortmund, Essen, Gelsenkirchen und Witten.

1) Im Vergleich zu den Erfassungsergebnissen der Stadt Bochum sind die Luftschächte hier als Zechenanlagen mitgezählt worden.

Fortsetzung von Tabelle 7.2

Erfassungskategorie	Altablagerungen		Erfaßte Altlastverdachtsflächen (absolut)						Eigene Erfassung	%-Anteil der Verdachtsflächen der Kommunen an der eigenen Erfassungsrate
Kommunen	Eigene		Bochum	Dortmund	Essen	Gelsenkirchen	Witten	Kommunen gesamt		
Ablagerungen/ Verfüllungen	Verfüllungen davon:		16	–	–	–	–	16	290	5,52
keine weiteren Differenzierungen!		– außerhalb von Betriebsgeländen *ohne* Hinweis auf Verdacht von abgelagerten Produktionsrückständen	13	–	–	–	–	15	117	11,19
		– *mit* Hinweis auf Verdacht von abgelagerten Produktionsrückständen	2	–	–	–	–		17	
		– auf/an Betriebsflächen von Bergwerken und Kokereien	1	–	–	–	–	1	106	0,94
		– auf Betriebsgeländen von Industrie-/Gewerbe-Altanlagen ohne Erkennung des Produktionszweiges	–	–	–	–	–	–	1	–
		– auf Betriebsgeländen von Industrie-/Gewerbe-Altanlagen mit Erkennung des Produktionszweiges	–	–	–	–	–	–	11	–
		– auf Betriebsgeländen von Ver- und Entsorgungsanlagen	–	–	–	–	–	–	38	–

Ablagerungen/Verfüllungen keine weiteren Differenzierungen!	Aufschüttungen davon:								
		20	4	–	6	4	34	371	9,16
	– außerhalb von Betriebsgeländen *ohne* Hinweis auf abgelagerten Produktionsrückständen	6 (3)	3	–	5	3	21	105	13,82
	– *mit* Hinweis auf Verdacht von abgelagerten Produktionsrückständen				1	1		47	
	– auf/an Betriebsflächen von Bergwerken und Kokereien	9 (1)	1	–	–	–	11	162	6,79
	– auf Betriebsgeländen von Industrie-/Gewerbe-Altanlagen ohne Erkennung des Produktionszweiges	–	–	–	–	–	–	14	–
	– auf Betriebsgeländen von Industrie-/Gewerbe-Altanlagen mit Erkennung des Produktionszweiges	(1)	–	–	1	–	2	39	5,13
	– auf Betriebsgeländen von Ver- und Entsorgungsanlagen	–	–	–	–	–	–	4	–
Altablagerungen insgesamt		36	4	–	6	4	50	661	7,56

Quelle: Analyse der kommunalen Altlastenkarten der Städte Bochum, Dortmund, Essen, Gelsenkirchen und Witten.

Verdachtsflächen, die bisher für NRW durch klassische Informationsquellen ermittelt werden konnten, so muß vermutet werden, daß diese Zahl um ein Vielfaches höher wäre, würde man Karten und Luftbilder als Informationsquellen bei einer systematisch-multitemporalen Erfassung zugrunde legen. Allerdings ist anzumerken, daß auch bei dieser Methode nur die Verdachtsflächen ermittelt werden können, deren altlastrelevante Nutzung in Karten und im Luftbild direkt bzw. indirekt zu identifizieren ist. Sachverhalte, wie z.B. Unfälle und unterirdische Leckagen von Rohrleitungen, werden auch durch die Auswertung der Karten und Luftbilder nicht erfaßt. Darüber hinaus muß mit zusätzlichen Verdachtsflächen gerechnet werden, die aufgrund der Zeitlücken der Fortführungs-/Aufnahmestände von Karten und Luftbildern, insbesondere zwischen 1840 und 1892 sowie vor 1925/28 bis 1952, nicht erfaßt werden können. Wie die Analyse des Untersuchungsraumes zeigt, gibt es eine Reihe von kurzlebigen kontaminationsverdächtigen Nutzungen (z.B. ungeordnete Ablagerungen), die in Kartenausgaben bzw. Luftaufnahmen der Folgezeit keine direkten oder indirekten Spuren hinterlassen. Diese Aspekte können dazu beitragen, daß die tatsächliche Zahl der Verdachtsflächen im Untersuchungsraum, aber auch in NRW höher sein kann.

8 Wert von Karten und Luftbildern als Informationsquellen zur Erfassung und Erstbewertung von Verdachtsflächen

Luftbilder

Wie die Verdachtsflächenerkundung am Beispiel des Bochumer Untersuchungsraumes zeigt, kommt dem Luftbild innerhalb der vier Informationsquellen die größte Bedeutung für die Erfassung und Erstbewertung zu. Nicht nur wegen der höchsten Erfassungsraten in allen Altlastkategorien, sondern auch aufgrund der detaillierten Identifizierbarkeit von altlastrelevanten Objekten/Sachverhalten ist die Luftbildauswertung als besonders geeignet zur Altlasterkundung zu bewerten. Seit den ältesten verfügbaren Luftbildern der Jahre 1925/28 werden im Unterschied zu den anderen Informationsträgern sämtliche altlastrelevanten Flächennutzungen vollständig abgebildet.

Der einzige Nachteil besteht in dem verhältnismäßig späten erstmaligen Aufnahmezeitpunkt, so daß Verdachtsflächen aus der Zeit der frühgewerblichen Nutzung bis zur Hochindustrialisierung, die bis 1925 eine Folgenutzung erfahren haben, nicht erfaßbar sind. Seit 1925 jedoch wird in engen Zeitschnitten eine Phase der industriellen Umstrukturierung wiedergegeben, die für die Verdachtsflächenerkundung von besonderem Interesse ist. Bis zur Gegenwart liegt mit dem Luftbild ein Informationsträger vor, der sich neben einem flächendeckenden Vorhandensein für weite Teile NRW speziell ab 1952/60 auch durch eine gute Verfügbarkeit/Zugänglichkeit für jedermann auszeichnet.

Hinzu kommt, daß allein das Luftbild eine objektive Wiedergabe des tatsächlichen Flächennutzungsgefüges und damit eine wirklichkeitsgetreue Rekonstruktion sämtlicher Objekte/Sachverhalte ermöglicht, die zu einem bestimmten Zeitpunkt sichtbar sind. Insbesondere solche altlastrelevanten Flächennutzungen wie Altablagerungen (ungeordnete Ablagerungen und Schutthalden), die in anderen Informationsquellen kein Aufnahmegegenstand sind, werden durch das Luftbild dokumentiert. So lassen sich kurzlebige und kleinflächige Objekte/Sachverhalte besonders gut durch das Luftbild rekonstruieren, die in weniger objektiven und wirklichkeitsgetreuen Informationsquellen nur zum Teil (z.B. Abfüllanlagen, Tankanlagen in Akten/Betriebsplänen) oder gar nicht aufgenommen (wehrwirtschaftlich wichtige, geheime Anlagen in Kriegszeiten in Akten/Betriebsplänen) werden.

Nicht alle Gebäude/Produktionsanlagen sind exakt nach ihrer Funktion zu klassifizieren, sondern nur solche, deren objekttypische Merkmale und Lagebeziehungen bzw. Anordnungsmuster bekannt sind. So kann man über die Lokalisierung, Identifizierung und Differenzierung von Verdachtsflächen wichtige Hinweise zur Erstbewertung erhalten. Bei Altstandorten, deren Gebäude-/Produktionsanlagenfunktion zu bestimmen ist, lassen sich über den produktionsspezifischen Ansatz eindeutige Aussagen zum Kontaminationspotential treffen. Diese Methode versagt bei Altablagerungen außerhalb von Betriebsgeländen, speziell bei solchen, zu denen im Luftbild keinerlei Transportmedien zu erkennen sind. Dagegen ermöglicht die Luftbildanalyse für betriebliche Ablagerungen zumindest eine eingrenzende Definition nach Mehrfachstoffgruppen, die durch den gesamten Betriebszweig bestimmt werden. Damit liefert das Luftbild letztendlich auch zur Erstbewertung die wichtigsten Hinweise.

Dem hohen Informationswert des Luftbildes steht jedoch negativ entgegen – und damit belegt die Untersuchung die Aussagen in Tabelle 2.1 –, daß ein relativ hoher Auswerteaufwand, hohe Auswertekosten und technisch geschultes Auswertepersonal nötig sind.

Tabelle 8.1   Auswertezeiten und -kosten beim Einsatz von Karten und Luftbildern zur Altlasterkundung (Beispielfall)

Informationsquellen	Luftbild	TK 25	DGK 5	WBK-Karten
Tagwerk (DM bei 8 Std. Arbeit)	700	500	500	500
Auswertedauer in Tagen	11	6	3,5	5
Auswertekosten	7700	3000	1750	2500
Geräteeinsatz (DM)	1000	–	–	–
Gesamtkosten	8700	3000	1750	2500
Zeitkalkulation für die Auswertung einer DGK 5 (Gebietsinventur)				

Vergleicht man die in der Untersuchung ermittelten Auswertezeiten von Luftbildern mit denen anderer Quellen (Tabelle 8.1), so muß bei den Luftbildern ein 2- bis 3fach höherer Zeitaufwand festgestellt werden. Zusammen mit dem notwendigen Geräteeinsatz und den daraus resultierenden hohen Betriebskosten sowie dem oft höher anzusetzenden Stundensatz für Auswertekräfte ist die Luftbildauswertung um das 3- bis 5fache teurer als vergleichbare Kartenanalysen.

Hinsichtlich der dabei erzielten größeren Informationsmenge und Qualität der Aussagen und nicht zuletzt aufgrund der Tatsache, daß andere Informationsquellen (z. B. Akten) oftmals mühsamer zu recherchieren oder nur (noch) unvollständig und/oder nicht zugänglich sind, relativieren sich diese Kosten auf ein angemessenes Preis-Leistungs-Verhältnis.

TK 25

Unter den Kartenwerken ist die TK 25 die wichtigste Informationsquelle zur Verdachtsflächenerfassung. Aufgrund heute noch nachvollziehbarer Aufnahme- und Zeichenvorschriften ermöglicht sie eine eingeschränkt objektive Wiedergabe von zahlreichen altlastrelevanten Objekten/Sachverhalten. Die Erfassungsergebnisse leiden jedoch unter dem maßstäblich bedingten Generalisierungseinfluß und der Aufnahmegenauigkeit. Speziell zur großflächigen Gebietsanalyse sowie zur ersten groben Standorterkundung von Industrie-/Gewerbebetrieben hat sich das Kartenwerk als geeignet erwiesen. Dies gilt mit geringfügigen Einschränkungen auch für Altablagerungen, im besonderen für Halden, verfüllte Gruben und Steinbrüche. Problematischer wird im Rahmen der Erfassung die Differenzierung von Betriebsgeländen, die in der Regel eine eindeutige Funktionsansprache nur für wenige Gebäude/Anlagenteile ermöglicht. Hierunter fallen jedoch gerade die für die Altlastensuche so wichtigen Gasometer und Koksbatterien. Besonderen Wert erfährt die TK 25 dadurch, daß sie mit ihren Vorausgaben und Urmeßtischblättern wesentlich weiter in die Vergangenheit zurückreicht als das Luftbild und zugleich frei zugänglich ist. Damit lassen sich allein durch die Kartenausgaben und Fortführungsstände vor 1914/25 zahlreiche altlastrelevante Objekte/Sachverhalte rekonstruieren, die in den anderen, meist nur auf Einzelobjekte begrenzten Informationsträgern dieser Zeit nicht bzw. nur unvollständig wiedergegeben werden (Akten, Betriebspläne).

Zur Erfassung von betrieblichen Ablagerungen enthält die TK 25 nur wenige Hinweise aus der Zeit vor dem erstmaligen Aufnahmezeitpunkt des Luftbildes. Von besonderem Wert ist die TK 25 außerdem, wenn es darum geht, Reliefveränderungen im außerbetrieblichen Raum aus dieser Zeit zu erfassen. Da jedoch Hinweise in Form von Schriftzusätzen zur Materialbeschaffenheit von Ablagerungen fehlen, können Ursprung und Art des Ablagerungsmaterials nicht näher bestimmt werden.

Im Rahmen einer Erstbewertung ermöglichen die zahlreichen Schriftzusätze zu Branchen eine eindeutige Funktionsbestimmung und damit eine Festlegung des typischen Kontaminationspotentials. Dies gilt allerdings nur für das Gesamtbetriebsgelände.

Der im Vergleich zum Luftbild eingeschränkte Informationswert der TK 25 wird durch die einfachere und damit schnellere Auswertung ausgeglichen (Tabelle 8.1). Wenn auch im Vergleich zu den anderen Kartenwerken die Auswertezeiten und letztendlich die Kosten noch um ein Drittel bis die Hälfte höher anzusetzen sind, so liegt dies daran, daß häufig mehr Fortführungen des Kartenwerkes existieren und damit ausgewertet werden müssen. Insgesamt ist die Analyse der TK 25, sofern vergleichbare Kartenschlüssel vorliegen, wesentlich weniger aufwendig und kostenintensiv als die Luftbildauswertung. Die Untersuchungsergebnisse müssen jedoch durch die Luftbildanalyse noch ergänzt werden.

DGK 5

Neben der Bedeutung der DGK 5 als Kartierungsgrundlage (Abschnitt 3.3.1) ist der Wert dieses Kartenwerks als Informationsquelle dadurch eingeschränkt, daß es erstmalig in den 1950/60er Jahren aufgenommen wurde. Die für die Altlastensuche bedeutsame Zeit der Hochindustrialisierung und der industriellen Umstrukturierung wird nicht dokumentiert. Lediglich für den Zeitraum bis zur Gegenwart sind die Vorteile des Kartenwerks – nämlich die generalisierungsfreie, lage- und grundrißtreue Darstellung von Altstandorten einschließlich kleinflächiger Betriebsanlagen(teile) – sowohl zur großflächigen Gebietsinventur als auch zur Standorterkundung zu nutzen. Zwar ist die Mehrzahl der Gebäude/Anlagenteile aufgrund fehlender Schriftzusätze nicht direkt zu identifizieren, doch läßt sich über die grundrißtreue Darstellung von typischen Objektmerkmalen und die Kenntnis von Aufbaumustern die Funktion bestimmen. Demgegenüber sind Ablagerungen nur dann zahlreich und differenziert zu erfassen, wenn sie außerhalb von Betriebsgeländen liegen, so z.B. Gruben, Steinbrüche und Kippen. Detaillierte Hinweise zur Materialbeschaffenheit bzw. zu Verursachern fehlen jedoch.

Eine Gefährdungsabschätzung mit einer Eingrenzung des Kontaminationspotentials ist durch die DGK 5 nur für solche Altstandorte möglich, für die Schriftzusätze eine Branchenbestimmung erlauben.

Der insgesamt geringe Informationswert der DGK 5 für die Altlastensuche kann nur bedingt durch die gute Zugänglichkeit sowie die schnelle und leichte Auswertbarkeit ausgeglichen werden. Bedingt durch den einheitlichen Karten- und Kartiermaßstab ist normalerweise auf Arbeitsgeräte, wie z.B. Kartenumzeichner, zu verzichten. Die DGK 5 ist das Kartenwerk mit den niedrigsten Auswertezeiten und damit -kosten (Tabelle 8.1).

WBK-Karten

Von den Kartenwerken der WBK ist allein die «Übersichtskarte des Rheinisch-Westfälischen Steinkohlenbezirks» sowohl für großflächige Gebietsinventuren als auch für Einzelstandortanalysen von Interesse. Die «topographische Karte des Rheinisch-Westfälischen Steinkohlenbezirks» ist zu vernachlässigen, da sie auf der DGK 5 der 60er Jahre basiert.

Der Wert der Übersichtskarte zur Erfassung liegt im zeitlich weiten Zurückreichen und der thematischen Ausrichtung auf Industrie-/Gewerbebetriebe, speziell den bergbaulichen Standorten.

Die Übersichtskarte ermöglicht seit 1914/19 eine vollständige Erfassung von Altstandorten. Insbesondere die Zechenstandorte werden auf der Basis von verkleinerten Betriebsplänen detailliert wiedergegeben. Zwar fehlen in der Mehrzahl der Fälle direkte Hinweise auf Kokereien, diese können jedoch wie sonstige Nebengewinnungsanlagen über Objektmerkmale und Aufbaumuster sowie über den Vergleich mit dem Luftbild bestimmt werden. Anlagen- bzw. Gebäudeteile werden meist vollständiger wiedergegeben als in der TK 25, da die Übersichtskarte weitgehend ungeneralisiert und nahezu lage- und grundrißtreu ist. Im Vergleich zum Luftbild lassen sich in der Übersichtskarte – ähnlich wie in der TK 25, jedoch genauer und vollständiger – Betriebsanlagen(teile) erfassen, die bis 1925/28 bereits abgerissen wurden. Über typische Objektmerkmale und Aufbaumuster von Kokereien sind mögliche Nebengewinnungsanlagen aus der Frühphase der Kohlenwertstoffgewinnung zu identifizieren.

Darüber hinaus lassen sich dem bergbaulich ausgerichteten Kartenwerk Schriftzusätze zu Industrie-/Gewerbebetrieben entnehmen, die neben dem Produktionszweig in einigen Fällen sogar über den Firmeneigentümer Auskunft geben. Auf deren Grundlage können dann andere Informationsträger gezielt untersucht werden. In gleicher Weise sind in der WBK-Übersichtskarte Ver- und Entsorgungsanlagen, insbesondere öffentliche Kläranlagen und Gasanstalten, differenziert zu erfassen.

Weniger geeignet ist dagegen das Kartenwerk zur Ermittlung von Altablagerungen. Mit Ausnahme von Halden des Bergbaus und verfüllten Flächen ehemaliger Klärbecken auf Zechenstandorten sind kaum Informationen zu entnehmen. Gleiches gilt für Aufschüttungen außerhalb von Betriebsflächen. Allein Verfüllungen von Klärbecken, Gruben und wassergefüllten Hohlformen lassen sich im Vergleich zum Luftbild gut und zahlreich erkennen, insbesondere dann, wenn es sich um Standorte handelt, die bis 1925/28 bereits fortgefallen sind.

Eine Gefährdungsabschätzung durch die WBK-Übersichtskarte ist für Altstandorte besonders exakt durchzuführen. Wie keine andere Informationsquelle gibt das Kartenwerk durch detaillierte Schriftzusätze Auskunft über Wirtschaftszweige, die eine eindeutige Stoffzuweisung und Bestimmung des Kontaminationspotentials über den produktionsspezifischen Ansatz gestatten. Ähnlich wie bei der DGK 5 sind die Schadstoffe auch für einzelne Anlagenteile anhand von Indikatoren und erläuternden Schriftzusätzen zu definieren. Die Altlastgefährdung von betrieblichen Altablagerungen ist dagegen nur abzuschätzen, wenn es sich um Halden handelt. Außerhalb von Betriebsgeländen ist eine erste Gefahrenzuweisung für Verfüllungen (Abgrabungen) allein durch Indikatoren möglich.

Der hohe Wert der WBK-Übersichtskarte wird durch die Tatsache beeinträchtigt, daß das Kartenwerk nicht öffentlich zugänglich ist. Zudem müssen für eine Auswertung Kartenschlüssel erarbeitet werden, da Musterblätter wie bei der TK 25 fehlen. Insgesamt erhöht sich die Auswertezeit und damit die anfallenden Kosten, so daß das Kartenwerk nur geringfügig von der TK 25 abweicht (Tabelle 8.1).

Zusammenfassend ist festzuhalten:
Da kein Informationsträger alle Verdachtsflächen vollständig und differenziert wiedergibt, ist für eine vollständige Erfassung aller Verdachtsflächen eine Kombination von Karten und Luftbildern wie folgt durchzuführen: Die Analyse sollte – unabhängig, ob im Rahmen einer großflächigen Altlastenerfassung, z. B. bei einer Gebietsinventur, oder bei einer Einzelstandortanalyse – bei progressiver Vorgehensweise mit der ältesten Informationsquelle, der TK 25, beginnen. Ab 1914/36 sind ergänzend die Blätter der WBK-Übersichtskarte auszuwerten. Mit den ersten Luftbildaufnahmen seit 1925/28 sollten Karten und Luftbilder parallel ausgewertet werden. Da die ersten Luftbilder nur (noch) als Bildpläne existieren und eine

Tabelle 8.2 Vergleichende Übersicht der Eignungskriterien von Informationsquellen zur Altlastenerkundung

Eignungskriterien / Informationsquellen	Zeitliches Zurückreichen	Zeitlücken	Anzahl der Zeitsequenzen	Vollständigkeit	Flächendeckend für Stadtgebiete	Zugänglichkeit	Objektivität/Zuverlässigkeit	Genauigkeit d. räuml. Lokalisier. und Abgrenzung	Auswertbarkeit der Info.quelle	Arbeitsaufwand Zeit/Kosten	Einsichtnahme in die U.-Fläche	Untersuchung ohne Gefährdung des Auswertepersonals
Akten												
– Polizeiakten	o	–	+	–	o	–	+	o	–	–	+	+
– Gebäudeakten	o	–	+	–	o	–	+	o	–	–	+	+
– Genehmigungsbücher	o	–	+	–	o	–	+	o	–	–	+	+
Adreßbücher/ Verzeichnisse												
– Einwohnerbuch	o	–	o	–	o	o	+	–	–	–	+	+
– Wohnungsanzeiger	o	–	o	–	o	o	+	–	–	–	+	+
– Straßenverzeichnis	–	–	o	–	o	o	+	–	–	–	+	+
Befragungen												
– ehemaliger Betriebsangehöriger	o	–	–	–	–	–	o	–	–	–	–	o
– ehemaliger städtisch Bediensteter	o	–	–	–	–	–	o	–	–	–	–	o
– Bevölkerung	o	–	–	–	–	–	–	–	–	–	–	o
Betriebspläne	+	o	+	–	–	o	o	+	+	o	+	+
Firmenchroniken/ Festschriften	o	–	–	–	o	o	o	–	+	o	o	+
Karten												
– Amtl. top. Karten	+	+	+	+	+	+	+	+	+	+	+	+
– Stadtplan/-karte	+	+	+	o	+	o	o	o	o	+	+	+
– private Stadtpläne	+	+	o	–	+	–	o	o	o	–	+	+
– Themakarten	–	–	–	o	o	o	+	o	o	o	+	+
– Planungskarten	–	–	–	o	o	o	o	o	o	o	+	+
Luftbilder												
fotografische Aufnahmeverfahren												
– SW-Aufnahmen	+	+	+	+	+	+	+	+	o	o	+	+
– Farbaufnahmen	–	o	o	+	+	+	+	+	o	o	+	+
– Falschfarbaufnahmen	–	–	–	o	o	–	o	+	–	o	+	+
– Panchrom. Infrarotaufnahmen	–	–	–	–	–	–	o	o	–	–	+	+
nicht-fotografische Aufnahmen												
– Thermalaufnahmen	–	–	–	–	–	–	o	–	–	–	+	+
– Radar	–	–	–	–	–	–	o	–	–	–	+	+
– MSS	–	–	–	–	–	–	o	–	–	–	+	+
Ortsbegehungen	–	–	–	–	o	–	o	o	o	+	–	–

Bewertungsstufen: + = gut, o = mäßig, – = weniger geeignet

eingeschränkte Informationswiedergabe gegenüber den Reihenmeßbildern der 40er Jahre aufweisen, sollten die TK 25 und die Übersichtskarte der WBK gleichrangig mit dem Luftbild bis in die 40er Jahre ausgewertet werden. Erst ab 1940 sind schwerpunktmäßig Luftbilder zu analysieren. Die TK-25-Fortführungsstände dienen seit dieser Zeit nur noch als Zusatzinformation. Die ältesten DGK-5-Ausgaben seit Ende der 40er und Anfang der 50er Jahre sind wie das Luftbild systematisch auszuwerten, ihre Fortführungen allerdings nur noch nach ergänzenden Informationen zu untersuchen.

Im Rahmen einer Standortanalyse sollten Akten/Betriebsunterlagen parallel zur Karten- bzw. Luftbildanalyse eingesetzt werden. So können die Auswertezeiten für eine zeitaufwendige und oftmals erfolglose bzw. mit einer hohen Fehlerrate versehenen Nutzungsansprache von Produktionsgebäuden reduziert (um ein Drittel bis ein Viertel) und das Erfassungsergebnis verbessert werden.

Zur Erfassung von Altablagerungen ist eine Akten-/Betriebsplanauswertung aufgrund fehlender Hinweise wenig nützlich und sollte aus arbeitsökonomischen Gründen ausgeklammert werden.

Vergleicht man abschließend Karten und Luftbilder mit anderen Informationsquellen, z. B. Akten, Zeitzeugenbefragung und Adreßbücher, so erfüllen Karten und Luftbilder im besonderen Maße die Anforderungen zur Altlastenerkundung (Abschnitt 2.1.2; Tabelle 8.2). Sie sind damit ausschließlich zur Ermittlung von Altlastverdachtsflächen heranzuziehen. Lediglich bei der Differenzierung von Altanlagen können Akten und Befragungen von Zeitzeugen wertvolle Hinweise liefern.

Anmerkungen

zu Kapitel 1:

[1.1] Vgl. dazu die Ausführungen von K. P. FEHLAU (1981), S. 259 und V. FRANZIUS (1985c), S. 1.

[1.2] H. BERNARD (1980); C. S. KIM (1980).

[1.3] L. R. SILKA (1978); G. A. SANDNESS u. a. (1979); D. CASTELL u. a. (1980); C. KUFS u. a. (1980); H. G. YAFFE, N. C. CICHOWICZ u. R. J. STOLLER (1980); D. T. BRANDWEIN, J. J. HOUSMAN u. D. F. UNITES (1981); A. B. NELSON u. R. A. YOUNG (1981).

[1.4] Im MELF-NRW-Erlaß vom 26. 3. 1980 wird ausdrücklich auf Schadstoffanreicherungen durch Kriegseinwirkungen hingewiesen. Eine fehlende Berücksichtigung in der MELF-Definition sowie in der Informationsschrift «Hinweise zur Erfassung von Altlasten» des Jahres 1985 (MELF NRW, 1985c) ist auf besondere rechtliche und organisatorische Zuständigkeiten zurückzuführen. Vgl. dazu auch die Ausführungen von K. P. FEHLAU (1987b), S. 12, der in diesem Zusammenhang das Problemfeld der Zuständigkeit für den Bereich Kampfmittel näher erläutert. Vgl. dazu auch folgenden Hinweis im Altlasten-Handbuch des MELUF *Baden-Württemberg* (1987), Teil II, S. 57: «Für kriegsbedingte Ablagerungen, wie z.B. von Kampfmitteln und Kriegsgeräten, aber auch Kontaminierungen infolge von Beschuß, Bombenabwurf und Sprengung, ist in finanzieller Hinsicht durch das Kriegsfolgelastengesetz der Bund zuständig.»

[1.5] Vgl. MELF NRW (1985c), S. 2.

[1.6] Siehe dazu M. G. COULSON u. E. M. BRIDGES (1984), S. 669: Die Autoren verweisen auf Bodenkontaminationen ehemaliger Kupferminen in Großbritannien, deren Ablagerungen bis zum Jahr 1717 datiert werden können. Ähnliches schildert C. POPP (1930), S. 11. Vgl. auch LAGA in *Zusammenarbeit mit dem Bundesminister des Inneren* (Hrsg.) (1983), S. 26: Wie aus den Ausführungen hervorgeht, ist beispielsweise eine Gasanstalt aus der Zeit von 1870 bis 1890 auch heute als hoch gefährdete Fläche anzusehen, da dort anfallende Stoffe auch in der Gegenwart noch nachweisbar sind.

[1.7] Siehe dazu MELF NRW (1980) und MELF (1985c) sowie MELF *Schleswig-Holstein* (1984).

[1.8] Vgl. dazu die Ausführungen von K. P. FEHLAU (1981), S. 260−267 und (1986a) S. 767.

[1.9] Joint Unit For Research On The Urban Environment (JURUE) (1981); S. E. TITUS (1981); T. L. ERB (1981); B. A. NELSON (1981).

[1.10] Vgl. M. SCHULDT (1983), S. 35−50, *Baubehörde-Vermessungsamt Hamburg* (1983), Blatt 2, und A. KRISCHOK (1986), S. 21−22.

[1.11] Vgl. dazu MELF NRW (1985c), S. 19.

[1.12] Vgl. K. P. FEHLAU (1987a), S. 5 u. 7.

[1.13] MELF *Schleswig-Holstein* (1984), S. 16.

[1.14] MELF NRW (1985c), S. 52.

[1.15] Vgl. K. BARRET u.a. (1981); C. KUFS u.a. (1980); A. B. NELSON u. R. A. YOUNG (1981); L. R. SILKA u. T. L. SWEARINGEN (1978).

[1.16] Vgl. NATO/CCMS *Umweltausschuß* (1982); A. M. *Smith* (1985); U. H. KINNER, L. KÖTTER u. M. NICLAUSS (1986); KVR (Hrsg.) (1989).

[1.17] Vgl. M. SCHULDT (1983), S. 35−50, und A. KRISCHOK (1986).

[1.18] Vgl. K. P. FEHLAU (1986a), S. 779 ff.; (1987a), S. 7 bis 15; H. J. BAUER (1987), S. 56 ff.; *Hessische Landesanstalt für*

Umwelt (1985); *Minister für Ernährung, Landwirtschaft, Umwelt und Forsten Baden-Württemberg* (MELUF) (1987).

[1.19] A. KRISCHOK (1986), S. 17–22.
[1.20] J. DODT (1987), S. 38.

zu Kapitel 2:

[2.1] Vgl. dazu G. HAKE (1982), Bd. I, S. 39–40, 91–92 und 243 und E. EWALD (1922), S. 148; S. SCHNEIDER (1974), S. 1.

[2.2] H. DEGENER (1930/31), (1931/32) u. (1940); H. MÜLLER-MINY (1975), H. KLEINN (1964), (1965), (1977); U. PESCH (1968); O. SCHLÜTER (1910); R. SCHMIDT (1973) und J. DODT et al. (1987), S. 98.

[2.3] Vgl. hierzu W. BRUHN (1940); W. GRONWALD (1939); R. IDLER (1940); G. KRAUSS (1963), (1967) u. (1970a); W. LEPPERT (1986); LOESCHEBRAND (1925); K. LÜDEMANN (1908), (1909) u. (1913); F. NOWATZKY (1932); PRAGER (1926/27); *Reichs- u. Preußischer Minister des Inneren* (1937a); *Reichsamt für Landesaufnahme* (1935) u. (1939b); *Reichsminister des Inneren* (1939) u. (1941); REINICKE (1939); RHODENBUSCH (1893); E. ROEMMELT (1941); P. SCHIRMACHER (1940); TROEDER (1940); ABENDROTH (1910); O. ALBBRECHT u. G. KRAUS (1976); G. ENGELMANN (1968); W. FRENZEL (1942); W. GRONWALD (1940a) u. (1940b); G. HAKE (1975); R. HARBECK (1980); P. KAHLE (1893); H. KLEINN (1963), (1964), (1965) und (1977); G. KRAUSS (1963), (1967), (1968a), (1970b); G. KRAUSS u. R. HARBECK (1985); MALCHOW (1938); E. MEYNEN (1968); v. MOROZOWICS (1879); R. MÜLLER (1935), H. MÜLLER-MINY (1975); P. SCHIRMACHER (1940); C. VOGEL (1873); M. WALTHER (1913); WAND (1940); WINTER (1940); ZGLINICKI (1896) sowie L. ZÖGNER u. G. K. ZÖGNER (1981). Vgl. dazu auch J. DODT et al. (1987), S. 98–103.

[2.4] J. DODT et al. (1987), S. 99.

[2.5] Siehe dazu A. FÖCKELER (1982); K. FRENZEL (1940); M. GRAESER (1926); G. HAKE (1983); R. HARBECK (1980); E. HAUPT (1961); R. IDLER (1940); G. KRAUSS (1963), (1967), (1968b), (1970a), (1970b) u. (1971); G. KRAUSS u. R. HARBECK (1985); W. LICHTNER (1983); H. H. R. MEYER (1937); F. NOWATZKY (1936); E. PAPE (1983); H. PAPE (1983); PEHNACK (1940); A. PFITZER (1935); *Reichs- u. Preußischer Minister des Inneren* (1935), (1936a), (1936b), (1937a) u. (1937b); *Reichsminister des Inneren* (1941c); SPEITEL (1936); W. STAUFENBIEL (1984); G. THAMM (1940); H. TROEDER u. H. PAHL (1972); F. VOSS (1976); WAND (1940).

[2.6] Vgl. dazu J. DODT et al. (1987), S. 94–97; G. KRAUSS (1968), S. 105–107; ebenso G. KRAUSS (1970), S. 54–55; G. KRAUSS und R. HARBECK (1985), S. 341–346; E. PAPE (1982), S. 97 ff.; W. STAUFENBIEL (1984), S. 64–65; F. VOSS (1976) S. 58–63.

[2.7] Es muß davon ausgegangen werden, daß auch die noch zu archivierenden 300000 Luftbilder der Alliierten nicht das gesamte NRW flächendeckend, sondern nur für bestimmte, militärisch wichtige Ziele als Punkt- und Trassenbefliegungen vorliegen; vgl. J. DODT et al. (1987), S. 106–111, Karte 4; H.-W. BORRIES u. J. DODT (1988), S. 418.

[2.8] Die Anzahl der Befliegungshäufigkeiten basiert auf J. DODT et al. (1987), Bd. II, Karten 1, 2, 3, 5, 6 u. 8.

[2.9] *Landeshauptmann der Rheinprovinz* (1935), Tafel XII; Übersicht über Luftbildpläne 1:5000; S. PRAGER (1933), S. 49–52, insbesondere die Abb. 1 der Luftbildaufnahmen zum Zwecke der Herstellung von Luftbildplänen und Karten. Vgl. auch RÖHR (1934), S. 46, der auf eine frühe Befliegung des Ruhrgebietes von 340 km^2 hinweist, die in etwa zur Zeit der französischen Ruhrgebietsbesetzung stattgefunden hat. Diese Luftbildkarte 1:5000 diente als Grundlage für die spätere SVR-Befliegung von 1925–31. Vgl. dazu auch SARNETZKY (1933), S. 8.

[2.10] So können Befliegungen über oder im Bereich von militärischen Anlagen oder neu errichteter (militärisch interessanter) Industrie-Gewerbeanlagen unter Verschlußsache (VS) fallen, d.h. für die Öffentlichkeit nicht zugänglich bzw.

[2.11] durch Fotomontagen im Luftbild ersetzt sein.
Vgl. G. Hake (1982), Bd. I. S. 39−40, 91−92 und 286−289.

[2.12] Vgl. dazu H. Arnold u. a. (1975); J. Dodt et al. (1987), S. 103−104; *Fachnormenausschuß für Bergbau (FABERG) (1942), S. 4−37; Fachnormenausschuß für Bergbau und Deutscher Normenausschuß* E. V. (1936), DIN Berg 1917 Zeichen für Tagesrisse und (1951), DIN 21900; L. Mintrop (1916), S. 57−59 u. S. 159−170; O. Proempeler u. a. (1952) u. (1953); *Westfälische Berggewerkschaftskasse Bochum* (WBK) (1968), S. 7−17.

[2.13] Vgl. G. Hake (1974), S. 90, und (1982), Bd. I, S. 35−37.

[2.14] Siehe hierzu ausführlicher G. Hake (1974), S. 88−90, und (1982), Bd. I, S. 35−37.

[2.15] Vgl. W. Welzer 1985, S. 94, 95. Bei einem Auflösungsvermögen von 30 bis 50 Linien pro Millimeter können im Luftbildmaßstab 1:10000 Objekte einer Mindestgröße von 20 bis 33,3 cm interpretiert werden.

[2.16] Vgl. *Fachnormenausschuß für Bergbau und Deutscher Normenausschuß* E.V. (1936), speziell die DIN Berg 1917.

[2.17] Grundlegende Hinweise zur Geometrie von Luftbildern finden sich u. a. in R. Finsterwalder u. W. Hoffmann (1968), S. 21−44, S. 96−114, S. 136−162, S. 166−216; G. Konecny u. G. Lehmann (1984), S. 48−55; P. Kronberg (1984), S. 3−38; F. M. Lillesand u. R. W. Kiefer (1979), S. 283−334; S. Schneider (1974), S. 71−135; K. Schwidefsky u. F. Ackermann (1976), S. 22−45; G. Weimann (1984), S. 14 ff.

[2.18] Vgl. *Reichsamt für Landesaufnahme* (1935) und (1939), S. 24.

[2.19] Vgl. O. Harms (1971); S. 103 ff.; *Reichsminister des Innern* (1939), S. 54−56; dito (1943), S. 6−7; dito (1944b), S. 7.

[2.20] Vgl. D. Grigg in D. Bartels (1970), S. 196.

[2.21] Bergehalden und Koks-/Kohlenhalden, die am Rande bzw. außerhalb von Zechengeländen liegen, werden zu innerbetrieblichen Ablagerungen gerechnet.

Diese Zuordnung entspricht der Berggesetzgebung, die sämtliche zum Bergbau gehörenden Flächen zusammenfaßt. Ausführlicher dazu R. Willecke und N. Brehmer (1973); H. Zydeck (1980).

zu Kapitel 3:

[3.1] Vgl. E. Fels (1919), S. 88; E. Ewald (1920), S. 2, (1922), S. 150 u. (1924), S. 7, 8 u. 28.

[3.2] F.-W. Strathmann (1985), S. 14.

[3.3] H. Uhlig (1955), S. Schneider (1960) in F.-W. Strathmann (1985), S. 14.

[3.4] Vgl. hierzu T. M. Lillesand u. R. W. Kiefer (1979), S. 442−487 und *American Society of Photogrammetry* (1983), S. 29−35.

[3.5] Vgl. F.-W. Strathmann (1985), S. 13−22.

[3.6] Vgl. dazu H. Jäger (1969), S. 11−12.

[3.7] Der Wert von Kartenfibeln wird mit M. Eckert-Greifendorf (1941) in einer Gegenüberstellung der Karteninhalte der TK 25 und TK 100 erstmals angerissen; vgl. auch M. Eckert-Greifendorf (1943), S. 118˙−119.

[3.8] Vgl. S. Schmidt-Kraeplin (1958), Literaturverzeichnis.

[3.9] J. Dodt (1984), S. 49−53; R. G. Reeves (1975), S. 1959−1961; E. Schmidt-Kraepelin (1958), S. 86−87; S. Schneider (1974), S. 171−180.

[3.10] Siehe beispielsweise zu Produktionsabläufen: L. Alberts (1950); *Dortmunder Stadtwerke* (Hrsg.) (o. J.); W. Fritz (1950); W. Gluud (Hrsg.) (1927), Bd. 1 u. 2; O. Grossinsky (Hrsg.) (1955); H. Koppers (o. J.) bis (1928); F. Schreiber (1923); G. Schulz (1926); O. Simmerbach (1914); O. Simmerbach u. G. Schneider (1930), A. Spilker, O. Dittmer u. O. Gruber (1933); W. Theobald u. H. Maas (1983); *Ullmanns Enzyklopädie der technischen Chemie* (1972−1983); *Verein für die bergbaulichen Interessen im Oberbergamtsbezirk Dortmund in Gemeinschaft mit der Westfälischen Berggewerkschaftskasse und dem Rheinisch-Westfälischen Kohlensyndikat* (Hrsg.) (1904/05), Bd. VIII−XI; H. Winter (1950). Firmenchroniken (Auswahl): W. Däbritz (1934), Dr. C. Otto u.

Co. GmbH (1973) u. (o. J.); *Heimatbund Gelsenkirchen* (1948); H. HEINRICHSBAUER (1936); *Vereinigte Stahlwerke* AG (Hrsg.) (1928–1930). Speziell zu Aufbaumuster von Zechen: *Gelsenkirchener Bergwerks-Aktiengesellschaft* (Hrsg.) (1936); R. GEPHARD (1937); C. KOSCHWITZ (1930); I. MUELLER (1952); *Oberstadtdirektor der Stadt Essen* (Hrsg.) (1986); H. SCHÄFER (1953); H. VÄTH (1929).

[3.11] Ausführliche Informationen sind den Arbeiten von R. GEPHARD (1937); M. HAUCKE (1974); H. LÜSSEM (1973); H. E. KLOTTER (1968); R. RASCH (1967a u. b); W. SCHENKEL (1968), (1974) u. (1981); E. ZEHNDER (1970) zu entnehmen.

[3.12] Hinweise zum Aufbau und Erscheinungsbild von militärisch relevanten Anlagen, insbesondere von Flak-Stellungen des Zweiten Weltkrieges, enthalten die Arbeiten von R. H. BAILEY (1981), S. 74–77; W. MÜLLER (1984); J. PIEKALKIEWICZ (1985), S. 820.

[3.13] Vgl. G. HAKE (1982), Bd. I, S. 206. Er verweist auf das Problem der grafischen Mindestgröße und Zeichengenauigkeit. So beträgt z.B. die erkennbare Mindestgröße von Linien 0,05 mm (schwarz), die von Flächendimensionen 0,3 mm und die von Flächenzwischenräumen 0,15–0,2 mm. Da die Zeichengenauigkeit bei 0,2 mm anzusetzen ist, wird deutlich, daß z.B. bei einem Maßstab von 1:5000 Objekte unter einer Minimaldimension von 1 m nicht mehr darstellbar sind.

[3.14] G. KRAUSS (1970), S. 55, verweist auf den Wert der DGK 5 für Planungszwecke: «In diesem Maßstab 1:5000 ist es möglich, alle wichtigen Erscheinungen der Erdoberfläche noch lagerichtig und vollständig darzustellen, da der Zeichengenauigkeit von 0,2 mm in diesem Maßstab 1 m in der Natur entspricht.» Vgl. dazu auch die Ausführungen zur Genauigkeit der Darstellung von Objekten in der DGK 5 von J. DODT et al. (1987), S. 8 und G. HAKE (1982), Bd. I, S. 255–256.

[3.15] Bei stark differenzierten Altstandorten können Vergrößerungen der DGK 5 um 200% auf 1:2500 eine übersichtlichere Darstellung von Anlagen ermöglichen.

[3.16] Hierzu bietet es sich an, ein Raster in die rechtwinkligen Gauß-Krüger-Koordinaten der DGK 5 einzubinden.

[3.17] Vgl. dazu die Anwendung der Realnutzungskartierung in folgenden Untersuchungen: J. DODT (1974); K. FISCHER (1984); H. KELLERSMANN (1975), (1977); M. SCHRAMM u. W. DITTRICH (1984).

[3.18] Vgl. dazu die Ausführungen von J. DODT (1986); S. B 7.

[3.19] Auf rechnerisch-grafische Verfahren, die ebenfalls für eine Maßstabsanpassung in Frage kommen, wurde aus arbeitsökonomischen Gründen (Zeitaufwand) verzichtet. Für die geforderte Erfassungsgenauigkeit hat sich der Einsatz eines optischen Gerätes wie des Planvariographen der Firma R. u. A. Rost (Wien) als geeignet erwiesen.

[3.20] Für Einzelflächen mögen gelegentlich auch Einfachverfahren der Punktübertragung ausreichen (z.B. die Papierstreifenmethode). Sie ermöglichen allerdings keine exakte Entzerrung. Für eine flächenhafte Untersuchung sind jedoch diese Verfahren aus arbeitsökonomischen Gründen nicht geeignet. Vgl. dazu P. KRONBERG (1984), S. 234–239; G. WEIMANN (1984), S. 19–92.

[3.21] Näheres zum Arbeitsverfahren mit Luftbildumzeichner in G. KONECNY u. G. LEHMANN (1984), S. 264–270; P. KRONBERG (1984), S. 223–233.

[3.22] So zeigen Vergleichsmessungen, daß bei einer Einpassung von Häuserecken mit Lagefehlern von ± 1 m zu rechnen ist. Im freien Gelände können dagegen die Lagefehler bei ± 5 bis 7 m liegen.

[3.23] So weist J. DODT et al. (1987), S. 33, darauf hin, daß normalerweise Näherungsverfahren zur Erstellung der Ergebniskartierungen praktischen Ansprüchen vollauf genügen, da «beim Abriß alter Industrieanlagen, bei der Beseitigung von Aufhaldungen oder auch dem Abschluß von Verfüllungen allzu oft kontaminiertes Material über sein ursprüngliches, in den Luftbildern dokumentiertes und so kartiertes Volumen hinaus in die Umgebung verschleppt» wird. Vgl. J. DODT (1988), S. 135.

[3.24] Vgl. G. HAKE (1985) Bd. II, S. 40–57.
[3.25] In Anlehnung an G. HAKE (1985), Bd. II, S. 40 u. 41.
[3.26] Vgl. G. HAKE (1985), Bd. II, S. 27 bis 33.
[3.27] *Baubehörde-Vermessungsamt Hamburg* (1983) unveröffentlichte Abbildung; MELF NRW (1985c), Anlage 3. Vgl. hierzu auch D. HAAS (1988), S. 4 Hinweise zum ADV-gerechten Erfassungsbogen für NRW im Rahmen des Informationssystems Altablagerungen/Altstandorte (ISAL) sowie in Anlage 3 den Fragebogen Zeitzeugen und Brunnen.
[3.28] D. HAAS (1988).

zu Kapitel 4:
[4.1] Vgl. dazu u. a. W. G. COLLINS u. H. A. EL BEIK (1971); J. M. DAVIS (1966); J. DODT (1974); C. P. LO (1979); K. VÖLGER (1969).
[4.2] J. DODT (1974), S. 441.
[4.3] Vergleichbare Überlegungen sind auch bei U. H. KINNER, L. KÖTTER u. M. NICLAUSS (1986), S. 18 ff., zu finden.
[4.4] Vgl. Literatur des Themenfeldes Abfallwesen/Abfallbeseitigung: K. BOSSE (1983), W. BUCKSTEEG (1973), *Environmental Protection Agency* (EPA) (1974), B. FÜRMAIER (1973), W. GÄSSLER u. H. P. SANDER (1981), K. GIESEN (1973), M. HAUKE (1974), G. HÖSEL (1983a) und dito (1983b), A. HOSCHÜTZKY u. H. KREFT (1980), G. JAKKEL (1974), A. J. KLEE u. M. U. FLANDERS (1980), R. E. KOCH u. F. VAHRENHOLT (1978), C. KUFS u.a. (1980), *Länderarbeitsgemeinschaft Abfallbeseitigung* (LAGA) in Zusammenarbeit mit dem Bundesminister des Inneren (Hrsg.) (1975), dito (1981) und (1983), *Länderarbeitsgemeinschaft Abfall* (1976), H. LAUER (1975), H. LÜSSEM (1973), H. W. MACKWITZ (1983), H. MAHLER (1968), *Minister für Ernährung, Landwirtschaft und Forsten des Landes NRW* (1985c), R. RASCH (1967a), dito (1967b) und (1974), K. RICK (1974), E. ZEHNDER (1970).
[4.5] Vgl. A. HOSCHÜTZKY u. H. KREFT (1980), S. 36–41; LAGA in Zusammenarbeit mit dem *Bundesminister des Inneren* (Hrsg.) (1981), S. 7–45.
[4.6] Vgl. H. L. JESSBERGER (1985), S. 11, der für 14 ausgewählte Industrien die dort anfallenden Schadstoffe aufzeigt. Vgl. auch H. W. MACKWITZ (1983), S. 47, Zusammenstellung von 13 Abfallerzeugern und deren Sondermüll. Des weiteren W. THEOBALD u. H. MAAS (1983), S. 7–8, und ihre Liste der Entfallstoffe der Roheisen- und Stahlerzeugung. Vgl. auch L. v. STRAATEN (1987), S. 68, Abb. 5, Herkunft gewerblicher Abfälle (Möbel- u. Stuhlfabrik und Teppichfabrik) in einer Altablagerung.
[4.7] Vgl. hierzu LAGA in Zusammenarbeit mit dem *Bundesminister des Inneren* (Hrsg.) (1975), 47. Lfg. Kennziffer 1116, S. 1. Der Katalog wurde erstmals 1974 im Auftrag der LAGA vom Bund-Länder-Ausschuß «Beseitigung von Sonderabfällen» in Zusammenarbeit mit dem Statistischen Bundesamt erstellt und 1981 fortgeführt.
[4.8] Vgl. LAGA in Zusammenarbeit mit dem *Bundesminister des Inneren* (Hrsg.) (1975), 36. Lfg., Kennziffer 1112, S. 2: Dort wird auf die Möglichkeit verwiesen, produktionsspezifische Abfälle, z.B. von Kokereien, Gaswerken, Petrochemie (Phenole, Ammoniak) in geringen Mengen mit Hausmüll deponieren zu können!
[4.9] Z.B. sind Ton- und Lehmgruben mit einer natürlichen Basisabdichtung als geeignete Ablagerungsflächen von Schadstoffen anzusehen.
[4.10] Vgl. E. HUBER u. E. VOLK (1986), S. 512. Ebenso J. DODT et al. (1987), S. 29.
[4.11] So verweist der MELUF Baden-Württemberg (1986), S. 11, auf einen Fall, bei dem auf vergrößerten Ausschnitten (Luftbilder im Maßstab 1:550) abgelagerte Fässer zu erkennen waren.
[4.12] J. DODT (1986), S. B 13.
[4.13] Vgl. hierzu auch J. ALBERTZ u. W. ZÖLLNER (1984), S. 73–79.
[4.14] Hinweise zur Gefährlichkeit von Stoffen, die eine Grundlage für die Einstufung nach Wassergefährlichkeit und Gesundheitsgefährdung des Menschen darstellen, finden sich in den Arbeiten der *Arbeitsgruppe Aufstellung von*

MAK-Werten und Festlegung von Grenzen für Stäube der Kommission zur Prüfung gesundheitsschädlicher Arbeitsstoffe der Deutschen Forschungsgesellschaft (1987), Bd. 1 bis 5; W. BEYER (1981); *Deutsche Forschungsgemeinschaft DFG* (1986); B. FÜRMAIER (1973), S. 1–4; *Gesellschaft Deutscher Chemiker* (Hrsg.) (1985); G. HOMMEL (1974); L. LEWIN (1962); B. MORRISON (1986); E. QUELLMALZ (1977); R. RASCH (1974), S. 4, Tab. 3 u. S. 7, Tab. 6; G. ROTH u.a. (1985); L. R. SILKA u. T. L. SWEARINGEN (1978), S. 40–46.

[4.15] Vgl. hierzu *Hessische Landesanstalt für Umwelt* (Hrsg.) (1987), Handbuch Altablagerungen Teil 4, S. 23–25, die Tab. 3 «Anlagenteile und zugehörige mögliche Kontaminationen».

zu Kapitel 5:

[5.1] K. BRINKMANN (1968); R. T. SCHNADT (1936) u. H. SPETHMANN (1937).

[5.2] Dies ist z.B. der Fall bei den Bildplänen des Deutschen Reiches, Blatt Bochum vom August 1938 und Blatt Essen vom Juli 1937.

[5.3] Vgl. J. DODT et al. (1987), Anhang 8.2 «Chronologisches Verzeichnis der vorhandenen Ausgaben und Fortführungsstände der TK 25 für NW».

[5.4] Vgl. eine geologische Karte Bochums von 1924, die eine TK-25-Kartengrundlage mit «Letzten Nachträgen» von 1912 enthält. Diese gibt es jedoch nicht als eigenständige Fortführungsausgabe.

[5.5] Die derzeit bei den Kampfmittelräumdiensten vorhandenen Luftbilder stellen nur einen kleinen Teil der 300 000 vom Land NRW erworbenen Kriegsbilder der Alliierten dar.

[5.6] Diese Bilder stammen aus dem Public Record Office, Key/Richmond (GB), und der dort befindlichen Sammlung alliierter Luftaufklärungs- und Ergebnisberichte aus dem Zweiten Weltkrieg.

[5.7] Vgl. dazu die Bildpläne 4410 Dortmund und 4411 Kamen der Aufnahmejahre 8/9 1938, in denen nahezu sämtliche Zechenstandorte mit Kokereien und Nebengewinnungsanlagen sowie Gasanstalten, Stahlwerke, sonstige Industrie-/Gewerbezweige und Rangier-/Bahnhofsanlagen nicht abgebildet werden.

[5.8] Die in den Musterblättern der TK 25 (1909 bis 1931) und der DGK 5 (seit 1937) aufgeführten Hinweise, daß «andere Schriftzusätze nur dann anzuwenden sind, wenn die Detailerkennbarkeit es erfordert bzw. sonstige Abkürzungen leichtverständlich sein müssen», ist als ein Grund anzusehen, daß es in Ausnahmefällen Bezeichnungen wie «Kokerei» (je nach Örtlichkeit und Ermessen des Kartographen) gibt, die eine direkte Identifizierung von Standorten zulassen.

[5.9] Vgl. H. J. v. LOESCHEBRAND (1925), S. 38; K. LÜDEMANN (1908), S. 797; C. VOGEL (1873), S. 370; W. LEPPERT (1986), S. 19 ff.

[5.10] Vgl. Musterblätter der TK 25 von 1939, S. 5, 15 bis 18, und der DGK 5 von 1937 S. 2, 10 bis 11; *Reichsamt für Landesaufnahme* (1940), S. 43; dito (1944), S. 6 bis 7; O. HARMS (1971), S. 105.

[5.11] Vgl. H. VÄTH (1929), S. 17–37; R. GEPHARD (1937); S. 34–36 und S. 57–67; *Verein für die bergbaulichen Interessen im Oberbergamtsbezirk Dortmund in Gemeinschaft mit der Westfälischen Berggewerkschaftskasse und dem Rheinisch-Westfälischen Kohlensyndikat* (Hrsg.) (1804), Bd. VIII S. 41–66 und Bd. IX S. 467–590.

[5.12] Vgl. dazu die Musterblätter TK 25 der Jahre 1818 bis 1926.

[5.13] Bei einer Kartiergenauigkeit von 0,2 mm bedeutet dies, daß Flächen erst ab einer Ausdehnung von 5 × 5 m dargestellt werden können.

[5.14] Vgl. Musterblatt der TK 25 (1899), S. 21, in dem es heißt: «Steilhänge unter 1 m werden in der Regel nicht gezeichnet.» Vgl. das Musterblatt von 1939, S. 18, in dem es heißt: «Steilränder, Aufschüttungen, Bergehalden: sie sind mit Bergstrichen darzustellen.» Ebenso S. 22, «Steilränder, Dämme, Schutthalden sind mit Bergstrichen zu zeichnen und werden von 1 m Höhe ab dargestellt.»

[5.15] Vgl. Musterblatt der TK 25 (1939), S. 18; Musterblatt von 1967, S. 50.

[5.16] *Reichsamt für Landesaufnahme* (1935)

und (1939), insbesondere den Hinweis von S. 24 zur Fortführung von Höhenlinien: «Berichtigungen finden nur statt, wenn bei Eintragung neuer Wege oder baulicher Anlagen größere Unrichtigkeiten zu Tage treten oder wo durch spätere Höhenbestimmung eine Berichtigung um den Trig.- oder Niv.-Punkt herum bedingt ist.» Vgl. auch S. 12, Pkt. 18: «In einem gewissen Zeitraum vor dem Kriege sind an den Aufnahmen erhebliche Änderungen und Weglassungen in der Geländedarstellung erfolgt. Notfalls müssen Ergänzungen und Berichtigungen einsetzen, um die durch die frühere Arbeitsart verursachten Schädigungen der Aufnahmen auszugleichen.»

[5.17] Ein Vergleich des Erscheinungsbildes der Abrißbereiche von Nebengewinnungsanlagen in den 60er bis 70er Jahren mit der Ausdehnung, Form, Helligkeit und Textur von einigen ungeordneten Ablagerungen/Kippen im Luftbildplan von 1925/28 zeigt auffällige Ähnlichkeiten. Es ist daher nicht auszuschließen, daß es sich bei einigen ungeordneten Ablagerungen aus der Zeit 1925/28 um die Abrißbereiche von Gebäuden/Anlagen(teilen) handelt.

[5.18] Möglicherweise ist dies auf die recht allgemeinen Ausführungen zum Gebrauch von sonstigen Abkürzungen im Kartenwerk zurückzuführen. Vgl. hierzu den Hinweis im Musterblatt der TK 25 von 1909, S. 21, daß «andere Schriftzusätze (...) nur dann anzuwenden (sind), wenn es die Deutlichkeit der Darstellung erfordert» bzw. im Musterblatt ab 1931 «sonstige Abkürzungen müssen leicht verständlich sein.»

[5.19] Vgl. hierzu die Ausführungen des Musterblattes der TK 25 von 1939, S. 37. Hier wird unter der Rubrik «Gegenstand der Beschriftung» aufgeführt, daß «vorhandene Eigennamen zulässig, z. B. Borsigwerke, Kruppwerke (...) Fabriken ohne Spezialangabe außer: Papier-, Zement-, Porzellanfabrik» auszuweisen sind.

[5.20] Vgl. dazu die Musterblätter 1962, 1967 usw. Im Musterblatt von 1967, Kap. 3.2, S. 9 steht folgendes zu Industrieanlagen: «Fabriken jeder Art werden unter Fortfall unwichtiger Anbauten als schwarze oder bei größerer Ausdehnung als gerasterte Flächen grundrißähnlich dargestellt. Sie können den abgekürzten Schriftzusatz ‹Fbr› erhalten. Die Art des Industriezweiges oder der Fabrikation wird in der Beschriftung nicht zum Ausdruck gebracht. Eigennamen werden nicht in die Karte aufgenommen.»

[5.21] Siehe die Anmerkung im Musterblatt der DGK 5 von 1937 zu V. Topographischen Zeichen, S. 11, in der es heißt: «Festungswerke mit allen Anlagen (Gebäude, Schuppen, Stauwerke, Zäune u. dgl.) sowie Bahnen, Straßen und Wege, die vom Hauptverkehrsnetz zu solchen Anlagen führen, wie überhaupt alle sonstigen für die Reichsverteidigung wichtigen Anlagen werden nicht dargestellt.»

[5.22] Vgl. hierzu die Ausführungen im Musterblatt der DGK 5 von 1937, S. 9: «Zu öffentlichen Gebäuden gehören Kirchen, Schulen, Museen, Theater, Verwaltungsgebäude des Reiches, der Länder, Gemeinden, Eisenbahnen und der im öffentlichen Dienst stehenden Industrien mit Ausnahme geringer Nebengebäude».

[5.23] Vgl. Musterblatt der TK 25 (1885), S. 19.

[5.24] Vgl. dazu das Musterblatt der TK 25 (1967), in dem auf Seite 40 aufgeführt ist, daß «Schornsteine der Fabriken und ähnlicher Anlagen bei Häufung in Auswahl darzustellen» sind.

[5.25] Lediglich in einem Fall konnte ein in der TK 25 1956 als Sägewerk (S.W.) bezeichneter Standort auf einer Ablagerungsfläche nicht im Luftbild identifiziert werden.

[5.26] So zeigt die Analyse der Prioritätenliste des Bomber Command Baedeker des Public Record Office (GB) AIR 14/ 22667 eine Einstufung der Benzolraffinerie und -weiterverarbeitung sowie der Schmierölherstellung als wehrwirtschaftlich besonders wichtige Anlagen, die Hauptziele von Angriffen waren.

[5.27] Vgl. H. Römpp (1962), und *Ullmanns Enzyklopädie der technischen Chemie.* 4. Aufl. 1972–83.

[5.28] Vgl. Musterblatt der TK 25 (1939), S. 15.

[5.29] Vgl. hierzu Musterblatt der DGK 5 (1955), S. 17.
[5.30] So zeigt der Vergleich von Luftbildaufnahmen mit Karten, daß 3 der 7 Lagerplätze in der DGK 5 im Luftbild Schrottplätze sind. Die verbleibenden 4 Lagerplätze sind im Luftbild als Aufschüttungen von Schutt/Trümmern (3) und als eine Zechenhalde zu identifizieren.
[5.31] Diese Anlagen werden auch in der TK 25 der 1930/40er Jahre in objekttypischer Form dargestellt. Dies ist ein weiterer Beleg, daß Geheimhaltungserlasse nicht in allen Kartenblättern gleichermaßen durchgeführt wurden.
[5.32] Vgl. Musterblatt der TK 25 (1967), S. 50.
[5.33] Vgl. Musterblatt der DGK 5 (1964), S. 21.

zu Kapitel 6:
[6.1] Ausführliche Hinweise zum Einsatz und Gebrauchswert von ARC/INFO finden sich bei H. JUNIUS (1988b), S. 1–7. Vgl. H. JUNIUS (1987) und H. JUNIUS (1988a), S. 47.

zu Kapitel 7:
[7.1] So zeigen hier erhöhte Schadstoffkonzentrationen im Bereich der ehemaligen beiden Gasometer, daß es sich bei diesem Verdachtsstandort tatsächlich um eine Altlastfläche handelt.
[7.2] Vgl. hierzu in MELF NRW (1985c), S. 47 bis 49, die Hinweise zu Informationsquellen für eine Altlastenerfassung. Vgl. dazu auch die Ausführungen von D. HAAS (1988), S. 2 bis 3 sowie Anlagen 1 und 2.

Literaturverzeichnis

Abkürzungen

AV	Allgemeine Vermessungsnachrichten. Karlsruhe
BuL	Bildmessung und Luftbildwesen. Karlsruhe
GR	Geographische Rundschau. Braunschweig
GT	Geographisches Taschenbuch. Wiesbaden
GZ	Geographische Zeitschrift. Wiesbaden
GWA	Gewässer − Wasser − Abwasser (Institut für Siedlungswasserwirtschaft der TH Aachen). Aachen
KN	Kartographische Nachrichten. Gütersloh (bis 1972), Bonn-Bad Godesberg (seit 1973)
LuL	Luftbild und Luftbildmessung. Berlin
MdRfL	Mitteilungen des Reichsamts für Landesaufnahme. Berlin
MdWBK	Mitteilungen der Westfälischen Berggewerkschaftskasse. Bochum
MK	Mitteilungen Koppers. Essen
MuA	Müll und Abfall. Berlin, Bielefeld, München
PE	Photographic Engineering and Remote Sensing. Falls Church
PGM	Petermanns Geographische Mitteilungen. Gotha/Leipzig
RI	Recycling International. Berlin
VuR	Vermessungswesen und Raumplanung. Bonn
WuB	Wasser und Boden. Hamburg, Berlin
ZdDGG	Zeitschrift der Deutschen Geologischen Gesellschaft. Hannover
ZfKuF	Zeitschrift für Kulturtechnik und Flurbereinigung. Berlin, Hamburg
ZfV	Zeitschrift für Vermessungswesen. Stuttgart

ABENDROTH (1910): Die topographischen Karten der Königl. preuß. Landesaufnahme. In: *PGM*, Bd. 56, H. 2. S. 37, 93−95.

ABERCRON, v. (1941): Luftbild, Städtebau und Landesplanung um 1900. In: *BuL*, Bd. 16, Nr. 2. S. 79−84.

ADENIYL, P. O. (1980): Land-use change analysis using sequential aerial photography and computer techniques. In: *PE*, Vol. 46, No. 11. S. 1447−1464.

AHLKE, U. (1983): *Beispiele zur regionalen Erfassung von Altablagerungen.* In: Sanierung kontaminierter Standorte − Dokumentation eines Arbeitsgesprächs, hrsg. v. Bundesminister f. Forschung u. Technologie in Zusammenarbeit mit dem Umweltbundesamt, Projektstab «Feste Abfallstoffe». Berlin. S. 9−22.

Akademie für Raumforschung und Landesplanung (Hrsg.) (1970): Geographie. Angewandte Geographie. In: *Handwörterbuch der Raumforschung und Raumordnung*, Bd. I. Hannover. S. 963−980.

Akademie für Raumforschung und Landesplanung (Hrsg.) (1970): Kartographie. Allgemeine Kartographie. In: *Handwörterbuch der Raumforschung und Raumordnung*, Bd. 2. Hannover. S. 1487−1500.

ALBERTY, J. (1988): Analysen für Altlasten. In: Umwelt − Zeitschrift des Vereins Deutscher Ingenieure für Immissionsschutz, Abfall, Gewässerschutz. H. 1−2. Düsseldorf. S. 26−27.

ALBERTS, L. (1950): Kokerei. In: *Taschenbuch für Gaswerke, Kokereien, Schwelereien und Teerdestillationen*, hrsg. v. H. WINTER. Halle (Saale). S. 365−534.

Albertz, J. (1963): *Deutsches Schrifttum über Bildmessung und Luftbildwesen 1938 bis 1960.* Frankfurt/M. (= Nachrichten a.d. Karten- und Vermessungswesen, Reihe IV: Beiträge zur Dokumentation, hrsg. v. Institut f. Angewandte Geodäsie).

Albertz (1970): Sehen und Wahrnehmen bei der Luftbildinterpretation. In: *BuL, H. 1.* S. 25–34.

Albertz (1985): Lokalisierung von kontaminierten Standorten durch Interpretation von Luftbildern. In: *Materialien 1 (1985)*, Symposium «Kontaminierte Standorte und Gewässerschutz», Aachen, 1.–3.10. 1984, hrsg. v. Umweltbundesamt. Berlin. S. 185–195.

Albertz, J., u. W. Kreiling (1980): *Photogrammetrisches Taschenbuch.* 3. Aufl. Karlsruhe.

Albertz, J., u. W. Zöllner (1984): *Einsatzmöglichkeiten der Luftbildinterpretation bei der Altlastsuche.* Abschlußbericht zu dem im Auftrag des Senators für Bau- u. Wohnungswesen durchgeführten Forschungsvorhaben «Untersuchung zur Interpretation von Farbinfrarot-Luftbildern im Rahmen des Altlasten-Suchkonzepts». Berlin. (unveröffentlicht)

Albrecht, O., u. G. Krauss (1976): 100 Jahre Landesvermessung im norddeutschen Raum. Teil 1: Die Preußische Landesaufnahmen 1875–1921. Teil 2: Die Zeit von 1921 bis 1975. In: *Geodätische Woche Köln 1975.* Stuttgart.

Al Homaid, N. (1976): *Untersuchung zur Möglichkeit der Erkennung und Klassifikation von Brachflächen in Luftbildern.* Dissertation. Freiburg i. Br.

American Society of Photogrammetry (1983): *Manual of remote sensing.* 2. Ed., Vol. II. *Interpretation and Application.* Falls Church, Virginia.

Andressen, K. (1983): Tödliche Erbschaft. In: *Stern, H. 3.* S. 98–99.

Anzeigenblatt für Castrop-Rauxel (1985): Erin: Altlasten werden abgeklärt. In: *Anzeigenblatt für Castrop-Rauxel* vom 23.2. 1985.

Arbeitsgemeinschaft Wasserwirtschaft im Schleswig-Holsteinischen Landkreistag, (o.J.): *Merkblatt zur Untersuchung der Auswirkungen von Altablagerungen.* Stand: 15.4.1986.

Arbeitsgruppe Aufstellung von MAK-Werten und Festlegung von Grenzen für Stäube der Kommission zur Prüfung gesundheitsschädlicher Arbeitsstoffe der Deutschen Forschungsgesellschaft (1987): *Gesundheitsschädliche Arbeitsstoffe, Toxikologisch-arbeitsmedizinische Begründung von MAK-Werten.* Würzburg.

Arbeitskreis Chemische Industrie, Köln/Katalyse Umweltgruppe Köln e.V./Robin Wood (Hrsg.) (1984): *Dioxin.* Köln.

Arbeitskreis Topographie der ADV (1983): *Musterblatt für die Deutsche Grundkarte 1:5000. Ausgabe 1983*, hrsg. v. Nieders. Landesverwaltungsamt-Landesvermessung. Hannover.

Arendt, G. (1983): Deponieanalysen zur Identifikation gefährlicher Stoffe in Altablagerungen. In: *Sanierung kontaminierter Standorte – Dokumentation eines Arbeitsgesprächs,* hrsg. v. Bundesminister f. Forschung u. Technologie in Zusammenarbeit mit dem Umweltbundesamt, Projektstab «Feste Abfallstoffe». Berlin. S. 63–66.

Arnberger, E. (1966): *Handbuch der thematischen Kartographie.* Wien.

Arnold, H. (1965): Bemerkungen zu thematischen Stadtkarten. Die Grundkarten 1:5000 als Unterlage für quantitative Darstellung. In: *KN, H. 2.* S. 75–79.

Arnold, H., u.a. (1975): Neues aus dem bergbaulichen Riß- und Kartenwesen. In: *Taschenbuch für Bergingenieure 1975.* Essen. S. 177–179.

Bachmann, G. (1988): Grundsätze einer umweltverträglichen Bodennutzung bei der Sanierung von Altlasten. In: *Altlasten und kontaminierte Standorte,* hrsg. v. R. Kompa und K. P. Fehlau. Forum des Instituts für Energietechnik und Umweltschutz im TÜV Rheinland in Zusammenarbeit mit dem Umweltbundesamt Berlin im Einvernehmen mit dem Minister für Umwelt, Raumordnung und Landwirtschaft des Landes NRW. S. 275–289.

Baelder, K. H. (1979): *Recht der Abfallwirtschaft.* Bielefeld.

Bahrenberg, G. (1972): Räumliche Betrachtungsweise und Forschungsziele der Geographie. In: *GZ, H. 60.* S. 8–24.

Bailey, R. H. (1981): *Der Luftkrieg in Europa. Der Zweite Weltkrieg.* Time-Life Bücher. Amsterdam.

Balke, K.-D., u.a. (1973): Chemische und thermische Kontamination des Grundwassers durch Industriewässer. In: *ZdDGG*, Bd. 124. S. 447–460.

BARRETT, K., u. a. (1981a): *Site ranking model for determining remedical action priorities among uncontrolled hazardous substances facilities.* Working Paper: The MITRE Corporation. McLean, Virginia.

BARRETT, K., u. a. (1981b): Ranking system for releases of hazardous substances. In: *National conference on management of uncontrolled hazardous waste sites, October 28–30, 1981.* Washington, D. C. S. 14–20.

BARRY, D. L., u. ATKINS, W. S. (1985): Former iron and steelmaking plant. In: *Contaminated land – reclamation and treatment*, ed. by M. A. SMITH. Published in cooperation with Nato committee on the challenges of modern society. Vol. 8. New York/London. S. 311–340.

BARTELS, D. (1970a): Zur Theorie in der Geographie. In: *Geographica Helvetica, Beihefte 2/3*. Zürich.

BARTELS (1970b): *Wirtschafts- und Sozialgeographie.* Köln, Berlin.

BASCHIN, O. (1911): Die Ergänzung topographischer Karten durch photographische Aufnahmen aus Luftballons. In: *PGM, H. 3.* S. 145–146.

Batelle-Institut e. V. (Hrsg.) (1984): *Technische Information – Sanierung alter Deponien und kontaminierter Grundstücke.* Frankfurt a. M.

BATTERMANN, G., u. P. WERNER (1984): Beseitigung einer Untergrundkontamination mit Kohlenwasserstoffen durch mikrobiellen Abbau. In: *GWF-Wasser/Abwasser, Bd. 125, H. 8.* München. S. 366–373.

BATTERMANN (1985): *Die Hamburger Mülldeponie «Georgswerder». Mitwirkung des Vermessungsamtes bei Vorarbeiten zur Deponiesanierung.* Hamburg. (geplant als Veröffentlichung in «Der Städtetag»).

Baubehörde-Vermessungsamt Hamburg (1983): *Mitteilungen zum Programm Flächensanierung – Systematische Auswertung von Karten und Luftbildern.* Hamburg. (unveröffentlicht)

BATTERMANN (1985): *Mitwirkungen des Kataster- und Vermessungswesens bei Bestandsaufnahmen und Sanierung von Deponien und anderen Altlast-Flächen.* Hamburg. (geplant als Veröffentlichung in «Der Städtetag»)

BAUER, U. (1985): Bewertung der Emissionspfade am Beispiel der halogenierten Kohlenwasserstoffe. In: *Materialien 1 (1985)*, Symposium «Kontaminierte Standorte und Gewässerschutz», Aachen. 1.–3. 10. 1984, hrsg. v. Umweltbundesamt. Berlin. S. 281–297.

BAUER, H.-J. (1987): Grundlegende Aspekte bei der Erstbewertung, Untersuchung und Beurteilung von Verdachtsflächen. In: *Gefährdungsabschätzung bei Altlasten*, hrsg. v. Landesamt für Wasser und Abfall Nordrhein-Westfalen. Düsseldorf. S. 43–61. (= *LWA-Materialien, Nr. 3/87*).

BAUMGART, P., u. G. THEOBALD (1986): Zur Altlastproblematik. In: *Der Städtetag 39.* S. 330–333.

BAUMGARTEN, J., ZIMMERMANN, H., u. K. MÜCKE (1986): Das Altablagerungs- und Altlastenprogramm des Landes Niedersachsen. In: *WuB, H. 10.* S. 497–500.

BAUMGÄRTNER, A. (1940): Die Herstellung von Bildplänen. In: *LuL, Nr. 18.* S. 21–37.

Bayer AG (1983): Bayer AG stellt PCB-Produktion ein. In: *MuA, H. 7.* S. 185.

BBU Hamburg (1985): Wasserwirtschafts-Jahresbericht Hamburg. Pkt. 6: Untersuchung und Sanierung von Untergrundverunreinigungen (Altlasten). In: *WuB, H. 6/7.* S. 300–302.

BEERS, R. H., u. a. (1981): The complementary nature of geophysical techniques for mapping chemical waste disposal sites: Impuls radar and resistivity. In: *National conference on management of uncontrolled hazardous waste sites, October 28–30, 1981.* Washington, D. C. S. 158–164.

BEINE, R. A., u. M. GEIL (1985): Eigenschaften von Dichtesystemen und deren Prüfung. In: *Altlasten und kontaminierte Standorte – Erkundung und Sanierung.* Seminar vom 10. April 1985, Ruhr-Universität Bochum, hrsg. v. H. L. JESSBERGER in Zusammenarbeit mit Unikontakt, Bochum. S. 136–166.

BELZNER, H. (1958): Die Luftaufnahmetätigkeit in der Bundesrepublik. In: *BuL, Nr. 3.* S. 88–91.

BENSON, R. C., u. R. A. GLACCUM (1979): Remote assessment of pollutants in soil and groundwater. In: *National conference on hazardous material risk assessment, disposal and management.* April 25–27, 1979. Miami Beach, Florida. (Printed in USA. Library

of Congress, catalog no. 79−67389). Silver Spring, Maryland. S. 188−194.
BENSON, R. C., u. R. A. GLACCUM (1980): Site assessment: Improving confidence levels with surface remote sensing. In: *US EPA National conference on management of uncontrolled hazardous waste sites. October 15−17, 1980,* Washington, D. C. (Printed in USA. Library of Congress, catalog no. 80−83541). Silver Spring, Maryland. 1980. S. 59−65.
BERNARD, H. (1980): Love Canal − 12030 A. D. In: *US EPA National conference on management of uncontrolled hazardous waste sites. October 15−17, 1980.* Washington. D. C. (Printed in USA. Library of Congress, catalog no. 80−83541). Silver Spring, Maryland. S. 220−223.
BEYER, W. (1981): Lehrbuch der organischen Chemie. Stuttgart.
BIRK, F., u. a. (1973): Die Auswirkungen der Verkippung und Lagerung von cyanidhaltigen Härtesalzen in Bochum-Gerthe auf das Grund- und Oberflächenwasser. In: *ZdDGG, Bd. 124.* S. 461−473.
BLUME, H. P., u. a. (1979): Vegetationsschäden und Bodenveränderungen in der Umgebung einer Mülldeponie. In: *ZfKuF, H. 20.* S. 65−79.
BLUME, H. P., u. E. SCHLICHTING (Hrsg.) (1982): *Bodenkundliche Probleme städtischer Verdichtungsräume.*
BOBEK, H. (1942): Begründung einer wissenschaftlichen Luftbildstelle der Deutschen Geographischen Gesellschaft bei der Gesellschaft für Erdkunde zu Berlin. In: *Zeitschrift der Gesellschaft für Erdkunde zu Berlin, H. 9/10.* Berlin. S. 372−374.
BOBEK, H. (1957): Gedanken über das logische System der Geographie. In: *Mitteilungen der Geographie-Gesellschaft Wien, Bd. 99.* Wien. S. 122−145.
Bochumer Anzeiger (1984): Sorge gilt Giften aus den Altlasten. In: *Bochumer Anzeiger* vom 1. 11. 1984.
BÖCKER, R. (1985): Bodenversiegelung − Verlust vegetationsbedeckter Flächen in Ballungsräumen − am Beispiel von Berlin (West). In: *Landschaft und Stadt. H. 2.* S. 57−61.
BÖHME, R. (1968): Probleme der Kartenfortführung. In: *Kartengeschichte und Kartenbearbeitung.* Festschrift zum 80. Geburtstag von Wilhelm Bonacker am 17. März 1968,

hrsg. v. K.-H. MEINE. Bad Godesberg. S. 159−161.
BOHNSACK, G. (1986): Das Liegenschaftskataster heute und morgen. In: *AVN, H. 1.* S. 37−42.
BOLLER, F., u. B. SCHELLE (Hrsg.) (1987): Statusseminar zum BMFT-Förderschwerpunkt «Bodenbelastung und Wasserhaushalt I» (Bodenforschung), 4.−5. 12. 1986. (= *Spezielle Berichte der Kernforschungsanlage Jülich − Nr. 396*)
BORRIES, H.-W., u. J. DODT (1988): Die Erfassung altlastenverdächtiger Flächen durch multitemporale Karten- und Luftbildauswertung. In: THOMÉ-KOZMIENSKY, K. J.: *Altlasten 2.* Berlin. S. 415−438.
BORRIES, H.-W. (1991): Altlasten − Unbedenklichkeitsprüfung, Umweltinformation aus «höchster Sicht». *Technologie Report, Null-Ausgabe,* Zeitschrift der Technologiezentren im Land NRW, 1991, S. 7−8.
BORRIES, H.-W. (1991): Neue Chancen auf Altstandorten. In: *Standort, Zeitschrift für Angewandte Geographie,* 1/1991, S. 26−28.
BORRIES, H.-W., HÜTTL, H., u. H.-G. CARLS (1991): Erfassung und Erstbewertung von Rüstungsaltlasten durch Karten, Akten und Luftbilder. In: OBERHOLZ, A.: *Tödliche Gefahr aus der Tiefe − Bittere Erkenntnisse zu Kriegs- und Rüstungsaltlasten.* Düsseldorf: Kommunal-Verlag, 1991, S. 181−207.
BORRIES, H.-W., u. HÜTTL, H. (1991): Beprobungsfreie Erfassung und Erstbewertung von Rüstungsaltlasten − Einsatz und Effizienz der multitemporalen Karten-, Luftbild- und Aktenauswertung. In: *Rüstungsaltlasten Bd. I,* hrsg. von THOMÉ-KOZMIENSKY. Berlin, Veröffentlichung im September 1991.
BORRIES, H.-W. (1991): Altlastenerkundung − effizient und wirtschaftlich durch beprobungslose/freie Untersuchungsmethoden. *Kommunalwirtschaft Maiausgabe 1991* (Fachheft Grundwasser/Kanalisierung/Müll- u. Abfalldeponien/kontaminierte Standorte u. Altlasten), Düsseldorf: Deutscher Kommunal-Verlag, 1991.
BOSSE, H. (1953): Kartentechnik. 1. Zeichenverfahren. In: *Ergänzungsheft Nr. 243 zu PGM.* Gotha.
BOSSE, K. (1983): Verwertung von Schlacken aus der Müllverbrennung im Straßenbau. In: *MuA, H. 2.* S. 48−52.
BOURNE, R. (1928): Aerial survey in relation to

the economic development of new countries. In: *Oxford forestry memoirs*, No. 9. Oxford.

BOWDERS, J. J., LORD, A. E., u. R. M. KOERNER (1981): Utilization and assessment of a pulsed RF system to monitor subsurface liquids. In: *National conference on management of uncontrolled hazardous waste sites, October 28–30, 1981.* Washington, D. C. S. 165–170.

BOWLEY, D. R. (1980): *Surface waste impoundments in Massachusetts*. A survey report. Massachusetts departement of environmental quality engineering, office of planning and program management, Boston 1980. Environmental Protection Agency (EPA) Grant No. Foo1–173–780.

BRANDWEIN, D. I., HOUSMAN, J. J., u. D. F. UNITES (1981): Site contamination and liability audits in the era of Superfoud. In: *National conference on management of uncontrolled hazardous waste sites. October 28–30, 1981.* Washington, D. C. S. 398 bis 404.

BRAUN, B. (1990): Erfassen und Bewerten von Altstandorten des Bergbaus. In: *Bergbau*, H. 6. Essen. S. 249–253.

BRENZEL, J. (1984): Haftungsfragen bei der Sanierung kontaminierter Standorte. In: *Symposium «Kontaminierte Standorte und Gewässerschutz»*, Aachen. 1.–3. 10. 1984 (Vortragsfassung).

BRINDÖPKE, W. (1975): Der Luftbildplan 1:5000 – eine Ergänzung des topographischen Kartenwerkes der Deutschen Grundkarte 1:5000. In: *Nachrichten der Niedersächsischen Vermessungs- und Katasterverwaltung*, H. 25. Hannover. S. 119–128.

BRINKMANN, K. (1968): *Bochum – Aus der Geschichte einer Großstadt*. Bochum.

BRÜCHER, W. (1982): Industriegeographie. In: *Das Geographische Seminar*. Braunschweig.

BRÜCK, W. (1985): *Abwehr von Grundwassergefährdungen in unserem Trinkwassergebiet*. Vortragsfassung zum Seminar «Altlasten – Erfassung, Bewertung, Sanierung kontaminierter Standorte», Berlin. 18.–21. 11. 1985 am Deutschen Institut für Urbanistik. Berlin.

BRÜCKNER, H. (1938): *Handbuch der Gasindustrie*. München.

BRÜNING, K. (1936): Verwendung der Luftbildpläne im Maßstab 1:5000 bei landesplanerischen Arbeiten der Provinzialverwaltung Hannover. In: *LuL, H. 4.* S. 182–186.

BRÜNING, W. (1940): Ausmessung. Kleinmaßstäblich (1:25 000 und kleiner). In: *BuL, Nr. 18.* S. 65–69.

BRUHN, W. (1940): Wie kann die Berichtigung der Topographischen Karte 1:25 000 beschleunigt werden? In: *ZV, Bd. 69*, H. 1. S. 23–27.

DE BRUIJN, C. A., et al. (1976): Urban survey with aerial photography, a time for practice. In: *ITC (International Training Center) Journal*. Enschede. S. 184–224.

BUCHWALD, K., u. W. ENGELHARD (Hrsg.) (1978): *Handbuch für Planung, Gestaltung und Schutz der Umwelt. Bd. 1 u. 2.* München, Bern, Wien.

BUCKSTEEG, W. (1973): Kriterien zur Beurteilung von Industriemüll im Hinblick auf seine Deponie. In: *GWA, Bd. 10.* S. 563–569.

BUDDE, B., u. a. (1984): Raumentwicklung und Wasserversorgung des Ruhrgebietes 1954–1980. In: *Forschungsberichte des Landes Nordrhein-Westfalen, Nr. 3/88*, hrsg. v. Minister für Wissenschaft und Forschung. Opladen.

Bundesminister des Inneren (Hrsg.) (1985): *Bodenschutzkonzeption der Bundesregierung*. Bundestags-Drucksache 1985. Stuttgart, Berlin, Köln, Mainz.

Bundesminister für Forschung und Technologie in Zusammenarbeit mit dem Umweltbundesamt, Projektstab «Feste Abfallstoffe» (Hrsg.) (1983): *Sanierung kontaminierter Standorte – Dokumentation eines Arbeitsgespräches*. Berlin.

Bundesverband Bürgerinitiativen Umweltschutz (BBU) und Landesverband Bürgerinitiativen Umweltschutz Niedersachsen (LBU) (Hrsg.) (1984): Abfall Schwarzbuch Niedersachsen. In: *Umweltinformationen für Niedersachsen, Zeitschrift der niedersächsischen Bürgerinitiativen*, H. 6. Hannover.

BURHENNE, W. E. (1986): Thema Abfall in den Landesparlamenten. In: *MuA, H. 7.* S. 282–285.

CARSTENSEN, H. (1969): Müllbeseitigung und Landschaftsschutz. In: *Stuttgarter Berichte zur Siedlungswasserwirtschaft*, hrsg. v. Forschungs- und Entwicklungsinstitut für Industrie- und Siedlungswasserwirtschaft sowie Abfallwirtschaft e. V. Stuttgart. Bd. 25. München. S. 255–270.

CASTEEL, D., u. a. (1980): A methodology for locating abandoned hazardous waste disposal sites in California. In: *US EPA National conference on management of uncontrolled hazardous waste sites, October 15–17, 1980*, Washington, D. C. (Printed in USA. Library of Congress. Catalog No. 80–83541). Silver Spring, Maryland. S. 275–281.

CHEREMISINOFF, P. N., u. K. A. GIGLIELLO (1983): *Leachate from hazardous waste sites*. Technomic publishing Co., Inc. 1983. 851 New Holland Ave, Lancaster, Pennsylvania.

CHILDS, K. A. (1985): Treatment of contaminated groundwater. *In: Contaminated land reclamation and treatment*, ed. by M. A. SMITH. Published in cooperation with nato committee on the challenges of modern society, Vol. 8. New York, London. S. 183–198.

CHISNELL, T. C., u. G. E. COLE (1958): «Industrial-components» – A Photo interpretation key on industry. In: *PE*, Vol. 24, No. 4. S. 590–602.

COATES, H. A., u. R. R. HEAD (1979): The resource conservation and recovery act's waste management requirements pose serious implications to industry. In: *National conference on hazardous material risk assessment, disposal and management, April 25–27, 1979*. Miami Beach, Florida. (Printed in USA. Library of Congress. Catalog No. 79–67389). Silver Spring. S. 1–3.

COCHRAN, S. R., u. a. (1982): Survey and case study investigation of remedial actions at uncontrolled hazardous waste sites. In: *National conference on management of uncontrolled hazardous waste sites, November 29–1 December, 1982*. Washington, D. C. S. 131–135.

COHRS, H.-H. (1990): Maschineneinsatz, Schutzmaßnahmen und Probleme bei der Altlastsanierung. In: *Bergbau*, H. 6. Essen. S. 260–263.

COLDEWEY, W. G. (1976): Hydrogeologie, Hydrochemie und Wasserwirtschaft im mittleren Emschergebiet. In: *MdWBK*, H. 38.

COLLINS, W. G., u. A. H. A. EL-BEIK (1971): The aquisition of urban land use information from aerial photographs of the city of Leeds (Great Britain). In: *Photogrammetria*, H. 25. Amsterdam. S. 71–92.

COOK, D. K. (1981): Selection of monitoring well location in East and North Woburn, Massachusetts. In: *National conference on management of uncontrolled hazardous waste sites, October 28–30, 1981*. Washington, D. C. S. 63–69.

CORDES, G. (1972): Zechenstillegungen im Ruhrgebiet 1900–1968. In: *Schriftenreihe des Siedlungsverbandes Ruhrgebiet*, Nr. 34. Essen.

COULSON, M. G., u. E. M. BRIDGES (1984): The remote sensing of contaminated land. In: *International Journal of Remote Sensing*, Vol. 5, No. 4. S. 659–669.

COULSON, M. G., u. E. M. BRIDGES (1986): Site assessment and monitoring of contaminants by airborne multispectral Scanner. In: *Contaminated soil, First International TNO conference on contaminated soil, November 11–15, 1985*. Utrecht (NL), hrsg. v. J. W. ASSINK u. W. J. VAN DEN BRINK. Dordelt, Boston, Lancaster. (Vortragsfassung)

CRUMP-WIESNER, H. J., u. L. HEISE (1985): Die amerikanischen Erfahrungen mit dem Superfoud: Antwort auf das Vermächtnis aus gefährlichen Abfällen. In: *Materialien 1 (1985)*, Symposium «Kontaminierte Standorte und Gewässerschutz», Aachen. 1. bis 3. 10. 1984, hrsg. v. Umweltbundesamt. Berlin. S. 123–145.

CZECH, H., u. F.-J. FRANKE (1986): Erfassen von Altlasten des Steinkohlenbergbaus. In: *Glückauf 122*, Nr. 23. Essen. S. 1617–1522.

DÄBRITZ, W. (1934): *Bochumer Verein für Bergbau und Gußstahlfabrikation in Bochum*. Düsseldorf.

DAHL, T. O. (1981): A hazardous waste disposal problem – VS – A systematic approach for imposing order onto chaos. In: *National conference on management of uncontrolled hazardous waste sites, October 28–30, 1981*. Washington, D. C. S. 329–340.

DAHLMANN, K. (1985): Altlastenproblematik aus kommunaler Sicht. In: *Altlasten und kontaminierte Standorte – Erkundung und Sanierung*. Seminar vom 10. April 1985, Ruhr-Universität Bochum, hrsg. von H. L. JESSBERGER in Zusammenarbeit mit Unikontakt. Bochum. S. 34–55.

DARMSTADT, H. (1973): Ungenehmigte Ablagerung von giftigen Härtesalzen – Giftkatastrophe in Bochum. Örtliche Situation, Ver-

ursachung, Gefahrenlage, Katastrophenabwehr. In: *GWA, Bd. 10.* S. 577–580.
DAVIS, J. M. (1966): Uses of aerial photos for rural and urban planning. Washington. (= *Department of Agriculture Handbook, No. 315*).
DE BORST, B., u. VEEN, VAN F. (1982): *Einige Erfahrungen eines beratenden Ingenieurbüros auf dem Gebiet der Bodenverunreinigung*. Arbeitspapier zum Arbeitsgespräch «Sanierung kontaminierter Standorte» im Umweltbundesamt Berlin am 14. u. 15. Juni 1982. Deventer (NL).
DE BORST, B., u. VEEN, VAN F. (1985): Erfahrungen mit der Untersuchung kontaminierter Standorte in den Niederlanden. In: *Materialien 1 (1985)*, Symposium «Kontaminierte Standorte und Gewässerschutz», Aachen, 1.–3. 10. 1984, hrsg. v. Umweltbundesamt. Berlin. S. 299–305.
DEGNER, H. (1930/31): Geschichtliche Entwicklung der amtlichen preußischen Gradabteilungsblätter. In: *MdRfL, H. 1.* S. 85–99.
DEGNER, H. (1931/32): Karl Ludwig v. Lecoq und die Aufnahme Westfalens. In: *MdRfL, H. 1.* S. 25–38.
DEGNER, H. (1940): Die Aufnahmearbeiten des Preußischen Generalstabs nach den Freiheitskriegen. In: *MdRfL, H. 1.* S. 1–20.
DELMHORST, B. (1986): Bodenschutz und Altlasten. In: *WuB, H. 4.* S. 162–164.
Deutsche Forschungsgemeinschaft DFG (1986): *Maximale Arbeitsplatzkonzentration und Biologische Arbeitsstofftoleranzwerte*. Weinheim.
Deutsche Staatsbibliothek Berlin (1972): *Archivkatalog der ehemaligen Deutschen Staatsbibliothek Berlin. Bd. 1.* Berlin.
Deutscher Bundestag – Drucksache (1984): *Kleine Anfrage des Abgeordneten Dr. Ehmke (Ettlingen) und der Fraktion Die Grünen.* Grundwassergefährdung durch Altlasten. BT-Drucksache 10/1348 vom 24. 4. 1984.
DIDIER KOGAG-HINSELMANN (Koksofenbau und Gasverwertung AG Essen) (1951): *Bau von Kokereien und Anlagen zur Gewinnung aller Produkte der Steinkohlen- und Braunkohlenveredlung*. Essen.
Die Gesellschaft für Teerverwertung mbH (Hrsg.) (1934): *Die Auswertung des Kokereiteers.* Essen.
DIETZ, K. (1981): Grundlagen und Methoden geographischer Luftbildinterpretation. In: *Münchener Geographische Abhandlungen, Bd. 25.* München.
DODT, J. (1969): Methodische Aspekte der stadtgeographischen Luftbildinterpretation. Ein Überblick zum Stand der Forschung. In: *Berichte zur Deutschen Landeskunde, Bd. 42,* Trier.
DODT, J. (1974): Luftbildauswertung durch «Indikatoren». Möglichkeiten und Grenzen der Datengewinnung für die Raumplanung. In: *VuR, H. 36.* S. 433–444.
DODT, J. (1984): Methoden der Interpretation. In: *Angewandte Fernerkundung. Methoden und Beispiele,* hrsg. v. S. SCHNEIDER. Hannover. S. 44–55.
DODT, J. (1986): Möglichkeiten der Luftbildinterpretation zur Erfassung und Differenzierung von Kontaminationen auf ehemaligen Betriebsgeländen. In: *Branchentypische Inventarisierung von Bodenkontaminationen – ein erster Schritt zur Gefährdungsabschätzung für ehemalige Betriebsgelände,* hrsg. vom Umweltbundesamt Berlin (= *Texte 31/86*), Berlin. S. B1–B37.
DODT, J. (1987): Auswertung von Karten und Luftbildern für die Erfassung und Lokalisierung von Verdachtsflächen. In: *Gefährdungsabschätzung bei Altlasten,* hrsg. v. Landesamt für Wasser und Abfall Nordrhein-Westfalen. Düsseldorf. S. 25–41. (= *LWA Materialien 3/87*).
DODT, J. (1988): Karten und Luftbilder als Informationsquellen für die Erfassung «altlastenverdächtiger» Flächen. In: *Altlasten und kontaminierte Standorte,* hrsg. v. R. KOMPA u. K.-P. FEHLAU. Forum des Institutes für Energietechnik und Umweltschutz im TÜV Rheinland in Zusammenarbeit mit dem Umweltbundesamt Berlin im Einvernehmen mit dem Minister für Umwelt, Raumordnung und Landwirtschaft des Landes NRW. S. 127–141.
DODT, J., et al. (1987): *Die Verwendung von Karten und Luftbildern bei der Ermittlung von Altlasten. Ein Leitfaden für die praktische Arbeit.* Im Auftrag des Ministers für Umwelt, Raumordnung und Landwirtschaft des Landes Nordrhein-Westfalen. 2 Teile. Düsseldorf.
DODT, J., u. A. MAYR (Hrsg.) (1976): Bochum im Luftbild. In: *Bochumer Geographische Arbeiten, Sonderreihe Bd. 8.* Paderborn.
DODT, J., u. a. (1985): Bibliographie zur Stadtgeographie. In: *Materialien zur Raumord-*

nung aus dem Geographischen Institut der Ruhr-Universität Bochum, Bd. 29. Bochum.
Dortmunder Stadtwerke AG (Hrsg.) (o. J.): *Die Dortmunder Gasversorgung*. 125 Jahre Dortmunder Stadtwerke. Dortmund.
DÖRRIES, H. (1939): Nordwestdeutschland im Kartenbild der ersten Landesaufnahme. In: *Geographischer Anzeiger*, 40. Jg., H. 9. S. 221–230.
Dr. C. Otto u. Co. GmbH (Hrsg.) (1973): 100 Jahre Dr. C. Otto. 1872–1972. In: *Otto Rundschau*. Bochum.
Dr. C. Otto u. Co. GmbH (Hrsg.) (o. J): *Die Koksofenindustrie*. Bochum.
DUPIERY, E. (1941): *Aufbereitung der Steinkohlen*. Dortmund.
ECKERT-GREIFENDORF, M. (1941): *Bildliche Darstellung der Kartenzeichen in den amtlichen deutschen Karten (Kartenfibel)*. D. (Luft) 1802. H. Dv. 271. Berlin.
ECKERT-GREIFENDORF, M. (1943): *Kartenkunde*. Berlin. (= Sammlung Göschen, Band 30)
EGGERS, B., u. F. WITTEBROCK (1988): Erfahrungen bei der Erfassung und Erstbewertung von Altablagerungen im Landkreis Helmstedt (Niedersachsen). In: *MuA, H. 4*. S. 150–154.
EGGERS, B., GERSEMANN, J., u. J. WOLFF (1986): Möglichkeiten der Lokalisierung von Altablagerungen mittels geomagnetischer Messungen. In: *WuB, H. 10*. S. 507–509.
EIDENSHINK, J. C. (1985): Detection of leaks in buriel rural water pipelines using thermal infrared images. In: *PE, Vol. 51, No. 5*. S. 561–564.
EIGENBROOT (1868): *Die Städtereinigung zur Verhütung der steigenden Verunreinigung des Erdbodens unserer Wohnorte als wichtigste Aufgabe der Sanitätspolizei*. Darmstadt, Leipzig.
EISINGER, V. (1957): Luftbild und Städtebau. In: *BuL, H. 2*. S. 59–62.
ELLERS, M. (1985): Das Ruhrgebiet fürchtet den «Fluch der Väter». Altlastenbekämpfung noch am Anfang. In: *Westfalenpost Hagen* vom 25.2.1985.
EMMOTT, C., u. W. G. COLLINS (1980): Air photo interpretation for the measurement of changes in urban land use. In: *International Archives of Photogrammetry, Vol. XXIII, Part B7*. Hamburg. S. 281–290.
ENGELBERT, W. (1964): Katasterkarte, Deutsche Grundkarte 1:5000 und Luftbild in der Stadtkartographie. In: *KN, H. 5*. S. 150–155.
ENGELMANN, G. (1968): Die Kartographen und Kartenbearbeiter der Preußischen Urmeßtischblätter. In: *Kartengeschichte und Kartenbearbeitung*. Festschrift zum 80. Geburtstag von Wilhelm Bonacker am 17. März 1968, hrsg. v. K.-H. MEINE. Bad Godesberg. S. 227–232.
Environmental Protection Agency (EPA) (1974): *Report to congress: Disposal of hazardous waste*. SW-115. Washington. D. C.
ERB, T. L., u. a. (1981): Analysis of Landfills with Historic airphotos. In: *PE, Vol. 47, No. 9*. S. 1363–1369.
ERBEL, A., u. W. KAMPERT (1965): Müll und Abfall. In: *Schriftenreihe Fortschrittliche Kommunalverwaltung*, hrsg. v. R. JÖB. Köln, Berlin. S. 44 ff.
ERHARD, H. (1954): *Aus der Geschichte der Stadtreinigung*. Stuttgart, Köln.
ERHARD, H. (1968): Die kommunale Müllbeseitigung seit der Jahrhundertwende. In: *Der Städtetag, H. 7*. Köln. S. 391–395, u. H. 8, S. 441–444.
ERNST, W., u. E. JOOSSE VAN DAMME (1983): *Umweltbelastung durch Mineralstoffe. Biologische Effekte*. Stuttgart.
ESSER, U. (1990): Altstandorte nutzungsbezogen bewerten und beurteilen. In: *Bergbau, H. 6*. Essen. S. 264–259.
EWALD, E. (1920): Die Flugzeugphotographie im Dienste der Geographie. In: *PGM, 89. Jg., H. 1*. S. 1–6.
EWALD, E. (1922): Die Raumbildaufnahme vom Flugzeug und ihre Bedeutung für die Geographie. In: *PGM, 68. Jg. H. 2*. S. 148–150.
EWALD, E. (1924): Das Luftbild im Unterricht. In: *Bild und Schule, H. 1*. Breslau.
EWALD, E. (1933a): Die Organisation des Luftbildwesens. In: *BuL, Nr. 4*. S. 163–168.
EWALD, E. (1933b): Photogrammetrische Ausstellung in Essen. In: *BuL, Nr. 4*. S. 187–190.
EWALD, E. (1936): Der Einsatz des Luftbildes für die Neuordnung des Deutschen Wirtschaftsraumes. In: *BuL, Nr. 4*. S. 165–172.
EWALD, E. (1944): Einsatz des Luftbildes für die Aufgaben der Wirtschaft und Vermessung. – Organisation des Luftbildwesens – Maßnahmen des Reichsluftfahrtministeriums. In: *LuL, Nr. 18*. S. 9–14.
EXLER, H. J. (1973): Das Ausmaß von Grundwasserverunreinigungen unterhalb einer

Mülldeponie. In: *GWA, Bd. 10.* S. 523–537.

Fachnormenausschuß für Bergbau (Faberg) (Hrsg.) (1942): *Rißmuster für Markscheidewesen zu den Normen Dinberg 1901–1940.* Essen.

Fachnormenausschuß Bergbau im Deutschen Normenausschuß (1951): *Bergmännisches Rißwerk – Richtlinien für Herstellung und Ausstattung.* Essen.

Fachnormenausschuß für Bergbau und Deutscher Normenausschuß e. V. (1936): *Normen für Markscheidewesen (Dinberg 1900–1938).* Berlin.

FALBE, J. (1977): *Chemierohstoff Kohle.* Stuttgart.

FEHLAU, K.-P. (1981): Erfassung, Überwachung und Sanierung von Altablagerungen in Nordrhein-Westfalen. In: *Fortschritte der Deponietechnik 1981.* Berlin.

FEHLAU, K.-P. (1986a): Erfassung und Gefährdungsabschätzung in Nordrhein-Westfalen. In: *GWA 85.* S. 761–786.

FEHLAU, K.-P. (1986b): Wer bezahlt die Altlasten? In: *Umwelt – Zeitschrift des Vereins Deutscher Ingenieure für Immissionsschutz, Abfall und Gewässerschutz, H. 1.* Düsseldorf. S. 47–49.

FEHLAU, K.-P. (1987a): *Aufgaben, Probleme und Aktivitäten bei der Ermittlung und Sanierung von Altlasten.* (VDI Bildungswerk). Verein Deutscher Ingenieure. Düsseldorf.

FEHLAU, K.-P. (1987b): Aufgaben der öffentlichen Verwaltung im Zusammenhang mit Altlasten. In: Gefährdungsabschätzung bei Altlasten, hrsg. v. Landesamt für Wasser und Abfall Nordrhein-Westfalen. Düsseldorf. S. 11–25. (= *LWA Materialien 3/87*).

FEHLAU, K.-P. (1987c): Stand der Altlastenermittlung und -sanierung in Nordrhein-Westfalen. In: *Altlasten und kontaminierte Standorte – Erkundung und Sanierung.* Seminar vom 22. April 1987, Ruhr-Universität Bochum, hrsg. v. H. L. JESSBERGER in Zusammenarbeit mit Unikontakt. Bochum. S. 83–95.

FEHLAU, K.-P. (1988): Erfassung, Untersuchung und Beurteilung von Altablagerungen und Altstandorten. In: *Altlasten und kontaminierte Standorte,* hrsg. v. R. KOMPA und K.-P. FEHLAU. Forum des Institutes für Energietechnik und Umweltschutz im TÜV Rheinland in Zusammenarbeit mit dem Umweltbundesamt Berlin im Einvernehmen mit dem Minister für Umwelt, Raumordnung und Landwirtschaft des Landes NRW. S. 113–115.

FELD, R. (1983): Erprobung geophysikalischer Verfahren zur Untersuchung von Altablagerungen. In: *Sanierung kontaminierter Standorte – Dokumentation eines Arbeitsgesprächs,* hrsg. v. Bundesminister für Forschung und Technologie in Zusammenarbeit mit dem Umweltbundesamt, Projektstab «Feste Abfallstoffe». Berlin. S. 55–62.

FELD, R., u. M. STAMMLER (1983): *Systematische Untersuchung von Altlasten.* Teilabschlußbericht zum Projekt «Sondierung von kontaminierten Standorten» für das Umweltbundesamt Berlin. Battelle-Institut e. V., Frankfurt a. M.

FELD, R., R. KOENNECKE u. G. SCHMIDT (1984): Geophysikalische Sondierung kontaminierter Standorte. In: *RI.* S. 1059–1063.

FELD, R., u. a. (1985): Geophysikalische Untersuchungsmethoden und Bewertung von Ergebnissen an konkreten Beispielen. In: *Materialien 1 (1985),* Symposium «Kontaminierte Standorte und Gewässerschutz», Aachen, 1.–3. 10. 1984, hrsg. v. Umweltbundesamt. Berlin. S. 197–213.

FELS, E. (1919): Das Kriegsvermessungswesen im Dienste der Geographie. In: *PGM, H. 5/6.* S. 81–89.

FELS, E. (1924): Das Fliegerbild in der Geographie. In: *GZ, H. 1.* S. 18–28.

FIEDLER, K.-P. (1985): Bodenschutz in der Bundesrepublik Deutschland. In: *Der Städtetag 38, Nr. 12.* Köln. S. 751–754.

FIETZ, M., u. B. MEISSNER (1984): Zur Auswertung von Color-Infrarot-Luftbildern (Berlin/ West 1979) bei der Vegetationskartierung. In: *Berliner Geowissenschaftliche Abhandlungen, H. 3.* Berlin. S. 23–42.

FINSTERWALDER, R. (1939): Topographie und Morphologie. In: *ZfV, H. 22.* S. 633–648.

FINSTERWALDER, R. (1950): Das Musterblatt der Grundkarte 1:5000. In: *ZfV, H. 6.* S. 178–182.

FINSTERWALDER, R., u. W. HOFMANN (1968): *Photogrammetrie.* 3. Aufl. Berlin.

FISCHER, H. (1925): Die Kartenschrift. In: *Sonderhefte zu MdRfL, H. 1.*

FISCHER, K. (1984): Realnutzungskartierung in der Regionalplanung. In: S. SCHNEIDER (1984): *Angewandte Fernerkundung.* Methoden und Beispiele. Akademie für Raumforschung und Landesplanung. Hannover. S. 101–106.

FÖCKELER, A. (1982): Die Fortführung der Deutschen Grundkarte 1:5000. In: *Nachrichten aus dem öffentlichen Vermessungsdienst des Landes NRW. 15. Jg., H. 2.* Bonn-Bad Godesberg. S. 84–97.

FÖRSTER, H. (1976): Großschachtanlage Robert Müser – Industriebrache Robert Müser. In: *Bochum im Luftbild,* hrsg. v. J. DODT u. A. MAYR. Bochumer Geographische Arbeiten, Sonderreihe Bd. 8. Paderborn. S. 80–82.

FRANK, F. J. (1986): Altlastendiskussion aus naturwissenschaftlich-technischer Sicht. In: *WuB, H. 4.* S. 176–178.

FRANSSEN, E. (1982): Abfallrecht. In: *Grundzüge des Umweltrechts,* hrsg. v. J. SALZWEDEL. Berlin. S. 399–453.

FRANZIUS, V. (1985a): *Sanierung kontaminierter Standorte – Vorgehensweise zur Bewältigung der Altlastenproblematik in der Bundesrepublik Deutschland.* (Vortragsfassung anläßlich der Tagung «First International TNO conference on contaminated soil», November 11–15, 1985. Utrecht).

FRANZIUS, V. (1985b): Kontaminierte Standorte in der Bundesrepublik Deutschland – Definition und Problematik, Stand der Erfassung, Kostenabschätzung. In: *Materialien zum Seminar «Altlasten – Erfassung, Bewertung, Sanierung kontaminierter Standorte»* am Deutschen Institut für Urbanistik vom 18.–21. 11. 1985. Berlin. (Vortragsfassung)

FRANZIUS, V. (1985c): Kontaminierte Standorte – Ein internationales Problem. In: *Materialien 1 (1985),* Symposium «Kontaminierte Standorte und Gewässerschutz», Aachen, 1.–3. 10. 1984, hrsg. v. Umweltbundesamt. Berlin. S. 23–34.

FRANZIUS, V. (1986): Sanierung kontaminierter Standorte – Vorgehensweise zur Bewältigung der Altlastenproblematik in der Bundesrepublik Deutschland. In: *WuB, H. 4.* S. 169–173.

FRENZEL, K. (1940): *Die Reichskartenwerke.* Vortragsfassung vor den Vermessungsreferendaren am 4. 3. 1940. (unveröffentlicht)

FRIEDRICH, W. (1942): Über eine angemessene Auswahl und richtige Schreibung der Namenseinträge in der topographischen Karte 1:25 000. In: *MdRfL, H. 6.* S. 398–401.

FRIEGE, H. (1986): Altlastensanierung in den USA. In: *Umwelt – Zeitschrift des Vereins Deutscher Ingenieure für Immissionsschutz, Abfall und Gewässerschutz, H. 3. Düsseldorf.* S. 234–240.

FRIEGE, H. (1988): Strategien für die Untersuchung von Altablagerungen und Altstandorten. In: *Altlasten und kontaminierte Standorte,* hrsg. v. R. KOMPA u. K.-P. FEHLAU. Forum des Institutes für Energietechnik und Umweltschutz im TÜV Rheinland in Zusammenarbeit mit dem Umweltbundesamt Berlin im Einvernehmen mit dem Minister für Umwelt, Raumordnung und Landwirtschaft des Landes NRW. S. 141–155.

FRITSCH, G. (1973): Ungenehmigte Ablagerung von giftigen Härtesalzen – Giftkatastrophe in Bochum-Gerthe. In: *GWA, Bd. 10.* S. 581–592.

FRITSCH, G. (1983): Erfahrungen bei der chemisch-analytischen Feststellung und Sanierung von kontaminierten Standorten. In: *Sanierung kontaminierter Standorte – Dokumentation eines Arbeitsgesprächs,* hrsg. v. Bundesminister für Forschung und Technologie in Zusammenarbeit mit dem Umweltbundesamt, Projektstab «Feste Abfallstoffe». Berlin. S. 67–72.

FRITZ, W. (1950): Gaswerke und Kohlenwertstoffe. In: *Taschenbuch für Gaswerke, Kokereien, Schwelereien und Teerdestillationen,* hrsg. v. H. WINTER. Halle/Saale. S. 37–364.

FUCHS, D. (1984): Schadstoffentfrachtung des Hausmülls im Bundesgebiet. In: *MuA, H. 2.* S. 36–41.

FÜRMAIER, B. (1973): Sonderabfälle produktionsspezifischer Art. In: *Handbuch Müll und Abfallbeseitigung.* 29. Lfg. Kennzahl 8556. Berlin.

FUSS, K. (1969): Reinhaltung des Bodens – ein Gebot unserer Zeit. In: *Schriftenreihe der Vereinigung Deutscher Gewässerschutz e. V., Nr. 24.* Berlin, Bielefeld, München. S. 7.

GÄRTNER, M. (1982): Zur Neufassung der Vorschriften für die Herstellung und Fortführung der Deutschen Grundkarte 1:5000 (GrundKartErl.). In: *Nachrichten aus dem öffentlichen Vermessungsdienst des Landes NRW, H. 2.* Bonn-Bad Godesberg. S. 79–83.

GÄSSLER, W., u. H. P. SANDER (1981): *Taschenbuch Betriebliche Abfallwirtschaft.* Berlin. S. 194–197.

GANSER, K. (1974): Die Aufgabe der Karte im Informationssystem Raumentwicklung. In: *KN, H. 5.* S. 169–172.

GANSER, K. (1977): Der Beitrag der Geographie zur Stadt- und Regionalplanung. In: *Stadtbauwelt, H. 16.* Berlin. S. 1233–1236.

GAUMAN, N. C. (1976): Aerial photo-interpretation techniques for classification urban land use. In: *PE, Vol. 42, No. 6.* S. 815–822.

GEHRKE, A., u. P. STOCK (1982): *Klimaanalyse Stadt Duisburg.* Essen.

GELDNER, P. (1984): Systematik angewandter Sanierungstechnologien im nationalen und internationalen Bereich. In: *Materialien 1 (1985),* Symposium «Kontaminierte Standorte und Gewässerschutz», Aachen, 1.–3. 10. 1984, hrsg. v. Umweltbundesamt. Berlin.

Gelsenkirchener Bergwerks-Aktiengesellschaft (Hrsg.) (1936): *10 Jahre Steinkohlenbergbau der Vereinigten Stahlwerke AG 1926–1936.* Essen.

GEBHARDT, G. (1957): *Ruhrbergbau.* Essen 1957.

GEPHARD, R. (1937): *Die Zechen des Ruhrgebietes in ihrer landschaftlichen Erscheinung und Auswirkung.* Diss. Münster.

Gesellschaft Deutscher Chemiker (Hrsg.) (1986): Umweltrelevante Altstoffe, Auswahlkriterien und Stoffliste – Beratergremium für umweltrelevante Altstoffe (BUA). Weinheim.

GESSNER, W. (1936): Einsatz der Hansa Luftbild GmbH für die Schaffung der Deutschen Grundkarte und Katasterplankarte 1:5000. In: *BuL, Nr. 4.* S. 172.

GESSNER, W. (1937): Aus der Praxis der Luftbildmessung 1937. In: *LuL, Nr. 15.* S. 3–9.

GESSNER, W. (1939): Die heutigen Anwendungsgebiete des Luftbildes und der Luftbildmessung. In: *LuL, Nr. 17.* S. 5–10.

GIESEN, K. (Hrsg.) (1973): Abfallwirtschaft in Nordrhein-Westfalen 1973. In: *Haus der Technik – Vortragsveröffentlichungen, H. 326.* Essen.

GLUUD, W. (Hrsg.) (1927): *Handbuch der Kokerei. Bd. 1.* Halle (Saale).

GLUUD, W. (Hrsg.) (1928): *Handbuch der Kokerei. Bd. 2.* Halle (Saale).

GOBBIN (1936): Der Einsatz des Luftbildes bei der Landesplanung in der Rheinprovinz. In: *BuL, H. 4.* S. 179–182.

GÖPFERT, W. M. (1979): Automatisiertes Erkennen von Objektveränderungen in multitemporalen Bilddaten. In: *Nachrichten aus dem Karten- und Vermessungswesen, Reihe I, H. 78.* Frankfurt/Main. S. 5–23.

GÖTZ, R. (1984): Untersuchungen an Sickerwässern der Mülldeponie Georgswerder in Hamburg. In: *MuA, H. 12.* S. 349–356.

GORKI, H. F., u. H. PAPE (1984): Stadtkarten. In: *Kartographie der Gegenwart in der Bundesrepublik Deutschland '84, Bd. I.* Bielefeld. S. 51–57.

GRAESER, M. (1926): Prüfung der Genauigkeit der topographischen Geländekarte 1:5000. In: *Sonderhefte zu den MdRfL, Nr. 4.*

GRIGG, D. (1970): Die Logik von Regionssystemen. In: BARTELS, D. (Hrsg.) (1970b): *Wirtschafts- und Sozialgeographie.* Köln, Berlin. S. 183–211.

GRONWALD, W. (1939): Die Topographische Karte 1:25 000 und ihre Laufendhaltung. In: *ZfV, H. 9.* S. 276–290.

GRONWALD, W. (1940a): *Die Topographie und die topographische Aufnahme der Karte 1:25 000 in Deutschland.* Vortragsfassung vor den Vermessungsreferendaren am 12. 3. 1940. (unveröffentlicht)

GRONWALD, W. (1940b): Über die Geländedarstellung in den topographischen Karten. In: *ZfV, H. 8.* S. 177–186.

GROSSKINSKY, O. (Hrsg.) (1955): *Handbuch des Kokereiwesens, Bd. I.* Düsseldorf.

GROSSKINSKY, O. (Hrsg.) (1958): *Handbuch des Kokereiwesens, Bd. II.* Düsseldorf.

Guckloch (1985): Altlasten II. Gift im Boden – Wo im Ruhrgebiet? (Ausgabe für die Städte Essen und Gelsenkirchen). In: *Guckloch – Illustrierte des Ruhrgebiets. H. 2.*

GUTSCHE, K. (1938): Rückblick auf die Entstehung und Entwicklung der Deutschen Grundkarte 1:5000. In: *MdRfL, H. 2.* S. 102–105.

GWOSDZ, J. (Hrsg.) (1930): *Kohle, Koks, Teer, Abhandlungen zur Praxis der Gewinnung, Veredlung und Verwertung der Brennstoffe.* 36 Bde. Halle (Saale).

HAAS, D. (1988): Erfassung/Nacherfassung von Verdachtsflächen. In: *Fortbildungsakademie des Landes Nordrhein-Westfalen.* (Vortragsfassung zum Seminar Altlasten vom 19. bis 23. 9. 1988 in Attendorn)

HAAS, D., HORCHLER, D., u. L. VAN STRAATEN (1985): Untersuchung und Bewertung von

Altablagerungen im Regierungsbezirk Detmold/Nordrhein-Westfalen. In: *MuA, H. 9.* S. 302–309.

HACHEN, J. (1985): Erfassung, Untersuchung und Gefährdungsabschätzung von Altlasten. In: *Altlasten und kontaminierte Standorte – Erkundung und Sanierung.* Seminar vom 10. April 1985, Ruhr-Universität Bochum, hrsg. v. H. L. JESSBERGER in Zusammenarbeit mit Unikontakt. Bochum. S. 16–33.

HACHEN, J. (1986): Kontaminierte Kokereistandorte – Wege zur Lösung eines Altlastenproblems. In: *Altlasten und kontaminierte Standorte – Erkundung und Sanierung.* Seminar vom 2. April 1986, Ruhr-Universität Bochum, hrsg. v. H. L. JESSBERGER in Zusammenarbeit mit Unikontakt. Bochum. S. 9–23.

HACHEN, J. (1988): Grundlegende Fragen zur Gefährdungsabschätzung und ihre Auswirkungen auf die Auswahl der Sanierungsverfahren. In: *Altlasten und kontaminierte Standorte – Erkundung und Sanierung.* Seminar vom 6. April 1988, Ruhr-Universität Bochum, hrsg. v. H. L. JESSBERGER in Zusammenarbeit mit Unikontakt. Bochum. S. 11–31.

HAGEN, T. (1950): Wissenschaftliche Luftbild-Interpretation. In: *Geographica helvetica, Bd. 5.* Bern. S. 209–276.

HAKE, G. (1975): *Kartographie I.* 5. Aufl. Berlin, New York. (= Sammlung Göschen 9030).

HAKE, G. (1976): *Kartographie II.* 2. Aufl. Berlin, New York. (= Sammlung Göschen 2166).

HAKE, G. (1974): Kartographische Ausdrucksform und Wirklichkeit. In: *Abhandlung 1,* Geographisches Institut FU Berlin, *Bd. 20.* Berlin. S. 87–107. (= Festschrift für Georg Jensch).

HAKE, G. (1982): *Kartographie I.* 6. Aufl. Berlin, New York. (= Sammlung Göschen 2165)

HAKE, G. (1983): DGK 5: Grundkarte – Folgekarte – Kartengrund für Themakarten. In: *Funktion und Gestaltung der Deutschen Grundkarte 1:5000 (DGK 5),* hrsg. v. W. LICHTNER, Institut für Photogrammetrie und Kartographie der Technischen Hochschule Darmstadt, Nr. 2. Darmstadt. S. 32–44.

HAKE, G. (1985): *Kartographie II.* 3. Aufl. Berlin, New York. (= Sammlung Göschen 2166)

HANNEN, E. (1980): Luftbildarchive. In: *VuR, H. 6.* S. 312–316.

Hansa Luftbild GmbH (Hrsg.) (1936): *Luftbild-Topographie.* Berlin.

Hansa Luftbild GmbH (Hrsg.) (1942): Luftbild-Lesebuch. In: *LuL, Nr. 13.* Berlin.

HARBECK, R. (1980): Die topographischen Landeskartenwerke als Informationsträger – Nutzung und Bereitstellung. In: *Nachrichten aus dem öffentlichen Vermessungsdienst NRW, H. 2.* Bonn-Bad Godesberg. S. 73–81.

HARMS, O. (1971): Die Geheimhaltung von Luftbildern und kartographischen Darstellungen – Ein Rückblick auf die bis zum Ende des 2. Weltkrieges in Deutschland getroffenen Maßnahmen. In: *KN, H. 3.* S. 102–110.

HARRES, M. H., u. W. HOLZWARTH (1983): Sanierungsmöglichkeiten bei Boden- und Grundwasserverunreinigungen mit leichtflüchtigen Chlorkohlenwasserstoffen. In: *ZdDGG, Bd. 134, Teil 3.* S. 821–831.

HÄNI, H., u. S. GUPTA (1981): Ein Vergleich verschiedener methodischer Ansätze zur Bestimmung mobiler Schwermetallfraktionen im Boden. In: *Landwirtschaftliche Forschung, H. 37.* Berlin. S. 267–274.

HAUBNER, K. (1982): Raumordnung und Kartographie. In: *KN, H. 3.* S. 86–91.

HAUCKE, M. (1974): Abfallwirtschaft und Abfallbeseitigung in der Stahlindustrie. In: *Abfallwirtschaft in NRW 1973,* hrsg. v. K. GIESEN, Haus der Technik – Vortragsveröffentlichung 326. Essen. S. 37–40.

HAUPT, E. (1961): Die Bedeutung der Deutschen Grundkarte 1:5000 für die Topographische Karte 1:25 000. In: *KN, H. 2.* S. 43–47.

HAYDN, R., u. P. VOLK (1987): Erkennung von Umweltproblemen in Luft- und Satellitenbild. In: *GR, H. 2.* S. 316–323.

HECHT, R. (1982): Behandlung von Altablagerungen in Hamburg. In: *WuB, H. 11.* S. 487–489.

HEILMAIER, J. (1937): Verwendbarkeit der Photogrammetrie für verschiedene Zwecke – Topographie in großen und kleinen Maßstäben. In: *LuL, Nr. 15.* S. 24–29.

HEILMAIER, J. (1937): Ergänzung und Berichtigung von Kartenwerken mittels Luftaufnahmen. In: *LuL, Nr. 15.* S. 30–31.

Heimatbund Gelsenkirchen (1948): *Gelsenkirchen in alter und neuer Zeit.* Bd. 1. Gelsenkirchen.

HEINRICHSBAUER, A. (1936): *Harpener Bergbau-Aktien-Gesellschaft 1856–1936. 80 Jahre Ruhrkohlen-Bergbau.* Essen.

HEITLAND, F. (1983): *Die Übersichtskarten des Fürstentums Lippe nach den Gemarkungskarten des Grundsteuerkatasters von 1883.* Begleittext zur Sammelmappe Lippe, hrsg. v. Landesvermessungsamt NRW. Bonn-Bad Godesberg.

HENKEL, M. J. (1988): Altlasten in der Bundesrepublik. In: E. BRANDT (Hrsg.): *Altlasten – Untersuchung, Sanierung, Finanzierung.* Taunusstein. S. 25–35.

HERION, G. (1986): Die Mitwirkung der Bauindustrie beim Gewässerschutz und bei der Sanierung von Altlasten. In: *WuB, H. 4.* S. 179–181.

HERZOG, W. (1986): *Kartographie und Bürgerbeteiligung im Rahmen der vorbereitenden Bauleitplanung.* Bochumer Geographische Arbeiten, H. 46. Bochum.

Hessische Landesanstalt für Umwelt (1987): *Handbuch Altablagerungen, Teil 1:* Das Altablagerungskataster in Hessen. Wiesbaden.

Hessische Landesanstalt für Umwelt (1987): *Handbuch Altablagerungen, Teil 2:* Orientierende Untersuchungen. Wiesbaden.

Hessische Landesanstalt für Umwelt (1987): *Handbuch Altablagerungen, Teil 3:* Problematik der Bebauung von Altablagerungen. Wiesbaden.

Hessische Landesanstalt für Umwelt (1987): *Handbuch Altablagerungen, Teil 4:* Standorte ehemaliger Gaswerke. Wiesbaden.

HESSING, F.-J. (1969): Raumordnung und Abfallbeseitigung. In: *Stuttgarter Berichte zur Siedlungswasserwirtschaft, Bd. 25,* hrsg. v. Forschungs- und Entwicklungsinstitut für Industrie- und Siedlungswasserwirtschaft sowie Abfallwirtschaft e. V. Stuttgart. München. S. 235–254.

HESSING, F.-J. (1978): Einsatz von Luftaufnahmen als Grundlage für die Landschaftsplanung. In: *Ökologie und Planung im städtischen Siedlungsraum,* hrsg. v. Siedlungsverband Ruhrkohlenbezirk. Essen. S. 41–47.

HOCH, H. (1930): Kokereiwesen. In: *Technische Forschungsberichte, Bd. 21.* Dresden, Leipzig.

HOENING, P. (1929): Phenolgewinnung aus den Gewässern der Kokereien. In: *KM, H. 3,* hrsg. v. H. KOPPERS. Essen. S. 74–90.

HÖFLINGER, M. H. (1982): Flächenverbrauch für Wohnzwecke und Raumplanung. In: *Berichte zur Orts-, Regional- und Landesplanung.* Zürich.

HÖSEL, G. (1980): Cadmium und seine Verbindungen in Abwasser und Klärschlamm. In: *MuA, H. 4.* S. 121.

HÖSEL, G. (1983): Gefahren von PCB-Abfällen und Maßnahmen zur schadlosen Entsorgung. In: *MuA, H. 2.* S. 48–49.

HÖSEL, G. (1983): Umweltgefahren durch PCB-Rückstande. In: *MuA, H. 4.* S. 108–109.

HÖSEL, G. (1983): Produktion und Vernichtung von Dioxinen. In: *MuA, H. 10.* S. 272.

HÖSEL, G. (1984): Umweltgefährdung durch polychlorierte Biphenyle (PCB). (Antwort der Bundesregierung auf die Große Anfrage des Abgeordneten Dr. Ehmke (Ettlingen) und die Fraktion Die Grünen – Bundestags-Drucksache 10/301). In: *MuA, H. 8.* S. 239–242. Fortsetzung: *MuA, H. 9.* S. 276–277 und *H. 10.* S. 309–312.

HÖSEL, G. (1986): Altlastenprobleme durch Kokereien. Antwort der Bundesregierung (BT.-Drucksache 10/3688) auf die Kleine Anfrage des Abgeordneten Schulte (Menden) und der Fraktion Die Grünen (BT.-Drucksache 10/3603). In: *MuA, H. 5.* S. 207–208.

HÖSEL, G., u. H. FREIHERR VON LERSNER (1972): *Recht der Abfallbeseitigung des Bundes und der Länder.* Berlin.

HÖVELER (1936): Der Einsatz des Luftbildes im Landkreis Düsseldorf-Mettmann. (Vom Luftbild zum Wirtschafts- und Baustufenplan.) In: *BuL, H. 4.* S. 186–192.

HOLTMEIER, E. L. (1985): Rechtliche Fragen bei der Sanierung kontaminierter Standorte in der Bundesrepublik Deutschland und zukünftige Entwicklungen. In: *Materialien 1 (1985),* Symposium «Kontaminierte Standorte und Gewässerschutz», Aachen, 1.–3. 10. 1984, hrsg. v. Umweltbundesamt. Berlin. S. 97–107.

HOMMEL, G. (1974): *Handbuch der gefährlichen Güter.* Berlin.

HOSCHÜTZKY, A., u. H. KREFT (1980): Abfallbeseitigungsgesetz. In: *Neue Kommunale Schriften 23,* hrsg. v. Deutschen Gemeindeverlag. Bonn.

HUANG, T. S. (1981): *Image sequence analysis.* Berlin, Heidelberg, New York.

HUBER, E., u. P. VOLK (1986): Deponie- und Altlasterkundung mit Hilfe von Fernerkundungsdaten. In: *WuB, H. 10.* S. 509–515.

HÜTTERMANN, A. (1979): Die Karte als geographischer Informationsträger. In: *Geographie und Schule*, H. 2. Köln. S. 4—13.

HUSKE, J. (1987): *Die Steinkohlenzechen im Ruhrgebiet*. Bochum.

HUSS, J. (Hrsg.) (1984): *Luftbildmessung und Fernerkundung in der Forstwirtschaft*. Karlsruhe.

IDLER, R. (1940): Der Laufendhaltungsdienst unter besonderer Berücksichtigung großmaßstäbiger Grundlagen. In: *ZfV*, Bd. 69, H. 21. S. 502—509.

Innenminister des Landes NRW (1981): *Die Herstellung und Fortführung der Deutschen Grundkarte 1:5000 in Nordrhein-Westfalen (GrundkartErl)*. RdErl. d. Innenministers v. 4.12.1981. III C3—5012.

JACKEL, G. (1974): Einzelaktivitäten auf dem Gebiet der Abfallbeseitigung im Bereich der chemischen Industrie. In: *Abfallwirtschaft in NRW 1973*, hrsg. v. K. GIESEN, Haus der Technik — Vortragsveröffentlichung 325. Essen. S. 41—46.

JÄGER, H. (1969): *Historische Geographie*. Braunschweig.

JAMES, S. C., u. R. W. PEASE (1981): Integration of remote sensing techniques with direct environmental sampling for investigating abandoned hazardous waste sites. In: *National conference on management of uncontrolled hazardous waste sites, October 28—30, 1981*, Washington, D.C. S. 171—176.

JANSON, T. (1985): Altlasten III. Gift im Boden — Wo im Ruhrgebiet? (Ausgabe für die Stadt Oberhausen). In: *Guckloch — Illustrierte des Ruhrgebiets*, H. 3. S. 40—42.

JESSBERGER, H. L. (1985): *Altlasten und kontaminierte Standorte — Erkundung und Sanierung*. Seminar vom 10. April 1985, Ruhr-Universität Bochum. Bochum.

JESSBERGER, H. L. (1986): *Altlasten und kontaminierte Standorte — Erkundung und Sanierung*. Seminar vom 2. April 1986, Ruhr-Universität Bochum. Bochum.

JESSBERGER, H. L. (1987): *Altlasten und kontaminierte Standorte — Erkundung und Sanierung*. Seminar vom 22. April 1987, Ruhr-Universität Bochum. Bochum.

JESSBERGER, H. L. (1988): *Altlasten und kontaminierte Standorte — Erkundung und Sanierung*. Seminar vom 6. April 1988, Ruhr-Universität Bochum. Bochum.

Joint Unit for Research on the Urban Environment (JURUE) (1981): *Contaminated sites in the west midlands country:* A prospective survey. (o. O.)

JÜNGST, E. (1908): *Festschrift zur Feier des 50jährigen Bestehens des Vereins für die bergbaulichen Interessen im Oberberg-Amtsbezirk Dortmund in Essen 1850—1900*. Essen.

JUNIUS, H. (1987): *Materialien zu ARC/INFO*. Universität Dortmund.

JÜNGST, E. (1988a): ARC/INFO — ein Geographisches Informationssystem. In: *Nachrichten aus dem Karten- und Vermessungswesen*, H. 101. Frankfurt/Main. S. 47—59

JÜNGST, E. (1988b): Landinformationssystem — eine geeignete Grundlage für die Planung? In: *VuR, 50/1*. S. 1—7.

KAHLE, P. (1893): *Landes-Aufnahme und Generalstabskarten. Die Arbeiten der Königlich Preußischen Landes-Aufnahme*. Berlin.

Kartographische Abteilung der Landesaufnahme (Hrsg.) (1917): *Zusammenstellung der Verschiedenheiten in den Kartenzeichen der Meßtischblätter 1:25 000 bei den einzelnen Bundesstaaten*. Berlin.

KASS, W. (1973): Hydrologische Gesichtspunkte beim Umweltschutz. In: *ZdDGG*, Bd. 124, S. 399—416.

KAYSER, R. (1973): Untersuchungsergebnisse von Sickerwässern aus Mülldeponien. In: *GWA*, Bd. 10. S. 593—609.

KELLERHOFF, R. (1985): Sofort-Sanierung für Deponien in Bochum und Witten geplant. In: *Westdeutsche Allgemeine Zeitung Bochum* vom 28.9.1985.

KELLERSMANN, H. (1975): Flächennutzungskartierung aus Luftbildaufnahmen als Grundlagenmaterial für die stadt- und regionalplanerischen Arbeiten. In: *VuR*, H. 2. S. 65 ff.

KELLERSMANN, H. (1985): Farbige Luftbildkarten 1:5000 nein, danke? Erfahrungen über den Verkauf von Druckstücken. In: *BuL*, H. 1. S. 19—22.

KELLERSMANN, H., u. R. TOST (1977): Luftbildinterpretation — Flächennutzungskartierung, Grundlage eines städtebaulichen Informationssystems. In: *VuR*, H. 7. S. 374—388.

KERNDORFF, H., u. a. (1983): Grundwasseruntersuchungen im Bereich von Altablagerungen am Beispiel Berlin-Gatow. In: *Sanierung kontaminierter Standorte – Dokumentation eines Arbeitsgesprächs*, hrsg. v. Bundesminister für Forschung und Technologie in Zusammenarbeit mit dem Umweltbundesamt, Projektstab «Feste Abfallstoffe». Berlin. S. 73–86.

KEUNE, H. (1981): Umweltgefährdende Abfallbeseitigung aufgrund des Gesetzes zur Bekämpfung der Umweltkriminalität. In: *MuA, H. 2.* S. 43–46.

KEUNE, H. (1985a): Zwangsgelder, Bußgelder, Strafbefehle, Prozeßrecht, Verteidigung, Versicherung. In: *Behr's Seminare.* Altlasten – Altdeponien und Kontaminierte Standorte, vom 5.–6. Februar 1985 in Wiesbaden.

KEUNE, H. (1985b): Haftung und behördliche Anordnung in Verbindung mit dem neuen Status der Abfallbeauftragten. In: *Behr's Seminare.* Altlasten – Altdeponien und Kontaminierte Standorte, vom 5.–6. Februar 1985 in Wiesbaden.

KEUNE, H. (1985c): Entstehung, Erfassung und Behandlung von Altdeponien/Altlasten. In: *Behr's Seminare.* Altlasten – Altdeponien und Kontaminierte Standorte vom 5.–6.2. 1985 in Wiesbaden. Vortragsheft.

KEUNE, H. (1985d): *Entstehung, Erfassung und Behandlung von Altdeponien/Altlasten.* Vortragsfassung zum Lehrgang Nr. 7518/ 13.017 «Altdeponien/Altlasten» der Technischen Akademie Esslingen, Fort- und Weiterbildungszentrum am 15.2.1985.

KEUNE, H. (1985e): Verantwortlichkeit der chemischen Industrie bei der Sanierung kontaminierter Standorte. In: *Materialien 1 (1985)*, Symposium «Kontaminierte Standorte und Gewässerschutz», Aachen, 1.–3. 10.1985, hrsg. v. Umweltbundesamt. Berlin. S. 117–121.

KEUNE, H. (1985f): Altlasten-Definition. In: *MuA, H. 11.* S. 384–387.

KEUNE, H. (1986): «Altlasten» aus der Sicht der chemischen Industrie. In: *WuB, H. 4.* S. 173–175.

KEYSER, E. (1954): Die Brauchbarkeit moderner Stadtpläne für siedlungsgeschichtliche Forschungen. In: *KN, H. 5.* S. 182–184.

KIM, C. S., u. a. (1980): Love Canal: Chemical contamination and migration. In: *US EPA National conference on management of uncontrolled hazardous waste sites, October 15–17, 1980,* Washington, D. C. (Printed in USA. Library of Congress. Catalog No. 80–83541). Silver Spring, Maryland. S. 212–219.

KINNER, U. H., KÖTTER, L., u. M. NICLAUSS (1986): *Branchentypische Inventarisierung von Bodenkontaminationen – ein erster Schritt zur Gefährdungsabschätzung für ehemalige Betriebsgelände.* Texte 31/86, Umweltforschungsplan des Bundesministers für Umwelt, Naturschutz und Reaktorsicherheit – Bodenschutz – Forschungsbericht 10703001 IBA-FB 86–016, hrsg. v. Umweltbundesamt. Berlin.

KIRCHBERG, H. (1953): *Aufbereitung bergbaulicher Rohstoffe.* Jena.

KLEE, A. J., u. M. U. FLANDERS (1980): Classification of hazardous wastes. In: *Journal of the Environmental Engineering Division ASCE 106. No. 1.* S. 163–175.

KLEINN, H. (1963): Ein Vergleich der topographischen Landesaufnahmen von 1841 und 1963 am Beispiel des Blattes Münster/Westf. In: *Westfälische Forschungen, Bd. 16.* Münster/Westf. S. 102–111.

KLEINN, H. (1964): Nordwestdeutschland in der exakten Kartographie der letzten 250 Jahre. Teil 1. In: *Westfälische Forschungen, Bd. 17.* Münster/Westf. S. 28–82.

KLEINN, H. (1965): Nordwestdeutschland in der exakten Kartographie der letzten 250 Jahre. Teil 2. In: *Westfälische Forschungen, Bd. 18.* Münster/Westf. S. 43–74.

KLEINN, H. (1977): Die preußische Uraufnahme der Meßtischblätter in Westfalen und den Rheinlanden. In: *Der Spieker, H. 25.* Münster S. 325–356.

KLOTTER, H. E. (1968): Zusammenarbeit von Gemeinden und Industriebetrieben bei der Abfallbeseitigung. In: *Der Städtetag, H. 7.* Köln. S. 106–108.

KLUGE, W. (1983): «Stoltzenberg» – Wie eine Gefahr gebannt wurde. Erläuterungen zu einem Film der Baubehörde Hamburg. In: *Sanierung kontaminierter Standorte – Dokumentation eines Arbeitsgesprächs*, hrsg. v. Bundesminister f. Forschung und Technologie in Zusammenarbeit mit dem Umweltbundesamt, Projektstab «Feste Abfallstoffe». Berlin. S. 87–96.

KNAUER, P. (1982): Giftmüll – Skandale und Presse. In: *MuA, H. 11.* S. 320–327.

KOCH, T. (1984): Die getrennte Müllerfassung. In: *Dioxin,* hrsg. v. Arbeitskreis Chemische Industrie, Köln/Katalyse Umweltgruppe Köln e. V./Robin Wood. Köln. S. 62–68.

Koch, R. E., u. F. Vahrenholt (1978): *Seveso ist überall – die tödlichen Risiken der Chemie*. Köln.

König, W. (1988a): Stand der Vorarbeiten zur Entwicklung eines Bodenbelastungskatasters für Nordrhein-Westfalen. In: *VuR 50/1.* S. 15–21.

König, W. (1988b): Untersuchung und Beurteilung von Altablagerungen und Altstandorten aus der Sicht des Bodenschutzes. In: *Altlasten und kontaminierte Standorte*, hrsg. v. R. Kompa u. K.-P. Fehlau. Forum des Institutes für Energietechnik und Umweltschutz im TÜV Rheinland in Zusammenarbeit mit dem Umweltbundesamt Berlin im Einvernehmen mit dem Minister für Umwelt, Raumordnung und Landwirtschaft des Landes NRW. S. 155–165.

König, W., u. U. Schneider (1988): Sprengstoffrückstände in hessischem Boden. In: *Umwelt – Zeitschrift des Vereins Deutscher Ingenieure für Immissionsschutz, Abfall, Gewässerschutz. H. 1–2.* S. 22–23.

Koepper, G., u. a. (Hrsg.) (1913): *In Schacht und Hütte – Die Industrie des Ruhrkohlen-Bezirkes und benachbarter Gebiete*. Reutlingen.

Körber, J. (1960a): Stadtgeographie mit dem Luftbild. In: *Das Luftbild in seiner landschaftlichen Aussage*, hrsg. v. C. Schott. Bad Godesberg. S. 61–63. (= Landeskundliche Luftbildauswertung im mitteleuropäischen Raum, H. 3).

Körber, J. (1960b): Der Wert des Luftbildes für den Stadtarchivar – erläutert an zwei Luftbildern der Stadt Essen. In: *Rheinische Vierteljahresblätter, Bd. 25, H. 1/2.* Bonn. S. 66–71.

Körting, J. (1963): *Geschichte der deutschen Gasindustrie*. Essen.

Kösters, H. (1986): Bodensanierung im Ruhrgebiet. In: *Umwelt – Zeitschrift des Vereins Deutscher Ingenieure für Immissionsschutz, Abfall, Gewässerschutz, H. 3.* Düsseldorf. S. 241–242.

Kommunalverband Ruhrgebiet (1985): *Informationsdienst Altlasten*. Literaturstudie zu Problemen der Erfassung, Gefährdungsabschätzung und Sanierung von Altlasten sowie Einschätzung des politisch administrativen Handlungsfeldes im Ruhrgebiet. Essen.

Kompa, R., u. K.-P. Fehlau (Hrsg.) (1988): *Altlasten und kontaminierte Standorte*. Forum des Institutes für Energietechnik und Umweltschutz im TÜV Rheinland in Zusammenarbeit mit dem Umweltbundesamt Berlin im Einvernehmen mit dem Minister für Umwelt, Raumordnung und Landwirtschaft des Landes NRW.

Konecny, G., u. G. Lehmann (1984): *Photogrammetrie*. 4. Aufl. Berlin, New York.

Koppe, C. (1906): Eisenbahnvorarbeiten und Landeskarten. In: *ZfV, Bd. 35.* S. 2–9.

Koppers, H. (Hrsg.) (o. J.): *Bau und Betrieb vollständiger Kohlen-Destillationsanlagen*. Essen.

Koppers, H. (Hrsg.) (1913): *Horizontalkammerofenanlage, System Koppers*. Essen.

Koppers, H. (Hrsg.) (1919): Maschinelle Einrichtung zum Löschen, Sieben und Verladen von Koks, Bauart Koppers. In: *MK, H. 1 u. H. 8.* S. 1–22 u. 5–47.

Koppers, H. (Hrsg.) (1920a): Maschinelle Einrichtungen zum Löschen, Sieben und Verladen von Koks, Bauart Koppers. In: *MK, H. 3.* S. 5–34.

Koppers, H. (Hrsg.) (1920b): Wirtschaftlichkeit und Betriebskontrolle im Kokereibetrieb. In: *MK, H. 4.* S. 5–27.

Koppers, H. (Hrsg.) (1921a): Kontinuierliche Kohlendestillation und kontinuierlich betriebene Vertikalöfen, Bauart Koppers. In: *MK, H. 4.* S. 101–128.

Koppers, H. (Hrsg.) (1921b): Historische Entwicklung und Vorzüge der direkten Ammoniakgewinnung. In: *MK, H. 6.* S. 175–215.

Koppers, H. (Hrsg.) (1922): Aufstellung der im Jahre 1922 in Betrieb genommenen und der im Bau begriffenen Anlagen. In: *MK, H. 5.* S. 171–175.

Koppers, H. (Hrsg.) (1923): Benzolgewinnungsanlagen. In: *MK, H. 3.* S. 65–90.

Koppers, H. (Hrsg.) (1926): Kohlen- und Koksbeförderung und Kohlen- und Koksaufbereitung in Kokereien und Gaswerken. In: *MK, H. 5.* S. 115–158.

Koppers, H. (Hrsg.) (1927): Der Koksofen, Bauart Koppers. Beschreibung neuerer ausgeführter Koksofenanlagen. In: *MK, H. 1.* S. 5–39.

Koppers, H. (Hrsg.) (1928): Anlagen zur Nebenproduktengewinnung, Bauart Koppers. In: *MK, H. 1.* S. 1–64.

Korzer, K. (1939): Der erste Versuch einer Landesvermessung aus der Luft. In: *MdRfL, H. 4.* S. 202–207.

KOSACK, H. P. (1949): Praktische Hinweise und Hilfsmittel zur landeskundlichen Arbeit. In: *GT 1949*. S. 179−185.

KOSACK, H. P. (1955): Amtliche Vermessungseinrichtungen und Kartenwerke. Übersicht über Behörden und Einrichtungen auf dem Gebiet der Landesvermessung in der Bundesrepublik Deutschland und Berlin (West-Berlin) und ihre Kartenwerke. In: *GT 1954/55*. S. 229−250.

KOSCHWITZ, C. (1930): *Die Hochbauten auf den Steinkohlenzechen des Ruhrgebiets*. Essen.

KRAUSS, G. (1963): Kritische Betrachtungen zu den Fortführungen der amtlichen topographischen Kartenwerke in der Bundesrepublik Deutschland. In: *ZfV, Bd. 88, H. 3*. S. 116−127.

KRAUSS, G. (1967): Laufendhaltung von topographischen Karten. In: *BuL, Bd. 35, Nr. 6*. S. 225−234.

KRAUSS, G. (1968a): 150 Jahre «Preußische Meßtischblätter». In: *Berichte zur deutschen Landeskunde, Bd. 40, H. 2*. Bad Godesberg. S. 189−192.

KRAUSS, G. (1968b): Das Deutsche Grundkartenwerk 1:5000. In: *VR, H. 30*. S. 95−96 u. 103−111.

KRAUSS, G. (1969): 150 Jahre Preußische Meßtischblätter. In: *ZfV, H. 4*. S. 125−135.

KRAUSS, G. (1970a): Die Laufendhaltung der amtlichen topographischen Kartenwerke in der Bundesrepublik Deutschland. In: *KN, H. 2*. S. 39−68.

KRAUSS, G. (1970b): Die amtlichen topographischen Kartenwerke in Nordrhein-Westfalen. Ihre Entstehung, Bearbeitung und Aussage. In: *Nachrichten aus dem öffentlichen Vermessungsdienst des Landes NRW, H. 2*. Bonn-Bad Godesberg. S. 45−73.

KRAUSS, G. (1971): Die Laufendhaltung der topographischen Karten. In: *BuL, Bd. 39, Nr. 5*. S. 208−214.

KRAUSS, G., u. R. HARBECK (1985): *Die Entwicklung der Landesaufnahme*. Karlsruhe.

KRETSCHMER, I. (1977): Was kann die Kartographie für die Umweltplanung leisten? In: *KN, H. 1*. S. 10−17.

KRISCHOK, A. (1986): *AGAPE − Abschätzung des Gefährdungspotentials von altlastverdächtigen Flächen zur Prioritätenermittlung*. (Umweltbehörde Hamburg. Unveröffentlichter Entwurf Stand Oktober 1986)

KRONBERG, P. (1984): *Photogeologie*. Eine Einführung in die Grundlagen und Methoden der geologischen Auswertung von Luftbildern. Stuttgart.

KROPPENSTEDT, F. (1985): Grundwasserschutz − Ein Schwergewicht im Umweltschutz. In: *Materialien 1 (1985)*, Symposium «Kontaminierte Standorte und Gewässerschutz», Aachen, 1.−3.10.1984, hrsg. v. Umweltbundesamt. Berlin. S. 11−14.

KRÜGER, K. (1954): Luftbildinterpretation. In: *BuL, Nr. 4*. S. 16−19.

KUFS, C., u.a. (1980): Rating the hazard potential of waste disposal facilities. In: *US EPA National conference on management of uncontrolled hazardous waste sites, October 15−17, 1980*, Washington, D.C. (Printed in USA. Library of Congress. Catalog No. 80−83541). Silver Spring, Maryland. S. 30−41.

KUPUTZ, K., u. P. RAUWERDA (1983): Wattenscheider Zechen und Bergleute. In: *Beiträge zur Wattenscheider Geschichte*, hrsg. v. Heimat- und Bürgerverein Wattenscheid e.V. Bochum-Wattenscheid. S. 81−106.

KURBJUWEIT, D. (1986): Mit der Postkarte auf Giftsuche. In: *Die Zeit, Nr. 2*. 3. Januar 1986.

LABER, R.-A. (1980): Planung und Durchführung von Sanierungsmaßnahmen der Chemiemüll-Altablagerungen. In: *MuA, H. 6*. S. 196−199.

Länderarbeitsgemeinschaft Abfallbeseitigung (LAGA) in Zusammenarbeit mit dem Bundesminister des Innern (Hrsg.) (1975): Informationsschrift Sonderabfälle. In: *Handbuch Müll- und Abfallbeseitigung, 36. Lfg. VI/75*, Kennzahl 1110, 1112, 1113−1115, 1116. Berlin.

Länderarbeitsgemeinschaft Abfallbeseitigung (LAGA) (Hrsg.) (1976): Merkblatt über die Errichtung und den Betrieb von Anlagen zur Lagerung und Behandlung von Autowracks. In: *Handbuch Müll- und Abfallbeseitigung, 42. Lfg. XI/76*. Kennzahl 8513. Berlin.

Länderarbeitsgemeinschaft Abfall (LAGA) in Zusammenarbeit mit dem Bundesminister des Innern (Hrsg.) (1981): Informationsschrift Abfallarten. In: *ESA-Taschenbücher zum Umweltschutz*. Berlin. S. 7−45.

Länderarbeitsgemeinschaft Abfall (LAGA) in Zusammenarbeit mit dem Bundesminister des Innern (Hrsg.) (1983): Gefährdungsabschätzung und Sanierungsmöglichkeiten bei Altablagerungen. In: *Mitteilungen der Länderarbeitsgemeinschaft Abfall (LAGA) 5.* Neuburg, Berlin, Bielefeld, München.

Länderarbeitsgemeinschaft Wasser (LAWA) (1985): Wasserwirtschafts-Jahresbericht 1984. In: *WuB, H. 6/7.* S. 283−285.

LAMPING, J. (1984): Katasterkartographie. In: *Kartographie der Gegenwart in der Bundesrepublik Deutschland 1984, Bd. I* (Textteil). Bielefeld. S. 45−50.

LANDEN, D. (1966): Photomaps for urban planning. In: *PE, Vol. 32.* S. 136−145.

Landesamt für Wasser und Abfall (Hrsg.) (1987): *Gefährdungsabschätzung bei Altlasten.* Düsseldorf. (= LWA-Materialien 3/87)

Landesanstalt für Ökologie, Landwirtschaftsentwicklung und Forstplanung NW (LÖLF) (o. J.): *Erhebungsbogen Abgrabungskataster.* Recklinghausen.

Landesanstalt für Umweltschutz Baden-Württemberg, Institut für Wasser- und Abfallwirtschaft (1986): *Leitfaden Untergrundsanierung − Erkundungs-, Sicherungs- und Sanierungsbedarf schadstoffbelasteter Standorte* (Stand: 24. 10. 1986). Karlsruhe. (Veröffentlichung geplant)

Landeshauptmann der Rheinprovinz (1935): Bericht über die Förderung des Karten- und Luftbildwesens durch den Rheinischen Provinzialverband vom Landeshauptmann der Rheinprovinz. In: *Landesplanung der Rheinprovinz, H. 3.* Düsseldorf, Landeshaus.

Landesregierung NRW, Presse- und Informationsamt (Hrsg.) (1983): *Umweltprogramm NRW − Maßnahmen.* Düsseldorf.

Landesregierung NRW (Hrsg.) (1985): *Ministerialblatt für das Land NRW, Nr. 22*, vom 18. 4. 1985. Rd.Erl. d. MELF: Vorläufige Richtlinien für die Aufstellung von Dringlichkeitslisten für die Gewährung von Zuwendungen für die Sanierung von Altlasten. Düsseldorf. S. 378−382.

Landesvermessungsamt NRW (Hrsg.) (1983): *Topographische Landeskartenwerke.* Kartenverzeichnis 1983/84. Bonn-Bad Godesberg.

LAUER, H. (1975): Die Rückstandsdeponie Flotzgrün der BASF Aktiengesellschaft. In: *MuA, H. 4.* S. 104−110.

LAUSTERER, W. (1985a): Möglichkeiten der Altdeponie-Sanierung. In: *Vortragsfassung zum Lehrgang Nr. 7518/13.017 «Altdeponien/Altlasten»* der Technischen Akademie Esslingen, Fort- und Weiterbildungszentrum am 15. 2. 1985.

LAUSTERER, W. (1985b): Möglichkeiten der Altdeponie-Sanierung: Abschätzung der Sanierungsnotwendigkeiten. In: *Behr's Seminare*, Altlasten − Altdeponien und Kontaminierte Standorte vom 5.−6. 2. 1985 in Wiesbaden.

LEIBBRAND, W. (Hrsg.) (1986): *Kartengestaltung und Kartenentwurf.* Ergebnisse des 16. Arbeitskurses Niederdollendorf 1986 des Arbeitskreises Praktische Kartographie. Bonn-Bad Godesberg.

LEIDIG, G. (1985): Bodenschutz-Planung. In: *Landschaft und Stadt, H. 3.* Stuttgart. S. 133−139.

LEIS, W. M., u. K. A. SHEEDY (1980): Detailed location of inactive disposal sites. In: *US EPA National conference on management of uncontrolled hazardous waste sites,* October 15−17, 1980, Washington, D. C. (Printed in USA. Library of Congress. Catalog No. 80.83541). Silver Spring, Maryland. S. 116−118.

LENZ, W., KAISER, G., u. J. ZIRFUS (1986): Schwermetalle im Abwasser. Auswirkung einer Altlast des Bergbaus. In: *Umwelt − Zeitschrift des Vereins Deutscher Ingenieure für Immissionsschutz, Abfall und Gewässerschutz, H. 5.* Düsseldorf. S. 351−355.

LEPPERT, W. (1986): Die Topographische Fortführung der TK 25 in Rheinland-Pfalz. In: *Nachrichtenblatt der Vermessungs- und Katasterverwaltung Rheinland-Pfalz, H. 1,* hrsg. v. Ministerium des Innern und für Sport, Abt. f. Vermessungs- und Katasterwesen. Koblenz. S. 14−37.

LEWIN, L. (1962): Gifte und Vergiftungen, Lehrbuch der Toxologie. Ulm.

LICHTNER, W. (Hrsg.) (1983): *Funktion und Gestaltung der Deutschen Grundkarte 1:5000 (DGK 5).* Institut für Photogrammetrie und Kartographie der Technischen Hochschule Darmstadt, Nr. 2. Darmstadt 1983.

LILLESAND, T. M., u. R. W. KIEFER (1979): *Remote sensing and image interpretation.* New York, Chichester, Brisbane, Toronto.

LITINSKY, L. (1928): Kokerei und Gaswerksöfen. o. O.

LO, C. P. (1979): Surveys of Squatter Sattlements with sequential Aerial Photography − A Case Study in Hongkong. In: *Photogrammetria.* Amsterdam. S. 45−63.

Lo, C. P., u. C. Y. M. Wu (1984): New Town Monitoring from Sequential Aerial Photographs. In: *PE, Vol. 50, No. 8.* S. 1145–1158.

LOESCHEBRAND (1925): Veralten und Berichtigung der amtlichen Kartenwerke. In: *MdRfL, H. 2.* S. 36–39.

LORD, A. E., KOERNER, R. M., u. J. E. BRUGGER (1980): Use of electromagnetic wace methods to locate subsurface anomalies. In: *US EPA National conference on management of uncontrolled hazardous waste sites, October 15–17, 1980,* Washington, D. C. (Printed in USA. Library of Congress. Catalog No. 80–83541). Silver Spring, Maryland. S. 119–124.

LOSCH, S. (1983): Nachweis von Bodenflächen für Raumordnung und Städtebau. Probleme beim Aufbau der neuen Flächenerhebung. In: *VuR 45.* S. 95–106.

LOSCH, S., RASCH, D., u. W. SELKE (1984): Flächennutzung und Bodenschutz. In: *ZfKuF, Bd. 25.* S. 203–211.

LÜDDER, D. R. (1959): *Aerial photographic interpretation.* New York.

LÜDEMANN, K. (1908): Fortführung der Karten der Preußischen Landesaufnahme. In: *ZfV, Bd. 37.* S. 796–798.

LÜDEMANN, K. (1909): Fortführung bzw. Erneuerung der Karten der Preußischen Landesaufnahme. In: *ZfV, Bd. 38.* S. 251–253.

LÜDEMANN, K. (1913): Fortführung der Karten der Preußischen Landesaufnahme. In: *ZfV, Bd. 42.* S. 592–603.

LÜHR, H.-P. (1985): Anforderungen an die Sanierung kontaminierter Standorte. In: *Materialien 1 (1985),* Symposium «Kontaminierte Standorte und Gewässerschutz», Aachen, 1.–3. 10. 1984, hrsg. v. Umweltbundesamt. Berlin. S. 57–67.

LÜHR, H.-P. (1986): Kontaminierte Standorte, ein letzter Hinweis zur notwendigen Wende in der Abfallentsorgung? In: *WuB, H. 4.* S. 164–169.

LÜSCHER, H. (1926): Die Verwendung des Luftbildes zur Erneuerung großmaßstäblicher Schichtlinienkarten im hochwertigen Flachgelände. In: *ZfV, Bd. 55, H. 7.* S. 193–199.

LÜSSEM, H. (1973): Gefahren bei der Ablagerung von gewerblichem Abfall. In: *GWA, Bd. 10.* S. 553–569.

LUNGE, G. (1900): *Die Industrie des Steinkohlenteers und Ammoniak.* Braunschweig.

LUNGE, G., u. H. KÖHLER (1912): *Die Industrie des Steinkohlenteers und des Ammoniaks.* Braunschweig. (= Neues Handbuch der Chemischen Technologie).

LUTCHMANN, H. T. (1984): Method for sequential analysis of spatial development in a rural urban fringe zone. In: *ITC.* S. 104–111.

MACKWITZ, H. W. (1983): Die Mit-Gift. In: *Natur* – Horst Sterns Umweltmagazin, Nr. 7, hrsg. v. H. STERN. München, Zofingen, Wien. S. 44–50.

MAHLKE, H. (1968): Erfahrungen und Gesichtspunkte zum Betrieb von geordneten Deponien für Hausmüll und Industrieabfälle einer großen Industriestadt am Beispiel der Stadt Bochum. In: *Geordnete Ablagerungen von Hausmüll und Industrieabfällen in Theorie und Praxis,* hrsg. v. Forschungs- und Entwicklungsinstitut für Industrie- und Siedlungswasserwirtschaft sowie Abfallwirtschaft e. V. in Stuttgart. München. S. 87–107.

MAJOHRZEK, H. (1984a): Altlasten – Gelsenkirchen-Schalke, das Gelände der ehemaligen Kokerei Konsolidation. Mitschrift aus «Aktuelle Stunde», WDR, 27. 12. 1984.

MAJOHRZEK, H. (1984b): Gift im Boden. In: *Guckloch* – Illustrierte des Ruhrgebiets, Nr. 12. S. 36–42.

MALCHOW (1938): *Die Topographische Aufnahme der Meßtischblätter 1:25 000 beim Reichsamt für Landesaufnahme.* Vortragsfassung vor den Vermessungsreferendaren am 16. 3. 1938. (unveröffentlicht)

MANJI, A. S. (1968): *Use of conventional aerial photography in urban areas: review and bibliography.* (= Research report No. 41, Dept. of Geography, Northwestern University), Evanston, Ill.

MARENBERG, G. (1982): Der Einsatz der Photogrammetrie bei der Fortführung der Deutschen Grundkarte 1:5 000 (Grundriß). In: *Nachrichten aus dem öffentlichen Vermessungsdienst des Landes NRW, H. 2.* Bonn-Bad Godesberg. S. 90–97.

MASLANSKY, S. P., u. a. (1979): Removal and disposal of PCB-contaminated river bed materials. In: *National conference on hazardous material risk assessment, disposal and management. April 25–27, 1979,* Miami

Beach, Florida. (Printed in USA. Library of Congress. Catalog No. 79−67389). Silver Spring, Maryland. S. 167−173.

MATTESS, G. (1973): Die Beeinträchtigung der Grundwasserbeschaffenheit durch Müllablagerungen. In: *GWA, Bd. 10*. S. 511−521.

MATTHIESEN, K. (1988): «Altlasten − eine Herausforderung und Chance für die Umweltpolitik». In: *Altlasten und kontaminierte Standorte*, hrsg. v. R. KOMPA u. K.-P. FEHLAU. Forum des Institutes für Energietechnik und Umweltschutz im TÜV Rheinland in Zusammenarbeit mit dem Umweltbundesamt Berlin im Einvernehmen mit dem Minister für Umwelt, Raumordnung und Landwirtschaft des Landes NRW. S. 17−41.

MCKOWN, G. L., u. G. A. SANDNESS (1981): Computer-enhanced geophysical survey techniques for exploration of hazardous waste sites. In: *National conference on Management of uncontrolled hazardous waste sites*. October, 28−30, 1981, Washington, D. C. S. 300−305.

MEIENBERG, P. (1966): Die Landnutzungskartierung nach Plan-, Infrarot- und Farbluftbildern. In: *Münchener Studien zur Sozial- und Wirtschaftsgeographie, Bd. 1*. Kallmünz.

MERTENS, B. (1974): Stand der Abfallbeseitigung in NRW. In: *Abfallwirtschaft in NRW 1973*, hrsg. v. K. GIESEN, Haus der Technik − Vortragsveröffentlichung 326. Essen. S. 7−14.

MEYER, H. F. (1930): Gegenwartsprobleme der deutschen amtlichen Kartographie. In: *ZfV, Bd. 59, H. 20*. S. 713−730.

MEYER, H. H. R. (1937): Kartographische Bearbeitung und Vervielfältigung der Deutschen Grundkarte 1:5000 und der Katasterplankarte. In: *ZfV, Bd. 66*.

MEYNEN, E. (1943): Landeskundliche Auswertung des Luftbildes. Bildarchiv der deutschen Landeskunde im Reichsamt für Landesaufnahme. In: *Berichte zur deutschen Landeskunde, Bd. 3, H. 2*. Leipzig. S. 129−130.

MEYNEN, E. (1968): Bibliographischer Nachweis der Topographischen Karte 1:25 000 (Meßtischblätter 1:25 000) in den Ausgaben ihrer Einzelblätter 1868−1968. In: *Berichte zur deutschen Landeskunde, Bd. 40, H. 2*. Bad Godesberg. S. 193−194.

MILDE, G., u. a. (1985): Grundwasserchemische Untersuchungen zur Erfassung des akuten Kontaminationspotentials von Altablagerungsstandorten. In: *Materialien 1 (1985)*, Symposium «Kontaminierte Standorte und Gewässerschutz», Aachen, 1.−3. 10. 1984, hrsg. v. Umweltbundesamt. Berlin. S. 257−278.

MILDE, G., FRIESEL, P., u. H. KERNDORFF (1986): Wege zur Erfassung sanierungsbedürftiger Altlasten und Kriterien zur Festlegung von Sanierungszielen, Altlastensanierung aus der Sicht des Gewässerschutzes. In: *Schriftenreihe der Vereinigung Deutscher Gewässerschutz, Bd. 52*. Bonn. S. 7−45.

Minister für Arbeit, Umwelt und Soziales des Landes Hessen (Hrsg.) (1985): *Altlasten in Hessen − Erfassung, Bewertung, Überwachung, Sanierung*. Wiesbaden.

Minister für Ernährung, Landwirtschaft, Umwelt und Forsten Baden-Württemberg (1987): Grundwassergefährdung durch Altablagerungen am Beispiel Eppelheim. (Stand Juli 1986). In: *Wasserwirtschaftsverwaltung. H. 17*. Stuttgart.

Minister für Ernährung, Landwirtschaft, Umwelt und Forsten Baden-Württemberg (1987): Altlasten-Handbuch. Teil 1: Altlasten-Bewertung. In: *Wasserwirtschaftsverwaltung, H. 18*. Stuttgart.

Minister für Ernährung, Landwirtschaft, Umwelt und Forsten Baden-Württemberg (1987): Altlasten-Handbuch. Teil II: Untersuchungsgrundlagen. In: *Wasserwirtschaftsverwaltung, H. 19*. Stuttgart.

Minister für Ernährung, Landwirtschaft und Forsten des Landes Niedersachsen (Hrsg.) (1985): Wasserwirtschafts-Jahresbericht Niedersachsen. In: *WuB, H. 6/7*. S. 307−311.

Minister für Ernährung, Landwirtschaft und Forsten des Landes Nordrhein-Westfalen (MELF) (1980): Erfassung von Altlasten. Rd.Erl. d. MELF vom 26. 3. 1980 − III. A2-863-28815. In: *Ministerialblatt für das Land NRW 33, Nr. 37*. S. 769.

Minister für Landes- und Stadtentwicklung des Landes Nordrhein-Westfalen (1984): *Landesentwicklungsplan III. Umweltschutz durch Sicherung natürlicher Lebensgrundlagen*. Entwurf.

Minister für Landes- und Stadtentwicklung des Landes Nordrhein-Westfalen (MELF)

(1985a): Altlasten – Zwischenbilanz und Handlungskonzept der Landesregierung Nordrhein-Westfalen. In: *Korrespondenz Abwasser, Informationsblatt für das Abwasserwesen Wasser-Abwasser-Abfall*, H. 8. S. 706–707.
Minister für Landes- und Stadtentwicklung des Landes Nordrhein-Westfalen (MELF) (1985b): Altlasten – Zwischenbilanz und Handlungskonzept der Landesregierung (Rd.Erl. des MELF vom 14.3.1985). In: *Schnellbrief Nr. 2/85 der Sozialdemokratischen Gemeinschaft für Kommunalpolitik in NRW (SGK)*.
Minister für Landes- und Stadtentwicklung des Landes Nordrhein-Westfalen (MELF) (1985c): *Hinweise zur Ermittlung von Altlasten – Erfassung, Erstbewertung, Untersuchung und Beurteilung von Altablagerungen und gefahrenverdächtigen Altstandorten*. Düsseldorf.
Minister für Ernährung, Landwirtschaft und Forsten des Landes Schleswig-Holstein (Hrsg.) (1984): Bericht über Abfall-Altlasten in Schleswig-Holstein. In: *Drucksache 10/439 des Schleswig-Holsteiner Landtages*.
Minister für Umwelt, Raumordnung und Landwirtschaft des Landes Nordrhein-Westfalen (MURL) (1987): *Hinweise zur Ermittlung und Sanierung von Altlasten*. 2. Aufl. 1. Teillieferung. Düsseldorf.
MISCHGOFSKY, F. H. (o.J.): Das *LGM für Bodensanierung und die Lagerung von umweltfeindlichen Stoffen*, hrsg. v. Laboratorium voor Groundmechanica Delft (Delft Soil Mechanics Laboratory). Delft.
MINTROP, L. (1916): *Einführung in die Markscheidekunde mit besonderer Berücksichtigung des Steinkohlenbergbaues*. 2. Aufl. Berlin.
MONTENS (1966): Die Reinigung hochkonzentrierter industrieller Abwässer mit vorwiegend organischer Verschmutzung einschließlich der Schlammbehandlung. In: *Stuttgarter Berichte zur Siedlungswasserwirtschaft*, Bd. 10, hrsg. v. Forschungs- u. Entwicklungsinstitut für Industrie- und Siedlungswasserwirtschaft sowie Abfallwirtschaft e. V. Stuttgart. München. S. 113–144.
MOROZOWSCY, VON (1879): Die Königlich Preußische Landesaufnahme. In: *Beiheft zum Militär-Wochenblatt*, H. 1. Berlin.
MORGENSTERN, D. (1987): Andruck-Ersatzverfahren für die Kartographie. In: *KN*, H. 2. S. 68–73.

MORRISON, B. (1986): *Lehrbuch der organischen Chemie*. Weinheim.
MÜLLER, G. (1973): Bakteriologische Untersuchungen an Müllsickerwässern. In: *GWA*, Bd. 10. S. 539–551.
MÜLLER, R. (1935): Die Entwicklung der Kartographie beim Reichsamt für Landesaufnahme nach dem Weltkrieg bis Frühjahr 1934. In: *MdRfL*, H. 4. S. 235–258.
MÜLLER, T. (1984): Die topographischen und kartographischen Vorschriften für die Preußischen Meßtischblätter. Ein Beitrag zu ihrer Bibliographie. In: *KN*, H.5. S.174–179.
MÜLLER, W. (1984): *Die schwere Flak*. Friedberg.
MÜLLER-MINY, H. (1975): *Die Kartenaufnahme der Rheinlande durch Tranchot und v. Müffling. 1801–1828. 2. Das Gelände – Eine quellenkritische Untersuchung des Kartenwerks*. (Publikation der Gesellschaft für Rheinische Geschichtskunde XI). Bd. 10. Köln, Bonn.
MUELLER, I. (1952): *Fördertürme und Kohleveredlungsanlagen der Zechen als landschaftsbestimmende Merkmale – eine industriemorphologische Untersuchung*. Diss. Kiel.
MUHLERT, F. (1915): Die Industrie der Ammoniak- und Cyanverbindungen. Leipzig (= Chemische Technologie in Einzeldarstellungen).
MYDLAK, G. (1984): Baupläne der Benzolfabrik im Stadtarchiv. In: *Westdeutsche Allgemeine Zeitung Herne*, vom 3. 11. 1984.
NATO/CCMS Umweltausschuß (1982): *Information über die NATO/CCMS Pilotstudie: Sanierung kontaminierter Standorte*. Schriftliche Information/Arbeitsunterlage zum Arbeitsgespräch «Sanierung kontaminierter Standorte» am 14./15.6.1982 im Umweltbundesamt Berlin.
Natur (1985): Wo das Gift vergraben liegt. Bochum – ein alternativer Stadtplan. In: *Natur. Horst Sterns Umweltmagazin*, H. 6, hrsg. v. H. STERN. München, Zofingen, Wien. S. 12.
NEEF, E. (1967): *Die theoretischen Grundlagen der Landschaftslehre*. Gotha/Leipzig.
NEELY, N. S., u.a. (1980): Survey of on-going and completed remedical action projects. In: *US EPA National Conference on management of uncontrolled hazardous waste sites, October 15–17, 1980*. Washington, D.C. (Printed in USA. Library of Congress. Cata-

log No. 80−83541). Silver Spring, Maryland. S. 125−130.
NELSON, A. B., u. R. A. YOUNG (1981): Location and prioritizing of abandoned dump sites for future investigations. In: *National conference on management of uncontrolled hazardous waste sites, October 28−30, 1981*. Washington, D. C. S. 52−62.
NOWATZKY, F. (1932): Die Luftbildmessung im Reichsamt für Landesaufnahme. In: *BuL, Nr. 4*. S. 150−156.
NOWATZKY, F. (1933): Luftbildmessung im Maßstab 1:25000 − Genauigkeit und Wirtschaftlichkeit. In: *BuL, Nr. 4*. S. 149−152.
NOWATZKY, F. (1936): Die Herstellung der Topographischen Grundkarte des Deutschen Reiches im Maßstab 1:5000 durch Luftbildmessung. In: *MdRfL, H. 5*. S. 197−205.
Oberstadtdirektor der Stadt Essen (Hrsg.) (1986): *Essener Zechen − Zeugnisse der Bergbaugeschichte*. Essen.
OBST, E. (1950): Das Problem der Allgemeinen Geographie. In: *27. Deutscher Geographentag München 1948*. Landshut. S. 29−51.
OFFHAUS, E. (1981): Sonderabfallbeseitigung − im Spannungsfeld zwischen Ökologie und Ökonomie. In: *LP, Nr. 4*. S. 3−31.
OGRISSEK, R. (1970): Kartengestaltung, Wissensspeicherung und Redundanz. In: *PGM, 114. Jg., H. 1*. S. 70−74.
OST, H., u. B. RASSOW (1955): *Lehrbuch der chemischen Technologie*. Leipzig.
OTREMBA, E., GÖPNER, W., u. H. MÜLLER-MINY (1953): Geographische Luftbildauswertung. In: *GT*. S. 222−231 u. 479−498.
PAPE, E. (1971): Die Deutsche Grundkarte 1:5000 als Luftbildkarte. In: *BuL 39*. S. 194−198.
PAPE, E. (1982): Das Luftbildkartenwerk von Nordrhein-Westfalen. In: *Nachrichten aus dem öffentlichen Vermessungsdienst des Landes Nordrhein-Westfalen 15*. Bonn-Bad Godesberg. S. 97−125.
PAPE, E. (1983): Entwicklung und Funktion der DGK 5. In: *Funktion und Gestaltung der Deutschen Grundkarte 1:5000 (DGK 5)*, hrsg. v. W. LICHTNER, Institut für Photogrammetrie und Kartographie der Technischen Hochschule Darmstadt, Nr. 2. Darmstadt. S. 1−12.
PAPE, H. (1964): Stadtkarten, unter besonderer Berücksichtigung kartographischer Probleme. In: *KN, H. 6*. S. 196−200.

PAPE, H. (1971): Kleinmaßstäbliche Luftbildkarten. In: *KN, H. 2*. S. 41−50.
PAPE, H. (1973): Stadtkartographie − Stadtplanung. In: *KN, H. 1*. S. 17−23.
PAPE, H. (1979): Stadtpläne − Grundsätzliches, Fragen zu Formaten, Blattschnitten und Maßstäben. In: *KN, H. 6*. S. 228−250.
PAPE, H. (1983): Die Funktion der städtischen Kartenwerke im Vergleich zur Deutschen Grundkarte 1:5000. In: *Funktion und Gestaltung der Deutschen Grundkarte 1:5000 (DGK 5)*, hrsg. v. W. LICHTNER, Institut für Photogrammetrie und Kartographie der Technischen Hochschule Darmstadt, Nr. 2. Darmstadt. S. 13−23.
PARRY, G. D. R., u. R. M. BELL (1985): Covering systems. In: *Contaminated land*, ed. by M. A. SMITH. Published in cooperation with NATO committee on the challenges of modern society. Vol. 8. New York/London. S. 113−140.
PEHNACK (1940): *Die Deutsche Grundkarte 1:5000*. Vortragsfassung vor den Vermessungsreferendaren am 12.3.1940. (unveröffentlicht)
PEISCHER, O. (1924): Vom Meiler zum Koppers-Ofen. In: *MK, H. 3*. S. 69−95.
PEISCHER, O. (1929): Die Kokereitechnik. Rückblick und Ausblick. In: *MK, H. 2*. S. 35−68.
PENCK, A. (1920): Landesaufnahme und Reichsvermessungsamt. In: *Zeitschrift der Gesellschaft für Erdkunde zu Berlin, Nr. 5/7*. Berlin. S. 169−179.
PESCH, U. (1968): Über die ersten amtlichen topographischen Karten und ihre Bearbeitung in den Rheinlanden und in Westfalen. In: *Kartengeschichte und Kartenbearbeitung*. Festschrift zum 80. Geburtstag von Wilhelm Bonacker am 17. März 1968, hrsg. v. K.-H. MEINE. Bad Godesberg. S. 153−161.
PETERSEN, W. (1936): *Schwimmaufbereitung*. Jena 1953.
PFITZER, A. (1935): Aufgaben und Aufbau einer Reichsvermessung. In: *MdRfL, H. 4*. S. 190−205.
PFITZER, A. (1936): Die Deutsche Grundkarte 1:5000 und die Katasterplankarte. In: *BuL, Nr. 4*. S. 158−165.
PHILIPP, H. (1927): Die Kokereianlage der Zeche Sachsen (in Heesen bei Hamm). In: *Der Bergbau, H. 7−11*. Gelsenkirchen. S. 94−134.

PHILPOT, W. D., u. W. R. PHILIPSON (1985): Thermal sensing for characterizing the contents of waste storage drums. In: *PE, Vol. 51, No. 2.* S. 237–243.

PIEKALKIEWICZ, J. (1985): *Der Zweite Weltkrieg.* Düsseldorf, Wien.

PÖPPINGHAUS, K. (1985): Anforderungen an die Behandlung von kontaminierten Grundwasser. In: *Materialien 1 (1985)*, Symposium «Kontaminierte Standorte und Gewässerschutz», Aachen, 1.–3. 10. 1984, hrsg. v. Umweltbundesamt. Berlin. S. 69–96.

PÖSCHKE, H.-J. (1985): Gutachten bestätigt: Hochgiftiges Dioxin fließt aus Altdeponie. In: *Westdeutsche Allgemeine Zeitung Bochum*, vom 11. 9. 1985.

POPP, C. (1930): *Die festen städtischen Abfallstoffe.* Diss. München.

PRAGER (1926/27): Die Bedeutung der Tätigkeit des Reichsamts für Landesaufnahme für die Bearbeitung von Siedlungs- und Bebauungsplänen. In: *MdRfL, H. 2.* S. 91–100.

PRAGER, S. (1933): Die Förderung des Luftbildwesens in der Rheinprovinz. In: *BuL, Nr. 2.* S. 49–55.

PRAGER, S. (1961): Das Deutsche Luftbildwesen. In: *Arbeitsgemeinschaft für Forschung des Landes NRW, H. 97*, hrsg. v. L. BRANDT. Köln, Opladen.

Presse- und Informationsamt der Landesregierung NRW (Hrsg.) (1983): Regierungserklärung und Umweltprogramm Nordrhein-Westfalen. Düsseldorf. S. 52–53.

Pressestelle des Ministeriums für Ernährung, Landwirtschaft und Forsten, Baden-Württemberg (Hrsg.) (1985): Einbeziehung der Industrie in Altlastenfinanzierung. In: *MuA, H. 1.* S. 20.

PROEMPELER, O., HOBRECKER, H., u. G. EPPING (1952): Markscheidewesen – Aufgabengebiet des Markscheiders. In: *Taschenkalender für Grubenbeamte 1952.* Düsseldorf. S. 115–121.

PULS, W. (1979): Die Umwelt als Untersuchungsgegenstand der Geographie. In: *Geographie und Umweltgestaltung*, hrsg. v. F. SCHAFFER, Augsburger Sozialgeographische Hefte, Nr. 6. Augsburg. S. 40–48.

QUELLMALZ, E. (1977): *Verordnung über gefährliche Arbeitsstoffe, Bd. I, II.* Kissing.

RAAB, K. D. (1937): Über die Genauigkeit der aus Luftbildern hergestellten topographischen Karten unter besonderer Berücksichtigung großer Kartierungsmaßstäbe. In: *MdRfL, H. 3.* S. 142–165.

RADEMACHER, K.-D., u. K.-D. KOSS (1986): *Wassergefährdende Stoffe – Vorschriften und Erläuterungen.* Berlin, Heidelberg, New York.

RASCH, R. (1967a): Behandlung und Beseitigung von Industriemüll. In: *Handbuch Müll- und Abfallbeseitigung. 12. Lfg.* Kennzahl 8005. Berlin.

RASCH, R. (1967b): Merkmale von Industriemüll. In: *Handbuch Müll- und Abfallbeseitigung. 12. Lfg.* Kennzahl 8010. Berlin.

RASCH, R. (1974): Gefahren und Belästigung durch feste, schlammige und flüssige Industrieabfälle. In: *Handbuch Müll- und Abfallbeseitigung. 33. Lfg.* Kennzahl 8011. Berlin.

REEVES, R. G. (Ed.) (1975): *Manual of remote sensing. 2. Vol.* Falls Church, Virginia.

REICHMANN, H. (1986): Rechtliche Fragen bei der Sanierung kontaminierter Standorte aus der Sicht der öffentlichen Verwaltung. In: *WuB, H. 10.* S. 500–506.

Reichs- u. Preußischer Minister des Inneren (1935): Vorschriften für die Anfertigung von Katasterplänen. (VI A 17502/6825). In: *MdRfL, H. 4.* S. 188–189.

Reichs- u. Preußischer Minister des Inneren (1936a): Amtliches Landes-Grundkartenwerk (Deutsche Grundkarte 1:5000 und Katasterplankarte). Rd.Erl. d. RuPrMdI. v. 28. 9. 1936 – VI A 12909/6858 (LGrdKartErl.) In: *MdRfL, H. 6.* S. 235–241.

Reichs- u. Preußischer Minister des Inneren, Rd.Erl. des Reichs- und Preußischen Ministeriums des Inneren v. 28. 9. 1936 – VI A 12909/6858: Amtliches Landesgrundkartenwerk (Deutsche Grundkarte 1:5000 und Katasterplankarte). In: *ZfV, H. 20.* S. 651–655.

Reichs- u. Preußischer Minister des Inneren (1937a): Laufendhaltung der amtlichen topographischen Kartenwerke. Rd.Erl. d. RuPrMdI v. 20. 2. 1937 – VI A 19501/6810a (TopKartLaufErl.). In: *MdRfL, H. 3.* S. 121–141.

Reichs- u. Preußischer Minister des Inneren (1937b): Amtliches Landes-Grundkartenwerk (Deutsche Grundkarte 1:25 000 und Katasterplankarte) – Ergänzende Vorschriften. Rd.Erl. d. RuPrMdI vom 24. 7. 1937 – VI A 7380/6858 (LGrdKartErl.Er). In: *MdRfL, H. 6.* S. 341–357.

Reichs- u. Preußischer Minister des Inneren (1936): Erlaß des Reichs- u. Preußischen Ministers des Inneren: Amtliches Landes-Grundkartenwerk (Deutsche Grundkarte 1:5000 und Katasterplankarte). (Rd.Erl. v. 28.9.1936 – VI A 12909/6858). In: *MdRfL*. S. 235–241.

Reichsamt für Landesaufnahme (1924): Jahresbericht des Reichsamts für Landesaufnahme. Berlin.

Reichsamt für Landesaufnahme (1925): Jahresbericht des Reichsamts für Landesaufnahme vom 1.4.1924 bis 31.3.1925. In: *MdRfL, H. 2.* S. 1–22.

Reichsamt für Landesaufnahme (1927): Jahresbericht des Reichsamts für Landesaufnahme vom 1.4.1926 bis 31.3.1927. In: *MdRfL, H. 3.* S. 109–119.

Reichsamt für Landesaufnahme (1927/28): Jahresbericht des Reichsamts für Landesaufnahme vom 1.4.1926 bis 31.3.1927 (Fortsetzung): In: *MdRfL, H. 4.* S. 175–188.

Reichsamt für Landesaufnahme (1933/34): Jahresbericht des Reichsamts für Landesaufnahme vom 1.4.1932 bis 31.3.1933. In: *MdRfL, H. 2.* S. 82–120.

Reichsamt für Landesaufnahme (1935): *Vorschrift für die Topographische Abteilung des Reichsamts für Landesaufnahme.* H. IV: Die topographischen Arbeiten zur Fortführung der Meßtischblätter. Berlin.

Reichsamt für Landesaufnahme (1936): Jahresbericht des Reichsamts für Landesaufnahme vom 1.4.1935 bis 31.3.1936. In: *MdRfL, H. 4.* S. 145–173.

Reichsamt für Landesaufnahme (1937): Jahresbericht des Reichsamts für Landesaufnahme vom 1.4.1936 bis 31.3.1937. In: *MdRfL, H. 4.* S. 201–224.

Reichsamt für Landesaufnahme (1939a): Jahresbericht des Reichsamts für Landesaufnahme vom 1.4.1938 bis 31.3.1939. In: *MdRfL, H. 4.* S. 177–195.

Reichsamt für Landesaufnahme (1939b): *Vorschrift für die Topographische Abteilung des Reichsamts für Landesaufnahme.* H. IV. Die topographischen Arbeiten zur Fortführung der Topographischen Karte 1:25000. Berlin.

Reichsamt für Landesaufnahme (1940a): Erste Durchführungsbestimmung zur Verordnung über die Veröffentlichung kartographischer Darstellungen vom 6.2.1940. In: *MdRfL, H. 2.* S. 42–46.

Reichsamt für Landesaufnahme (1940b): Jahresbericht des Reichsamts für Landesaufnahme vom 1.4.1939 bis 31.3.1940. In: *MdRfL, H. 4.* S. 165–181.

Reichsamt für Landesaufnahme (1941): *Bildliche Darstellung der Kartenzeichen in den amtlichen deutschen Karten* (Kartenfibel). Gotha.

Reichsamt für Landesaufnahme (1944): *Mitteilungen des Reichsamts für Landesaufnahme. Jg. 1–20 (1925–1944) und im Anhang Sonderhefte.* Berlin.

Reichsamt für Landesaufnahme (o.J.): *Kartenzeichen für die Maßstäbe 1:25000/ 1:100000/1:300000.* Berlin.

Reichsamt für Landesaufnahme (o.J.): *Kartenmuster mit Erklärung der wichtigsten Zeichen der Maßstäbe 1:25000 und 1:100000.* Berlin.

Reichsminister des Innern (1935): Gesetz über die Neuordnung des Vermessungswesens vom 3.7.1934 (RGBL I, S 534). In: *MdRfL, H. 1.* S. 1–5.

Reichsminister des Innern (1939): Laufendhaltung der amtlichen topographischen Kartenwerke. (Rd.Erl v. 6.3.1939, VI A 4771/ 39 6859). In: *MdRfL, H. 2.* S. 54–56.

Reichsminister des Innern (1941a): Erfassung topographischer Änderungen für die Laufendhaltung der amtlichen Kartenwerke 1:25000 und 1:5000. (Rd.Erl. v. 20.1.1941 – VI A 8046/41–6859). In: *MdRfL, H. 1.* S. 90–99.

Reichsminister des Innern (1941b): Lieferungsregeln für Karten und Druckschriften des Reichsamts für Landesaufnahme und der Hauptversammlungsabteilung. (Rd.Erl. d. RMdI vom 31.5.1941 – VI a 9224 II/ 40–68–60b) (KartLiefErl). In: *MdRfL, H. 4.* S. 217–229.

Reichsminister des Innern (1941c): Deutsche Grundkarte 1:5000 und Katasterplankarte. (Rd.Erl. d. RMdI vom 1.10.1941 – VI a 8651/41–6858) (GrKartErl). In: *MdRfL, H. 5.* S. 284–285.

Reichsminister des Innern (1943): Anwendung der Pol.-VO über das Photographieren und sonstiges Darstellen verkehrswichtiger Anlagen vom 29.3.1942. (Rd.Erl. v. 19.1.1943 – Pol SII A4 Nr. 54/41–5531). In: *MdRfL, H. 1–2.* S. 6–7.

Reichsminister des Innern (1943): Beschaffung von Luftbildmaterial für den Vermessungsdienst. (Rd.Erl. v. 1.6.1943 – VI A 8209/ 43–6854). In: *MdRfL, H. 4.* S. 142–148.

REICHSMINISTER DES INNERN (1944a): Verordnung zur Änderung der Verordnung über die Veröffentlichung kartographischer Darstellungen (v. 20. 2. 1944). In: *MdRfL, H. 1–2*. S. 6–7.

REICHSMINISTER DES INNERN (1944b): Dritte Durchführungsbestimmung zur Verordnung über die Veröffentlichung kartographischer Darstellungen (v. 21. 2. 1944). In: *MdRfL, H. 1–2*. S. 7.

REINICKE (1939): *Die Laufendhaltung der Topographischen Karte 1:25 000*. Vortragsfassung vor den Vermessungsreferendaren am 14. 3. 1939. (unveröffentlicht)

REINSBERG, P. (1933): Die jüngste Entwicklung der Luftbildaufnahme in ihrer Bedeutung für die Geographie. In: *Wissenschaftliche Veröffentlichungen des Deutschen Museums für Länderkunde zu Leipzig, N. F. 2*. Leipzig. S. 145–173.

REISS-SCHMIDT, S. (1988): Altlastenprobleme aus der Sicht des Stadtplaners. In: *Altlasten und kontaminierte Standorte*, hrsg. v. R. KOMPA u. K.-P. FEHLAU. Forum des Institutes für Energietechnik und Umweltschutz im TÜV Rheinland in Zusammenarbeit mit dem Umweltbundesamt Berlin im Einvernehmen mit dem Minister für Umwelt, Raumordnung und Landwirtschaft des Landes NRW. S. 305–329.

RESS, F. M. (1957): *Geschichte der Kokereitechnik*. Essen.

RICHTER, D. M. (1969): Sequential urban change. In: *PE, Vol. 35, No. 8*. S. 764–770.

RICHTER, H. (1933): Kann die Photogrammetrie aus der Luft als Hilfe bei großmaßstäblichen Neumessungen herangezogen werden? In: *BuL, Nr. 2*. S. 79–82 und *Nr. 3*. S. 117–133.

RICHTER, H. (1940): Herstellung und Ergänzung topographischer Pläne und Karten mit dem Aeroprojektor Multiplex nach den Erfahrungen der Hansa Luftbild GmbH. In: *BuL, H. 2*. S. 33–54.

RICHTER, H. (1968): Das komplexe Bildplanwerk 1:25 000 von Deutschland. In: *Berichte zur deutschen Landeskunde. Bd. 40, H. 2*. Bad Godesberg. S. 195–222.

RICK, K. (1974): Feste Abfallstoffe des Steinkohlenbergbaus im Ruhrgebiet und ihre Bewirtschaftung. In: *Abfallwirtschaft in Nordrhein-Westfalen*, hrsg. v. K. GIESEN (Haus der Technik, Vortragsveröffentlichung 326). Essen. S. 41–46.

RODENBUSCH (1893): Die Fortführung der topographischen Meßtischblätter in Elsaß-Lothringen. Vereinsschrift des Elsaß-Lothringischen Geometer-Vereins 1893. In: *ZfV, Bd. 22, H. 7*. S. 204–212.

RÖHR (1934): Die Verwendung des Luftbildes beim Siedlungsverband Ruhrkohlenbezirk Essen. In: *BuL, Bd. 9, Nr. 1*. S. 45–48.

ROEMMELT, E. (1941): Der Laufendhaltungsdienst unter besonderer Berücksichtigung großmaßstäblicher Grundlagen. In: *ZfV, Bd. 70, H. 3*. S. 89–94.

RÖMPP, H. (1962): *Chemie-Lexikon*. 3 Bde. Stuttgart.

RUF, J., u. D. SOYEZ (1988): *Abschlußbericht über das Projekt Erfassung und Darstellung bisher nicht bekannter Altlaststandorte in einem Modellgebiet südöstlich von Saarbrücken*. Universität Saarbrücken. (unveröffentlicht)

SALOMO, K.-P. (1985): Technische Möglichkeiten zur Sanierung gefährlicher Altlasten. In: *MuA, H. 3*. S. 61–70.

SALZWEDEL, J. (Hrsg.) (1982): *Grundzüge des Umweltrechts*. Berlin.

SAMMET (1982): *Arbeitsunterlage für das Arbeitsgespräch «Sanierung kontaminierter Standorte» am 14. u. 15. 7. 1982 im Umweltbundesamt Berlin*.

SANDNESS, G. A., u. a. (1979): The application of geophysical survey techniques to mapping of wastes in abandoned landfills. In: *National conference on hazardous material risk assessment, disposal and management*, April 25–27, 1979. Miami Beach, Florida. (Printed in USA. Library of Congress. Catalog No. 79–67389). Silver Spring, Maryland 1979. S. 112–119.

SARNETZKY (1933): Die Verwendung der Schräg- und Senkrechtaufnahmen bei der Stadtverwaltung Essen. In: *BuL, H. 1*. S. 7–10.

SATZINGER, W. (1965): Darstellungsmethoden auf Stadtkarten in historischer Sicht. In: *KN, H. 5*. S. 172–179.

SCHÄFER, H. (1953): Die Planung von Schachtförderanlagen als Grundlage für den Bau von Steinkohlenzechen im Ruhrgebiet. In: *Ausschnitt aus Entwicklungsarbeiten der Gutehoffnungshütte Sterkrade AG Werk Sterkrade. Reihe Bergbau H. 17*. Oberhausen Sterkrade.

SCHENKEL, W. (1968): Umstellung der wilden Ablagerungen von Müll auf die geordnete

Deponie. In: *Geordnete Ablagerung von Hausmüll und Industrieabfälle in Theorie und Praxis*, hrsg. v. Forschungs- und Entwicklungsinstitut für Industrie- und Siedlungswasserwirtschaft sowie Abfallwirtschaft e. V. in Stuttgart. München. S. 265–277.

SCHENKEL, W. (1974): Die geordnete Deponie von festen Abfällen. In: *Beihefte zu MuA, H. 9.* S. 9–25.

SCHENKEL, W. (1981): Abfallwirtschaft und Medien. In: *MuA, H. 5.* S. 121–125.

SCHENKEL, W. (1984): Ist die geordnete Beseitigung gefährlicher Abfälle eine Utopie? In: *MuA, H. 5.* S. 114–122.

SCHENKEL, W. (1986): Altlasten. In: *Umwelt – Zeitschrift des Vereins Deutscher Ingenieure für Immissionsschutz, Abfälle, Gewässerschutz, H. 6.* Düsseldorf. S. 445–451.

SCHENKEL, W., u. P. KNAUER (1975): Feste Abfälle. In: *Handbuch für Planung und Gestaltung und Schutz der Umwelt. Die Belastung der Umwelt*, hrsg. v. BUCHWALD/ENGELHARD. Bd. 2. München. S. 270–301.

SCHENNEN, JÜNGST u. BLÜMEL (1930): *Lehrbuch der Erz- und Steinkohlenaufbereitung.* Stuttgart.

SCHERMERHORN, W. (1938): Entwicklung der Luftbildmessung für geographische Zwecke. In: *Photogrammetria, Nr. 1.* Amsterdam. S. 27–30.

SCHIRMACHER, P. (1940): Die Neubearbeitung der Topographischen Karte 1:25000 als mehrfarbige Ausgabe. In: *MdRfL, H. 6.* S. 303–313.

SCHIRMACHER, P. (o. J.): *Die kartographische Neubearbeitung der Topographischen Karte 1:25000 als mehrfarbige Ausgabe.* (unveröffentlichtes Manuskript)

SCHLÜTER, O. (1910): Die französische Landesaufnahme im linksrheinischen Gebiet 1801–1814. In: *Westdeutsche Zeitschrift für Geschichte und Kunst.*

SCHMID, D. (1984): Topographische Karten 1:25000 bis 1:100000. In: *Kartographie der Gegenwart in der Bundesrepublik Deutschland 1984, Bd.* (Textteil). Bielefeld. S. 71–78.

SCHMIDT, G. (1986): Kontaminierte Kokereistandorte – Wege zur Lösung eines Altlastenproblems. In: *Glückauf, Nr. 17.* Essen. S. 1140–1143.

SCHMIDT, J. (1964, 1966): *Technologie der Gaserzeugung.* 2 Bde. Leipzig.

SCHMIDT, R. (1973): *Die Kartenaufnahme der Rheinlande durch Tranchot und v. Müffling. 1801–1828.* 1. Geschichte des Kartenwerkes und vermessungstechnische Arbeiten (Publikation der Gesellschaft für Rheinische Geschichtskunde XII, Bd. 10). Köln, Bonn.

SCHMIDT-FALKENBERG, H. (1966): Zur Theorie der Bildauffassung und zur Methodik der Photointerpretation. In: *International Archives of Photogrammetry, Vol. XVI.* Paris. S. I-52-I-62.

SCHMIDT-FALKENBERG, H. (1978): 25 Jahre Luftbild-Nachweis des Instituts für Angewandte Geodäsie. In: *Nachrichten aus dem Karten- und Vermessungswesen, H. 74*, hrsg. v. Institut für Angewandte Geodäsie. Reihe I. Frankfurt a. M. S. 21–38.

SCHMIDT-FALKENBERG, H. (1979): Zur Statistik der Bildflüge in der Bundesrepublik Deutschland. In: *BuL, Bd. 47, H. 4.* S. 134–136.

SCHMIDT-FALKENBERG, H. (1984): Luftbildkartographie. In: *Kartographie der Gegenwart in der Bundesrepublik Deutschland 1984*, hrsg. v. W. LEIBBRAND, Deutsche Gesellschaft für Kartographie. Bielefeld. S. 109–113.

SCHMIDT-KRAEPELIN, E. (1958, 1959, 1960): Methodische Fortschritte der wissenschaftlichen Luftbildinterpretation. In: *Erdkunde, Bd. 12, H. 2.* S. 81–107; *Bd. 13, H. 3.* S. 201–214; *Bd. 14, H. 2.* S. 98–115. Bonn.

SCHMITT, G. P. (1985): Erkennung, Beurteilung und Sanierung von Grundwasserkontaminationen. Vortragsfassung zur HOT-Vortragsveranstaltung am 19.9.1985. Fachveranstaltung Nr. F-41-701-048-05.

SCHNADT, R. T. (1936): *Bochum – Wirtschaftsstruktur und Verflechtung einer Großstadt des Ruhrgebietes.* Diss. Köln.

SCHNEIDER, S. (1960): Die landeskundliche Luftbildauswertung in Deutschland. In: *Berichte zur deutschen Landeskunde, Bd. 25, H. 1.* Bad Godesberg, Trier. S. 144–157.

SCHNEIDER, S. (1966): Luftbildwesen. In: *Handwörterbuch der Raumforschung und Raumordnung.* Hannover. Sp. 1938–1948.

SCHNEIDER, S. (1967): Probleme der Luftbildinterpretation in der geographisch-landeskundlichen Arbeit in Deutschland. In: *25 Jahre Amtliche Landeskunde.* Bad Godesberg. S. 179–197.

SCHNEIDER, S. (1974): Luftbild und Luftbildinterpretation. In: *Lehrbuch der Allgemeinen Geographie*, Bd. XI, hrsg. v. E. OBST und J. SCHMITHÜSEN. Berlin, New York.

SCHNEIDER, S. (1982): *Thermalbilder für die Stadt- und Landesplanung*. Referate der Sitzung des Arbeitskreises «Verwendung der Fernerkundung für die Planung». 6. Veröffentlichung der Akademie für Raumforschung und Landesplanung, Nr. 62. Hannover.

SCHNEIDER, S. *Angewandte Fernerkundung*. Methoden und Beispiele. Akademie für Raumforschung und Landesplanung. Hannover.

SCHRAMM, M., u. W. DITTRICH (1984): Realnutzungskartierung für die Aufgaben der Landschaftsrahmenplanung. In: S. SCHNEIDER: *Angewandte Fernerkundung*. Methoden und Beispiele. Akademie für Raumforschung und Landesplanung. Hannover. S. 107−110.

SCHRAMMEK, E. (1973): Beeinträchtigung eines Wassernetzes durch ein Industrieabfallprodukt. In: *GWA, Bd. 10*. S. 571−575.

SCHREIBER, F. (1923): *Die Industrie der Steinkohlenveredelung*. Braunschweig.

SCHROEDER-HOHENWARTH, J. (1960): Das Meßtischblatt − Folgemaßstab oder topographischer Ausgangsmaßstab? In: *KN, H. 2*. S. 35−43.

SCHROEDER-HOHENWARTH, J. (1962): Der Gestaltungswandel in der topographischen Kartographie während der letzten 200 Jahre. In: *KN, H. 3*. S. 69−83.

SCHULDT, M. (1983): Flächensanierungsprogramm der Freien und Hansestadt Hamburg. In: *Sanierung kontaminierter Standorte − Dokumentation eines Arbeitsgesprächs*, hrsg. v. Bundesminister für Forschung und Technologie in Zusammenarbeit mit dem Umweltbundesamt, Projektstab «Feste Abfallstoffe». Berlin. S. 35−50.

SCHULDT, M. (1988): Einheitliche Grundsätze der Länder bei der Erkundung und Beurteilung. In: *Altlasten und kontaminierte Standorte*, hrsg. v. R. KOMPA u. K.-P. FEHLAU. Forum des Institutes für Energietechnik und Umweltschutz im TÜV Rheinland in Zusammenarbeit mit dem Umweltbundesamt Berlin im Einvernehmen mit dem Minister für Umwelt, Raumordnung und Landwirtschaft des Landes NRW. S. 115−127.

SCHULTZ, G. (1969): Möglichkeiten einer geographischen Aussageerweiterung der Topographischen Karte 1:25 000; erläutert am Beispiel einer Kartenprobe. In: *KN, H. 4*. S. 138−145.

SCHULTZE, J. H. (1959): Der geographische Wert des Luftbildes. In: *Die Erde, H. 1*. Berlin. S. 1−4.

SCHULZ, G. (1926): *Die Chemie des Steinkohlenteers*. Braunschweig.

SCHULZ, H. (1985): *Erfassung der Altlasten im Kreis Stormarn − Strategie zur Untersuchung, Beurteilung und Prioritätenbildung*. Vortragsfassung des Seminars «Altlasten − Erfassung, Bewertung, Sanierung kontaminierter Standorte», Berlin, 18.−21. 11. 1985 am Deutschen Institut für Urbanistik. Berlin.

SCHULZ, S. (1987): Farbprüfverfahren zur Herstellung von Karten in kleiner Stückzahl. In: *KN, H. 6*. S. 209−217.

SCHULZE, J., u. M. WEISER (Hrsg.) (1983): Abwasser- und Abfallprobleme bei der Kohleveredlung. In: *Texte 3/83*, Umweltforschungsplan des Bundesministers des Innern − Abfallwirtschaft − Forschungsbericht 10301 304 UBA FB 82−128, hrsg. v. Umweltbundesamt. Berlin.

SCHWEISSTHAL, R. (1967): Methoden der thematischen Kartographie. In: *KN. 17. Jg. H. 1*. S. 6−17,

SCHWEITZER, G. E. (1981): Risk assessment near uncontrolled hazardous waste sites: Role of monitoring data. In: *National conference on management of uncontrolled hazardous waste sites, October 28−30, 1981*. Washington, D. C. S. 238−247.

SCHWIDEFSKY, K., u. F. ACKERMANN (1976): *Photogrammetrie*. 7. Aufl. Stuttgart.

SELENKA, F. (1986): Typische Industriestandorte und ihre Altlastenprobleme. In: *Altlasten und kontaminierte Standorte − Erkundung und Sanierung*. Seminar vom 2. April 1986, Ruhr-Universität Bochum, hrsg. v. H. L. JESSBERGER in Zusammenarbeit mit Unikontakt. Bochum. S. 37−39.

SELKE, W. (1985): *Erfassung der Altlasten und kontaminierte Standorte im Stadtverband Saarbrücken*. Vortragsfassung zum Seminar «Altlasten − Erfassung, Bewertung, Sanierung kontaminierter Standorte» vom 18.−21. 11. 1985 am Deutschen Institut für Urbanistik. Berlin.

Senator für Stadtentwicklung und Umweltschutz, Abt. V (Hrsg.) (1985): *Altablagerungskataster Berlin*. Stand 1. 1. 1985. Berlin.

SENG, H. (1988): Kostenwirksamkeit bei der Altlastensanierung. In: *Altlasten und kontaminierte Standorte*, hrsg. v. R. KOMPA u. K.-P. FEHLAU. Forum des Institutes für Energietechnik und Umweltschutz im TÜV Rheinland in Zusammenarbeit mit dem Umweltbundesamt Berlin im Einvernehmen mit dem Minister für Umwelt, Raumordnung und Landwirtschaft des Landes NRW. S. 252–259.

SENG, H. J. (1981): Erkundung und Beurteilung von Altablagerungen und Versickerungen (Altlasten). In: *Lokkumer Protokolle, Nr. 4*. Lokkum. S. 165–174.

SEYDICH, W. (1988): Bodenzustandskarten – ein Beitrag des Vermessungswesens zur Bearbeitung der Altlastproblematik. In: *VuR 50/1*. S. 8–15,

Siedlungsverband Ruhrkohlenbezirk (Hrsg.) (1975): *Luftaufnahmen II – Auswertung für Stadtplanung, Regionalplanung, Umweltschutz*. Essen.

SIEWKE, TH. (1923): Zur Geschichte der preußischen Meßtischblätter. In: *Zeitschrift der Gesellschaft für Erdkunde zu Berlin, H. 1/2*. Berlin. S. 45–49.

SILKA, L. R., u. SWEARINGEN, T. L. (1978): *A manual for evaluation contamination potential of surface impoundments*. US Environmental Protection Agency (EPA 570/0-78-003).

SIMMERSBACH, O. (1914): *Grundlagen der Koks-Chemie*. 2. Aufl. Berlin.

SIMMERSBACH, O., u. G. SCHNEIDER (1930): *Grundlagen der Koks-Chemie*. 3. Aufl. Berlin.

SIMON, (1926/27): Die Verwendung von Kartenmaterial des Reichsamts für Landesaufnahme bei den Arbeiten des Siedlungsverbandes Ruhrkohlenbezirk. In: *MdRfL, H. 3*. S. 178–180.

SKINNER, J. (1984): Ein Überblick über die Behandlung von Sonderabfall in den Vereinigten Staaten von Amerika. In: *RI*. S. 1087–1093.

SMIT, J. P. N. (1984): Problematik der Altlasten in den Niederlanden. In: *RI*. S. 1050–1052.

SMITH, M. A. (1981): NATO/CCMS pilot study on contaminated land. Report on first meeting of study group, November 9–11, 1981. In: *Department of the environment building research establishment note No. N 154/81*. Garston, Watford.

SMITH, M. A. (Ed.) (1985): *Contaminated land – reclamation and treatment*. Published in cooperation with NATO committee on the challenges of modern society (CCMS), Vol. 8. New York, London.

SONDERMANN, W. D. (1988): Tips für Altlastenbesitzer. In: *Umwelt*. Zeitschrift des Vereins Deutscher Ingenieure für Immissionsschutz, Abfall, Gewässerschutz. H. 1–2. Düsseldorf. S. 24–25.

SPEITEL (1936): Das amtliche Landesgrundkartenwerk 1:5000. In: *ZfV, Bd. 65, H. 20*. S. 648–650.

SPETHMANN, H. (1937): *Die geschichtliche Entwicklung des Ruhrbergbaus um Witten und Langendreer*. Festschrift zur Feier des 50jährigen Bestehens des Vereins Technischer Grubenbeamte zu Witten. Gelsenkirchen.

SPILKER, A., DITTMER, O., u. O. GRUBER (1933): *Kokerei und Teerprodukte der Steinkohle*. 5. Aufl. Halle (Saale).

Stadt Gelsenkirchen, Amt für öffentliche Ordnung und Umweltschutz (1984): *Arbeitsvorlage zu Punkt 8 der Tagesordnung der 1. öffentlichen Sitzung des Ausschusses für Umweltfragen und Gesundheit am 27.11.1984*. Gelsenkirchen.

Stadtspiegel Bochum (1985): «Breite Hille»: Hochgiftige «Nobel»-Altlast. In: *Stadtspiegel Bochum* vom 2.10.1985.

Stadtverband Saarbrücken, Umweltamt (1990): *Bodenschutz Altlasten – Methodik der Erfassung kontaminationsverdächtiger Flächen unter Berücksichtigung der laufenden Produktion*. Saarbrücken.

STAMMLER, M. (1983): Vorgehensweise bei der Untersuchung kontaminierter Standorte. In: *Sanierung kontaminierter Standorte – Dokumentation eines Arbeitsgesprächs*, hrsg. v. Bundesminister für Forschung und Technologie in Zusammenarbeit mit dem Umweltbundesamt, Projektstab «Feste Abfallstoffe». Berlin. S. 51–54.

STARENBERG, W. (1900): Die geschichtliche Entwicklung des preußischen Militärwesens. In: *GZ, 6. Jg. H. 8*, S. 435–449; H.9, S. 504–512; H.10, S.549–565.

STAUFENBIEL, W. (1984): Deutsche Grundkarte 1:5000. In: *Kartographie der Gegenwart der Bundesrepublik Deutschland 1984. Bd. I (Textteil)*. Bielefeld. S. 63–70.

STIEF, K. (1983): Sanierung von Altablagerungen. In: *MuA, H. 7*. S. 182–185.

STIEF, K. (1985a): Langzeitwirksamkeit von Sanierungsmaßnahmen. In: *Contaminated land – reclamation and treatment*, ed. by M. A. SMITH. Published in cooperation with NATO committee on the challenges of Modern Society (CCMS), Vol. 8. New York, London. S. 2–37.

STIEF, K. (1985b): The long-term effectiveness of remedical measures. In: *Contaminated land*, ed. by M. A. SMITH. Published in cooperation with NATO committee on the challenges of modern society, Vol. 8. New York, London. S. 13–36.

STIEF, K. (1985c): Ergebnisse der NATO/CCMS Pilot Studie «Contaminated Land». In: *Materialien 1 (1985)*, Symposium «Kontaminierte Standorte und Gewässerschutz», Aachen, 1.–3.0.984, hrsg. v. Umweltbundesamt. Berlin. S. 35–56.

STOCK, P. (1975): Interpretation von Thermalbildern der Stadtregion Dortmund. In: *BuL 43*, H. 4. S. 143–151.

STOCK, P. (1976): Oberflächentemperaturen im Ruhrgebiet nach Wärmebildern. In: *BuL 44*, H. 5. S. 174–181.

STOLPE, H. (1981): Probleme des Grundwasserschutzes bei der Ablagerung von Sondermüll. In: *Lokkumer Protokolle, Nr. 4*. Lokkum. S. 80–104.

STOLPE, H., u. CH. WEINGRAN (1982): Wohin mit dem Giftmüll? Ein Handbuch für Bürgerinitiativen. In: *Bundesverband Bürgerinitiative Umweltschutz (BBU). Argumente 6*. Bonn.

STOLZ, C. (1938): Über die Entwicklung der Katasterplankarte bzw. der Deutschen Grundkarte aus den Katasterplänen in Baden. In: *ZfV, Bd. 67*, H. 1. S. 14–29.

STONE, K. H. (1951): Geographical air photo interpretation. In: *PE, Vol. 17*, No. 2. S. 754–759.

STONE, W. L., TAFURI, A., u. W. UNTERBERG (1981): Rationale for determining priorities and extent of cleanup of uncontrolled hazardous waste sites. In: *National conference on management of uncontrolled hazardous waste sites, October 28–30, 1981*. Washington, D.. S. 188–197.

STRAATEN, L. v. (1987): Beispiele und Empfehlungen aus der Praxis bei der Abschätzung des Gefährdungspotentials von Altlasten. In: *Gefährdungsabschätzung bei Altlasten*, hrsg. v. Landesamt für Wasser und Abfall Nordrhein-Westfalen. Düsseldorf. S. 61–79. (= LWA Materialien 3/87).

STRÄHLE, H. (1981): Über eine Grundwasserverunreinigung durch Industriemüll. In: *Bewertung chemischer Stoffe im Wasserkreislauf*, hrsg. v. K. AURAND. Berlin.

STRATHMANN, F.-W. (1985): Multitemporale Luftbildinterpretation in der Stadtforschung und Stadtentwicklungsplanung. Methodische Grundlagen und Fallstudie München-Obermenzing. In: *Münchener Geographische Abhandlungen*, hrsg. v. H. G. GERLOFF-EMDEN u. F. WILHELM, Bd. 34. München.

STROETMANN (1988): Begrüßungswort zur Tagung am 27. und 28. 1. 1988. In: R. KOMPA u. K.-P. FEHLAU: *Altlasten und kontaminierte Standorte*. Köln.

STUCK, B. (1985): *Einrichtung, Farbschreibung und Anwendung des EDV-Katasters «Kontaminierte Standorte» im Umlandverband Frankfurt*. Vortragsfassung zum Seminar «Altlasten – Erfassung, Bewertung, Sanierung kontaminierter Standorte» vom 18.–21. 11. 1985 am Deutschen Institut für Urbanistik. Berlin.

STUMPP, A. (1958): Erfahrungen mit Luftbildern für Zwecke der Kommunalverwaltung. In: *Mitteilungen des Deutschen Vereins für Vermessungswesen*, Landesverein Baden-Württemberg. S. 1–11.

SUNKEL, R. (1983): Zur Nitratbelastung des Trinkwassers durch die Landnutzung. In: *ZfKF 24*. S. 180–185.

TABASARAN, O. (1984): Separierung schwermetallhaltiger Hausmüllkomponenten durch Absieben. In: *MuA, H. 1*. S. 15–22.

TAMMS, F. (1953): Der Luftbildplan in der Stadtplanung. In: *Die Bauverwaltung*. Düsseldorf. S. 182–189.

TESDORPF, J: (1984): *Landschaftsverbrauch. Begriffsbestimmung, Ursachenanalyse und Vorschläge zur Eindämmung. Dargestellt am Beispiel Baden-Württemberg*. Berlin.

THAMM, G. (1940): Erfahrungssätze über Auswertung der Deutschen Grundkarte 1:5000 zur Erneuerung oder Fortführung der Topographischen Karte 1:25000 (Meßtischblätter): In: *MdRfL, H. 6*. S. 295–303.

THEOBALD, W., u. H. MAAS (1983): Rückstände der Eisen- und Stahlindustrie. In: *Handbuch Müll- und Abfallbeseitigung*, Kennzahl 8575.

THIEDE, R. (1935): Das Zentraldirektorium

361

der Vermessungen im Preußischen Staate und sein Einfluß auf das preußische Vermessungswesen. In: *ZfV, Bd. 64, H. 5.* S. 148–159 u. *H. 6.* S. 203–213.

THOMANETZ, E. (1985): Vorschläge zur Sanierung von Altdeponien aufgrund aktueller Beispiele. In: *Behr's Seminare*. Altlasten – Altdeponien und kontaminierte Standorte, vom 5.–6.2.1985. Wiesbaden. Vortragsheft.

THOME-KOZMIENSKY, K. J. (1987): *Altlasten*. Berlin.

THOME-KOZMIENSKY, K. J. (1988): Altlasten 2. Berlin.

THORMANN, A. (1984): Bodenschutz – Ein Teil einer vorsorgenden Umweltpolitik. In: *ZfKuF 25.* S. 195–202.

THORMANN, A. (1987): Problemkomplex Altlasten. In: BOLLER, F., u. B. SCHELLE (Hrsg.): *Statusseminar zum BMFT-Förderschwerpunkt «Bodenbelastung und Wasserhaushalt I»* (Bodenforschung). Jülich. S. 135–140. (= Spezielle Berichte der Kernforschungsanlage Jülich – Nr. 396.)

TIEDEMANN, H. J. (1985): Anwendung geltenden Rechts und Finanzierung der Sanierung kontaminierter Standorte. In: *Materialien 1 (1985)*, Symposium «Kontaminierte Standorte und Gewässerschutz», Aachen, 1.–3. 10.1984. hrsg. v. Umweltbundesamt. Berlin.

TITUS, S. E. (1981): Survey and analysis of present potential environmental impact sites in Woburn, Massachusetts. In: *National conference on management of uncontrolled hazardous waste sites, October 28–30, 1981*. Washington, D.C. S. 177–183.

TRACHSLER, H. (1980): Grundlagen und Beispiele für die Anwendung von Luftaufnahmen in der Raumplanung. In: *Berichte zur Orts-, Regional- und Landesplanung, Nr. 41*. Institut für Orts-, Regional- und Landesplanung, ETH Zürich. Zürich.

TROEDER, H. (1940): *Die Laufendhaltung der Topographischen Karte 1:25000*. Vortragsfassung vor den Vermessungsreferendaren am 12. März 1940. (unveröffentlicht)

TROEDER, H., u. H. PAHL (1972): Das Musterblatt für die Deutsche Grundkarte 1:5000 im Wandel der Zeit. In: *ZfV, H. 6.* S. 241–244.

TROLL, C. (1939a): Luftbildaufnahmen und ökologische Bodenforschung. In: *Zeitschrift der Gesellschaft für Erdkunde zu Berlin, Nr. 7/8.* Berlin. S. 241–298.

TROLL, C. (1939b): Moderne Luftbildforschung. In: *Naturwissenschaftliche Berichte Nr. 67*. Reichsausgabe Frankfurter Zeitung 1939, Nr. 587–588.

TROLL, C. (1943a): *Methoden der Luftbildforschung*. Sitzungsberichte europäischer Geographen (Würzburg 1942). Leipzig. S. 121–146.

TROLL, C. (1943b): Fortschritte der wissenschaftlichen Luftbildforschung. In: *Zeitschrift der Gesellschaft für Erdkunde zu Berlin, Nr. 7/10.* Berlin. S. 277–311.

TROLL, C. (1963): Geographische Luftbildinterpretation. In: *International Archives of Photogrammetry, Vol. XIV.* Delft. S. 266–275.

TRUETT, J. B., u. R. L. HOLBERGER (1982): Feasibility of in situ soldification/stabilization of landfilled hazardous wastes: A Case Study. In: *MITRE Report No. WP 82W 00147*. McLean, Virginia.

TRUTNOCSKY, H. (1950): Teerdestillation. In: *Taschenbuch für Gaswerke, Kokereien, Schwelereien und Teerdestillationen*, hrsg. v. H. WINTER. Halle (Saale). S. 535–594.

UHLIG, H. (1955): Luftbildauswertung zur Erforschung der Kulturlandschaft, dargestellt am Beispiel Nordost-Englands. In: *Geographentag, Tagesberichte und wissenschaftliche Abhandlungen – Essen 1953*. Wiesbaden. S. 228–239.

Ullmanns Enzyklopädie der technischen Chemie. 22 Bde., 4. Aufl. 1972–1983. Weinheim.

ULLRICH, D. (1984): *Das Umweltgefährdungs-Potential der Altdeponien im Saarland 1984*, hrsg. v. Kommunalen Abfallbeseitigungsverband Saar. Saarbrücken.

Umweltbundesamt (UBA) (Hrsg.) (1983): *Stand der Altlastenproblematik in der Bundesrepublik Deutschland*. Materialien zum 2. Arbeitsgespräch «Sanierung kontaminierter Standorte am 12./13.4.1983 in Berlin.

Umweltbundesamt (UBA) (Hrsg.) (1984): *Daten zur Umwelt 1984*. Berlin.

Umweltbundesamt (UBA) (Hrsg.) (1985): *Materialien 1 (1985)*, Symposium »Kontaminierte Standorte und Gewässerschutz, Aachen, 1.–3. 10. 1984. Berlin.

Umweltbundesamt (Österreich) (1987): *Luftbildgestützte Erfassung von Altablagerungen*. Wien.

Umwelt-Komitee (Gruppe für Verfahren zur Abfallbehandlung) (1982): *Gefährliche Ab-*

fall-«Problem»-Standorte. Arbeitsunterlage zum Arbeitsgespräch «Sanierung kontaminierter Standorte» am 14.–15.6.1982 im Umweltbundesamt. Berlin.

United Nations Environment Programme (UBEP) (Hrsg.) (1984): Draft guidelines for the environmentally sound management of hazardous wastes. Tagungsmaterial vom 28.2.–5.3.1984 in der BRD.

VÄTH, H. (1929): *Zechenbauten über Tage.* Diss. Braunschweig 1928. Dortmund 1929.

VAN LIDTH DE JENDE, J. W. (1985): Bodensanierung in den Niederlanden – Verwaltungsmäßige, rechtliche und finanzielle Aspekte. In: *Materialien 1 (1985)*, Symposium «Kontaminierte Standorte und Gewässerschutz», Aachen, 1.–3.10. 1984, hrsg. v. Umweltbundesamt. Berlin. S. 147–168.

Verein für die bergbaulichen Interessen im Oberbergamtsbezirk Dortmund (1913): *Die Bergwerke und Salinen des Oberbergamtsbezirkes Dortmund 1907–1912.* Essen.

Verein für die bergbaulichen Interessen im Oberbergamtsbezirk Dortmund (1920): *Die Bergwerke und Salinen im niederrheinisch-westfälischen Bergbaubezirk 1913 bis 1919.* Essen.

Verein für die bergbaulichen Interessen in Essen (Bearb.) (1926): *Die Bergwerke und Salinen im Niederrheinisch-Westfälischen Bergbaubezirk 1925.* Essen.

Verein für die bergbaulichen Interessen im Oberbergamtsbezirk Dortmund in Gemeinschaft mit der westfälischen Berggewerkschaftskasse und dem Rheinisch-Westfälischen Kohlensyndikat (Hrsg.) (1904): *Die Entwicklung des Niederrheinisch-Westfälischen Steinkohlen-Bergbaues in der zweiten Hälfte des 19. Jahrhunderts.* Bd. X. Berlin.

Verein für die bergbaulichen Interessen im Oberbergamtsbezirk Dortmund in Gemeinschaft mit der westfälischen Berggewerkschaftskasse und dem Rheinisch-Westfälischen Kohlensyndikat (Hrsg.) (1905): *Die Entwicklung des Niederrheinisch-Westfälischen Stein-Kohlenbergbaues in der zweiten Hälfte des 19. Jahrhunderts.* Bd. VIII, XI u. Bd. IX. Berlin.

Vereinigte Stahlwerke AG (Hrsg.) (o. J.): *Die Steinkohlenbergwerke der Vereinigten Steinkohlenbergwerke AG. Die Schachtanlage Bruchstraße in Bochum-Langendreer.* Bochum.

Vereinigte Stahlwerke AG (Hrsg.) (1928): *Die Entwicklung der Kokerei- und Gaswirtschaft der Vereinigten Stahlwerke AG 1926–1928.* Essen.

Vereinigte Stahlwerke AG (Hrsg.) (1930): *Die Steinkohlenbergwerke der Vereinigten Stahlwerke AG. Die Schachtanlage Holland in Wattenscheid.* Essen.

Vereinigte Stahlwerke AG (Hrsg.) (1930): *Die Steinkohlenbergwerke der Vereinigten Stahlwerke AG. Die Schachtanlage Carolinenglück in Bochum Hamme.* Essen.

Vermessungs- und Katasteramt der Stadt Bochum, Abt. Kartographie (Hrsg.) (1979): *Musterblatt für das Stadtgrundkartenwerk M. 1:1000 sowie für die hiervon abgeleiteten Maßstäbe M. 1:500 und M. 1:2000.* Bochum.

VOGEL, C. (1873): Die vom Königl. Preussischen Ministerium für Handel & Co. herausgegebenen Meßtischblätter der Generalstabs-Aufnahmen. In: *PGM, Bd. 19, H. 10.* S. 366–374.

VÖLGER, K. (1968): Ermittlung sozioökonomischer Daten für die Stadt- und Regionalplanung durch Luftbild-Interpretation. In: *BuL, H. 4.* S. 141–161.

VORREYER, CH. (1985): *Kontaminierte Standorte und Gewässerschutz. In: Materialien 1 (1985)*, Symposium «Kontaminierte Standorte und Gewässerschutz», Aachen, 1.–3. 10. 1984, hrsg. v. Umweltbundesamt. Berlin. S. 15–21.

VOSS, F. (1968): Die Herstellung von Orthophotokarten 1:5000 in Nordrhein-Westfalen. In: *Nachrichten aus dem öffentlichen Vermessungsdienst des Landes Nordrhein-Westfalen, H. 1.* Bonn-Bad Godesberg. S. 3–13.

VOSS, F. (1976): Die Herstellung und Fortführung der Deutschen Grundkarte 1:5000 und der Luftbildkarte 1:5000 in Nordrhein-Westfalen. In: *Nachrichten aus dem öffentlichen Vermessungsdienst des Landes NRW, H. 2.* Bonn-Bad Godesberg. S. 54–66.

WALTER, M. (1913): Inhalt und Herstellung der Topographischen Karte 1:25000 (Meßtischblätter). In: *Geographische Bausteine.* Gotha.

WAND (1940): *Die Landesgrundkartenwerke.* Die Deutsche Grundkarte 1:5000 und die Topographische Karte 1:25000. Vortragsfassung vor den Vermessungsreferendaren am 2. März 1940. (unveröffentlicht)

Wassermann, O. (1984): Dioxin – Krankheitssymptom einer Industriegesellschaft. In: *Dioxin*, hrsg. v. Arbeitskreis Chemische Industrie Köln, Katalyse Umweltgruppe Köln e. V. Köln. S. 7–46.

Wegener, H. (1934): *Die Industrie der Kohlenverwertung des Ruhrgebietes*. Diss. Köln.

Wegener, R. (1975): Das Luftbild als Dokumentation über die Veränderung einer Stadtlandschaft – dargestellt am Beispiel der Universität Bochum. In: *Schriftenreihe des Siedlungsverbands Ruhrkohlenbezirk*, H. 58. Essen. S. 9–22.

Weimann, G. (1984): Geometrische Grundlagen der Luftbildinterpretation. In: *Sammlung Wichmann*, hrsg. v. H. Draheim, Bd. 17. Karlsruhe.

Weinheimer, T. F. (1974): Abfallrecht des Bundes und des Landes Nordrhein-Westfalen. In: *Abfallwirtschaft in Nordrhein-Westfalen 1973*, hrsg. v. K. Giesen, Haus der Technik – Vortragsveröffentlichung 326. Essen. S. 3–7.

Welzer, W. (1985): *Luftbilder im Militärwesen*. Berlin (Ost).

Westdeutsche Allgemeine Zeitung Bochum (1985a): Kabinett: Keine neuen Industrieflächen. Trendwende im Landverbrauch. In: *Westdeutsche Allgemeine Zeitung Bochum* vom 2. 2. 1985.

Westdeutsche Allgemeine Zeitung Bochum (1985b): Experten: Bei Altlasten erst Spitze des Eisbergs. In: *Westdeutsche Allgemeine Zeitung* Bochum vom 11. 4. 1985.

Westdeutsche Allgemeine Zeitung Bochum (1985c): Altlasten kosten oft viele Millionen – Erste Giftbilanz der Revierstädte. In: *Westdeutsche Allgemeine Zeitung Bochum* vom 5. 10. 1985.

Westdeutsche Allgemeine Zeitung Bochum (1985d): NRW: Nur die Hälfte aller Schrottplätze für Autos genehmigt. In: *Westdeutsche Allgemeine Zeitung Bochum* vom 10. 9. 1985.

Westdeutsche Allgemeine Zeitung (1985): Rätsel um stinkende Altlast – Drei Gutachten zu Teerschotter. In: *Westdeutsche Allgemeine Zeitung Castrop-Rauxel* vom 21. 5. 1985.

Westdeutsche Allgemeine Zeitung (1985a): Die Altlasten wurden einfach vergessen. In: *Westdeutsche Allgemeine Zeitung Herne-Wanne Eickel* vom 20. 2. 1985.

Westdeutsche Allgemeine Zeitung (1985b): Gift im Herner Boden: Trübe Wasser nicht in die freie Flut. In: *Westdeutsche Allgemeine Zeitung Herne-Wanne Eickel* vom 23. 2. 1985.

Westfälische Berggewerkschaftskasse Bochum (Hrsg.) (1953): Markscheidewesen – Aufgabengebiet des Markscheiders. In: *Taschenbuch für Grubenbeamte*. Bochum. S. 85–91.

Westfälische Berggewerkschaftskasse Bochum (Hrsg.) (1968): *Bergmännisch-geologisches Übersichtskartenwerk des Rheinisch-Westfälischen Steinkohlenbezirks – Kartenkatalog*. Bochum.

Westfälische Berggewerkschaftskasse Bochum (Hrsg.) (1969): Topographische Karten 1:10 000. In: *Jahresbericht der Westfälischen Berggewerkschaftskasse 1969*. Bochum. S. 87–88.

Westfälische Berggewerkschaftskasse Bochum (Hrsg.) (1973): Hydrologische und gewässerkundliche Karten. In: *Jahresbericht der Westfälischen Berggewerkschaftskasse 1973*. Bochum. S. 86–89.

Westfälische Rundschau Hagen (1985): Hagen: Ehemaliges Klöckner-Gelände mit Arsen verseucht. In: *Westfälische Rundschau Hagen* vom 13. 3. 1985.

Westfalenpost Hagen (1985a): Zink, Blei und Arsen auf Hütten-Gelände. In: *Westfalenpost Hagen* vom 20. 3. 1985.

Westfalenpost Hagen (1985b): Chemische Bombe: Da hilft weder jammern noch panikmachen. In: *Westfalenpost Hagen* vom 14. 3. 1985.

Westfalenpost Hagen (1985c): Durch Wissen der Alten versteckte Kippen finden. In: *Westfalenpost Hagen* vom 7. 10. 1985.

Westfalenpost Hagen (1985d): An 1400 Standorten in Südwestfalen liegt Gift. In: *Westfalenpost Hagen* vom 26. 10. 1985.

Westfalenpost Hagen (1985e): Chemie-Bombe tickt nicht nur im Kohlenpott. In: *Westfalenpost Hagen* vom 26. 10. 1985.

Wiedemann, H. U. (1985): Analyse der amerikanischen Anforderungen an Deponien für gefährliche Abfälle. In: *MuA*, H. 2. S. 33–37.

Wiemer, K., u. J. Wiemer (1984): Konsequente Dichtung und Sanierung problematischer Abfallablagerungen. In: *RI*. S. 1064–1069.

Wilderer, P., u. L. Hartmann (1972): Untersuchung über Menge und Abbaubarkeit von Sickerwasserinhaltsstoffen aus einer Mülldeponie. In: *MuA, H. 3.* S. 82–87.

WILHELMY, H. (1975): Kartographie in Stichworten. 3. Aufl. Kiel.

WILLECKE, R., u. N. BREHMER (1973): *Bergbau und Umweltrecht*. Berlin.

WINKLER, H. J. V. (1951): *Der Steinkohlenteer und seine Aufbereitung*. Essen.

WINTER (1940): *Die Aufnahme der Topographischen Karte 1:25 000 beim Reichsamt für Landesaufnahme*. Vortragsfassung vor den Vermessungsreferendaren am 12.3. 1940. (unveröffentlicht)

WINTER, H. (Hrsg.) (1950): *Taschenbuch für Gaswerke, Kokereien, Schwelereien und Teerdestillationen*. Halle/Saale.

WISPLINGHOFF, E. (1984): Ältere Karten im Nordrhein-Westfälischen Hauptstaatsarchiv zu Düsseldorf. In: *Nachrichten aus dem öffentlichen Vermessungsdienst des Landes Nordrhein-Westfalen, H. 2.* Bonn-Bad Godesberg. S. 168–178.

WITT, W. (1979): *Lexikon der Kartographie*, Bd. 8. Wien.

WOLF, K. (1984): Problematik der Altlasten am Beispiel der Deponie Georgswerder. In: *RI.* S. 1052–1958.

WOLF, K. (1986): Deponie Georgswerder wird saniert. In: *Umwelt* – Zeitschrift des Vereins Deutscher Ingenieure für Immissionsschutz, Abfall und Gewässerschutz, H. 1. Düsseldorf. S. 43–45.

WOLF, K. (1988): Deponie Georgswerder wird «trockengelegt». In: *Umwelt* – Zeitschrift des Vereins Deutscher Ingenieure für Immissionsschutz, Abfall, Gewässerschutz. H. 1–2. Düsseldorf. S. 12–14.

WOLF, K., W. J. VAN DEN BRINK u. F. J. COLON (Hrsg.) (1988): *Altlastensanierung 1988*. 2 Bde. Dordrecht, Boston. London.

WOLTER, W. (1985): *Sanierung kleinerer und mittlerer Standorte im Stadtgebiet von Köln*. Vortragsfassung des Seminars «Altlasten-Erfassung, Bewertung, Sanierung kontaminierter Standorte», Berlin, 18.–21.11.1985 am Deutschen Institut für Urbanistik. Berlin.

WOLTMANN, M. (1985): *Sanierung kontaminierter Standorte in Berlin – institutioneller Rahmen, Maßnahmenvollzug*. Vortragsfassung des Seminars «Altlasten-Erfassung, Bewertung, Sanierung kontaminierter Standorte», Berlin, 18.–21.11.1985 am Deutschen Institut für Urbanistik. Berlin.

WRAY, J. R. (Hrsg.) (1960): Photo interpretation in urban area analysis. In: *Manual of Photographic Interpretation*, ed. by. R. N. COLWELL. Washington, D.C. S. 667–716.

YAFFE, H. J., CICHOWICZ, N. C., u. P. J. STOLLER (1980): Remote sensing for investigating buried drums and subsurface contamination at coventry, Rhode Island. In: *US EPA national conference on management of uncontrolled hazardous waste sites, October 15–17, 1980*, Washington, D.C. (Printed in USA. Library of Congress. Catalog No. 80–83541). Silver Spring, Maryland. S. 239–249.

ZEHNDER, E. (1970): Ablagerung von Industriemüll. In: *Handbuch Müll- und Abfallbeseitigung*. 20. Lfg. Kennzahl 8054. Berlin.

ZERBE, C. (1952): *Mineralöle und verwandte Produkte*. Berlin.

ZGLINICKI (1896): Das Haupt-Kartenwerk der Königl. Preuss. Landesaufnahme. In: *Beihefte zum Militär-Wochenblatt 1896*. S. 145–191.

ZGLINICKI (1910): Die Karte des Deutschen Reiches 1:100 000. In: *Zeitschrift der Gesellschaft für Erdkunde zu Berlin*. Berlin. S. 551–620.

ZIEGLER, H.-J., u. L. KÖTTER (1984): Kontaminierte Standorte als ein Problem der Umplanung im Ruhrgebiet. In: *RI.* S. 1081–1086.

ZIPFEL, K. (1985): Erfassung der Hydraulik und Hydrologie in und um kontaminierte Standorte. In: *Materialien 1 (1985)*, Symposium «Kontaminierte Standorte und Gewässerschutz», Aachen, 1.–3.10.1984, hrsg. v. Umweltbundesamt. Berlin. S. 215–233.

ZUBILLER, C.-O. (1983): Erfassung kontaminierter Standorte in Hessen – Entwicklung bis zur systematischen Erfassung. In: *Sanierung kontaminierter Standorte – Dokumentation eines Arbeitsgesprächs*, hrsg. v. Bundesminister für Forschung und Technologie in Zusammenarbeit mit dem Umweltbundesamt, Projektstab «Feste Abfallstoffe». Berlin. S. 23–34.

ZÖGNER, L. (1984): *Bibliographie zur Geschichte der deutschen Kartographie*. München, New York, London, Paris. (= Bibliographia Cartographica, Sonderheft 2).

ZÖGNER, L., u. G. K. ZÖGNER (1981): *Preußens amtliche Kartenwerke im 18. und 19. Jahrhundert*. Berlin.

ZYDEK, H. (1980): *Bundesberggesetz*. Essen.

VOGEL-FACHBUCH

Richly, Walter
Umweltschutz/Entsorgungstechnik:
Meß- und Analyseverfahren
ca. 250 Seiten, zahlreiche Bilder, 1992
ISBN 3-8023-**0299**-0

Meß- und Analyseverfahren für feste Abfallstoffe, Meßtechnisches Erfassen von Schadstoffen im Abwasser, Meßtechnisches Erfassen von Schadstoffen in Abgasen, Emissions- und Immissionsanalyse, Emissionskataster, Meß- und Kontrollverfahren für Lärm, Meß- und Kontrollverfahren für ionisierende Strahlung.

Fritz, Wolfgang/Kern, Heinz
Umweltschutz/Entsorgungstechnik:
Reinigung von Abgasen
244 Seiten, zahlreiche Bilder
2., völlig neu bearbeitete Auflage, 1990
ISBN 3-8023-**0244**-3

Abscheidung partikelförmiger Verunreinigungen, Abscheideleistung, Verfahren, Staubabscheider. Abscheidung dampf- und gasförmiger Schadstoffe, Kondensation, Absorption, Adsorption, Entstickung von Feuerungsabgasen, Simultanverfahren, Oxidation, spezielle Verfahren, Kombinationsverfahren.

Sattler, Klaus/Emberger, Jürgen
Umweltschutz/Entsorgungstechnik:
Behandlung fester Abfälle
260 Seiten, 112 Bilder.
2., völlig neu bearbeitete Auflage, 1990
ISBN 3-8023-**0242**-7

Grundlagen, Abfallrecht, Verfahrensübersicht und -vergleich, Sammeln und Befördern fester Abfallstoffe, Abfallverwertungsanlagen, Recycling, Deponieren, Kompostieren, thermische Behandlung, Sonderabfälle, Altlasten.

Das neue Fachbuch-
Verzeichnis erhalten
Sie kostenlos!

Vogel Buchverlag
Postfach 67 40
D-8700 Würzburg 1

Stichwortverzeichnis

A

Abfallbeseitigungsgesetz 11, 87
Ablagerung
– außerhalb des Betriebsgeländes 87, 94, 103, 154 f.
– innerbetrieblich 101, 155 f., 167, 203, 205, 212, 222, 234, 238
Altablagerung 15, 16, 55
Altlasten 11
–kataster 17, 76
altlastrelevante Flächennutzung 16, 53 f.
Altlastverdachtsfläche 15
Altstandort 15, 16, 54
Anlagenbeschädigung siehe Kriegseinwirkung
Anlagenzerstörung siehe Kriegseinwirkung
Arbeits(zeit)aufwand 318
ARC/INFO 301
Aufbaumuster (von Kokereien) 140
Auswertbarkeit (der Informations-quellen) 38 f., 303 f.
Auswertungsgeräte 70

B

beprobte Verfahren 29 f.
Betriebsanlagen(teil) 145 f., 208 f., 233 f.
Betriebsdifferenzierung siehe Betriebs-anlagenteil

D

Deutsche Grundkarte 1 : 5000 (DGK 5) 38, 66, 122, 320
direkte Gefährdungsabschätzung 30
Dringlichkeitsstufen 95 f., 105

E

Eliminationsschlüssel 64, 157
Erfassung 17, 164 f., 213 f., 234 f., 249 f., 262 f.
Erfassungskategorie 69
Erfassungsstammblatt 75 ff.
Ergebniskartierung 191 f., 272, 276 f.
Erstbewertung 31, 196 f., 224 f., 239 f., 252 f., 274 f., 299

F

flächendeckendes Vorhandensein (der Informationsquellen) 35, 41
Flächennutzung (aktuell) 105 f., 297 f.
Fortführungsstand 47 f.
Fotoschlüssel 63 f.

G

Gebietsanalyse/-inventur 62, 317 f.
Gefährdungsabschätzung (beprobungslos) 29 f., 81 f., 196 f., 224 f., 239 f., 252 f., 274 f.
Gefährdungspfade 104
Gefährdungspotential 82 f.
Gefährdungsstufen 95 f.
Geheimhaltungsvorschriften 51, 149 f.
geometrische Genauigkeit 44 f., 317 f.

I

Identifizierbarkeit/Identifizierungs-möglichkeiten 51, 125 f., 136, 202 f., 227 f., 243 f., 254 f.
Identifizierungsmerkmale (primäre, sekundäre) 65 f.
Indikator 51 f., 81
indirekte Gefährdungsabschätzung 29, 81 f. (siehe auch Erstbewertung)
Industrie-/Gewerbestandort 100, 202 f.
Informationsquelle 21 f., 35 f.

K

Karte 21, 35 f., 118 f., 125 f., 319 f.
Karten-/Fotoschlüssel (kombinierter) 138, 141, 144 f., 158 f., 209 f., 230 f., 247, 256, 260
Kartenlesehilfe 63 f.
Kartenumzeichengerät 70
Kartoflex 71
Klassifikationsschemata 53 f.
kombinierte Verwendung (der Informations-quellen) 61 f.
Kontaminationspotential 83
Kostenaufwand 318
Kriegseinwirkung (Kriegsschäden) 15, 75, 94, 163, 164, 213, 223, 234, 239, 262

L
LAGA-Abfallkatalog 86
Lage- und Arealabgrenzung 72
Langzeitwirksamkeit 16
Luftbild (Reihenmeßbild, Luftbildplan
 1:5000, Luftbildplanwerk des Deutschen
 Reiches) 35 f., 115, 118 f., 317 f.
Luftbildumzeichengerät 70

M
Matrix zur Bestimmung des Kontaminationspotentials 111 f., 197 f., 241, 253
militärische Anlagen (Rüstungsaltlasten) 16,
 41, 57, 102, 243 f.
monotemporal 59
multitemporal 59 f.
Musterblattwandel 126 f.

O
Objektivität 42 f., 317 f.
Objektmerkmal 64 f.
Overlay 71

P
Prioritätenermittlung 95 f.
produktionsspezifischer Ansatz 83 f.
progressiv-fortschreibende Vorgehensweise 60

R
reale Flächennutzung 59
Realnutzungskartierung 67
Reihenmeßbild siehe Luftbild

retrogressiv-rückschreibende Vorgehensweise 60
Rüstungsaltlasten siehe militärische Anlagen

S
Sachschlüssel 64
Schüttbereich 69, 258 f.
sequentielles Verfahren siehe multitemporal
Spiegelstereoskop 70
Standortanalyse 62, 317 f.
Stereo-Zoom-Transferscope 71

T
topographische Karte 1:25 000
 (TK 25) 35 f., 115, 119, 319

U
Untersuchungsraum 115 f.

V
Ver- und Entsorgungsanlagen 102, 227 f.
Verfügbarkeit 35, 41
Verschleppungszone 165

W
Westfälische Berggewerkschaftskasse
 (Kartenblätter der W.) 35 f., 115, 122, 320

Z
Zechen-/Kokereistandort 99, 125 f., 138,
 141, 144 f., 166
zeitliche Kontinuität 35, 39
Zeitschnitte (der Informationsquellen) 35
Zugänglichkeit 35, 41